29.90
51516

Joachim Ihme
Logistik
im Automobilbau

D1722753

Joachim Ihme

Logistik im Automobilbau

Logistikkomponenten und
Logistiksysteme im Fahrzeugbau

Mit zahlreichen Abbildungen und Tabellen

HANSER

Autor:
Prof. Dr.-Ing. Joachim Ihme
Fachhochschule Braunschweig/Wolfenbüttel
Fachbereich Maschinenbau
Institut für Produktionstechnik

Bibliografische Information Der Deutschen Bibliothek
Die Deutsche Bibliothek verzeichnet diese Publikation in der Deutschen
Nationalbibliografie; detaillierte bibliografische Daten sind im Internet
über http://dnb.ddb.de abrufbar.

ISBN-10: 3-446-40221-7
ISBN-13: 978-3-446-40221-8

Dieses Werk ist urheberrechtlich geschützt.
Alle Rechte, auch die der Übersetzung, des Nachdrucks und der Vervielfältigung des Buches oder
Teilen daraus, vorbehalten. Kein Teil des Werkes darf ohne schriftliche Genehmigung des Verla-
ges in irgendeiner Form (Fotokopie, Mikrofilm oder ein anderes Verfahren), auch nicht für
Zwecke der Unterrichtsgestaltung, reproduziert oder unter Verwendung elektronischer Systeme
verarbeitet, vervielfältigt oder verbreitet werden.

Einbandbild: Werkbild BMW AG

© 2006 Carl Hanser Verlag München Wien
www.hanser.de
Projektleitung: Jochen Horn
Herstellung: Renate Roßbach
Umbruch: Werksatz Schmidt & Schulz GmbH, Gräfenhainichen
Druck und Bindung: Druckhaus „Thomas Müntzer" GmbH, Bad Langensalza
Printed in Germany

Vorwort

Das vorliegende Buch entstand aus Vorlesungen über Logistik, die ich seit 1990 an der Fachhochschule Braunschweig/Wolfenbüttel für Studierende des Maschinenbaus und des Fahrzeugbaus halte. Da die Region Braunschweig-Salzgitter-Wolfsburg stark von der Fahrzeugindustrie geprägt ist, ergab sich fast von selbst der entsprechende Schwerpunkt in den Lehrveranstaltungen.

Ziel des Buches ist, einen anwendungsorientierten Überblick über die Gesamtthematik zu geben, wobei sowohl die technischen als auch die betriebswirtschaftlichen Aspekte der Logistik im Fahrzeugbau berücksichtigt werden. Das Buch wendet sich daher weniger an Studierende mit dem Schwerpunkt „Logistik", sondern an jene, für die Logistik ein Fach unter vielen anderen ist. Ihnen sollte es einen Einstieg in die Grundlagen und Denkweisen der Logistik verschaffen und die logistischen Anforderungen und Lösungen in der in Europa wichtigen (Straßen-)Fahrzeugindustrie vermitteln. Zur verständlichen Darstellung des Problemkreises sind eine Vielzahl von Abbildungen sowie Beispiele und Aufgaben (mit Lösungen) zu den einzelnen Kapiteln vorhanden. Das Buch beschreibt nach einer Einführung die Logistik-Systemkomponenten und stellt schließlich die Teilsysteme der Unternehmenslogistik – Material-, Beschaffungs-, Produktions-, Distributions- und Entsorgungslogistik – dar. Dem Leser soll das ausführliche Literaturverzeichnis den Einstieg in vertiefende Betrachtungen einzelner Themen erleichtern.

In zahlreichen Seminaren zum Thema „Logistik" für Weiterbildungs-Institutionen und Produktionsbetriebe konnte ich feststellen, dass auch bei im Beruf stehenden Praktikern Bedarf nach praxisorientierter Literatur besteht. Auch für diesen Interessentenkreis ist aus meiner Sicht das Buch, z. B. für das Selbststudium, geeignet.

Dank schulde ich den Unternehmen des Fahrzeugbaus und den Logistik-Dienstleistern, die mir Einblicke in ihre Logistiksysteme gestatteten, ebenso wie den Herstellern von Logistik-Systemkomponenten, die mich durch Bereitstellung von Firmenunterlagen unterstützten. Ich danke allen Studierenden, die ihre Studien- und Diplomarbeiten im Themenbereich der Logistik anfertigten und mir dadurch Material und Anregungen lieferten. Dank gebührt auch meiner Familie, die es hinnahm, dass ich während der Zeit der Manuskripterstellung trotz körperlicher Anwesenheit häufig abwesend war. Schließlich danke ich dem Carl Hanser Verlag, besonders Herrn Jochen Horn, für die stets gute und konstruktive Zusammenarbeit.

Dem Leserkreis wäre ich für Anregungen und Kritik dankbar.
(Kontakt: j.ihme@fh-wolfenbuettel.de).

Wolfenbüttel, im Dezember 2005   *Joachim Ihme*

Inhaltsverzeichnis

1 Einführung

Der Begriff „**Logistik**" hat seit etwa 15 Jahren Eingang in den allgemeinen Sprachgebrauch gefunden – so findet sich z. B. das Wort Logistik inzwischen fast auf jedem Lkw-Aufbau. Dennoch sind Inhalt, Wesen und Strategierichtung der Logistik meistens nicht bekannt[1]:

„Logistik hat sich in der zweiten Hälfte der achtziger Jahre zunehmend zu einem Schlagwort und schillernden Begriff entwickelt. Bei verschiedenen Autoren und Verbänden ist nur selten ein übereinstimmender Begriffshintergrund festzustellen."

Aufgabe dieses einführenden Kapitels wird es deshalb u. a. sein, den Begriffsinhalt des Wortes Logistik zu klären.

1.1 Fahrzeugbau

Dieses Buch befasst sich hauptsächlich mit der Logistik in einem speziellen, aber sehr wichtigen Bereich der Wirtschaft: Der **Fahrzeugbau** ist in Deutschland der umsatzstärkste Industriezweig (2002 rund 273 Mrd. € mit einem Exportanteil von fast 60 %) und mit knapp 940.000 Mitarbeitern einer der beschäftigungsstärksten. Er umfasst neben den bekannten großen Pkw-Herstellern auch den **Nutzfahrzeugbau** (Lkw und Anhänger, Omnibusse, Spezialfahrzeuge, Nutzfahrzeugaufbauten) sowie den **Zulieferbereich**. Zusätzlich soll hier auch der **Schienenfahrzeugbau** einbezogen werden.

Der Fahrzeugbau umfasst damit die gesamte Spanne von Großunternehmen mit weltweit angesiedelten Produktionsbetrieben und breiter Produktpalette auf der einen bis hin zu kleinen mittelständischen Unternehmen mit Spezialprodukten auf der anderen Seite.

Fahrzeugbau gilt oft noch als das klassische Beispiel für **Massenfertigung**, die Produktion in großen Stückzahlen. Von den Stückzahlen her mag das in einigen Fahrzeugklassen noch stimmen; ein besonderes Kennzeichen der Pkw-Industrie ist aber heute, dass die einzelnen Produkte in hoher Variantenvielfalt produziert werden: Ein bekannter deutscher Pkw der unteren Mittelklasse wird in etwa 300 Millionen denkbaren Katalogvarianten am Markt angeboten. Bei Pkw der oberen Mittelklasse und der Oberklasse liegt die Zahl der Angebotsvarianten oft noch höher. Natürlich werden während der Produktlaufzeit nicht alle denkbaren und vom Kunden bestellbaren Varianten gebaut.

Im **Pkw-Bereich** lassen sich heute etwa folgende tägliche Produktionszahlen in der europäischen Automobilindustrie feststellen:

- 3.000 Fahrzeuge eines bestimmten Modells der unteren Mittelklasse,
- 1.200 Stück bei Mittelklasse-Fahrzeugen,
- 800 Fahrzeuge eines Typs der oberen Mittelklasse,
- 50 bis 80 Fahrzeuge bei Sportwagen und Oberklasse-Modellen.

Es wird heute im Pkw-Bereich als optimal angesehen, wenn ein Werk eine Kapazität von etwa 800 bis 1.200 Fahrzeugen pro Tag hat. Diese Kapazität wird meist mit zwei bis vier Montagelinien je nach Taktzeit erreicht.

Die **Nutzfahrzeugindustrie** stellt ihre Produkte in teilweise deutlich kleineren Stückzahlen her (Angaben für jeweils einen Produktionsstandort):

- Bei leichten Nutzfahrzeugen (Gesamtgewicht bis 3,5 t) sind Produktionszahlen von bis zu 800 Stück pro Tag bekannt.

---

[1] Schulte, C.; Logistik; Verlag Franz Vahlen, 2. Aufl., München (1995), S. 1.

- Nutzfahrzeuge der 3,5-t- bis 7,5-t-Klasse liegen zwischen 50 und 500 Stück/Tag.
- Bei den Lkw über 7,5 t Gesamtgewicht kommt man auf etwa 80 bis 450 Stück/Tag.
- Spezial-Nutzfahrzeuge werden in Stückzahlen von 15 bis herunter zu weniger als einem pro Tag gebaut.
- Bei Omnibussen liegen die Stückzahlen zwischen zehn und zwanzig je Tag, wobei aber meist mehrere Typen (Reise- und Linienbusse) im Mix gebaut werden.

In der Automobilindustrie betragen die **Modelllaufzeiten** heute etwa fünf bis sechs (seltener bis acht) Jahre im Pkw- und etwa zehn bis zwölf Jahre im Nutzfahrzeugbereich. Meist erfolgt nach etwa der Hälfte der Laufzeit ein „Face lifting", d. h. eine Veränderung des Designs und der Ausstattung.

Grundsätzlich wird zunehmend versucht, Produkte nur nach Vorliegen eines Kundenauftrags zu bauen, was wegen der angebotenen Variantenvielfalt sinnvoll ist. Dennoch werden auch heute noch Pkw und Nutzfahrzeuge ohne konkreten Kundenauftrag auf Lager produziert. Die Entwicklung, Konstruktion und Planung eines Produktes erfolgt immer auftragsunabhängig im Vorfeld anhand von Marktanalysen.

Ganz anders liegen die Verhältnisse im **Schienenfahrzeugbau**. Hier bestimmt der Kunde (noch) weitgehend das Produkt, d. h., die Entwicklung, Konstruktion, Planung, Fertigung und Montage eines Fahrzeugs erfolgen erst nach Vorliegen eines Kundenauftrags, wobei der Kunde die Spezifikation vorgibt. Aufgrund des hohen Entwicklungsrisikos und der hohen auftragsbezogenen Entwicklungskosten wird aber im Schienenfahrzeugbereich eine **Modularisierung** der Produkte angestrebt. Das kundenindividuelle Produkt wird dann aus bekannten Modulen (z. B. Fahrzeugkasten, Laufwerk, Antrieb, Führerstand, Einstiegsmodul, Fahrgastmodul) „zusammengesetzt". Da die Fahrzeuge kundenindividuell konzipiert werden, unterscheiden sich die Produkte von Auftrag zu Auftrag erheblich, während innerhalb eines Kundenauftrags meist völlig identische Fahrzeuge hergestellt werden.

Die Größen üblicher Auftragsserien liegen in Westeuropa etwa bei folgenden Werten:

- Lokomotiven: zwischen 10 und 100,
- Triebwagen/Triebzüge: 10 bis 50,
- Reisezugwagen: (zehn…) 50 bis 100 (…500),
- Güterwagen: (50…) 100 bis 1.000,
- Straßenbahn-/Stadtbahnwagen: 10 bis 100.

Da die Taktzeiten in der Montage im Bereich von Tagen und Wochen liegen, liefern auch große Schienenfahrzeughersteller nur etwa zwei bis zehn Fahrzeuge täglich aus.

Beide Zweige des Fahrzeugbaus sind gekennzeichnet durch komplexe Produkte: ein Mittelklasse-Pkw enthält ungefähr die gleiche Anzahl unterschiedlicher Teile wie ein Reisezugwagen, nämlich zwischen 30.000 und 40.000. Die Tendenz geht in beiden Sparten zu höherer Komplexität. Während in der Automobilindustrie die Produkte von Auftrag zu Auftrag in der Ausführung ständig variieren und dadurch eine hohe Teilevielfalt die Fertigung und Montage kennzeichnet, laufen in der Schienenfahrzeugindustrie zwar Kleinserien gleichartiger Produkte, dafür werden aber meist mehrere völlig unterschiedliche Produkte parallel gefertigt, was hier ebenfalls zu einer hohen Teilevielfalt und zu einem von Serie zu Serie stark wechselnden Teilespektrum führt.

Eine **Automobilfabrik** hat den in Bild 1.1 gezeigten prinzipiellen Aufbau: Aus Blech, das meist als Coil, aber auch als Zuschnitt (Platine) angeliefert wird, werden im Presswerk Teile für die Karosserie-Tragstruktur und die Außenhaut hergestellt. Aufgrund der hohen Rüstkosten für die Pressen werden meist höhere Stückzahlen von Teilen gepresst, die den Bedarf mehrerer Arbeitstage decken und in einem Blechteilelager zwischengepuffert werden. Auch von Zulieferern kommen weitere Teile für den Karosserierohbau, in dem aus Einzelteilen und vorgefertigten Baugruppen

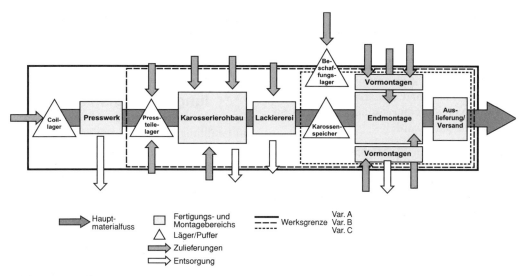

Bild 1.1: Generelle Struktur eines Pkw-Montagewerks

die Karosserie zusammengeschweißt wird. Die Rohkarossen laufen nun in die Lackiererei, wo nach Reinigung der Karosse Grund- und Decklack sowie Unterbodenschutz aufgebracht werden. Nach dem Trocknen werden die Karossen im Karossenspeicher zwischengepuffert. Aufgabe dieses Puffers ist die Entkopplung von Lackiererei und Endmontage, die nach unterschiedlichen Kriterien gesteuert werden müssen: In der Lackiererei werden Karossen gleicher Farbe zu Blöcken zusammenfasst und hintereinander lackiert, um die notwendigen Rüstarbeiten beim Farbwechsel zu minimieren. Die Endmontage ist aufgrund der festen Taktung auf einen möglichst konstanten Produktmix von einfach und hoch ausgestatteten Fahrzeugen angewiesen, d. h., die Reihenfolge der Karossen auf der Endmontagelinie wird vom Arbeitsumfang der Ausstattungsvarianten bestimmt, nicht jedoch von derselben Karosseriefarbe. Der Karossenspeicher dient also als **Sortierpuffer** (siehe auch Kap. 7 und 9).

Die **Endmontagelinie**, Bild 1.1, wird über das Beschaffungslager, über Direktlieferungen von Lieferanten und über Vormontagebereiche mit den notwendigen Teilen, Baugruppen und Modulen versorgt. Meist kommen Motoren, Getriebe und Achsen aus spezialisierten Werken

des Pkw-Herstellers. Am Ende der Montagelinie erfolgen letzte Einstell- und Prüfvorgänge, bevor die Fahrzeuge in den Versand gehen.

Nicht jedes Pkw-Montagewerk besitzt ein eigenes **Presswerk**. Aufgrund der hohen Investitionen und des notwendigen Know-hows z. B. für Konstruktion und Bau der Presswerkzeuge haben die Pkw-Hersteller ihre Blechteileherstellung zentralisiert und liefern einzelnen Montagewerken Teile sowie vorgefertigte Baugruppen für den Karosseriebau zu (siehe Werksgrenze Variante B in Bild 1.1), so dass ein solches Montagewerk nur aus den Bereichen Rohbau, Lackiererei und Endmontage besteht.

Auch die **Lackiererei** erfordert hohe Investitionen. So ist es z. B. üblich, zum Markteinstieg in neuen Absatzmärkten mit dem Aufbau einer Endmontage zu beginnen (Variante C in Bild 1.1). Es werden dann lackierte Karossen und vormontierte Baugruppen als sog. **SKD-** oder **CKD-Bausätze**[2] angeliefert. Auf diese Weise können häufig Einfuhrzölle gespart und erste

---

[2] SKD: Semi knocked down, CKD: Completely knocked down; teil- oder komplett zerlegte Fahrzeugbausätze für die Endmontage.

Mitarbeiter geschult werden. Nachdem sich höhere Absatzzahlen ergeben haben, wird die Fertigungstiefe des neuen Montagewerks sukzessive erhöht, indem der Zerlegungsgrad der angelieferten Bausätze zunimmt, in einen Fahrzeugrohbau und eine Lackiererei investiert wird und das Ganze schließlich durch ein Presswerk ergänzt wird.

Die Struktur von **Nutzfahrzeugwerken** ist grundsätzlich mit der von Pkw-Fabriken vergleichbar. Da in Omnibussen relativ wenige Pressteile verbaut werden, gibt es meist kein Presswerk; die Karosse entsteht vielmehr als beblechte Fachwerkstruktur aus Vierkantrohr. Ansonsten ist der generelle Ablauf mit dem bei Pkw vergleichbar. Beim Lkw muss zwischen Rahmen und Kabine unterschieden werden. Der **Rahmen** entsteht aus Längs- und Querträgern (im Wesentlichen U-Profile), die miteinander verschraubt bzw. vernietet werden. Rahmen und Anbauteile einschließlich Triebwerk (Motor, Getriebe) und Achsen laufen nach der Vormontage durch die Lackiererei und werden anschließend mit der Kabine versehen. Die **Kabine** selbst entsteht ähnlich wie ein Pkw aus verschweißten Blechpressteilen, wird lackiert und in einer Vormontage mit dem Innenausbau versehen. Bei mittelschweren und schweren Lkw wird der Aufbau (Pritsche/Plane, Koffer, Tankaufbau usw.) meist von Spezialfirmen hergestellt und montiert; der Lkw-Hersteller liefert nur das fahrfertige Fahrgestell mit Kabine. Im Nutzfahrzeugbereich werden teilweise auch Motoren, Getriebe und Achsen von Zulieferern bezogen.

Im **Schienenfahrzeugbau** ist der generelle Ablauf ebenfalls mit dem Pkw-Montagewerk vergleichbar; Pressteile werden aufgrund der kleinen Stückzahlen jedoch kaum verwendet. Hier entsteht aus Walz- und Kantprofilen und Blechen (Stahlbauweise) bzw. Strangpressprofilen (Leichtmetallbauweise) der Wagenkasten, der nach der Lackierung in die Endmontage geht. Bei sehr kleinen Stückzahlen sind Standmontagen üblich, ansonsten Taktmontagen. Parallel zum Ausbau des Wagenkastens werden die Drehgestelle (Fahrwerke) montiert; kurz vor Auslieferung wird der Fahrzeugkasten auf die Drehgestelle gesetzt.

1.2 Geschichtliche Entwicklung der Logistik

Zur Erfüllung seiner täglichen Bedürfnisse war der Mensch schon immer auf logistische Funktionen angewiesen[3]. Beim Sesshaftwerden war für die Wahl des Ansiedlungsortes das Vorliegen einer „Infrastruktur" von wesentlicher Bedeutung. So entstanden Siedlungen an Flussläufen, Meeresküsten und Handelswegen. Die heiligen Stätten des Islam in Saudi-Arabien und die des Buddhismus in Indien liegen an solchen Handelswegen. In Europa wiederholte sich eine derartige Entwicklung, wenn auch wesentlich später, in ähnlicher Form: Städte wurden an der Küste oder an Flüssen gegründet, weil Schiffe über Jahrtausende das bedeutendste Transportmittel darstellten. Auf diese Weise wurden erst die Versorgung der Menschen und ein florierender Handel möglich. Die Entstehung der Städte in Deutschland ist verknüpft mit der Entwicklung der wichtigen Handelswege.

Viele technische Elemente der Fördertechnik und einfache Maschinen wurden bereits in vorchristlicher Zeit erfunden: Aristoteles (384–322 v. Chr.) beschreibt bereits schiefe Ebene, Keil, Schraube, Hebel und Rad (letzteres wahrscheinlich im 4. Jahrtausend v. Chr. in Mesopotamien erfunden). Der Bau der Pyramiden 2800 v. Chr. war ohne Seilrolle, Hebel, kranartige Gerüste wohl nicht zu bewerkstelligen. Auch der Flaschenzug war im alten Ägypten offenbar schon bekannt; beschrieben wird er von Archimedes (um 285–212 v. Chr.).

Im militärischen Bereich spielte die Logistik frühzeitig eine Rolle. Die alten Römer setzten „Logistas" für die Versorgung der Legionen ein. Diese Nachschubsoldaten verwalteten

---

³ Eine ausführliche Beschreibung der Geschichte der Logistik findet sich in [Jüne89].

Lager für Nahrungsmittel, planten Marschrouten und Weideplätze für die zur Fleischversorgung mit den Truppen mitgetriebenen Tierherden und organisierten Quartiere für die Legionen.

Der byzantinische Kaiser Leon VI. (865–912 n. Chr.) definierte in einem Buch über das Militärwesen die Logistik wie folgt (zit. nach [Jüne89]):

> *„Sache der Logistik ist es, das Heer zu besolden, sachgemäß zu bewaffnen und zu gliedern, es mit Kriegsgerät auszustatten, rechtzeitig und hinlänglich für seine Bedürfnisse zu sorgen und jeden Akt des Feldzuges entsprechend vorzubereiten, d. h. Raum und Zeit zu berechnen, das Gelände in Bezug auf die Heeresbewegungen des Feindes sowie des Gegners Widerstandskraft richtig zu schätzen und diesen Funktionen gemäß die Bewegung und Verteilung der eigenen Streitkräfte zu regeln und anzuordnen, mit einem Wort zu disponieren."*

Diese Definition ist bei entsprechender Transformation auf Produktionsunternehmen auch heute noch aktuell.

Bis ins 18. Jahrhundert hinein gab es kaum bahnbrechende Entwicklungen des Transportwesens. Erst mit der Erfindung der Dampfmaschine (1769), der Herstellung von Roheisen mittels Steinkohlenkoks (1735) und der Einführung der Eisenbahn (1804, in Deutschland 1835) machte die Transporttechnik große Fortschritte. Mit dem Bau von Eisenbahnen konnten zum ersten Mal große Lasten und eine ansehnliche Zahl von Personen über große Entfernungen mit größerer Geschwindigkeit transportiert werden. Die Erschließung und Besiedlung der USA wäre ohne Eisenbahn in so kurzer Zeit wohl nicht möglich gewesen. Die Erfindung des Verbrennungsmotors durch N. Otto (1876) war die Grundlage für die Entwicklung des Automobils (1885, Gottlieb Daimler und Carl Benz), das nicht wie Schifffahrt und Eisenbahn streckengebunden, sondern flächenerschließend eingesetzt werden kann, und das heute in fast allen Ländern die

Vorrangstellung beim Personen- und Güterverkehr hat.

Parallel zur Entwicklung der Verkehrsmittel wurde die Infrastruktur ausgebaut: Neben dem Eisenbahnnetz entstand das flächendeckende Straßennetz unserer Tage einschließlich der neuen Handelswege „Autobahnen". Ab Mitte des 19. Jahrhunderts (in England und Frankreich schon früher) wurde für den Massentransport, insbesondere für Kohle und Erz, das Binnenwasserstraßennetz ausgebaut. Das Flugzeug ermöglicht seit etwa 80 Jahren, große Entfernungen mit hohen Transportgeschwindigkeiten zu überbrücken.

Nicht zu vergessen ist die rasante Entwicklung des Informationswesens. Während vor 200 Jahren Nachrichten noch von reitenden Boten überbracht wurden, können Informationen heute mit Lichtgeschwindigkeit über Satelliten in Sekundenbruchteilen übermittelt werden. Diese Entwicklung ermöglicht die papierlose Informationsübertragung, wobei Telegraf, Telefon, Rundfunk, Fernsehen, Telex, Telefax und Internet die Fortschritte kennzeichnen. Papiergebundene Nachrichten, Unterlagen sowie Waren aller Art werden durch flächendeckend angebotene Brief-, Kurier- und Paketdienste transportiert.

In den Unternehmen führten diese Möglichkeiten zum Einsatz automatischer Lager-, Transport- und Verpackungssysteme, zu Robotern in flexiblen, automatischen Materialflusssystemen und zu integrierten, rechnergestützten Informationssystemen in Materialfluss und Logistik. Die immer komplexeren, miteinander verbundenen und voneinander abhängigen Systeme erfordern eine ganzheitliche Planung, Steuerung und Überwachung.

Der Begriff „Logistik" taucht im letzten Jahrhundert vorwiegend im Bereich des Militärs wieder auf und wird um 1955 erstmals auf die Wirtschaft übertragen; ab 1970 wird der Begriff auch in der deutschen betriebswirtschaftlichen Literatur benutzt. Beim 1. Europäischen Materialflusskongress wird zur Logistik formuliert (zit. nach [Jüne89]):

„Nachdem die Logistik einen festen Platz innerhalb der Streitkräfte und Armeen vieler Länder bekommen hat, liegt es nahe, alle Raum-, Zeit-, Ver- und Entsorgungsprobleme in den Industrieunternehmen und der Volkswirtschaft eines Landes analog zu betrachten. In Industrieller Logistik sollen nicht nur die Materialflußvorgänge, sondern auch der Fluß der Informationen und Daten von Mensch-Maschine-Systemen oder Maschine-Maschine-Systemen für alle raum- und zeitüberbrückenden Prozesse verschiedenster Art in Industrie-, Handels- und Dienstleistungsunternehmen betrachtet werden."

Damit sind die Materialflussprozesse in den Unternehmen und deren Gestaltung, Planung, Steuerung und Überwachung vollständig in die Logistik integriert worden. Die Logistik wurde neben der Betriebswirtschaft um technische Komponenten erweitert und stützt sich damit auf drei wichtige Säulen, Bild 1.2:

- Technik (Materialflusselemente als technische Komponenten),
- Informatik (Informationsflusselemente als technische Komponenten),
- Betriebs- und Volkswirtschaft (wirtschaftliche Komponenten).

Das ganzheitliche logistische Denken und Handeln in Systemen ist dabei die Forderung

der Zeit. Die drei genannten Säulen müssen deshalb als integriertes Ganzes angesehen werden.

1.3   Definition

„Logistik ist die wissenschaftliche Lehre der Planung, Steuerung und Überwachung der Material-, Personen-, Energie- und Informationsflüsse in Systemen" [Jüne89].

Die Unterscheidung verschiedener Logistiksysteme ist notwendig im Hinblick auf die Probleme bei der Gestaltung eines Logistiksystems, siehe dazu Bild 1.3 [Pfoh04]:

- **Makrologistische Systeme** sind gesamtwirtschaftlicher Art (z. B. das Güterverkehrssystem in einer Volkswirtschaft, also: Straßen und Autobahnen mit Speditionen und Fuhrunternehmen einschließlich Speditionshöfen und Umschlagplätzen; Eisenbahnstrecken, Güter- und Rangierbahnhöfe sowie Eisenbahnunternehmen; Binnenschifffahrtswege, Häfen und Reedereien);
- zur **Mikro-Logistik** gehören die logistischen Systeme einzelner öffentlicher oder privater Organisationen (also z. B. das Logistiksystem für Beschaffung, Produktion, Absatz und Entsorgung eines Nutzfahrzeug-Herstellers),

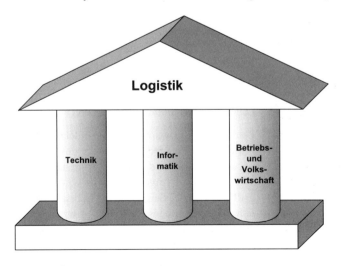

Bild 1.2: Die drei Säulen der Logistik [Jüne89]

• und **Meta-Logistik** liegt auf der Betrachtungsebene zwischen Makro- und Mikro-Logistik (Meta-Logistik umfasst z. B. den Güterverkehr aller in einem Absatzkanal zusammenarbeitenden Organisationen, also z. B. das Absatzlogistiksystem eines Pkw-Herstellers, der sich Straßenspediteuren, Eisenbahnunternehmen, Paketdiensten und einer Händlerorganisation bedient).

Systeme der Mikro-Logistik lassen sich nach der Art von Organisationen mit ihren spezifischen Zielsetzungen unterscheiden. Definiert man Unternehmen als Organisationen, die durch wirtschaftliche Ziele geprägt sind, so lässt sich Unternehmenslogistik nach der von einem Unternehmen am Markt zu erfüllenden Aufgabe (Unternehmenszweck, Betriebszweck) untergliedern in Industrie-, Handels- und Dienstleistungslogistik. Zu den Begriffen „Unternehmen" und „Betrieb" wird folgende Unterscheidung getroffen: Ein Unternehmen ist die rechtliche, finanzielle Einheit einer Betriebswirtschaft, ein Betrieb die technische Einheit, in der Produktions- und Logistikprozesse ablaufen. Ein Unternehmen kann demnach mehrere Betriebe umfassen.

Betrachtet man Logistik als Instrumentarium des Gesamtsteuerungssystems eines Industrie-Unternehmens, Bild 1.3, so umfasst sie alle Aufgaben und Vorgänge, die zwischen Beschaffungsmarkt und Absatzmarkt angeordnet sind. Dazu gehören die Produktion, der externe und interne Transport und das Lager.

> **Gegenstände der Logistik** in einem Produktionsunternehmen sind damit [Jüne89]:
>
> • **Güter** (Materialien, Stoffe),
> • **Personen** (biologische Objekte),
> • **Informationen**,
> • **Energie**,
> • **Materialflussmittel** (Fahrzeuge, Fördersysteme, Lagersysteme),
> • **Produktionsmittel** (Anlagen, Maschinen),
> • **Informationsflussmittel** (Arbeitsmittel des Informationsflusses),
> • **Infrastruktur** (Gebäude, Flächen, Wege, Kabel).

Funktionell lassen sich einzelne Logistiksysteme innerhalb eines produzierenden Unternehmens feststellen, Bild 1.5. Die **Beschaffungslogistik** (auch: Versorgungslogistik) befasst sich mit der ersten Phase des Güterflusses aus Roh-, Hilfs- und Betriebsstoffen, aus Kaufteilen, Handelsware und Ersatzteilen vom Beschaffungsmarkt bis in das Beschaffungs- oder Eingangslager eines Unternehmens. Vor dem

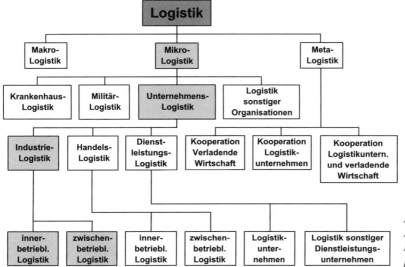

Bild 1.3: Institutionelle Abgrenzung von Logistiksystemen [Pfoh04]

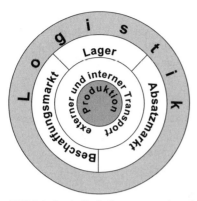

Bild 1.4: Logistik als Instrumentarium des Gesamtsteuerungssystems des Unternehmens [Rupp88]

unmittelbar bei der Produktionsstätte liegenden Beschaffungslager kann noch ein Zulieferungslager bestehen, das z. B. Güter sammelt und sortiert. Auch ein direkter Güterfluss vom Beschaffungsmarkt in den Produktionsprozess ist, wie in Bild 1.5 dargestellt, denkbar und realisiert (siehe Abschn. 8.7, Just-in-time-Logistik).

In der zweiten Phase, der **Produktionslogistik**, fließen Roh-, Hilfs- und Betriebsstoffe sowie Kaufteile und Ersatzteile aus dem Beschaffungslager in den Produktionsprozess. Das Zwischenlager ist für Halb- und Fertigfabrikate bestimmt, ebenso für kundenbezogene Ersatzteile. Beschaffungslogistik und Produktionslogistik bezeichnet man zusammen auch als **Materiallogistik**.

Den Güterfluss der dritten Phase bilden Fertigfabrikate, Halbfertigfabrikate (z. B. Ersatzteile für Fertigfabrikate) und eventuell Handelsware (darunter versteht man Waren, die beim Zulieferer beschafft und ohne den eigenen Produktionsprozess zu durchlaufen in den Absatzkanal gelangen, z. B. Zubehör für Pkw wie Kindersitze). Der Güterfluss dieser dritten Phase geht aus dem bei der Produktionsstätte liegenden Absatzlager über Auslieferungslager an die Kunden im Absatzmarkt. Eine direkte Belieferung der Kunden aus dem Produktionsprozess ist ebenfalls denkbar. Diesen Teil der Unternehmenslogistik nennt man **Distributionslogistik**.

In einer vierten Phase fließt der Güterstrom in umgekehrter Richtung. Er besteht aus beschädigten oder falsch ausgelieferten Gütern, die vom Kunden an den Lieferanten zurückgehen (Retouren), aus Leergut (z. B. Mehrwegverpackungen), Austauschaggregaten (mit Hilfe von Neuteilen aufgearbeitete gebrauchte Aggregate wie Motoren und Getriebe), aus zu entsorgenden Abfallstoffen sowie aus den im Rahmen des Recyclings zur Wiederverwendung oder -verwertung zurückfließenden Gütern. Dieser Teil der Unternehmenslogistik wird **Entsorgungslogistik** genannt [Pfoh04].

Eine weitere Möglichkeit zur Abgrenzung von Logistiksystemen ergibt sich aus den Inhalten von Logistikprozessen bzw. -aufgaben, Bild 1.6 (zu den Logistikprozessen siehe auch Bild 1.9). Bild 1.6 stellt die logistischen Teilsysteme dar, die bestimmte Aufgaben innerhalb des Logistiksystems zu erfüllen haben. Wie in anderen betriebswirtschaftlichen Systemen (auch betriebswirtschaftliche Funktionen genannt, z. B. Absatz, Produktion, Forschung und Entwicklung, Einkauf, Personalwesen) werden Produktionsfaktoren (siehe Bild 1.6) zum Zweck der betrieblichen Leistungserstellung und -verwertung eingesetzt [Pfoh04]. Die Logistikkosten ergeben sich aus dem bewerteten Einsatz an Produktionsfaktoren. Diesen Kosten müssen als Output betriebswirtschaftliche Leistungen gegenüberstehen.

Leistungen der Logistik werden auch als „Service" (Versorgungs- bzw. Lieferservice) bezeichnet und können durch die **„sieben R"** (die Aufgaben der Logistik) charakterisiert werden, nämlich

- die richtige **Menge**,
- der richtigen **Objekte**,
- am richtigen **Ort**,
- zum richtigen **Zeitpunkt**,
- in der richtigen **Qualität**,
- zu den richtigen **Kosten**,
- mit den richtigen **Informationen**

zur Verfügung zu stellen.

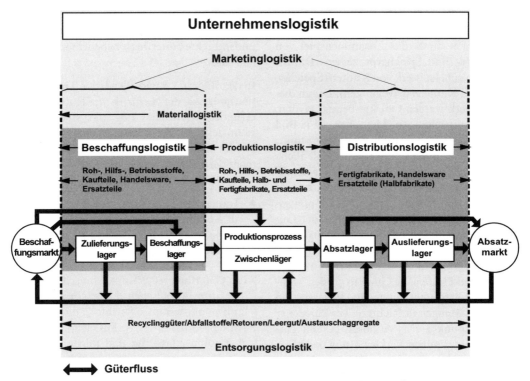

Bild 1.5: *Funktionelle Abgrenzung von Logistiksystemen nach den Phasen des Güterflusses am Beispiel eines Industrieunternehmens, nach [Pfoh04]*

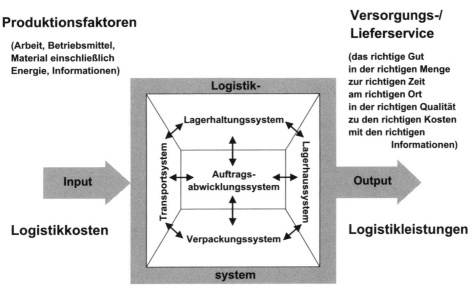

Bild 1.6: *Funktionelle Abgrenzung von Logistiksystemen nach den Inhalten von Logistikaufgaben (nach [Pfoh04])*

Bild 1.7 stellt die **Grundstrukturen von Logistiksystemen** dar. Jedes Logistiksystem ist gekennzeichnet durch das Zusammenspiel von Bewegungs- und Speicherprozessen. Daraus ergibt sich ein Netzwerk von Knoten (Speicher, Lager) und Kanten (Bewegungen). Durch dieses Netzwerk werden Objekte bewegt (Güter, Energie, Informationen, Menschen). Wie Bild 1.7 zeigt, sind zwischen Quelle (Lieferpunkt) und Senke (Empfangspunkt) unterschiedliche Verbindungsstrukturen denkbar. In **einstufigen Logistiksystemen** erfolgt ein direkter Güterfluss zwischen Lieferpunkt und Empfangspunkt. Bei **mehrstufigen Systemen** ist der Güterfluss durch mindestens einen weiteren Punkt unterbrochen, an dem zusätzliche Lager- und/ oder Bewegungsprozesse stattfinden. In einem **Auflösepunkt** treffen die Güter in großen Mengen vom Lieferpunkt aus ein und verlassen ihn in kleinen Mengen in Richtung verschiedener Empfangspunkte. Das Auflösen besteht entweder in einer reinen Verkleinerung der Mengeneinheiten eines bestimmten Gutes oder aber in einem Assortieren (Zusammenstellen von Auftragspositionen nach Menge und Sorte). Der Unterbrechungspunkt in einem mehrstufigen System kann aber auch ein **Konzentrationspunkt** sein, in dem Güter gebündelt (ge-sammelt oder sortimentiert) werden. Von kombinierten Systemen spricht man, wenn direkte und indirekte Güterflüsse nebeneinander möglich sind.

In den Bildern 1.8 und 1.9 werden **Transformationsprozesse der Logistik** verdeutlicht. Die Grundfunktion eines Logistiksystems ist die raum-zeitliche Veränderung von Gütern. Damit ist häufig auch eine Mengen- und Sortenänderung verbunden. Erfüllt wird diese Grundfunktion durch

- Transport-, Umschlag- und Lagerprozesse als Kernprozesse des Güterflusses,
- Verpackungs- und Signierungsprozesse als Unterstützungsprozesse im Güterfluss.

> Ein **Güterfluss** setzt den Austausch von Informationen zwischen Liefer- und Empfangspunkt voraus. Die Informationen lösen den Güterstrom vorauseilend aus, begleiten ihn erläuternd und folgen ihm bestätigend oder nicht bestätigend nach.

Deshalb werden als Logistikprozesse zusätzlich zu den Prozessen des Güterflusses auch die des Informationsflusses gezählt [Pfoh04]. Erfüllt wird diese Informationsfunktion durch

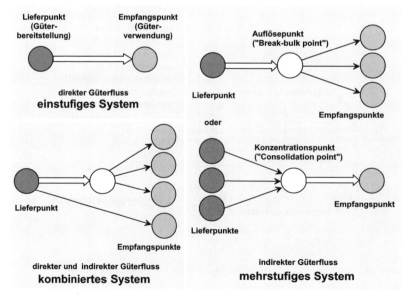

Bild 1.7: Grundstrukturen von Logistiksystemen [Pfoh04]

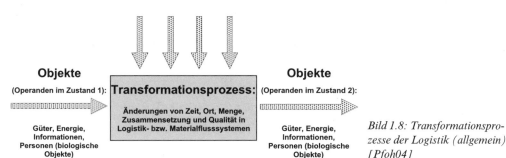

Bild 1.8: Transformationspro-
zesse der Logistik (allgemein)
[Pfoh04]

- Auftragsübermittlungs- und Auftragsbearbeitungsprozesse.

In Bild 1.8 sind den Logistikprozessen die durch sie bewirkten Arten der Gütertransformationen zugeordnet [Pfoh04]:

- Eine **Zeitänderung** ist notwendig, wenn zwischen Lieferungs- und Bedarfstermin eine Differenz besteht; trifft Ware am Freitag ein, wird aber erst am Mittwoch der Folgewoche benötigt, wird sie zwischenzeitlich eingelagert. Der notwendige Logistikprozess ist also das Lagern.
- Befinden sich Güter in A, werden aber in B benötigt, so ist eine **Raumänderung** durch Transport und evtl. Umschlagen erforderlich.

- Liegen auf einer Palette 50 Schachteln zu je 200 Stück eines Artikels, werden aber nur 200 Stück benötigt, so hat eine **Mengenänderung** durch Umschlagen (Auflösen) zur Vereinzelung der Schachteln stattzufinden. Umgekehrt ist ein Zusammenfassen notwendig, wenn (Klein-)Teile einzeln produziert werden, der Kunde aber Großmengen abnimmt.
- Das Umschlagen im Sinne von Sortieren muss dann erfolgen, wenn z. B. die Bedarfe der Produktion für unterschiedliche Artikel durch einen Bereitstellvorgang abzudecken sind. Durch eine **Sortenänderung** wird dann aus artikelreinen Ladeeinheiten eine Art Warenkorb kommissioniert.

Güter- transformation	Logistikprozesse					
	Lagern	Transpor- tieren, Umschla- gen (Hand- haben)	Umschla- gen (Zusam- menfassen, Auflösen)	Umschla- gen (Sortieren)	Verpacken, Signieren	Aufträge über- mitteln, bear- beiten
Zeitänderung	●					
Raumänderung		●				
Mengenänderung			●			
Sortenänderung				●		
Änderung in den Transport-, Umschlags- und Lagereigenschaften					●	
Änderung in der logistischen Determiniertheit des Gutes						●

Güterfluss ←——————————————→ Informationsfluss

Bild 1.9: Logistikprozesse
und die durch sie bewirkten
Gütertransformationen
[Pfoh04]

- Eine **Änderung in den Transport-, Umschlags- und Lagereigenschaften** erreicht man durch Verpacken und Signieren; z. B. werden Kleinteile in Schachteln verpackt und letztere zu einem Packverband auf Paletten zusammengestellt, so dass der Umschlag der Teile mittels Gabelstapler oder die automatische Einlagerung in ein Palettenhochregal möglich ist. Erst durch Signieren, z. B. Etikettieren, kann der Inhalt der Schachteln ohne Öffnen der Verpackung erkannt werden.

- Eine **Änderung der logistischen Determiniertheit eines Gutes** findet statt, wenn z. B. aus einem frei verfügbaren Lagerbestand eine Untermenge durch Einsteuerung eines Auftrages im Lagerverwaltungssystem reserviert wird, also dem Auftrag fest zugeordnet wird und damit nicht mehr frei verfügbar ist, ohne dass der körperliche Bestand im Lager angetastet wird. Diese zuletzt beschriebene Gütertransformation betrifft also nur den Informations-, aber nicht den Güterfluss.

1.4   Zielgrößen der Logistik

Bereits in Bild 1.5 wurde ein Überblick über die Unternehmenslogistik gegeben. Die Unternehmenslogistik ist im Gegensatz zu z. B. den Bereichen Forschung/Entwicklung, Beschaffung, Produktion, Absatz/Marketing keine Linien-, sondern eine Querschnittsfunktion innerhalb des Unternehmens; mit anderen Worten: sie hat ebenso wie die Unternehmensbereiche „Finanzen" und „Personal" funktionsübergreifende Aufgaben. Zur Optimierung eines Produktionsunternehmens sind deshalb ganzheitliche logistische Systeme anzustreben.

Bild 1.10 zeigt die **Systemgrößen der Logistik** in einem Produktionsunternehmen. Die Aufgabe besteht hier darin, die Systemgrößen so zu gestalten, dass mit geringst möglichem Aufwand an Ressourcen ein höchstmögliches Ergebnis erzielt wird.

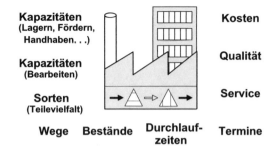

Bild 1.10: Wichtige Systemgrößen der Logistik [Jüne89]

Betrachten wir zunächst die Systemgröße **Kapazitäten**: Sowohl bei den Kapazitäten für Lagern, Fördern, Handhaben als auch bei den Kapazitäten für das Bearbeiten besteht die Aufgabe in der optimalen Abstimmung im Hinblick auf das angestrebte Unternehmensziel. Zu beachten ist, dass Kapazitäten Investitionen erfordern und Kosten verursachen. In komplexen Systemen bestimmt die Komponente mit der geringsten Kapazität (Engpasskapazität) die Gesamtkapazität. Schlecht ausgelastete Kapazitäten verursachen hohe Kosten, überlastete Kapazitäten erhöhen die Auftragsdurchlaufzeit und damit die Lieferzeit.

Die Systemgröße **Sorten (Teilevielfalt)** ist heute in Produktionsunternehmen, besonders auch in der Fahrzeugindustrie, von überragender Bedeutung, da viele Unternehmen versuchen, ihre Marktposition durch Produktdifferenzierung auszubauen, d. h. durch eine extreme Beachtung von Kundenwünschen. Dies führt zu einem starken Anwachsen der Produktvarianten und damit zu einer Erhöhung der Teilevielfalt.

> Mit der **Teilevielfalt** steigt in der Regel der Aufwand für Entwicklung und Konstruktion, Prototypenbau und Erprobung, Produktionsplanung, Werkzeuge und Vorrichtungen, Messmittel, Steuerung und Disposition sowie Lagerhaltung und Verwaltung.

Treten bei komplexen Produkten bestimmte Varianten nur selten auf, erhöht sich auch die Gefahr von Fehlmontagen. In vielen Unternehmen ist deshalb die Verringerung und Beherrschung der Variantenvielfalt ein wesentliches Ziel. Bild 1.11 zeigt die Auswirkungen steigender Variantenvielfalt in Produktionsunternehmen.

Eine weitere wichtige Systemgröße der Logistik sind **Wege**. Grundsätzlich erhöht der inner- und außerbetriebliche Transport den Wert eines Produktes aus Kundensicht nicht. Damit sollten Wege im Produktionsprozess so kurz wie nur möglich sein. Aufgrund unzureichender Kostenrechnungssysteme werden in vielen Unternehmen die Kosten für innerbetriebliche Transporte unterschätzt. Lange Wege rufen außerdem Bestände hervor und erhöhen die Gefahr von Transportschäden.

Die Systemgröße **Bestände** soll nun näher beschrieben werden. Rentabilität und Liquidität eines Unternehmens werden durch die von der Logistik zu verantwortenden Bestände wesentlich beeinflusst. Bild 1.11 gibt Ursachen für Bestände im Unternehmen an (siehe dazu auch Kap. 7):

- **Prozessbedingte Bestände** gibt es z. B. in der Nahrungsmittelindustrie (das Reifen von Käse oder Wein), in der Möbel- und Bauindustrie (das Trocknen von Schnittholz), aber auch im Maschinen- und Fahrzeugbau, wenn z. B. Schmiedestücke vor der Weiterbearbeitung abkühlen müssen oder bei geklebten Teilen eine Abbindezeit erforderlich ist.
- Oft werden **Bestände zur Abdeckung von Risiken** aufgebaut; durch Bestände können z. B. Störungen beim Lieferanten (Streiks, Maschinenausfälle, usw.) oder Störungen beim Transport (Staus, Unfälle, Glatteis, Verspätungen, usw.) abgedeckt werden.
- Sind Prozesse aufgrund der Technologie ausschussbehaftet (z. B. Gesenkschmieden, Gießen), so sind Bestände notwendig, um die folgenden Prozessschritte ungestört betreiben zu können. Auch **nicht abgestimmte Kapazitäten** führen zu Beständen, wenn z. B. das Kokillengießen von Rohteilen aufgrund der hohen Anfahrkosten des Schmelzofens kontinuierlich dreischichtig in einer Sieben-

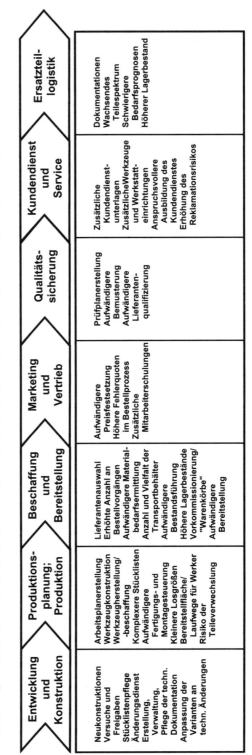

Entwicklung und Konstruktion	Produktionsplanung; Produktion	Beschaffung und Bereitstellung	Marketing und Vertrieb	Qualitätssicherung	Kundendienst und Service	Ersatzteillogistik
Neukonstruktionen	Arbeitsplanerstellung	Lieferantenauswahl	Aufwändigere Preisfestsetzung	Prüfplanerstellung	Zusätzliche Kundendienstunterlagen	Dokumentationen
Versuche und Freigaben	Werkzeugkonstruktion	Erhöhte Anzahl an Bestellvorgängen	Höhere Fehlerquoten im Bestellprozess	Aufwändigere Bemusterung	Zusätzliche Werkzeuge und Werkstatteinrichtungen	Wachsendes Teilespektrum
Stücklistenpflege	Werkzeugherstellung/ -beschaffung	Aufwändigere Materialbedarfsermittlung	Zusätzliche Mitarbeiterschulungen	Aufwändigere Lieferantenqualifizierung	Anspruchsvollere Ausbildung des Kundendienstes	Schwierigere Bedarfsprognosen
Änderungsdienst	Komplexere Stücklisten	Anzahl und Vielfalt der Transportbehälter			Erhöhung des Reklamationsrisikos	Höherer Lagerbestand
Erstellung, Verwaltung, Pflege der techn. Dokumentation	Aufwändigere Fertigungs- und Montagesteuerung	Aufwändigere Bestandsführung				
Anpassung der Varianten an techn. Änderungen	Kleinere Losgrößen	Höhere Lagerbestände				
	Bereitstellfläche/ Laufwege für Werker	Vorkommissionierung/ "Warenkörbe"				
	Risiko der Teileverwechslung	Aufwändigere Bereitstellung				

Bild 1.11: Auswirkungen der Variantenvielfalt in Produktionsunternehmen

Tage-Woche erfolgt, die anschließende mechanische Bearbeitung der Gussteile aber nur fünf Tage pro Woche zweischichtig betrieben wird, um Lohnzuschläge zu sparen.

- Wirtschaftlichkeitsgründe, z. B. das Einsparen von Rüstkosten, sprechen bei oberflächlicher Betrachtung zur Auflage großer Lose über den aktuellen Bedarf hinaus, führen aber zum Aufbau von Beständen (und binden Liquidität, siehe auch Kap. 7). **Spekulationsbestände** entstehen, wenn zukünftige Bedarfe bei erwarteten Preissteigerungen frühzeitig gedeckt werden (üblich z. B. in der Elektrotechnik bei Kupfer, Gold und Silber sowie im Mineralölbereich).

- Bestände sollen auch die **Liefer- und Versorgungsfähigkeit** sicherstellen. Das kann z. B. im Ersatzteilbereich notwendig sein, wenn über das Ausfallverhalten eines neuen Produktes und die Ersatzteilbedarfe keine oder nur unzureichende Informationen vorliegen.

- **Ungeplante Bestände** ergeben sich, wenn Zu- und Abflussraten eines Artikels differieren, wenn z. B. der Einkauf in festen Abständen feste Bestellmengen beim Lieferanten ordert, der Bedarfsverlauf aber unregelmäßig ist.

Die durch zu große oder zu geringe Bestände hervorgerufenen Kosten zeigt qualitativ

Bild 1.12: Ursachen für Bestände im Unternehmen (nach [Jüne89])

Bild 1.13: Kostenverursachung durch Bestände [Jüne89]

Bild 1.13; große Bestände führen zu hohen Lagerbestands- und Kapitalbindungskosten, zu kleine Bestände können Produktionsstillstandskosten hervorrufen. Damit gibt es bei der Bestandsminimierung wirtschaftliche Grenzen. Andererseits wird durch Bestände auch Liquidität des Unternehmens gebunden: Geld, das als Teile- oder Erzeugnisbestand im Lager liegt, kann nicht für die Entwicklung neuer Produkte oder für die Investition in neue Betriebsmittel eingesetzt werden. Bestände senken demnach auch die Flexibilität.

In Produktionsunternehmen kommt der Systemgröße **Durchlaufzeiten** große Bedeutung zu. Bild 1.14 gibt eine Übersicht über den Gesamtbereich der Produktion mit Teilefertigung, Vormontage, Komponentenmontage und Endmontage und erläutert den Begriff der „**Fertigungstiefe**".

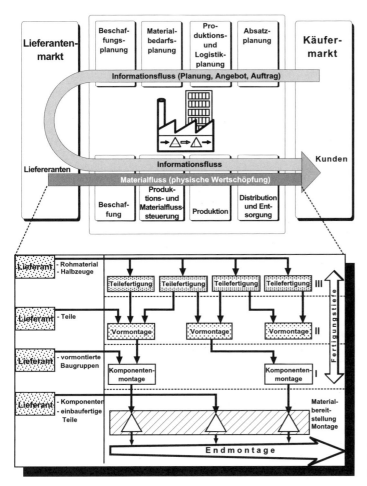

Bild 1.14: Entscheidungsfeld der Logistik in der Teilefertigung und Montage [Jüne89]

Fertigungstiefe kann definiert werden als der Umfang der Produktions-Teilleistungen, der unter unmittelbarer Kontrolle des Industriebetriebs intern erzeugt wird. Die Fertigungstiefe bestimmt wesentlich die Auftragsdurchlaufzeit.

Da von der Auftragsdurchlaufzeit auch die Bestände im Unternehmen – Bestände an Halbzeugen, Teilen, Komponenten und angearbeiteten Erzeugnissen – abhängen, wird eine **Verkürzung der Auftragsdurchlaufzeit** angestrebt. Möglichkeiten dazu bieten z. B. die produktionssynchrone Beschaffung und die montagesynchrone Teilefertigung, Bild 1.15. Eine Verkürzung der Auftragsdurchlaufzeit

wird in der Regel auch zur Verkürzung der Lieferzeit genutzt, um am Markt Wettbewerbsvorteile zu erzielen.

Besonders in der **Losfertigung** – der Zusammenfassung von Bedarfen gleicher Teile in gemeinsam zu fertigende Lose – ergeben sich hohe Durchlaufzeiten durch Transport- und Liegezeiten.

So macht die eigentliche Bearbeitungszeit nur etwa drei bis maximal dreißig Prozent der Durchlaufzeit eines Loses aus [Jüne89, Wien05], Bild 1.16. Ziel muss es also sein, die Transport- und besonders die Liegezeiten drastisch zu verkürzen. Ansätze ergeben sich hier durch die Flexibilisierung der Fertigung

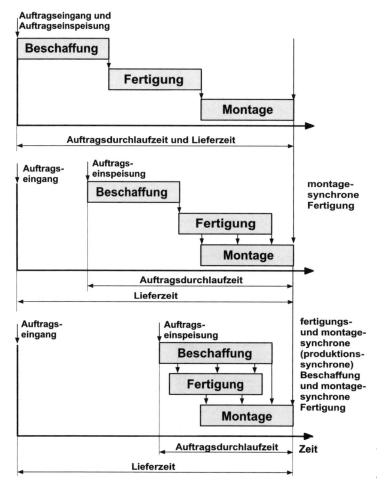

Bild 1.15: Ziel der Logistik: Verkürzung der Durchlaufzeiten [Jüne89]

und Montage (Flexible Fertigungssysteme, Fertigungsinseln usw., siehe Abschn. 9.1) [Stie99, Wien05].

Ursachen großer Bestände und langer Durchlaufzeiten liegen aber auch in den heute eingesetzten Produktionssteuerungssystemen, Bild 1.17. Da in vielen Betrieben – insbesondere

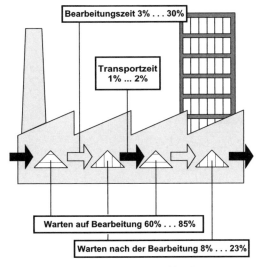

Bild 1.16: Ursachen für hohe Durchlaufzeiten [Düne89]

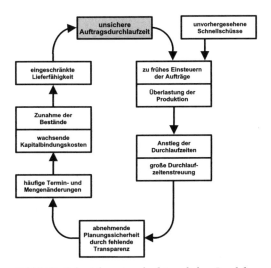

Bild 1.17: Schwächen einer herkömmlichen Produktionssteuerung („Teufelskreis der Produktionssteuerung") [Düne89]

in verrichtungsorientiert organisierten Bereichen – die Durchlaufzeiten stark schwanken und damit der Fertigstellungstermin eines Auftrags nur schwer zu bestimmen ist, werden viele Aufträge zu früh eingesteuert. Dies erhöht den Werkstattbestand und führt dadurch zu längeren **Auftragswarteschlangen** vor einzelnen Maschinen. Damit steigen die Durchlaufzeiten und die Wartebestände an, die Lieferbereitschaft sinkt. Als Reaktion werden Aufträge noch früher eingesteuert; Schnellschüsse zur Zufriedenstellung drängelnder Kunden sind notwendig. Die Produktionssteuerung gerät zunehmend in einen Teufelskreis. Einen Ausweg bietet hier z. B. die „Belastungsorientierte Auftragsfreigabe (BOA)" [Wien05].

Bei den **Zielgrößen der Produktionssteuerung** – kurze Durchlaufzeiten, hohe Termintreue, niedrige Bestände, hohe Auslastung, Bild 1.18 – hat eine Gewichtsverschiebung stattgefunden. Während früher die hohe Auslastung der vorhandenen Kapazitäten höchste Priorität besaß, wird heute das Schwergewicht auf Termintreue, niedrige Bestände und kurze Durchlaufzeiten gelegt. Die Lieferfähigkeit – dem Kunden das gewünschte Produkt in der bestellten Menge innerhalb der von ihm akzeptierten Lieferzeit liefern zu können – wird nicht durch die Vorhaltung großer Bestände an verkaufsfähigen Produkten erreicht, sondern durch eine Fertigung nach Auftrag bei entsprechender Flexibilität der Produktionsanlagen.

Hohe **Rüstkosten** zwangen früher zur Produktion möglichst großer Lose; bei wachsender Teilevielfalt müssen rüstoptimierte Anlagen und gut ausgebildete Mitarbeiter eine hohe Flexibilität bei kleinen Losgrößen sicherstellen.

Dies bedeutet z. B. den Übergang von der Arbeitsteilung (Verrichtungsorientierung) zur Gruppen- bzw. Teamarbeit (Produktorientierung, siehe Abschn. 9.2). Zur Verringerung der Kapitalbindung müssen Bestände im Unternehmen abgebaut werden, d. h., die Lagerorientierung der Produktion wird zugunsten einer Fließorientierung mit geringen, geplanten Beständen aufgegeben.

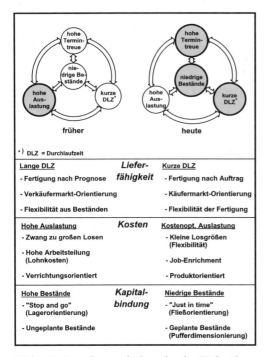

Bild 1.18: Gewichtsverschiebung bei den Zielgrößen der Produktionssteuerung [Rupp88]

Im Zeitalter arbeitsteiliger Wirtschaft und internationalen Produktionsverbundes spielt auch die Werkstruktur für die Durchlaufzeiten der Teile bzw. Komponenten eine Rolle, Bild 1.19: Ziel bei einem **Produktionsverbund** sollte die Komplettbearbeitung eines Teils in einem Werk und die montagefertige Anlieferung an andere Werke sein. Damit lassen sich Transport- und Materialflusskosten, Durchlaufzeiten und Kapitalbindung minimieren sowie Disposition und Steuerung vereinfachen. Die Automobilhersteller betreiben z. B. für die Aggregateherstellung (Motor, Getriebe, Achsen/Radaufhängung) spezialisierte Werke, die die Montagewerke beliefern. Aufgrund der hohen Variantenvielfalt z. B. bei den Radaufhängungen (Abstimmung Feder/Dämpfer je nach Fahrzeuggewicht und Motorleistung) ist es üblich, im Aggregatewerk nur wenige Grund-

varianten zu produzieren, diese zu den Montagewerken zu transportieren und erst dort auf Abruf die letzten Montageschritte, die zu hoher Variantenvielfalt führen, kurz vor dem Einbau der Aggregate auszuführen.

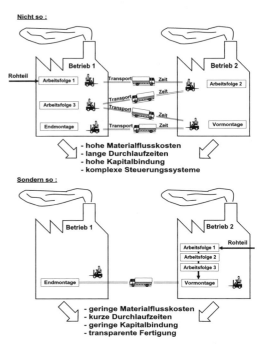

Bild 1.19: Nicht materialflussgerechte (oben) / materialflussgerechte Werkstruktur (unten) [Rupp88]

Besonders die Automobilindustrie ist bestrebt, die Auftragsdurchlaufzeiten durch **Verringerung der Fertigungstiefe** (siehe Bild 1.15) zu verkürzen. Generell ist bei japanischen Automobilherstellern die Fertigungstiefe geringer als bei europäischen. Bild 1.20 zeigt die Fertigungstiefen einiger Automobilhersteller in Europa. Japanische Hersteller liegen bei etwa 20 bis 25 % Fertigungstiefe[4] [Blok01]. Es darf aber nicht übersehen werden, dass mit der Verringerung der Fertigungstiefe oft auch ein Knowhow-Verlust verbunden ist. Ebenso wächst die Abhängigkeit vom Know-how und von der Lieferfähigkeit der Zulieferer. Ein Abbau von Fer-

---

[4] vgl.: o. Verf.; Ist Outsourcing bald out? Automobil-Produktion (1998) H. 5, S. 54

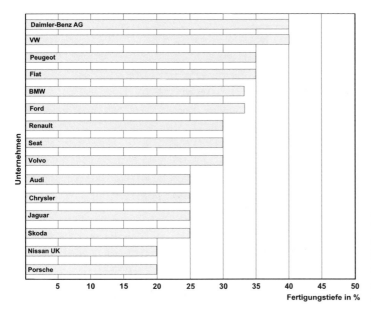

Bild 1.20: Fertigungstiefe von Automobilherstellern in Europa 1998 (nach Angaben in [Blok01] und [o. Verf.; Ist Outsourcing bald out? Automobil-Produktion (1998) H. 5, S. 54])

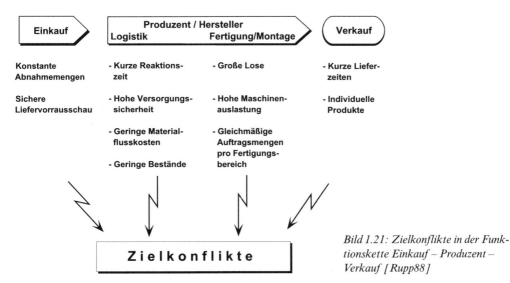

Bild 1.21: Zielkonflikte in der Funktionskette Einkauf – Produzent – Verkauf [Rupp88]

tigungstiefe ist nur soweit sinnvoll, dass ein eigenständiges Produktimage beim Kunden gewahrt bleibt. Die Fertigungstiefe bei Automobilherstellern ist daher auch ab Ende der neunziger Jahre kaum noch gesunken.

Bild 1.21 zeigt, dass nicht nur innerhalb eines Unternehmens, sondern auch im Zusammenspiel Zulieferer – Produzent Konflikte bei der Optimierung logistischer Systemgrößen auftreten. Hier gibt es insbesondere Widersprüche in den Zielvorstellungen von Einkauf (bzw. Zulieferer), Logistik, Produktion und Verkauf. Der Abbau von Fertigungstiefe hat natürlich Einfluss auf die Zahl der Lieferanten eines Unternehmens. Während in der Vergangenheit z. B. die Automobilindustrie selbst für einfache Teile und Komponenten aus Gründen der Versorgungssicherheit mehrere Lieferanten beauftragte und hauptsächlich Halbzeuge und Ein-

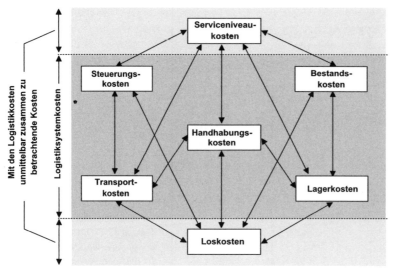

Bild 1.22: Logistikkosten
(nach [Pfoh04, Rupp88,
Schu99])

zelteile für die Weiterverarbeitung und Montage im eigenen Hause beschaffte, hat sich
heute die Zahl der Lieferanten drastisch verringert: Zulieferer werden bereits in den Ent-
wicklungsprozess eingebunden und als (allei-
niger) **Systemlieferant** zur einbaufertigen
Lieferung von komplexen Komponenten (z. B.
Cockpitmodul, Frontend, Sitzgarnitur, …) just
in time in den Produktionsprozess integriert.
Ein weiterer Grund ist die Senkung der Transaktionskosten der Beschaffung (siehe dazu
auch Kap. 8).

Beispielhaft soll nun noch die Systemgröße **Kosten** betrachtet werden. In Bild 1.22 werden die
einzelnen Kostenanteile der **Logistiksystemkosten** und weiterer, damit unmittelbar zusammen zu betrachtender Kosten dargestellt.
Die Kosten werden verursacht durch den Einsatz von Produktionsfaktoren in den logistischen Teilsystemen (Logistiksystemkosten).
Die **Steuerungskosten** umfassen die Kosten
der Produktionsprogrammplanung, Disposition, Auftragsabwicklung, Fertigungssteuerung
usw. **Bestandskosten** entstehen durch Kapital-
kosten (Zinsen) zur Finanzierung der Bestände,
durch Versicherungsbeiträge, Abwertungen
und Schwund. Die Lagerkosten beinhalten einen fixen Anteil für das Bereithalten von Lagerkapazitäten (Grundstück, Gebäude, Lager- und
Fördertechnik) und einen quasi variablen Anteil

für die Ein- und Auslagerungsvorgänge (Mitarbeiter, Energie, Wartung). **Transportkosten** ergeben sich durch den inner- und außerbetrieblichen Materialfluss. Auch hierbei gibt es einen
fixen Anteil für das Vorhalten der Transporttechnik (Abschreibungen, Zinsen), sowie einen
vom Transportvolumen abhängigen variablen
Anteil (Mitarbeiter, Energie, Wartung). **Hand-
habungskosten** sind die Kosten für Verpacken,
Umschlagen, Handhaben und Kommissionieren. Zu den genannten Kosten kommen noch
Kosten hinzu, die z. B. durch ein zu niedriges
Serviceniveau (etwa durch zu geringe Lieferbereitschaft) verursacht werden: verlorene Aufträge oder Kunden, Reklamationskosten, Fehlmengenkosten. Auch Loskosten durch Umrüstvorgänge in der Fertigung gehören dazu
[Pfoh04, Schu99]. Bild 1.23 gibt relative Anteile
der Logistikkosten bezogen auf den Umsatz
verschiedener Branchen an:

> Während in den Produktionsunternehmen
> knapp ein Siebtel des Umsatzes für die Lo-
> gistik aufgewendet werden muss, machen
> in Handelsunternehmen die Logistikkosten
> rund ein Viertel des Umsatzes aus[5].

---

[5] Ähnliche Angaben finden sich in [Schu99].

Damit wird die Bedeutung der Logistik unterstrichen, wobei hinzukommt, dass die Logistikkosten in den meisten Unternehmen steigende Tendenz haben [Schu99].

Das **Gesamt-** oder **Totalkostendenken** ist für Logistikentscheidungen von großer Bedeutung, weil Logistiksysteme von einer Vielzahl von Kostenkonflikten gekennzeichnet sind

	Externer Transport	Lagerhaltung/ Förderwesen	Auslieferungslager	Verwaltung	Warenannahme/ Warenabfertigung	Verpackung	Auftragsabwicklung	Insgesamt
alle Produktionsunternehmen	6,2	1,3	3,6	0,5	0,8	0,7	0,5	13,6
Chem. Produkte	6,3	1,6	3,3	0,3	0,6	1,4	0,6	14,1
Lebensmittel	8,1	0,3	3,5	0,4	0,9	-	0,2	13,4
Pharmazie	1,4	-	1,2	0,7	0,5	0,1	0,5	4,4
Elektronik	3,2	2,5	3,2	1,2	0,4	1,1	1,2	13,3
Papier	5,8	0,1	4,6	0,2	0,3	-	0,2	11,2
Maschinen und Werkzeuge	4,5	1,0	2,0	0,5	0,5	1,0	0,5	10,0
alle anderen	6,8	1,0	2,9	1,2	1,4	0,4	0,4	14,1
alle Handelsunternehmen	7,4	10,3	4,2	1,2	0,6	1,2	0,7	25,6
Konsumgüter	8,1	8,5	4,0	1,3	0,9	0,9	0,5	24,2
Investitionsgüter	5,9	13,7	2,9	0,7	0,2	2,0	1,0	26,4

Bild 1.23: Logistikkosten in Prozent des Umsatzes für ausgewählte Branchen [Hansen, R.; Logistische Prozesse in der Automobilzulieferindustrie; VDA – Verband der deutschen Automobilindustrie e.V., Frankfurt am Main (1993)]

Bild 1.24: Beispiele für Kostenkonflikte [Pfoh04]

[Pfoh04]; Kostensenkungen in Teilsystemen stehen deshalb meist Kostensteigerungen in anderen Teilsystcmen gegenüber, Bild 1.24.

Typische Kostenverläufe in Logistiksystemen zeigt Bild 1.25. In Entscheidungssituationen ist die Kenntnis der zu betrachtenden Kosten und der Kostenverläufe wichtig. Da sich die Gesamtkosten aus mehreren Kostenkomponenten zusammensetzen, zeigen Gesamtkostenverläufe in Abhängigkeit bestimmter Einflussgrößen häufig deutliche Minima, die es zur Optimierung von Nutzen und Aufwand in Logistiksystemen zu finden gilt.

Die Logistiksystemgröße **Qualität** soll hier nur kurz gestreift werden. Qualität ist die Relation zwischen realisierter Beschaffenheit und geforderter Beschaffenheit eines Produkts oder einer Dienstleistung [Cich92, Geig98]. Qualität wird vom Kunden in der Praxis z. B. bei einem Fahrzeug an verschiedenen Merkmalen gemessen:

- Gebrauchstauglichkeit
- Funktiontüchtigkeit
- Zuverlässigkeit
- Ausstattung
- Haltbarkeit
- Servicefreundlichkeit
- Umweltfreundlichkeit
- Sicherheit
- Design, Anmutung
- Bedienungskomfort
- Preis-/Leistungsverhältnis
- Wirtschaftlichkeit usw.

Die Schwierigkeit für den Anbieter eines Produktes oder einer Dienstleistung besteht darin, die Erwartungen des Kunden bezüglich der Qualität zu erfüllen, wie auch seine eigenen Ziele (Absatzzahlen, Marktanteile, Gewinn, Image, usw.) zu realisieren. Da der Produktionsprozess durch zahlreiche logistische Teilprozesse gekennzeichnet ist, haben auch die Unternehmenslogistik und die externe Logistik Einfluss auf die Qualität eines Produktes –

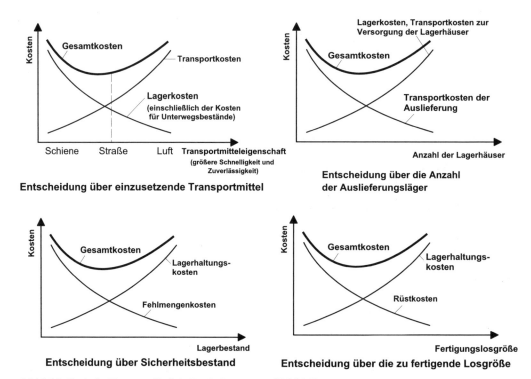

Bild 1.25: Typische Kostenverläufe in Logistiksystemen [Pfoh04]

es sei hier nur die Vermeidung von Schäden bei Transport und Handhabung, durch Alterung bei der Lagerung oder Verwechslung von Teilen usw. genannt.

Die Einhaltung einer hohen Produktqualität wird offenbar mit zunehmender Teilevielfalt, also der Anzahl der Produktvarianten, immer schwieriger [Wenz01, S. 95–98]:

„Hohe Teile- und Baugruppenvielfalt (…) führt rein statistisch gesehen zu höheren Fehlerwahrscheinlichkeiten, die nicht allein durch eine andere Arbeitsorganisation verringert werden können."

[Wenz01] führt die großen Unterschiede in den Qualitätskosten japanischer und deutscher Automobilhersteller weniger auf mangelnde Motivation der Werker, sondern auf die kaum noch beherrschbare Variantenvielfalt zurück.

Kommen wir nun zur Logistik-Systemgröße **Service**: Der **Lieferservice** ist gekennzeichnet durch **Lieferzeit**, **Lieferzuverlässigkeit**, **Lieferungsbeschaffenheit** und **Lieferflexibilität** (siehe auch Kap. 8). In vielen Märkten, so auch im Pkw-Bereich, ist die Situation gekennzeichnet durch eine Angleichung der Produkteigenschaften. Hier wird (neben Preis und Qualität) der Service zu einem entscheidenden Wettbewerbsfaktor. Die Auswirkungen des Servicegrades auf den Gewinn gibt Bild 1.26 wieder. Um das Niveau des Lieferservices noch zu

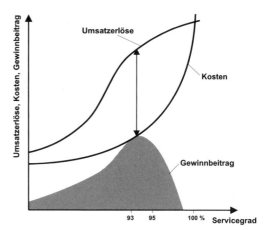

Bild 1.26: Auswirkungen des Servicegrades auf den Gewinn [Pfoh04]

erhöhen, sind erhebliche Anstrengungen und damit überproportionale Kosten erforderlich. Die Umsatzerlöse werden aber aufgrund von Sättigungserscheinungen im Markt nur unterproportional steigen. Damit sinkt der Gewinnbeitrag mit steigendem Servicegrad (möglicherweise) ab. Es ist nun die Aufgabe der Logistik, den gewinnoptimalen Servicegrad zu finden, der allerdings artikelabhängig ist und sich mit Veränderungen des Marktes (Anbieter- und Nachfragerverhalten) auch ändern wird.

Insgesamt muss die Strategierichtung der Logistik demnach auf eine Kostenreduzierung und eine Leistungsverbesserung abzielen. In Bild 1.27 sind dazu die Strategiepotenziale

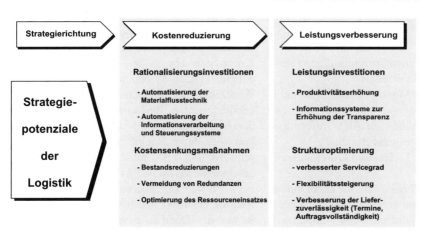

Bild 1.27: Strategiepotenziale der Logistik [Jüne89]

Bild 1.28: Entwicklung von schwer imitierbarem Unternehmens-Know-how [Schu99]

aufgelistet. Kostenreduzierungen können einmal durch Rationalisierungsinvestitionen erfolgen – Einsatz automatischer Lager, fahrerloser Transportsysteme, Kommissionierroboter, automatischer Identifizierungssysteme usw. – zum zweiten durch Kostensenkungsmaßnahmen, z. B. Bestandsreduzierungen, Organisationsverbesserungen usw. Ein weiteres Feld der Logistikstrategie sind Leistungsverbesserungen über Investitionen in Produktivitätserhöhungen. Die Strategie kann hierbei auch in Richtung verbesserter Logistikleistungen gehen (Strukturoptimierung), also in Richtung besserer Marktpräsenz durch erhöhten Servicegrad, höhere Flexibilität und verbesserte Lieferzuverlässigkeit.

Zum Schluss dieses Kapitels sollen die **Ziele des logistischen Denkens und Handelns** noch einmal zusammengefasst werden. Es sollen im Unternehmen erreicht werden [Rupp88]:

- Anstöße zu Sortimentsbereinigungen (Verminderung der Teilevielfalt)
- Verbesserung der Marktpräsenz (Erhöhung der Marktanteile)
- Senkung der Bestände auf allen Stufen, insbesondere im Erzeugnisbereich
- Verringerung der Liefer- und Durchlaufzeiten
- Senkung der Herstellkosten, vor allem durch bessere Integration von Produktion, Lager und Transport, Zulieferern und Kunden

- Straffung der Bereiche Lagerung und Verteilung
- Erhöhung der Gesamtproduktivität
- Verknüpfung des Unternehmens durch Informatik; bessere Auswertung der vorhandenen Daten
- Verbesserung des Kostenbewusstseins auf allen Stufen und in allen Leistungsbereichen des Unternehmens.

Die Bedeutung der Logistik für eine Stärkung der Marktposition eines Produktionsunternehmens zeigt Bild 1.28: Wichtig ist der Aufbau schwer imitierbaren Know-hows, um sich gegenüber Wettbewerbern abzusetzen. Dies ist über die Eigenschaften der Produkte zunehmend schwieriger, weil durch die verkürzten Entwicklungszeiten das zugrunde liegende Know-how schneller von Konkurrenten imitiert werden kann. Ähnliches gilt für die eingesetzten Fertigungsverfahren: auch hier wird Know-how sehr schnell verbreitet, wenn die entsprechenden Maschinen und Anlagen von Werkzeugmaschinenherstellern am Markt angeboten werden. Wirksamer für die Erhaltung der Marktposition sind realisierte Logistikkonzepte, deren Nachahmung Wettbewerbern schwerer fällt. Die Einführungszeit eines maßgeschneiderten und effektiven Logistiksystems bis zur festen Verankerung in der Ablauforganisation erfordert drei bis fünf Jahre. Kritisch ist hier der Trend einzuschätzen, im Logistikbereich Standard-Informationssysteme einzuführen, was zu einer Nivellierung des entsprechenden Know-hows führt (siehe auch Kap. 6).

Noch größeren Imitationsschutz bietet eine mit der Unternehmensstrategie übereinstimmende Werthaltung, eine gelebte Unternehmensphilosophie, deren Realisierung viele Jahre in Anspruch nimmt [Schu99].

1.5 Beispiele und Aufgaben zu Kapitel 1

Beispiel 1.1 (Mikrologistiksystem „Militärlogistik")
Logistik im militärischen Bereich ist gekennzeichnet durch eine extreme Vorratshaltung: Alle militärischen Güter vom Kampfpanzer über Ersatzteile, Ausrüstung, Munition, Kraftstoffe bis hin zur Verpflegung werden in großen Mengen in Depots vorrätig gehalten. In der Regel ist mit den eingelagerten Vorräten eine mehrmonatige Versorgung der Truppe ohne Zufluss von außen möglich. Für Industriebetriebe ist diese auf Versorgungssicherheit durch hohe Bestände ausgerichtete Logistikstrategie aufgrund der immensen Lager- und Bestandskosten nicht anwendbar.

Beispiel 1.2 (Kooperation Logistikunternehmen – Verladende Wirtschaft):
Ein Versandhaus arbeitet im Distributionsbereich mit verschiedenen Logistikdienstleistern zusammen. So gelangen z. B. Textilien aus dem Zentrallager des Versandhauses mit der Deutschen Post zum Kunden. Elektrogroßgeräte werden von der Versandhauszentrale direkt beim Hersteller disponiert, d. h., der Hersteller liefert die bestellten Geräte in einer Verpackung mit dem Werbeaufdruck des Versandhauses über eine Spedition direkt an den Kunden aus. Möbel werden in ähnlicher Weise direkt vom Hersteller an eine Spedition übergeben, die den Transport zum Kunden sowie die Aufstellung der Möbel dort übernimmt.

Beispiel 1.3 (Verringerung der Variantenvielfalt):
Schuhputzcreme wird in Tuben mit aufgesetztem Schwämmchen zum bequemen Auftragen der Creme auf den Schuh geliefert. Früher war das Schwämmchen durch eine farbige Kunststoffkappe geschützt, wobei Tube und Kappe in der Farbe der Schuhcreme gehalten waren. Damit müssen entsprechend den angebotenen Farben der Schuhcreme beim Hersteller auch farbige Tuben und Kappen beschafft, vorrätig gehalten und abgefüllt werden. Ein erster Schritt zur Verringerung der Variantenvielfalt war die Verwendung einer Einheitstube mit farbiger Kappe: Es wird nur noch eine Tubensorte zur Abfüllung benötigt. Zweiter Schritt ist die Verwendung von durchsichtigen Kappen, auf denen die Farbe des Tubeninhalts durch ein aufgeklebtes rundes Papieretikett vermerkt ist: Es werden nur eine Sorte Tuben und eine Sorte Kappen verwendet; Varianten entstehen erst spät im Produktionsprozess durch Aufkleben des Papieretiketts. Neuerdings sind Schuhcremes im Handel, bei denen auf der Einheitstube mit durchsichtiger Einheitskappe mittels Tintenstrahldrucker die Farbe des Inhalts in Klarschrift (z. B. „mittelbraun") aufgedruckt ist. Damit müssen nur noch eine Sorte Tube und eine Sorte Kappe beschafft und vorrätig gehalten werden.

Beispiel 1.4 (Verringerung der Variantenvielfalt in der Pkw-Industrie):
Wenn sich Varianten in einem Produktionsprozess nicht vermeiden lassen, sollten sie so spät wie möglich erzeugt werden. Leider haben in der Pkw-Industrie einige Varianten Auswirkungen bis in den Karosserierohbau, also eine sehr frühe Phase der Produktion: Zweitürer / Viertürer, Limousinen / Kombifahrzeuge / Schrägheckfahrzeuge erfordern jeweils eine eigene Roh-

bau-Karosserievariante. Die Anzahl der Rohbauvarianten verdoppelt sich, wenn alternativ Schiebedächer angeboten werden. Eine weitere Verdopplung ist durch die Alternativen „Stabantenne im Kotflügel / Kurzantenne im Dach" zu verzeichnen. Die Vielzahl der Varianten erfordert außerdem eine frühzeitige Zuordnung der Rohbaukarosserie zu einem Kundenauftrag, was die Flexibilität der Montagesteuerung einschränkt. Ein Pkw-Hersteller ist deshalb dazu übergegangen, die Montagelöcher für die jeweilige Antennenvariante erst in der Endmontage mittels einer Laserschneidanlage in die bereits lackierte Karosserie zu schneiden. Damit wird die Variantenvielfalt im Rohbau halbiert, und auch die Anzahl der notwendigen Werkzeuge im Presswerk verringert sich. Hinzu kommt die Vereinfachung der Steuerung.

Beispiel 1.5 (Auswirkungen der Variantenvielfalt in der Nutzfahrzeugindustrie):
Ein Nutzfahrzeughersteller produziert pro Tag ca. 700 Fahrzeuge der Transporterklasse. Es wird u. a. eine Variante als hochwertig ausgestattetes Freizeitfahrzeug angeboten; später kommt bei dieser Variante bei Ausstattung mit Klimaanlage die Option eines gekühlten Handschuhfaches hinzu. Dazu wird ein spezielles Luftführungsrohr benötigt, das in zwei Varianten (für Links- bzw. Rechtslenkerfahrzeuge) bei einem Zulieferer bezogen wird. Etwa 10 % der Produktion machen die erwähnten Freizeitfahrzeuge aus, von denen etwa 40 % mit Klimaanlage ausgestattet werden. Wiederum 10 % davon werden mit gekühltem Handschuhfach bestellt. 7 % der Fahrzeuge sind Rechtslenker:

$$\frac{\text{Anzahl Fahrzeuge der Variante}}{\text{Tag}}$$
$$= 700 \text{ Fahrzeuge/Tag} \cdot 0{,}1 \cdot 0{,}4 \cdot 0{,}1 \cdot 0{,}07$$
$$= 0{,}196 \text{ Fahrzeuge/Tag}$$

d. h., alle 5,1 Tage entsteht ein Fahrzeug dieser Variante. Damit ist jedes 3571.

Fahrzeug als Rechtslenker mit Klimaanlage und gekühltem Handschuhfach ausgestattet, in geschätzt fünf Jahren Produktlaufzeit damit etwa 245 Fahrzeuge dieser Variante insgesamt. Die Bereitstellung der Luftführungsrohre an der Montagelinie erfolgt in Behältern mit je 25 Stück. Die Reichweite eines Behälters beträgt also ca. 128 Arbeitstage (das entspricht etwa einem halben Jahr). Damit muss der Behälterinhalt gegen Verschmutzung geschützt werden. Bei einer Produktionszeit von fünf Jahren für das Fahrzeugmodell werden insgesamt rund 10 Behälter mit Luftführungsrohren benötigt. Man möge sich selbst überlegen, ob die für Entwicklung, Konstruktion, Planung und Erprobung, für Werkzeugherstellung, Mitarbeiterschulung, Steuerung und Disposition für diese Variante aufgewendeten Kosten über die geringe Stückzahl wieder hereingeholt werden können.

Beispiel 1.6 (Mehrstufiges Logistiksystem):
In der Automobilindustrie werden im Rahmen des sog. „Milk-Runs" bei Lieferanten mit geringen täglichen Liefermengen über Gebietsspediteure (ein Spediteur in einem Gebiet mit entsprechendem Transportaufkommen) einzelne Ladeeinheiten bzw. Wechselbehälter mit Zulieferteilen per Lkw abgeholt (Anfahren mehrerer Lieferpunkte). Die Ladeeinheiten werden in Wechselbehältern als Ladungen gesammelt und mit komplett beladenen Wechselbehältern über die Straße zu einem Umladebahnhof des Kombinierten Verkehrs gefahren (siehe auch Abschn. 5.1.5). Dort erfolgt ein Umschlag auf Eisenbahnwagen (Konzentrationspunkt). Im so genannten „Nachtsprung" (Abfahrt abends, Ankunft frühmorgens) fahren dann spezielle Logistikzüge zum Automobilwerk (Empfangspunkt). Vorteil ist die Ausnutzung günstiger Transporttarife für den zielrein fahrenden Ganzzug sowie die hohe Pünktlichkeit und Zuverlässigkeit

der Eisenbahn bei großen Transportentfernungen. Beispielsweise nutzt ein Automobilhersteller im norddeutschen Raum das beschriebene System, um sich werktäglich mit den Gütern der im Raum Stuttgart bzw. Mannheim angesiedelten Zulieferer zu versorgen.

Aufgabe 1.1: Nennen Sie die Aufgabe der Logistik!

Lösung: Aufgabe der Logistik ist es, das richtige Gut in der richtigen Menge zur richtigen Zeit am richtigen Ort in der richtigen Qualität zu den richtigen Kosten mit den richtigen Informationen zur Verfügung zu stellen („die sieben R der Logistik").

Aufgabe 1.2: Welche Gesichtspunkte können dazu geführt haben, dass ein Automobilkonzern innerhalb aller seiner Tochterunternehmen nur noch vier sog. „Plattformen" (Bodengruppe mit Fahrwerk und Triebwerk) für alle produzierten Pkw-Typen verwenden will?

Lösung: Folgende Gesichtspunkte können maßgebend sein:
- Verringerung des Entwicklungsaufwandes, Verkürzung der Entwicklungszeit
- Verringerung des Entwicklungsrisikos
- Verringerung des Planungs- und Arbeitsvorbereitungsaufwandes

- Bündelung von Investitionen (z. B. für Anlagen, Vorrichtungen, Werkzeuge, usw.)
- Verminderung der Teilevielfalt in der Produktion
- Verringerung des Steuerungsaufwandes
- Erhöhung der Losgrößen bei Zulieferern und in der eigenen Fertigung, dadurch Senkung der Kosten
- Verringerung der Teilevielfalt und der Kapitalbindung im Ersatzteilbereich.

Aufgabe 1.3: Ein Automobilhersteller will auf dem Werksgelände eines Montagewerks ein Lager für Zulieferteile durch einen Logistikdienstleister errichten und betreiben lassen. Was können die Gründe dafür sein?

Lösung: Mögliche Gründe können sein:
- Lagerhaltung gehört nicht zur Kernkompetenz eines Automobilherstellers; Investitionen in diesen Bereich sollen vermieden werden.
- Der Logistikdienstleister kann aufgrund anderer Lohntarifverträge die Leistungen günstiger anbieten.
- Zulieferer und Abnehmer können ihre Lagerbestände insgesamt vermindern, da nur noch an einer Stelle gelagert wird.
- Durch die Ansiedlung direkt auf dem Werksgelände werden evtl. Transporte und Handhabungsvorgänge eingespart.

2 Lagertechnik für Stückgüter

In diesem Kapitel werden **Lagersysteme** und die dazu notwendige **Lagertechnik** behandelt. Da bestimmte Lagertechniken auf spezielle Ladehilfsmittel abgestimmt sind, erfolgt zunächst die Darstellung von **Verpackungen** sowie gängiger **Ladehilfsmittel**[6] für Stückgüter. Schüttgüter, Flüssigkeiten und Gase erhalten mit Verpackungen und Ladehilfsmitteln die für eine Logistikkette oft günstigen Eigenschaften von Stückgütern.

Stückgut ist lt. DIN 30781 *„ein individualisiertes Gut, das stückweise gehandhabt wird und stückweise in die Transportinformation eingeht"*.

2.1 Verpackung

In der Vergangenheit war die **Aufgabe der Verpackung** im Wesentlichen der Schutz der Ware vor Beschädigung, z. B. bei Handhabung, Umschlag, Lagerung und besonders beim Transport. Durch die ab Mitte des letzten Jahrhunderts veränderten Vertriebs- und Absatzstrukturen im Handel, insbesondere durch Selbstbedienungssysteme, und durch zunehmende länderübergreifende Warenströme ergaben sich weitere **Anforderungen an die Verpackung**[7], siehe Bild 2.1:

- Schutzfunktion
- Lager- und Transportfunktion
- Identifikations- und Informationsfunktion
- Verkaufsfunktion
- Verwendungsfunktion.

Die Verpackung (und die darauf aufbauende Ladeeinheitenbildung) hat auf der einen Seite logistische Anforderungen abzudecken, soll andererseits aber auch informativ und werbend sein, um z. B. bei Konsumgütern den Kaufanreiz der Waren zu steigern. Durch die 1991 erlassene **Verpackungsverordnung** werden die Hersteller und Versender von verpackten Gütern verpflichtet, Verpackungen nach Gebrauch zurückzunehmen und sie einer Wiederverwendung oder stofflichen Verwertung zuzuführen. Ziel ist die Vermeidung von Verpackungsabfall durch die Minimierung der notwendigen Verpackungen und den Einsatz von Mehrwegverpackungen. Um alle Anforderungen aus den unterschiedlichen Funktionsbereichen zu erfüllen, ist eine ganzheitliche Planung und Gestaltung der Verpackung notwendig [Jüne00][8].

Begriffe des Verpackungswesens werden in DIN 55405 definiert:

- **Verpackung**: Gesamtheit der von der Verpackungswirtschaft eingesetzten Mittel und Verfahren zur Erfüllung der Verpackungsaufgaben. Verpackung ist der Oberbegriff für die Gesamtheit der Packmittel und Packhilfsmittel.
- **Packgut**: Zu verpackendes oder bereits verpacktes Gut
- **Packmittel**: Erzeugnis aus Packstoff; dazu bestimmt, das Packgut zu umhüllen oder zusammenzuhalten, damit es versand-, lager- und verkaufsfähig ist (Bild 2.1)
- **Packhilfsmittel**: Sammelbegriff für Hilfsmittel, die zusammen mit Packmitteln z. B. zum Verschließen eines Packstückes dienen; sie können ggf. allein z. B. beim Bilden einer Versandeinheit verwendet werden (Näheres siehe [Jüne00])
- **Packstoff**: Werkstoff für Packmittel und Packhilfsmittel
- **Packstück**: Ergebnis von Packgut und Verpackung, für Einzelversand geeignet.

Die Begriffe Packstück und Packung werden oft synonym verwendet.

---

[6] auch als Förder- und Lagerhilfsmittel bezeichnet

[7] siehe auch: Ihme, J.; Verpackung, Förder- und Lagerhilfsmittel; Kap. 24 in [Koet04]

[8] vgl. Koether, R.; Technikbewertung für Logistiksysteme; Kap. 26 in [Koet04]

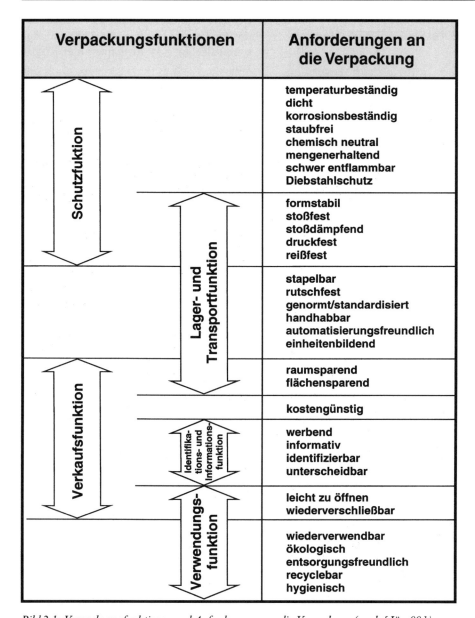

Verpackungsfunktionen	Anforderungen an die Verpackung
Schutzfunktion	temperaturbeständig dicht korrosionsbeständig staubfrei chemisch neutral mengenerhaltend schwer entflammbar Diebstahlschutz
Lager- und Transportfunktion	formstabil stoßfest stoßdämpfend druckfest reißfest
	stapelbar rutschfest genormt/standardisiert handhabbar automatisierungsfreundlich einheitenbildend
	raumsparend flächensparend
Verkaufsfunktion	kostengünstig
Identifikations- und Informationsfunktion	werbend informativ identifizierbar unterscheidbar
Verwendungsfunktion	leicht zu öffnen wiederverschließbar
	wiederverwendbar ökologisch entsorgungsfreundlich recyclebar hygienisch

Bild 2.1: Verpackungsfunktionen und Anforderungen an die Verpackung (nach [Jüne00])

Hauptaufgabe der **Verpackung** ist neben den oben beschriebenen Zusatzfunktionen immer noch der Schutz der Ware, so dass das Packgut während Lagerung, Transport und Umschlag die erforderliche Qualität behält.

Die **Gutbeanspruchungen** lassen sich unterteilen in [Jüne00]:
- mechanische (Druck, Beschleunigungen und Verzögerungen, Stöße, Schwingungen usw.)
- elektrische (statische Aufladung)
- klimatische (Temperatur, Luftfeuchte usw.)

- chemische (Gase)
- biologische (Bakterien, Pilze, Insekten, usw.)

Als **Packstoffe** (Werkstoffe für Packmittel) kommen infrage: Glas, Holz, Keramik, Kunststoff, Metall, Papier, Karton, Pappe und textile Werkstoffe. Aufgrund des günstigen Preises, der hohen Widerstandsfähigkeit und der guten Recyclingfähigkeit haben Papier, Karton und Pappe mit fast 40% Anteil nach Wert und Menge bei den Pack- und Packhilfsmitteln die größte Bedeutung. In der Automobilindustrie werden z. B. beim weltweiten Teileversand auch Holz bzw. Holzwerkstoffe (Schichtholz- und Spanplatten) als Packstoffe für die Herstellung von Kisten (Einwegverpackung) verwendet.

Durch die **Verpackungsverordnung** mit dem Zwang zur Wiederverwendung bzw. stofflichen Verwertung besteht eine Tendenz zur Wahl einheitlicher Packmittel und Packhilfsmittel und die Abkehr von Verbundmaterial oder Packmittelmix, um eine effizientere Entsorgung zu ermöglichen.

Häufig verwendete **Packmittel,** soweit sie im Fahrzeugbau Bedeutung haben, sind in Bild 2.2 dargestellt. Nach DIN 55405 lassen sie sich wie folgt beschreiben:

- **Beutel**: Flexibles, vollflächiges, raumbildendes Packmittel (meist unter 2700 cm^2 Zuschnittfläche); z. B. aus Papier oder Kunststoff
- **Dose**: Formbeständiges, meist zylindrisches Packmittel mit einem Volumen bis zu etwa 10 Litern; aus Metall (Stahl- oder Aluminiumblech)
- **Fass**: Bauchiges oder zylindrisches, meist rollbares Packmittel; z. B. aus Kunststoff, Metall, seltener Holz
- **Flasche**: Packmittel mit halsförmig verengtem Oberteil, das auf verschiedene Weise verschlossen wird (z. B. Korken, Kronenkorken, Schraubverschluss usw.); aus Glas oder Kunststoff, seltener Keramik; aus Metall für unter Druck stehende bzw. unter Druck verflüssigte Gase
- **Kasten**: Das Packgut umschließendes, stapelbares Packmittel ohne Deckel; z. B. aus Holz oder Kunststoff
- **Kiste**: Packmittel aus Holz, bestehend aus Boden, zwei Seiten- und zwei Kopfteilen und Deckel, die fest miteinander verbunden sind (Bei Verwendung anderer Packstoffe als Holz ist deren Benennung hinzuzusetzen, z. B. Wellpappkiste, Vollpappkiste usw.)
- **Sack**: Flexibles, vollflächiges, raumbildendes Packmittel mit einem Schlauchumfang

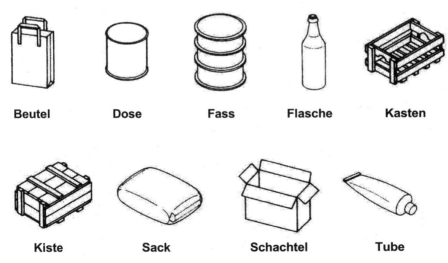

Beutel   Dose   Fass   Flasche   Kasten

Kiste   Sack   Schachtel   Tube

Bild 2.2: Packmittel für die Verwendung im Fahrzeugbau (nach [Jüne00])

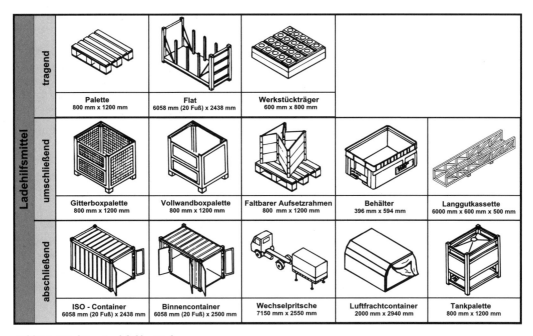

Bild 2.3: Wichtige Ladehilfsmittel

von mind. 550 mm (der Sack unterscheidet sich vom Beutel im Wesentlichen durch seine Größe); aus Papier, Kunststoff, Textilgewebe

● **Schachtel**: Ein- oder mehrteiliges, meist quaderförmiges, verschließbares Packmittel (die Benennung „Karton" soll nach DIN 55045 anstelle von „Schachtel" nicht verwendet werden!)

● **Tube**: Packmittel mit rundem oder ovalem Querschnitt; an einem Ende durch Tubenschulter zu einer verschließbaren Öffnung eingezogen (Tubenhals), am anderen Ende durch Falzen oder Schweißen verschlossen, zum Entleeren zusammendrückbar; z. B. aus Metall oder Kunststoff

2.2 Ladehilfsmittel

Voraussetzung zur Erreichung eines logistikgerechten Materialflusses und zur Minimierung der Handhabungsvorgänge innerhalb einer Logistikkette ist die **Ladeeinheitenbildung** durch eine geeignete Zusammenfassung von Einzelgütern.

> Die Gestaltung einer Logistikkette sollte sich an folgendem Grundsatz orientieren:
> **Ladeeinheit = Produktionseinheit = Lagereinheit = Transporteinheit = Verkaufseinheit.**

Eine volle Umsetzung dieser Forderung ist jedoch in der Regel und in allen Fällen nicht zu erzielen. Möglichkeiten zur Erreichung des genannten Ziels bieten Verpackungen sowie die sog. Ladehilfsmittel[9] (Bild 2.3), mit denen Einzelstückgüter zu Ladeeinheiten zusammengefasst werden können und sich Handhabungs-, Umschlag-, Transport- und Lagereigenschaften verbessern lassen.

> Ein **Ladehilfsmittel** ist ein tragendes, teilweise auch umschließendes oder abschließendes Mittel zur Zusammenfassung von Gütern zu einer Ladeeinheit.

---

9 vgl. [ATLE98, Jüne89, Koet01, Mart04, Roos95] sowie: Ihme, J.; Verpackung, Förder- und Ladehilfsmittel; Kap. 24 in [Koet04]

Ladehilfsmittel lassen sich unterscheiden in solche mit

- tragender Funktion (z. B. Palette, Werkstückträger)
- tragender und umschließender Funktion (z. B. Gitterboxpalette)
- tragender, umschließender und abschließender Funktion (z. B. Container).

Die wirtschaftliche Bedeutung von Ladehilfsmitteln für ein Produktionsunternehmen mögen folgende Zahlen eines großen deutschen Pkw-Herstellers belegen: Im Jahre 1996 gab es unternehmensweit ca. 1,7 Mio. Transportbehälter in 1.200 verschiedenen Typen. Sie stellten einen Wiederbeschaffungswert von ca. € 300 Mio. dar, und für die Ersatzbeschaffung wurden jährlich rd. € 25 Mio. ausgegeben.

2.2.1 Tragende Ladehilfsmittel

Paletten (Bild 2.4) sind in vielfältigen Formen (Flachpalette, Rungenpalette, Rollpalette) und Abmessungen im Gebrauch (1.000 mm × 1.200 mm, 800 mm × 1.200 mm, 600 mm × 800 mm, 400 mm × 600 mm). Die Maße sind meist Vielfache des Standard-Grundmoduls von 400 mm × 600 mm. Als Materialien dienen Holz, Kunststoff und Metall. Am gebräuchlichsten ist die sog. **Euro-Palette** (auch **Pool-Palette** genannt, 800 mm × 1.200 mm) aus Holz. Eine Stapelbarkeit ist bei Paletten je nach Gut gegeben. Außerdem gibt es verschiedene Aufsatzrahmen (Bild 2.4), um Paletten stapeln zu können. Man unterscheidet außerdem Zweiweg- und Vierweg-Paletten, je nachdem, ob mit der Gabelstaplergabel nur von zwei gegenüberliegenden Seiten oder von allen vier Seiten ein

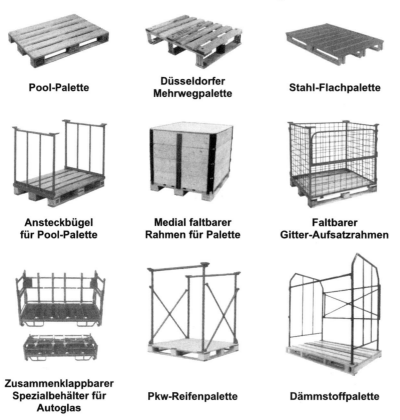

Pool-Palette   **Düsseldorfer Mehrwegpalette**   **Stahl-Flachpalette**

Ansteckbügel für Pool-Palette   **Medial faltbarer Rahmen für Palette**   **Faltbarer Gitter-Aufsatzrahmen**

Zusammenklappbarer Spezialbehälter für Autoglas   **Pkw-Reifenpalette**   **Dämmstoffpalette**

Bild 2.4: Beispiele für in der Fahrzeugindustrie verwendete Paletten
[Werkfotos: Gebhardt-Paletten GmbH]

Aufnehmen der Palette möglich ist. Zusätzlich wird nach der Wiederverwendbarkeit unterschieden in Einweg- oder Mehrwegpaletten. Bestimmte Länder (z. B. Australien, Mexiko) verlangen bei der Einfuhr von Gütern auf Holzpaletten (aber auch in Einweg-Holzbehältern) den Nachweis, dass kein Schädlingsbefall vorliegt. Hier bietet sich z. B. der Einsatz von **Stahlpaletten** an. Flachpaletten sind in DIN 15141 und DIN 15146 genormt. **Spezialpaletten**, die besonders in der Fahrzeugindustrie verwendet werden, zeigt Bild 2.4, untere Reihe.

Flats – auch Flachcontainer genannt – sind offene Transportplattformen (Bild 2.5) hauptsächlich für den außerbetrieblichen Transport von großvolumigen und empfindlichen Stückgütern (Maschinen, Fahrzeuge usw.). Flats besitzen in der Regel Abmessungen von ISO-Containern (10, 20, 30 und 40 Fuß Länge und 2.438 mm Breite) oder Binnen-Containern (gleiche Längen, 2.500 mm Breite). Sie werden mit festen bzw. mit zusammenlegbaren oder ohne Aufbauten verwendet, wobei die Aufbauten eine Stapelung ermöglichen.

Werkstückträger dienen dem innerbetrieblichen Transport von Maschine zu Maschine. Nicht stapelbare Werkstücke (Wellen, Bolzen, Kolbenstangen, Pleuel, usw.) werden damit durch angepasste Mulden und Aufnahmevorrichtungen geordnet und gegen Beschädigung geschützt bereitgestellt. Dadurch ist eine automatische Handhabung mit Hilfe von Einlegegeräten bzw. Robotern möglich. Es gibt Werkstückträger in modularen Standardabmessungen (800 mm × 1.200 mm, 600 mm × 800 mm, 400 mm × 600 mm). Eine Stapelbarkeit ist teilweise gegeben. Werkstückträger werden auch in individuellen Größen hergestellt.

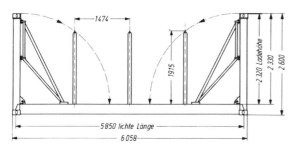

Zul. Gesamtgewicht: 20.000 kg
Eigengewicht ca.: 2.500 kg
Fassungsraum ca.: 32 m³

Bild 2.5: 20'-Binnen-Flatcontainer, oben: Maße und Gewichte; unten links: Transport von Schnittholz; unten rechts: Transport von Lkw-Achsen [Werkbilder: Transfracht GmbH]

2.2.2 Umschließende Ladehilfs-mittel

Zur Lagerung nicht stapelbarer Kleingüter dienen **Gitterboxpaletten** mit drei festen Gitterwänden und einer geteilt abnehmbaren Vorderwand. Sie sind stapelbar und kranbar; genormte Abmessungen sind 800 mm × 1.200 mm und 1.000 mm × 1.200 mm (DIN 15155). Bei **Vollwandboxpaletten** bestehen die Wände aus Plattenmaterial, so dass der Inhalt dicht umschlossen wird. Sie sind auch für unverpackte Kleinteile („Schüttgut") geeignet.

Wie die Gitterboxpaletten sind auch **Paletten mit faltbarem Aufsatzrahmen** stapelbar (siehe auch Bild 2.4). Der faltbare Aufsatzrahmen ergibt einen wesentlich besseren Raumnutzungsgrad beim Leertransport.

Behälter werden als umschließende Ladehilfsmittel in der Lager- und Fördertechnik eingesetzt. Entgegen DIN 55045, die den Begriff „Kasten" vorsieht, hat sich in der Praxis die Bezeichnung Behälter durchgesetzt. Behälter bestehen aus Metall oder Kunststoff und sind häufig als Modulreihen aufgebaut. Sie werden von den Herstellern in großer Typenvielfalt standardisiert angeboten (Beispiele siehe Bild 2.6), können aber auch individuell konzipiert sein.

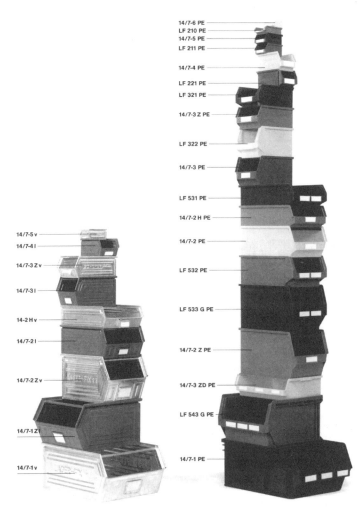

Bild 2.6: Lager-, Kommissionier- und Transportkästen als Modulsystem, links aus Stahl, rechts aus Kunststoff [Werkfoto: SSI Fritz Schäfer GmbH]

Die deutsche Automobil- und Zulieferindustrie hat den **VDA-Kleinladungsträger** (**KLT**) standardisiert, Bilder 2.7 und 2.8. Dieser Behälter aus Kunststoff ist als Lager- und Transportbehälter sowohl für manuelle als auch für automatische Handhabung (u. a. in automatischen Kleinteile-Lagern – AKL) geeignet. Die in DIN 30820 bzw. VDA-Empfehlung 4500 standardisierten KLT lassen sich verlustfrei auf Euro-Paletten oder Industriepaletten 1.200 mm × 1.000 mm im Verbund stapeln. Zur Bezettelung sind Kartentaschen in die Behälterwände integriert. Auch zusammenklappbare KLT werden eingesetzt. Für die Verwendung in brandgefährdeten Bereichen (z. B. in der Nähe von Punktschweißanlagen) gibt es auch KLT aus Stahlblech, mit allerdings höherem Leergewicht gegenüber den Kunststoff-KLT.

Drehstapelbehälter (auch: nestbare Behälter) lassen sich aufeinander stapeln; als Leergut können sie Raum sparend ineinander gestapelt werden.

Für die Lagerung und den Transport von Langgut (Rohre, Profile, Stangenmaterial) dienen **Langgutkassetten** (Bild 2.3, mittlere Reihe rechts), die mit Gabelstaplertaschen ausgestattet und meistens auch kranbar sind. Sie können speziell für die Verwendung in Wabenregalen (siehe Kap. 3) vorgesehen sein; es gibt auch stapelbare Ausführungen

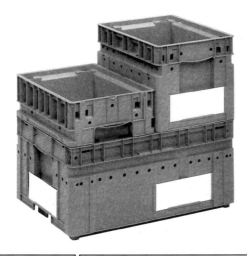

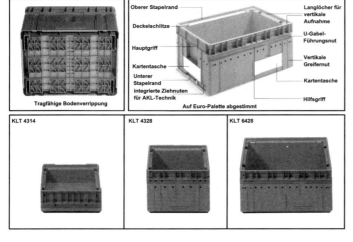

Bild 2.7: KLT-Behälter nach DIN 30820 bzw. VDA 4500 [Werkfoto: SSI Fritz Schäfer GmbH]

a)   b)

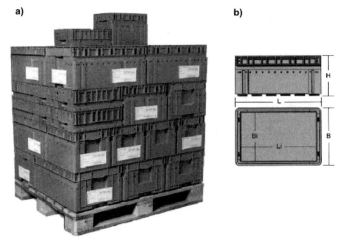

Bezeichnung	KLT 6428	KLT 6414	KLT 4328	KLT 4314	KLT 3214
Nennmaße (in mm)					
Länge (L)	600	600	400	400	300
Breite (B)	400	400	300	300	200
Höhe (H)	280	147,4	280	147,5	147,5
Volumen (in dm³)					
außen	65	35	33	17	8,7
innen	43	18	19	9	4,6
zul. Füllgewicht (kg)	50	50	50	50	20
Tragfähigkeit für Auflasten bis (kg)	600	600	600	600	600
Passender Deckel	KLT-D 64	KLT-D 64	KLT-D 43	KLT-D 43	-

Bild 2.8: KLT-Behälter: a) Stapelverband auf Euro-Palette; b) Bezeichnungen, Maße und Gewichte [Werkfoto: SSI Fritz Schäfer GmbH]

2.2.3 Abschließende Ladehilfsmittel

Container werden je nach Rauminhalt in Klein-, Mittel- und Großcontainer unterschieden. Beim Umschlagen von Containern ist kein Umsetzen der Ladung erforderlich. **ISO-Container** nach DIN ISO 668 haben die Hauptabmessungen 10, 20, 30 und 40 Fuß Länge und 2.438 mm (entsprechend 8 Fuß) Breite, Bild 2.9. Sie sind sechsfach übereinander stapelbar, besitzen aus Gründen der Steifigkeit nur eine Hecktür und sind damit schwierig zu beladen und zu entladen. ISO-Container werden weltweit eingesetzt, z. B. im internationalen Verkehr mit Containerschiffen. Großcontainer können in einer Ebene bis zu 14 Euro-Paletten aufnehmen, wobei aber leider die Paletten- und die Container-Innenmaße nicht aufeinander abgestimmt sind. Außerdem wird die in Europa zulässige Breite von Lkw (2.550 mm) nicht ausgenutzt.

Binnencontainer sind dauerhafte Ladehilfsmittel für Mehrfachverwendung. Nach DIN 15190 sind sie in 10, 20, 30 und 40 Fuß Länge und 2.500 mm Breite genormt. Sie besitzen neben der Hecktür eine oder mehrere Seitentüren, einige Bauarten sogar über die gesamte Länge zu öffnende Falttüren (günstige Be- und Entladbarkeit!). Sie können durch die Form der Eckbeschläge mit den für ISO-Container verwendeten Umschlagmitteln (Containerkräne und -stapler) gehandhabt werden. Binnencontainer verlassen Europa nicht. Sie sind dreifach stapelbar.

Die Längenmaße von Binnen- und ISO-Containern nutzen die zulässigen Längenmaße (siehe Kap. 5) europäischer Lkw nur schlecht aus. Damit können beim Einsatz von Containern z. B. weniger Euro-Paletten je Ladeebene transportiert werden als auf normalen Lkw und Anhängern.

Wechselaufbauten können als Ladehilfsmittel direkt, ohne Umschlaggerät, von Lastkraftwagen sowie von Spezial-Eisenbahnwagen aufgenommen werden. Die auf Standfüßen stehenden Wechselaufbauten werden vom Lkw nach Absenken des Fahrgestells (Entlüften der Luftfedern) unterfahren und durch Belüften der Federn auf einem Hilfsrahmen aufgenommen. In umgekehrter Reihenfolge können sie abgesetzt werden. Außerdem ist ein Umschlag von Wechselaufbauten mittels Kran oder Containerstapler zwischen Straßen- und Schienenfahrzeugen ohne Be- und Entladung der Güter möglich.

Wechselaufbauten ermöglichen ebenso eine kostengünstige und platzsparende Pufferung

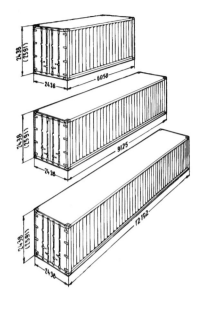

Außenmaße* und Gesamtgewicht

Nennlänge Nennhöhe	Länge mm	Breite mm	Höhe mm	max. Gesamtgewicht kg
20/8	6058	2438	2438	20320
20/8 1/2	6058	2438	2591	20320
30/8	9125	2438	2438	25400
30/8 1/2	9125	2438	2591	25400
40/8	12192	2438	2438	30480
40/8 1/2	12192	2438	2591	30480

Innenmaße* ,mind.

Nennlänge Nennhöhe	Länge mm	Breite mm	Höhe mm
20/8	5867	2330	2197
20/8 1/2	5867	2330	2350
30/8	8931	2330	2197
30/8 1/2	8931	2330	2350
40/8	11998	2330	2197
40/8 1/2	11998	2330	2350

* Maße = Nennmaße

Für die Innenabmessungen der ISO-Container sind Mindestanforderungen festgelegt, da die lichten Maße je nach Bauweise und verwendetem Material variieren können.

Bild 2.9: Container nach ISO-Norm [Werkbilder: Deutsche Bahn AG/Transfracht GmbH]

der Ladung (Absetzen des Aufbaus auf den eigenen Standfüßen). Im Verteilerverkehr ist damit ein wirtschaftlicher Einsatz des Fahrzeugs möglich, da Be- und Entladevorgänge erfolgen können, während das Fahrzeug im Zustelleinsatz ist. Wechselaufbauten sind als Pritsche, Koffer und Tankaufbau im Einsatz. Geschlossene Wechselaufbauten sind als **Wechselbehälter** in DIN EN 284 genormt, Bild 2.10. Sie sind besser an die zulässigen Längenabmessungen von Lkw nach StVZO (max. 18,75 m) angepasst als ISO- und Binnencontainer und erlauben so den Transport einer höheren Anzahl von Paletten (bis zu 38 in einer Ebene bei Verwendung eines Lkws mit „Topsleeper"-Fahrerhaus [10] und Kurzkupplung am Anhänger). Die Abmessungen der wichtigsten Wechselbehälter (Behälter Klasse C) sind:

- Breite 2.550 mm (bis 1997: 2.500 mm),
- Höhe 2.670 mm

- Länge 7.150 mm (Behälterbezeichnung C715), 7.450 mm (C745) und 7.820 mm (C782).

Da diese Behälter für eine durchgängige Transportkette teilweise zu groß sind, d. h. Entlade- und Umpackvorgänge aufgrund des hohen Fassungsvermögens notwendig werden, gibt es inzwischen für die Direktbelieferung **Klein-Wechselbehälter** der Klasse D, die jeweils nur halb so lang wie die oben genannten Behälter der Klasse C sind. Schließlich sind mehrere Systeme von Kleinbehältern der Klasse E in Verwendung („Taxi-Box", „Logistik-Box", „City-Box", „Flex-Box"). Mehrere dieser

---

[10] Ein Topsleeper-Fahrerhaus ist ein Fernverkehrs-Fahrerhaus in kurzer Ausführung. Die Schlafkabine ist nicht hinter, sondern über dem Fahrer- und Beifahrersitzen angebracht.

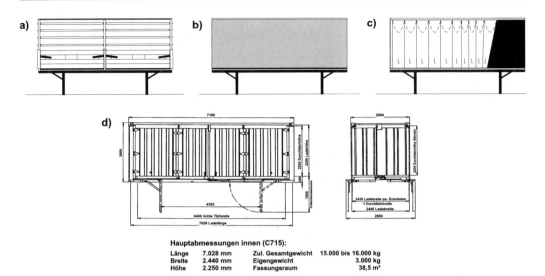

Hauptabmessungen innen (C715):

Länge	7.028 mm	Zul. Gesamtgewicht	15.000 bis 16.000 kg	
Breite	2.440 mm	Eigengewicht	3.000 kg	
Höhe	2.250 mm	Fassungsraum	38,5 m³	

Bild 2.10: Wechselpritschen und Wechselbehälter: a) Wechselpritsche mit Spriegelgestell für Plane, b) Wechselkoffer mit Hecktüren, c) Wechselbehälter mit seitlicher Vorhangplane (Curtainsider), d) Wechselbehälter mit Faltseitenwänden; Abmessungen [Werkbilder: Deutsche Bahn AG/Transfracht GmbH]

		Außenmaße [mm]		Lichte Innenmaße [mm]		Maximale Palettenanzahl *)			
		Länge	Breite	Länge	Breite	800 x 1200 mm	Flächen-nutzungs-grad [%]	1000 x 1200 mm	Flächen-nutzungs-grad [%]
ISO-Container	40'	12.192	2.438	11.998	2.330	24	84,1	21	91,8
	20'	6.058	2.438	5.867	2.330	11	78,9	10	89,4
Binnencontainer	40'	12.192	2.500	12.000	2.440	28	93,7	22	91,8
	20'	6.058	2.500	5.900	2.440	14	95,3	10	84,9
Wechselbehälter	C715	7.150	2.550	7.050	2.490	17	97,5	14	100,0
	C745	7.450	2.550	7.350	2.490	18	96,3	14	95,2
	C782	7.820	2.550	7.700	2.490	19	99,3	14	89,4
Lkw-Anhänger		8.300	2.550	8.200	2.470	20	98,6	16	98,3
Lkw-Sattelanhänger		13.690	2.550	13.620	2.470	34	100,0	26	93,6

*) Die Angaben bezüglich der maximalen Palettenanzahl und des Flächennutzungsgrades beinhalten eine Ladetoleranz von 5 mm pro Palettenseite

vergleiche Darstellung in Bild 2.12

Bild 2.11: Problematik der unterschiedlichen Abmessungen von Ladehilfsmitteln und Verkehrsmitteln (nach [Jüne89])

20'-ISO-Container

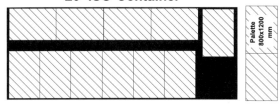

20'-Binnencontainer

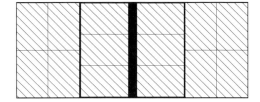

Wechselbehälter C782

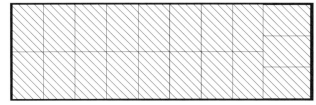

*Bild 2.12: Beladung von 20'-ISO-
bzw. 20'-Binnencontainer sowie
Wechselbehälter C782 mit Euro-
Paletten 800 mm × 1.200 mm (dargestellt als schwarze Fläche sind die
lichten Innenmaße der Container)*

Kleinbehälter werden auf einen Hilfsrahmen aufgesetzt und können dann gemeinsam, aber auch einzeln umgeschlagen werden. Die Längenabmessungen orientieren sich modulartig an den Längen der C-Behälter.

Die schon genannte Problematik der Abstimmung von Abmessungen der Behälter, Verkehrsmittel und Paletten zeigen die Bilder 2.11 und 2.12: ISO-Container können aufgrund ihrer Innenbreite von nur 2.330 mm nicht zwei Euro-Paletten quer oder drei längs nebeneinander aufnehmen, so dass die Flächennutzung schlecht ist und die Paletten gegen Verschiebung beim Transport gesichert werden müssen[11]. Binnencontainer lassen eine bessere Flächennutzung durch die Innenbreite von 2440 mm zu; von der möglichen Laderaumlänge eines europäischen Sattelzuges von rd. 13.700 mm (bei einer Gesamtlänge von 16.500 mm) werden aber auch nur 12.192 mm (40'-Container) genutzt, von den möglichen zweimal 7.900 mm eines Lkws mit Anhänger nur zweimal 6.058 mm (20'-Container). Die Wech-

selbehälter sind hier an die Lkw-Maße besser angepasst.

Luftfrachtcontainer gibt es als Main-Deck- und als Lower-Deck-Container. Bild 2.4 zeigt einen MD7-Main-Deck-Container (2.000 mm × 2.940 mm). Luftfrachtcontainer bestehen aus Leichtmetall, sind in der Form an Flugzeugladeräume und damit teilweise auch an Flugzeugtypen angepasst. Sie sind stirnseitig zur Gewichtsersparnis mit Planen verschlossen.

---

[11] Es gibt inzwischen nicht genormte Übersee-Container mit auf Palettenmaße abgestimmter größerer Innenbreite als sog. „SeaCells". Sie passen durch besondere Ausführung der Seitenwände in die vorhandenen Containerstellplätze der Schiffe; siehe: Bläsius, W.; Neue, palettenbreite Seecontainer; Fracht und Materialfluß 29 (1997)H. 6, S. 58/ 59 und: Bläsius, W.; Über die Chancen eines EU- und weltweit einsetzbaren palettenbreiten Seecontainers; Internat. Verkehrswesen 50 (1998) H. 7, S. 408–410

Tankpaletten (Bild 2.4) sind Spezialpaletten mit festwandigem Behälter für flüssige, gasförmige und teilweise auch schüttbare Güter (Maße z. B. 800 mm × 1.200 mm und 1000 mm × 1.200 mm, stapelfähig). Damit können diese Güter im Materialfluss wie palettierte Stückgüter gehandhabt werden.

In der Fahrzeugindustrie kommen neben den bisher erwähnten Ladehilfsmitteln auch speziell auf bestimmte Ladegüter abgestimmte **Sonderladehilfsmittel** vor, z. B. Spezialgestelle zum Blechteil- bzw. Aggregatetransport. Ein

Beispiel für komplette lackierte Motorhauben zeigt Bild 2.13. Ebenso werden Spezialbehälter zum Transport und zur Lagerung von Dekorteilen, Sitzen, Armaturentafeln usw. verwendet. Nach wie vor sind auch Einwegbehälter aus Karton und Holz in Gebrauch. In Bild 2.14 ist das Umpacken von Blechteilen (Reserveradmulden) aus Spezial-Mehrwegbehältern des Presswerks in Einweg-Holzkisten für die CKD-Belieferung überseeischer Empfänger dargestellt. Die Blechteile werden zum Schluss durch eine Feuchtigkeit bindende Spezialfolie, die um die gesamte Verpackung

Bild 2.13: Spezialbehälter für lackierte Motorhauben [Werkbild: VW de Mexico]

Bild 2.14: Einweg-Holzkisten für Pressteile [Werkfoto: Schnellecke GmbH]

geschlungen wird, gegen Korrosion geschützt. Die Abmessungen dieser CKD-Verpackungen sind wegen des Transportes in ISO-Containern auf deren Innenmaße abgestimmt.

Die Entscheidung, Mehrweg- oder Einwegbehälter einzusetzen, hängt von verschiedenen Parametern ab, z. B.

- Beschaffungskosten für Einweg- bzw. Mehrwegbehälter
- Behälterbedarf innerhalb der Logistikkette
- Entsorgungskosten von Einwegbehältern bzw. -verpackungen
- Transportkosten aufgrund von Behältervolumen und Behältergewicht
- Leerguttransportkosten für Mehrwegbehälter
- Reinigungskosten für Mehrwegbehälter, siehe auch Abschnitt 2.2.5.

2.2.4 Ladeeinheiten-Sicherungsmittel

Die Paletten-Ladeeinheit aus Ladung und Ladehilfsmittel (z. B. Euro-Palette) ist die vorherrschende Ladeeinheit. Beim Herstellen solcher Ladeeinheiten, beim Palettieren, werden Stückgüter wie Kästen, Schachteln, Säcke usw. in Lagen mit vorgegebenem Muster (Packmuster) nebeneinander und nach einem Stapel-

schema übereinander gestapelt. Ziel ist, die Palettenfläche optimal auszunutzen und durch einen stabilen Stapelverband bereits eine erste **Ladungssicherung** zu erreichen [Mart04].

Zur weiteren Vermeidung von Schäden beim Transportieren, Umschlagen und Lagern müssen die Packstücke auf Paletten zusätzlich gesichert werden. Die wichtigsten Verfahren der **Ladeeinheitensicherung** sind [Jüne89]:

- Umreifen
- Umschrumpfen und
- Umstretchen.

Beim **Umreifen** wird die Ladeeinheit durch das Umschlingen mit Bändern aus Metall oder Kunststoff gesichert. Da im Umreifungsband eine Zugkraft wirkt, muss auf Kantenschutz der Packstücke geachtet werden.

Das **Umschrumpfen** erfolgt mittels Kunststofffolien, die über die Ladeeinheit gezogen werden. Anschließend wird sie z. B. in einem Schrumpfofen bei 180 bis 200 °C erwärmt. Beim Abkühlen schrumpft die Folie und erhöht die Stabilität des Packstückverbundes. Vorteile des Verfahrens sind die Möglichkeit, die umschrumpfte Ladeeinheit im Freien zu lagern, die Erkennbarkeit des Inhalts durch die Folie und der Formschluss der Packstücke mit der Palette. Nachteilig sind der Aufwand für

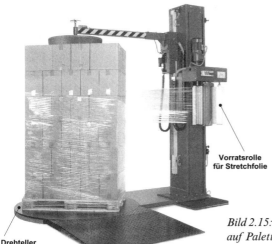

Vorratsrolle für Stretchfolie

Drehteller

Bild 2.15: Stretchautomat zum Stretchen von Packverbänden auf Paletten
[Werkfoto: Ratiopack Systemverpackung GmbH]

die Wärmequellen und mögliche Qualitäts-
einbußen oder Beschädigungen der Ware bei
der Wärmebehandlung sowie der Müllanfall
bei der Entnahme der Packstücke.

Beim **Stretchen** wird eine Kunststofffolie um
die palettierte Einheit gewickelt (z. B. durch
Drehen der Ladeeinheit auf einem Drehtisch),
siehe Bild 2.15. Das Einbeziehen der Paletten
ist dabei relativ kompliziert und wird deshalb
meistens nicht ausgeführt. Dadurch ist Stretchen nur beim Sichern stabiler Packungsver-
bände sinnvoll.

2.2.5 Auswahl von Ladehilfs-
mitteln

Ladehilfsmittel sollen Transport, Lagerung und
Handhabung von Gütern vereinfachen. Daher
müssen sie z. B. möglichst leicht und kosten-
günstig sein. **Standardisierung der Ladehilfsmittel** sorgt für einfache Schnittstellen zur La-
ger- und Fördertechnik und senkt die Kosten.

> Weitere wichtige **Kriterien bei der Auswahl
> von Ladehilfsmitteln** (und Packmitteln) sind
> [Koet01; Koet01a]:
>
> - Anforderungen des aufzunehmenden
>   Gutes
> - Reichweite des Gutes je Ladeeinheit
> - Sicherheits- und Qualitätsaspekte
> - Handhabung (manuell, mechanisiert,
>   automatisch)
> - Raum- und Flächennutzung (Lagerung/
>   Bereitstellung, Transport)
> - Kennzeichnung der Ladeeinheiten zur
>   Identifizierung des Gutes
> - Abfallentsorgung bzw. Leergutrückfüh-
>   rung

Wegen zahlreicher Interessengegensätze innerhalb einer Logistikkette sollten Ladehilfsmittel
durch interdisziplinäre Teams ausgewählt werden. Folgende Regeln sind zu beachten:

- Umpacken vermeiden (Transporteinheit =
  Lagereinheit = Verbraucheinheit; z. B. aus-

gehen vom Bedarf der Verbrauchsstelle, in
Produktionsbetrieben bekannt als **„Line-
back-Prinzip"** – Orientierung am Bedarf
der Montagelinie)
- Mehrweg-Verpackungen, -Behälter und
  -Ladehilfsmittel nutzen (auf ausreichende
  Robustheit achten; Standardgrößen und
  -abmessungen vorziehen)
- Einweg-Zusatz- und Umverpackungen vermeiden (z. B. Folien, Umreifung)
- Handling vereinfachen (neben manueller
  auch automatische Entnahme der Güter
  ermöglichen; innerbetrieblicher Transport
  mit Stapler und/oder Rollenbahn usw.)
- Leergutverwaltung erleichtern

Letzteres spielt insbesondere beim Einsatz von
Mehrweg-Ladehilfsmitteln und -Verpackun-
gen eine Rolle, da hierbei deren Kreisläufe geplant und verwaltet und das Leergut gelagert
und transportiert (und evtl. sortiert, gereinigt
und gewartet) werden muss.

Ob Mehrweg- oder Einweg-Packmittel und
-Ladehilfsmittel einzusetzen sind, kann nur bei
Betrachtung der gesamten Logistikkette entschieden werden. Neben funktionalen müssen
auch ökologische und Kosten-Gesichtspunkte
berücksichtigt werden. Der logistische Aufwand bei Mehrwegsystemen kann durch u. a.
durch Standardisierung der Ladehilfsmittel
und Packmittel verringert werden. Ein Beispiel
aus der Automobilindustrie ist der VDA-
Kleinladungsträger.

Auch **Behälter-** und **Paletten-Pools** (z. B. Euro-
Pool-Palette) reduzieren den Logistikaufwand
für Leergut. Innerhalb der Benutzergruppe
(Pool) kann das Leergut freizügig ausgetauscht
werden (näheres siehe [Koet01]). Pool-Teilnehmer müssen gewisse Regeln einhalten, z. B. bei
Beschädigung des Ladehilfsmittels. Ein Pool-
betreiber organisiert und verwaltet die Benutzergruppe; jeder Pool-Teilnehmer führt sein
Bestandskonto für das Ladehilfsmittel.

Um das Volumen beim Leerguttransport und
bei der Leergutlagerung zu vermindern, können z. B. Paletten mit Aufsteck- oder Aufsetz-
rahmen sowie Faltbehälter und nestbare Be-

hälter zum Einsatz kommen. Wenn für ein Gut Standard-Ladehilfsmittel nicht einsetzbar sind, sollte so wenig wie möglich vom Standard abgewichen werden: Denkbar ist z. B. die Verwendung gutspezifischer Einsätze für Standard-Behälter zum Schutz des Gutes bzw. zur mechanisierten/automatisierten Befüllung und Entnahme. Müssen Sonder-Ladehilfsmittel zum Einsatz kommen, sollten sie in den Außenmaßen von Standard-Ladehilfsmitteln konzipiert sein (kompatibel zum Standard) oder zumindest mit der Grundfläche des Standard-Ladehilfsmittels übereinstimmen. Nur in Ausnahmefällen ist ein eigenständiges Sonder-Ladehilfsmittel sinnvoll.

2.3   Lagertechnik

Bild 2.16 stellt zunächst die unterschiedlichen Komponenten eines Lagersystems dar. Im Folgenden werden **Lagermittel** mit ihren Einsatzmöglichkeiten und Randbedingungen besprochen[12].

---

[12] vgl. [Aggt90, ATLE98, Jüne89, Jüne00, Kett84, Koet01, Koet04, Mart04, REFA90, Verb00, Wenz01]

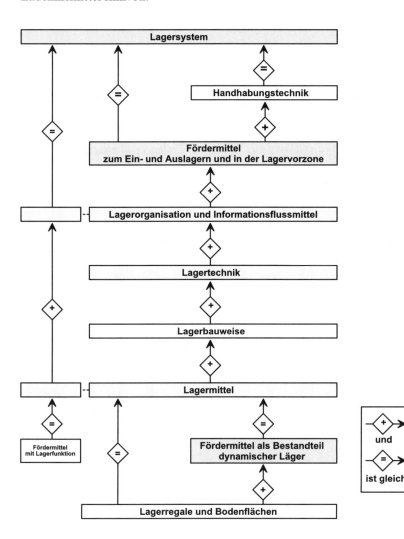

Bild 2.16: Aufbau von Lagersystemen [Jüne89]

2.3.1 Statische Lagerung

Begonnen wird mit der **statischen Lagerung**, Bild 2.17. Man unterscheidet grundsätzlich Bodenlagerung (ohne Lagermittel) und Regallagerung, wobei jeweils Blocklagerung oder Zeilenlagerung möglich sind.

Die **Bodenlagerung ohne Regale** (Bilder 2.18 und 2.19) ist eine flexible und kostenminimale Möglichkeit zur Lagerung insbesondere von stapelbaren Ladeeinheiten. Bei der **Blocklagerung** werden die Ladeeinheiten in großflächigen Blöcken gelagert, evtl. gestapelt. Im direkten Zugriff sind nur die oberen Ladeeinheiten der Stapel an den Gängen; infrage kommt diese Art der Lagerung bei einer geringen Zahl von Artikeln in jeweils großen Mengen (typisches Beispiel: Getränkegroßhandel). Die **Zeilenlagerung** bietet den Zugriff auf mehr Ladeeinheiten als die Blocklagerung.

Für empfindliche oder nicht stapelbare Güter und zur Ausnutzung größerer Höhen im Lager eignet sich die **Regallagerung**. Mit **Einfahr- und Durchfahrregalen** (Bild 2.20) ist eine flächengünstige Blocklagerung möglich. Dabei stehen die Ladeeinheiten auf mehreren Ebenen übereinander und mit mehreren Einheiten in der Regaltiefe hintereinander auf zwei durchlau-

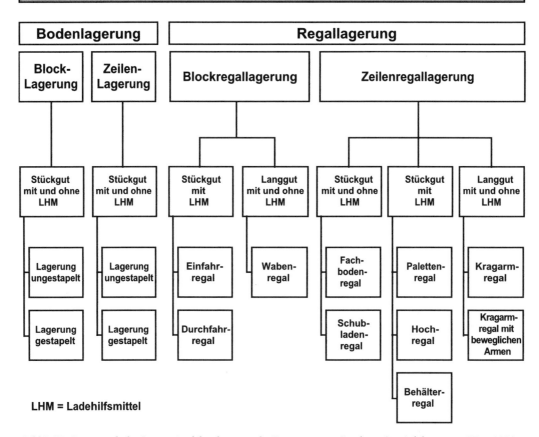

Bild 2.17: Systematik der Lagermittel für die statische Lagerung von Stückgut (in Anlehnung an [Jüne89])

Bild 2.18: *Blocklagerung (Statische Lagerung – Bodenlagerung – Stückgut mit und ohne LHM*[13]*);*
links: Prinzip der Blocklagerung, rechts: Blocklager mit Fahrzeugteilen
[Werkfoto: Kaufmann & Lindgens GmbH]

Bild 2.19: *Zeilenlagerung (Statische Lagerung – Bodenlagerung – Stückgut mit und ohne LHM);*
links: Prinzip der Zeilenlagerung, rechts Zeilenlagerung von Rasentraktoren
[Werkfoto: Kaufmann & Lindgens GmbH]

fenden Konsolen je Ebene. Die Ein- und Auslagerung erfolgt mit Gabelstaplern, die zwischen den Konsolen durch das Regal fahren. Beim Einfahrregal ist ein Zugriff nur von der Vorderseite her möglich; beim Durchfahrregal wird von einer Seite ein- und von der anderen Seite ausgelagert. Die Einlagerung erfolgt von hinten beginnend von oben nach unten in einer Beschickung je Regalfeld. Durch die Bauweise des Einfahrregals kann die zuletzt eingelagerte Ladeeinheit nur zuerst wieder ausgelagert werden („Lifo": Last in, first out)[14]. Bei Gütern

mit der Gefahr der Alterung ist diese Regalbauart ungünstig. Das Durchfahrregal erlaubt dagegen die Einhaltung des „Fifo"-Prinzips (First in, first out). Einfahr- und Durchfahrregale werden eingesetzt zur Lagerung größe-

---

[13] LHM: Ladehilfsmittel
[14] Beim Fifo-Prinzip wird die zuerst eingelagerte Ladeeinheit als erste wieder ausgelagert (Vermeidung von Alterung); beim Lifo-Prinzip wird die zuletzt eingelagerte Ladeeinheit als erste wieder ausgelagert. Näheres siehe Abschn. 7.3.

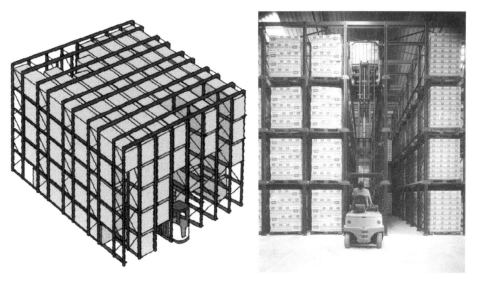

Bild 2.20: Paletten-Einfahrregal; links: Prinzip, rechts: Schubmaststapler beim Einlagern (Statische Lagerung – Regallagerung/Blockregallagerung – Stückgut mit LHM) [ATLE98/Werkfoto: Mecalux GmbH]

rer Mengen je Artikel bei hohem Gewicht und geringer Artikelanzahl, auch für druckempfindliche Güter und nicht stapelbare Ladeeinheiten. Aufgrund der Konsolabstände sind Ladeeinheiten gleicher Abmessungen notwendig. **Wabenregale** dienen zur Kompaktlagerung

von Langgut, aber auch von Tafelmaterial (Profile aus Stahl, Aluminium, Buntmetallen, Kunststoff, Holz; Blechtafeln, Holzschichtstoffplatten, Kunststoffplatten). Wabenregale besitzen üblicherweise eine Feldtiefe bis 6,5 m. Die Lagerung ist bei kleinen Anlagen ohne

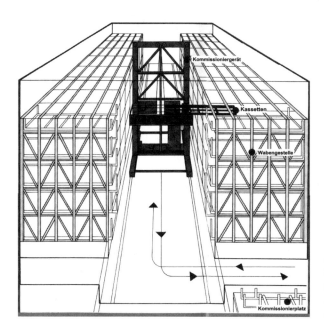

Bild 2.21: Wabenregal zur Langgutlagerung (Statische Lagerung – Regallagerung/Blockregallagerung – Langgut mit LHM) [Werkbild: Electrolux Constructor GmbH]

Ladehilfsmittel möglich, sonst auch in Kassetten (Bild 2.21, Langgutlagerung in Kassetten; Verwendung eines vollautomatischen Regalbediengerätes zur Ein- und Auslagerung).

Am häufigsten in der Industrie verwendet wird die **Zeilenregallagerung** mittels Doppelregalen (Bilder 2.22 bis 2.27), die durch Bediengänge getrennt sind. Zur Lagerung kleiner bis mittlerer Mengen pro Artikel bei großer Artikelanzahl und unterschiedlichem Artikelspektrum dienen **Fachbodenregale**. Meist erfolgt eine manuelle Einzelentnahme der Artikel. Bild 2.22

zeigt den modulartigen Aufbau von Fachbodenregalen, die auch als mehrstöckige Regalanlagen ausgebildet sein können. Verwendet werden Fachbodenregale in allen Bereichen der Industrie, z. B. zur Lagerung und Kommissionierung von Kleinteilen, als Lagermittel für Handlager in der Montage, zur Ersatzteillagerung im Bereich der Instandhaltung sowie in Ersatzteillagern z. B. in Autowerkstätten.

Bei **Schubladenregalen** (Bild 2.23) sind die Fachböden seitlich gelagert und einzeln in die Bediengänge ausziehbar. Schubladenregale finden

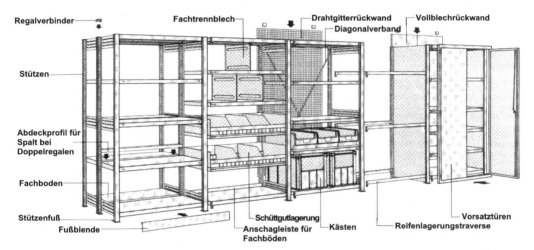

Bild 2.22: Fachbodenregale, Aufbau und Ausrüstungsteile (Statische Lagerung – Regallagerung /Zeilenregallagerung – Stückgut mit und ohne LHM) [Verb00]

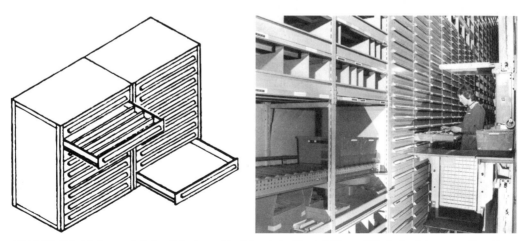

Bild 2.23: Schubladenregal; links: Prinzip, rechts: Einsatz im Ersatzteillager (Statische Lagerung – Regallagerung/Zeilenregallagerung – Stückgut mit und ohne LHM) [Jüne89/Werkfoto: OWL AG]

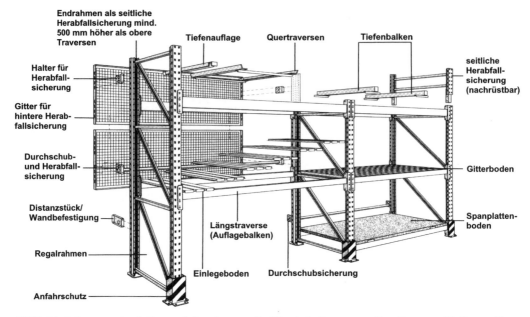

Bild 2.24: Palettenregale, Aufbau und Ausrüstungsteile (Statische Lagerung – Regallagerung/Zeilenregallagerung – Stückgut mit LHM) [Verb00]

Hochregal (Stahl)   Hochregal (Ortbeton)

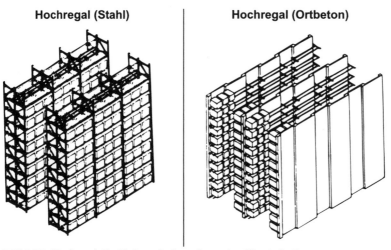

Bild 2.25: Hochregal, Stahl- bzw. Ortbetonbauweise (Statische Lagerung – Regallagerung/Zeilenregallagerung – Stückgut mit LHM) [Jüne89]

Anwendung für die Lagerung von Kleinteilen bei hoher Artikelanzahl z. B. als Schränke in Werkzeugausgaben, aber auch als mehrere Meter hohe Regale in Kommissionierlagern sowie als vollautomatische Pufferlager z. B. zur Beschickung von Blechbearbeitungsmaschinen. Nach dem Auffahren der Schubladen können

dann die Bleche per Kran mit Magnet- bzw. Saugheber von oben entnommen und auf dem Maschinentisch abgelegt werden.

Palettenregale (Bilder 2.24 und 2.25) sind geeignet für eine Stückgutlagerung mit Ladehilfsmittel. Von Hochregalen spricht man ab

Höhen von mehr als 12 m[15]. Üblich sind bei Hochregallagern Höhen bis etwa 45 m. Eine Grenze ist die Hub- und Senkgeschwindigkeit von Regalbediengeräten, die bei etwa 25 m/min liegt. Ein Bedienspiel dauert damit bereits rund fünf Minuten. Bei Hochregallagern bilden Regale, Dach und Wand oft eine bauliche Einheit **(Silolager)**, wobei für die Tragkonstruktion Stahlprofile oder Ortbeton verwendet werden. Silolager haben den Nachteil, Einzweckgebäude zu sein, d. h., ein Umbau z. B. zur Produktionshalle ist nicht möglich.

Je nach Aufteilung der Regalfelder gibt es Einplatz- und Mehrplatzsysteme. Ladeeinheiten werden grundsätzlich mit Ladehilfsmitteln

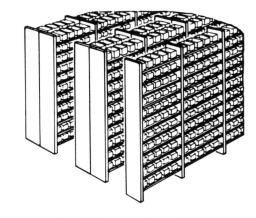

Bild 2.26: Behälterregal (Statische Lagerung – Regallagerung/Zeilenregallagerung – Stückgut mit LHM) [Jüne89]

mit festen Armen   **mit beweglichen Armen**

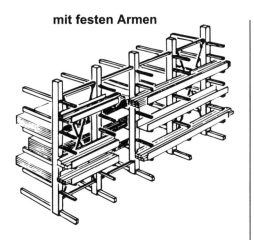
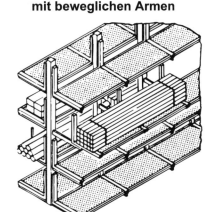

Bild 2.27: Kragarmregale (Statische Lagerung – Regallagerung/Zeilenregallagerung – Langgut/ Plattenmaterial mit und ohne LHM) [Jüne89]

(Euro-Paletten, Gitterboxen, Spezialpaletten) gebildet. Der Einsatz von Palettenregalen ist üblich zur Lagerung von großen Mengen je Artikel bei breitem Artikelspektrum. Vorteil ist der Zugriffsgrad von 100 % (d. h., alle Ladeeinheiten sind direkt ohne Umlagervorgänge zugreifbar). Den Aufbau von Palettenregalen zeigt Bild 2.24. Einfache Palettenregale werden von vielen Herstellern als Modulbausätze (auch zur Selbstmontage) angeboten.

Behälterregale (auch: Kleinteile- oder Kompaktlager, Bild 2.26) sind für einen oder mehrere Behältertypen (Behälter, Kassetten, Tablare, VDA-Kleinladungsträger) geeignet, z. B. zur Lagerung von Kleinteilen mit begrenzter Menge pro Artikel bei großer Artikelanzahl, oft für Kommissionierzwecke. Auch Behälterregale werden als Hochregale bis 45 m Höhe ausgeführt.

---

[15] Die Mindesthöhe für Hochregallager ist nicht festgelegt. Es ist üblich, bei Lagerhöhen bis 12 m von Flachlagern zu sprechen. Lager ab 12 m Höhe, bei einigen Autoren auch erst ab 18 m, werden als Hochregallager bezeichnet.

Kragarmregale (Bild 2.27) dienen zur Lagerung von Langgut, sowohl ohne als auch mit Ladehilfsmittel (Kassetten, Wannen). Für die Bedienung von Kragarmregalen werden oft Seiten- oder Vierwegestapler (siehe Kap. 3) eingesetzt, um bei der Langgutlagerung die Bediengänge schmal halten zu können. **Kragarmregale mit beweglichen Armen** entsprechen Schubladenregalen für Langgut. Sie sind für Kranbedienung von oben geeignet. Allgemein dienen Kragarmregale der Lagerung von Langgut und Plattenmaterial in kleinen bis mittleren Mengen je Artikel bei kleiner bis großer Artikelanzahl.

2.3.2 Dynamische Lagerung

Die Systematik von Lagermitteln zur **dynamischen Lagerung** geht aus Bild 2.28 hervor. Unterschieden wird die Regallagerung mit festen Regalen und bewegten Ladeeinheiten von der Lagerung in bewegten Regalen mit feststehenden Ladeeinheiten. Dynamische Lager können außerdem durch Fördermittel mit Lagerfunktion realisiert werden.

Bei **Durchlaufregalen** sind die Regale blockförmig aufgebaut und feststehend; die Ladeeinheiten werden bewegt. Die Lager bestehen aus neben- und übereinander angeordneten Kanälen, die sortenrein beschickt werden und durch Stetig- oder Unstetigförderer mit elektrischem Antrieb oder Antrieb durch Schwerkraft bewegt werden. Die Regalblöcke können einseitig als **Einschublager** (auch „Push-back-Regal" genannt) oder beidseitig bedienbar als **Durchlauflager** ausgeführt sein.

In **Durchlauf-/Einschubregalen mit Stetigförderer und Schwerkraftantrieb** (Bild 2.29) werden die Ladeeinheiten auf geneigten Rollenbahnen artikelrein gelagert. Die Einlagerung erfolgt bei Durchlaufregalen am höheren Kanalende, die Entnahme am tieferen; beim Einschubregal wird am niedrigeren Kanalende ein- und ausgelagert. Die Ladeeinheiten werden durch Bremssysteme im Kanal gehalten. Bei Entnahme rückt der Pulk der Ladeeinheiten automatisch bis zur Kanalfront vor. Bei Einschubre-

galen ist das Fifo-Prinzip nicht einzuhalten. Durchlaufregale haben den Vorteil, dass die Materialflüsse von Einlagerung und Auslagerung getrennt sind. Eingesetzt werden diese Regale zur Lagerung von mittleren und großen Mengen je Artikel bei kleiner bis mittlerer Artikelanzahl, besonders zur Kommissionierung. Ein weiterer häufiger Anwendungsfall sind Bereitstellregale in der Montage, die vom Materialflussweg aus beschickt werden und aus denen die Werker auf der anderen Seite des Regals am Montageplatz entnehmen können.

In **Durchlauf-/Einschubregalen mit Stetigförderer mit Antrieb** werden in jedem Kanal angetriebene Rollenbahnen, Ketten- oder Bandförderer verwendet. Bei Entnahme einer Ladeeinheit rücken die anderen über den Stetigförderer nach. Beim **Durchlauf-/Einschubregal mit Unstetigförderer und Schwerkraftantrieb** sind die geneigten Kanäle des Regals mit U-förmigen Schienen ausgestattet, in denen die Räder spezieller **Rollpaletten** oder Rolluntersätze für Paletten laufen (beide stellen im eigentlichen Sinne keine Förderer dar; sie nehmen aber die Förderfunktion wahr). Die Ein- und Auslagerung erfolgt wie oben beschrieben. Die Bewegung der Ladeeinheiten wird durch Bremssysteme kontrolliert. Bei Entnahme rückt der Pulk der Ladeeinheiten im Kanal automatisch nach. Die leeren Rolluntersätze müssen beim Durchlaufregallager von der Aus- zur Einlagerungsseite transportiert werden.

Das **Push-back-Regal** (Bild 2.30) besteht aus mehreren zum Bediengang hin geneigten, rollbar aufeinander gelagerten Rahmen, auf die die Ladeeinheiten gestellt werden. Bei jedem Einlagerungsvorgang werden die Ladeeinheiten um eine Einheit weiter in das Regal geschoben; bei der Auslagerung bewegen sich die Ladeeinheiten durch die Schwerkraft zur Gangseite. Push-back-Regale sind sinnvoll, wenn von jedem Artikel mehrere Ladeeinheiten gelagert werden sollen.

Beim **Durchlauf-/Einschubregal mit Unstetigförderer und Antrieb**, dem sog. **Kanalregal** (auch: Tunnellager), Bild 2.31, werden die La-

Dynamische Lagerung

Regallagerung		Lagerung auf Fördermittel
Feststehende Regale, bewegte Ladeeinheiten	**Bewegte Regale, feststeh. Ladeeinh.**	**Fördermittel mit Lagerfunktion**

Stückgut mit und ohne Ladehilfsmittel

Ladeeinheitenbewegung mit Stetigförderer	Ladeeinheitenbewegung mit Unstetigförderer	Regalbewegung mit Stetigförd.	Regalbewegung mit Unstetigförd.	Stetigförderer	Unstetigförderer

Schwerkraft	Antrieb	Schwerkraft	Antrieb	Antrieb	Antrieb	Schwerkraft oder Antrieb	Muskelkraft/ Antrieb
Durchlaufregal mit Rollenbahn	Durchlaufregal mit Kettenförderer	Durchlaufregal mit Rolluntersatz	Kanalregal mit Satellit	Umlaufregal horizontal	Verschieberegal (Tische)	Staurollenbahn/Staukettenförderer	Elektrohängebahn
Durchlaufregal mit Röllchenbahn	Durchlaufregal mit Rollenbahn			Umlaufregal vertikal	Verschieberegal (Zeilen)	Skidförderer	Trolleyoder Rohrbahn
Einschubregal (PushBack-Regal)	Durchlaufregal mit Bandförderer				Regal auf Flurförderzeug	Kreisförderer	Wagen, Eisenbahnwagen
						Schleppkreisförderer	
						Paternoster	
						Schaukelförderer	

Bild 2.28: Systematik der dynamischen Lagermittel für Stückgut

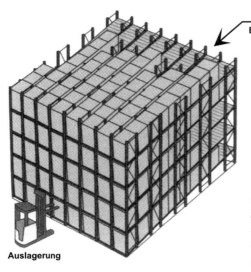

Einlagerung

Auslagerung

*Bild 2.29: Durchlaufregal als Stetigförderer mit Schwer-
kraftantrieb (Dynamische Lagerung – Regallagerung/
Blockregallagerung – feststehende Regale, bewegte
Ladeeinheiten – Stückgut mit und ohne LHM)
[ATLE98]*

*Bild 2.30: Einschub-/Push-back-Regal; links: Prinzip; rechts: Anwendung (Dynamische Lagerung – Regal-
lagerung/Blockregallagerung – feststehende Regale, bewegte Ladeeinheiten – Stückgut mit und ohne LHM)
[Werkbilder: Dexion GmbH]*

deeinheiten auf zwei horizontalen U-Schie-
nenprofilen in den Kanälen gelagert. In diesen
seitlich offenen Schienen fahren kleine Fahrzeuge (Satelliten), die die Ladeeinheiten durch
Unterfahren aufnehmen. Die Satelliten können durch Trägerfahrzeuge (Regalbediengeräte) oder Heber/Aufzüge vor den Kanälen von
einem Kanal zum anderen umgesetzt werden.
Innerhalb der Kanäle können sie unter den
Ladeeinheiten hindurch fahren. Die Satelliten
werden vom Trägerfahrzeug über Kabel mit
Strom gespeist, oder sie können als autonome

Satelliten unabhängig vom Trägerfahrzeug operieren (höhere Umschlagleistung möglich!). Als üblicher Einsatzbereich der drei letztgenannten Regaltypen ist die Lagerung von mittleren bis großen Artikelmengen bei kleiner bis mittlerer Artikelanzahl zu nennen.

Die im Folgenden beschriebenen Regale zeichnen sich durch feststehende Ladeeinheiten und

eine Bewegung der Regale aus, gehören also auch in den Bereich der dynamischen Lagerung.

Umlaufregale werden als vertikale und als horizontale Umlaufregale ausgeführt, Bild 2.32. Im **horizontalen Umlaufregal (Karussellregal)** lagern die Güter in Fachbodenregalen, die an Laufwerken befestigt sind und oben und unten

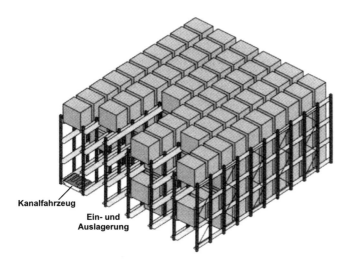

Kanalfahrzeug

Ein- und Auslagerung

Bild 2.31: Kanalregal (Durchlaufregal, Unstetigförderer, Antrieb; dynamische Lagerung – Regallagerung/Blockregallagerung – feststehende Regale, bewegte Ladeeinheiten – Stückgut mit und ohne LHM) [ATLE98]

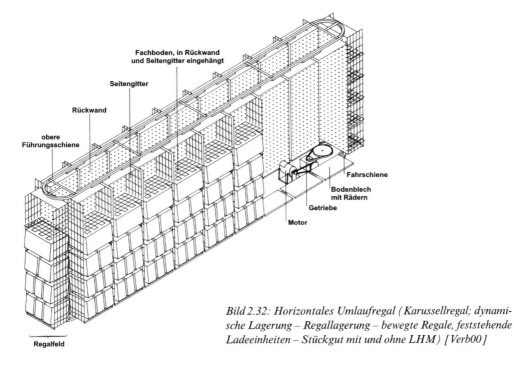

Fachboden, in Rückwand und Seitengitter eingehängt

Seitengitter

Rückwand

obere Führungsschiene

Fahrschiene

Bodenblech mit Rädern

Getriebe

Motor

Regalfeld

Bild 2.32: Horizontales Umlaufregal (Karussellregal; dynamische Lagerung – Regallagerung – bewegte Regale, feststehende Ladeeinheiten – Stückgut mit und ohne LHM) [Verb00]

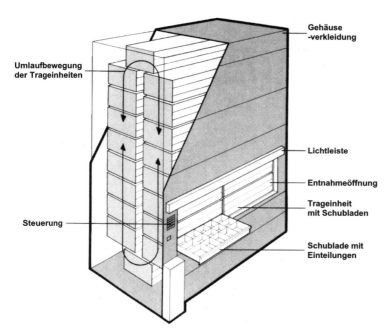

Bild 2.33: Vertikales Umlaufregal (Paternoster-regal; dynamische Lagerung – Regallagerung/ Blockregallagerung – bewegte Regale, feststehende Ladeeinheiten – Stückgut mit und ohne LHM) [Verb00]

in Schienen geführt werden; der Antrieb erfolgt durch eine Endloskette. Horizontale Umlaufregale finden sich zur Lagerung kleiner bis mittlerer Mengen pro Artikel bei mittlerer bis großer Artikelanzahl, vor allem in Kommissionierlagern für Kleinteile (siehe auch Kap. 4).

Beim **vertikalen Umlaufregal (Paternosterregal)**, Bild 2.33, lagern die Güter auf so genannten Lastschaukelwannen, die drehbeweglich zwischen zwei Vertikalkettensträngen montiert sind; der Antrieb erfolgt elektromotorisch. Je Lastschaukelwanne können durch Unterteilungen (Tablare) mehrere Artikelsorten aufgenommen werden. Paternosterregale sind verwendbar zur Lagerung kleiner bis mittlerer Mengen pro Artikel bei mittlerer bis großer Artikelanzahl und mittlerer Umschlagleistung, vor allem für Kleinteile und zur Kommissionierung. Paternosterregale können auf kleiner Grundfläche bei Ausnutzung der zur Verfügung stehenden Raumhöhe große Mengen Lagergut unterbringen. Mit zunehmender Höhe sinkt allerdings die Umschlagleistung durch die größeren Verfahrwege. Besondere Ausführungen von Paternosterregalen werden z. B. zur Lagerung von Teppich- und Stoffballen eingesetzt.

Horizontale und vertikale Umlaufregale besitzen eine Steuerung für die Ein- und Auslagerung, d. h. für das Anfahren bestimmter Lagerfächer. Im einfachsten Fall wird die Lagerfachnummer über Tastatur eingegeben; komfortablere Ausführungen speichern die Artikel-Lagerfach-Zuordnung und können über die Artikelnummer zugreifen. Auch der Anschluss an übergeordnete Leitrechner ist möglich: Ein- und Auslageraufträge werden dann direkt in die Steuerung geladen, und das Bedienpersonal gibt nur noch den Befehl „Nächste Position" per Funktionstaste ein. Das Regal verfährt automatisch und zeigt die Entnahmeposition durch Positionslampen an. Meist erfolgt vorher eine automatische Sortierung der Zugriffe, um die Verfahrzeiten des Regals zu minimieren.

Verschieberegale bestehen aus horizontal verschiebbaren horizontalen Lagerebenen (Tische; Bild 2.34) oder vertikalen Lagerebenen (Regalzeilen; Bild 2.35). **Verschieberegale (Tische)** setzen sich aus verschachtelten, übereinander angeordneten Lagertischen zusammen. Jeder Tisch besitzt einen eigenen Antrieb und ein eigenes Fahrwerk mit jeweils zwei eigenen am Boden verlaufenden Schienen. Der nied-

rigste Tisch mit der kleinsten Lagerfläche verfährt auf den inneren Schienensträngen, der
höchste Tisch mit der größten Lagerfläche auf
den äußeren Schienensträngen. Zur Ein- und
Auslagerung werden die einzelnen Tische aus
dem Block herausbewegt und die Güter von
oben abgelegt bzw. entnommen. Verwendet
werden Schieberegale (Tische) zur Lagerung
von Langgut, seltener auch Tafelmaterial in

kleinen bis mittleren Mengen je Artikel bei
kleiner bis mittlerer Artikelanzahl, z. B. zur
Pufferung des Schichtbedarfs an Bearbeitungsmaschinen. Vorteilhaft ist die Bedienbar-
keit von oben mittels Kran.

Verschieberegale (Zeilen) sind eine Mischung
aus Block- und Zeilenlagerung, Bild 2.35. Re-
galarten wie Fachboden-, Kragarm- und Pa-

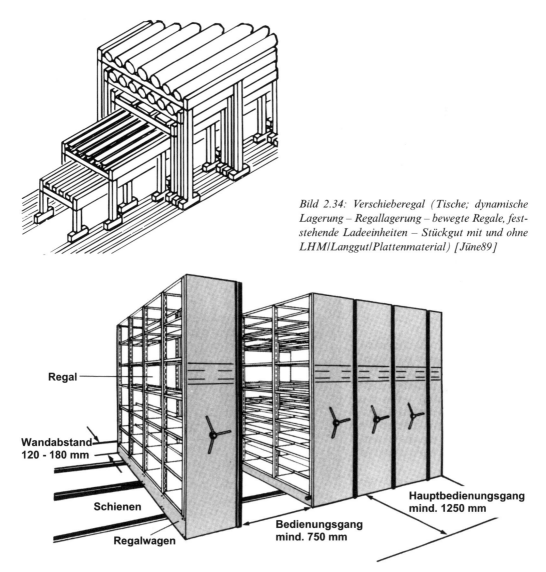

Bild 2.34: Verschieberegal (Tische; dynamische Lagerung – Regallagerung – bewegte Regale, fest-stehende Ladeeinheiten – Stückgut mit und ohne LHM/Langgut/Plattenmaterial) [Jüne89]

Bild 2.35: Verschieberegal (Zeilen; dynamische Lagerung – Regallagerung – bewegte Regale, feststehende Ladeeinheiten – Stückgut mit und ohne LHM) [Verb00]

Bild 2.36: Regal auf Flurförderzeug (Wagen; dynamische Lagerung – Regallagerung – bewegte Regale, feststehende Ladeeinheiten – Stückgut mit und ohne LHM) [Rück92]

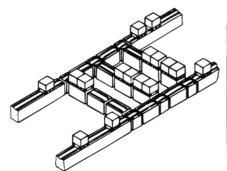

Bild 2.37: Staukettenförderer/Staurollenbahn; z. B. zum Puffern von Ladungen im Wareneingang oder -ausgang; rechts: Puffern von Kunststoff-Kraftstofftanks vor der Montage ins Fahrzeug auf einer Staurollenbahn (Dynamische Lagerung – Lagerung auf Fördermittel – Fördermittel mit Lagerfunktion – Stückgut mit und ohne LHM) [Jüne89; Werkfoto: Wegener + Stapel GmbH]

lettenregale werden auf Fahrschienen mit Fahrschemeln manuell oder automatisch bewegt. Damit wird nur eine Gasse zwischen einer für die Ein- oder Auslagerung vorgesehenen Regalzeile und der Nachbarzeile gebildet. Die übrigen Regale bilden zwei unterschiedlich große Blöcke. Verschieberegale (Zeilen) dienen zur Lagerung von mittleren Mengen je Artikel bei mittlerer bis hoher Artikelanzahl, werden aber auch zur Schriftgutlagerung in Archiven und Bibliotheken eingesetzt.

Besonders im Produktions- und Montagebereich werden **Regale auf Flurförderzeugen** eingesetzt (Bild 2.36): Das Gut lagert in Fachboden- oder Behälterregalen, die auf (auch automatischen) Flurförderzeugen oder schienengeführten Wagen angeordnet und dadurch mobil sind. Sie können transportiert und an

bestimmten Stellen in der Produktion flexibel abgestellt werden (dezentrale Puffer an den Arbeitsplätzen). Bild 2.36 zeigt ein Beispiel aus der Einzelmontage von Großdieselmotoren: Auftragsspezifisch werden Montageteile und Komponenten vorkommissioniert und auf einem Regalwagen transportiert und bereitgestellt.

In Fällen, in denen die Güter nur kurze Zeit zwischengelagert werden, bietet sich die **Lagerung auf Fördermitteln** an, wobei es sich sowohl um Stetigförderer mit Lagerfunktion (Bandförderer, Staurollenbahnen, Staukettenbahnen, Skidförderer, Schleppkreisförderer, Schaukelförderer und Paternoster, Bilder 2.37 bis 2.40) als auch um Unstetigförderer mit Lagerfunktion (Elektrohängebahnen, Bild 2.41, Trolleybahnen, schienengeführte Wagen und automa-

Bild 2.38: Skidförderer als Puffer zwischen Lackiererei und Pkw-Endmontage (Dynamische Lagerung – Lagerung auf Fördermittel – Fördermittel mit Lagerfunktion – Stückgut mit und ohne LHM) [Werkfoto: Eisenmann Maschinenbau KG]

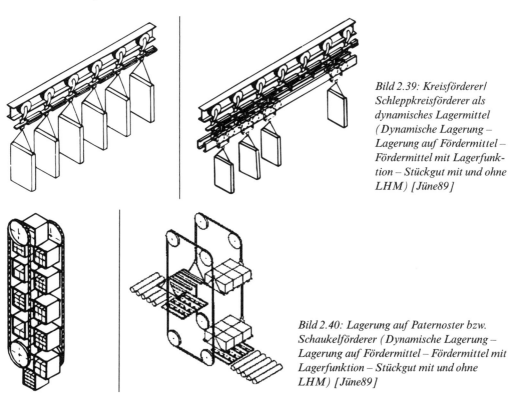

Bild 2.39: Kreisförderer/ Schleppkreisförderer als dynamisches Lagermittel (Dynamische Lagerung – Lagerung auf Fördermittel – Fördermittel mit Lagerfunktion – Stückgut mit und ohne LHM) [Jüne89]

Bild 2.40: Lagerung auf Paternoster bzw. Schaukelförderer (Dynamische Lagerung – Lagerung auf Fördermittel – Fördermittel mit Lagerfunktion – Stückgut mit und ohne LHM) [Jüne89]

Bild 2.41: Lagerung auf Elektrohängebahn (Pufferung von Pkw-Radhäusern in einer Rohbaufertigung; dynamische Lagerung – Lagerung auf Fördermittel – Fördermittel mit Lagerfunktion – Stückgut mit und ohne LHM) [Werkfoto: Voest-Alpine Montage- und Transportsysteme]

tische Flurförderzeuge) handeln kann. Alle diese Systeme können zum Puffern der transportierten Güter oder als reine Lagermittel verwendet werden. Die Funktionsweise der genannten Fördermittel wird in Kap. 3 erläutert.

2.4 Grobauswahl, Systemvergleich und Kostenbetrachtung

Bild 2.42 gibt Hinweise zur **Grobauswahl von Lagersystemen**, und in Bild 2.43 wird anhand von Kenngrößen und Bestimmungskriterien eine Grobbewertung von Lagermitteln vorgenommen. Diese Bilder können zur ersten groben Auswahl geeigneter Lagermittel für eine gegebene Lagerungsaufgabe dienen.

Im Bild 2.44 werden für eine Lagerungsaufgabe (100 Artikel auf 3000 Paletten) die Kosten unterschiedlicher Lagertechniken verglichen[16]. Zur Verdeutlichung der Lagerkonzepte dienen die Bilder 2.45 und 2.46, die die Layouts der Lagervarianten zeigen. Die Annahmen für In-

vestitionen und Kosten sind realistisch. Folgende Kostenkomponenten wurden berücksichtigt:

● in den Fixkosten die Abschreibungen und Zinsen sowie die Versicherungsbeiträge für Lagermittel, Fördermittel und Gebäude,

● in den variablen Kosten die Personalkosten, die Wartungs- und Unterhaltungskosten für Lagermittel, Fördermittel und Gebäude, sowie die Energiekosten.

Nicht erfasst wurden Kosten für Grundstücke. Ebenfalls nicht betrachtet wurden die Zinskosten und Versicherungsbeiträge für den Lagerbestand sowie die Kosten der Lagerverwaltung, da sie für alle Varianten gleich sind.

Die beiden letzten Zeilen der Tabelle in Bild 2.44 geben jeweils die Kosten je Lagerbewegung (Ein- bzw. Auslagerung einer Ladeeinheit) sowie die pro Jahr anfallenden Kosten der

---

[16] Weitere Kostenbeispiele zur Lagertechnik finden sich in [ATLE98].

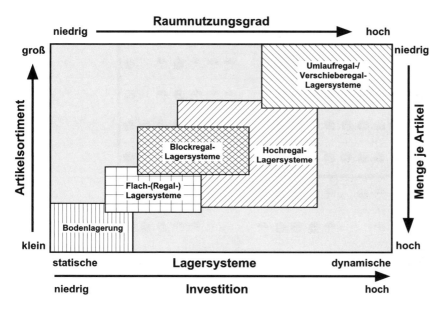

Bild 2.42: Einsatzbereiche unterschiedlicher Lagersysteme (nach [REFA94])

Lagerung einer Ladeeinheit (ohne Kapitalbindung und Kosten der Lagerverwaltung) an. Grundsätzlich ist festzuhalten, dass die Kosten je Lagerbewegung sowie die Kosten je Lagerplatz nicht vernachlässigbar sind. Man erkennt, dass die Kosten bei der Bodenlagerung (Varianten 1 und 2) am niedrigsten sind. Es sei darauf hingewiesen, dass die Anschaffungskosten die Kosten des Grundstücks nicht enthalten; damit können Varianten mit kleiner Grundfläche (besonders Variante 5, Hochregallager, aber auch 6, 7 und 8) bei hohen Grundstückskosten durchaus günstiger sein als flächenintensive Varianten. Weiterhin wurde in diesem Beispiel eine zweischichtige Nutzung

des Lagers angenommen. Bei dreischichtiger Nutzung sind automatisierte Varianten wegen der niedrigen variablen Kosten (insbesondere Personalkosten), bei nur einschichtiger Nutzung die manuell bedienten Varianten aufgrund der niedrigen Fixkosten (insbesondere Abschreibung und Verzinsung) vorteilhaft. Schließlich könnte eine Änderung der Artikelstruktur (mehr Artikel bei gleich bleibender Gesamtzahl zu lagernder Ladeeinheiten) dazu führen, dass die Varianten mit niedrigem Zugriffsgrad (z. B. 1, 6, 7 und 8) nicht mehr sinnvoll einsetzbar sind.

Lagermittel → / Bestimmungskriterium ↓	Bodenlagerung – Statische Lagerung		Regallagerung – Statische Lagerung								Regallagerung – Feststehende Regale, bewegliche Ladeeinheiten						Regallagerung – Dynamische Lagerung, Bewegte Regale, feststehende Ladeeinheiten				
	Block: gestapelt und ungestapelt	Zellen: gestapelt und ungestapelt	Blockregal: Einfahr-Durchfahrregal	Blockregal: Wabenregal	Zeilenregal: Fachbodenregal	Zeilenregal: Schubladenregal	Zeilenregal: Paletten- oder Hochregal	Zeilenregal: Behälterregal	Zeilenregal: Kragarmregal	Durchlaufregal Stetigförd. Schwerkraft	Einschubregal Stetigförd. Schwerkraft	Durchlaufregal Stetigförd. Antrieb	Durchlaufregal Unstetigförd. Schwerkraft	Einschubregal Unstetigförd. Schwerkraft	Kanalregal Unstetigförd. Antrieb	Umlaufregal horizontal	Umlaufregal vertikal	Verschieberegal (Tische)	Verschieberegal (Zeilen)	Regal auf Flurförderzeug
Automatisierungsgrad																				
Flexibilität bei Artikelmengenänderungen																				
Direktzugriff auf jede Ladeeinheit																				
First in - First out																				
Chaotische Lagerung																				
Eignung für automatische Kommissionierung																				
Raumnutzung = Lagergutvolumen / Lagergesamtvolumen																				
Flächennutzung = Lagergutfläche / Lagergesamtfläche																				
Organisation mit Datenverarbeitung																				
Erweiterungsfähigkeit																				
Investitionsaufwand (Lager- und Fördertechnik)																				
Wartungsaufwand																				
Höhen- oder Längenbegrenzung																				
Störungsanfälligkeit und Unfallgefährdung																				
Lagergutbelastung																				
zusätzlich benötigte Fördertechnik z. Ein- und Auslagern																				
Notbetrieb bei Ausfall von Lagermittel od. -bedientechnik																				
Zugriffdauer																				

Legende: ● günstig   ◐ durchschnittlich   ○ ungünstig

Bild 2.43: Beispielhafte Bewertung häufig eingesetzter Lagermittel [Jüne89]

Lagersystemdaten / Lagermittel	① Blocklager	② Zeilenlager	③ Palettenregallager	④ Palettenregallager	⑤ Hochregallager	⑥ Durchlaufregallager	⑦ Kanalregallager	⑧ Kanalregallager	⑨ Verschieberegallager	⑩ Verschieberegallager
Lagerausführung										
Fördermittel	2 Frontstapler	2 Frontstapler	3 Stapler mit Schwenkschubgabel	1 Regalbediengerät 2 Verteilfahrzeuge	2 Regalbediengeräte mit Teleskopgabel	2 Frontstapler	1 Regalbediengerät 2 Kanalfahrzeuge	2 Regalbediengeräte 2 Kanalfahrzeuge	2 Frontstapler	1 Regalbediengerät 2 Verteilfahrzeuge
Automatisierungsgrad	manuell	manuell	manuell	automatisch	automatisch	manuell	automatisch	automatisch	manuell	automatisch
Personalbedarf	2 Pers./Schicht	2 Pers./Schicht	3 Pers./Schicht	1 Pers./Schicht	1 Pers./Schicht	2 Pers./Schicht	1 Pers./Schicht	1 Pers./Schicht	2 Pers./Schicht	1 Pers./Schicht
Lageraufbau	1 Hauptgang 50 Zeilen mit 10 Paletten je Seite 3-fach Stapelung	3 Hauptgänge 2 Quergänge 12 Blöcke mit je 255 Paletten 3-fach Stapelung	3 Gänge mit je 84 Paletten 6-fach Stapelung 1200 mm tief	4 Kanäle mit je 63 Paletten 6 Kanäle übereinander Einlagerichtung 1200 mm tief	2 Gänge mit je 50 Paletten 15-fach Stapelung 1200 mm tief	20 Kanäle mit je 25 Paletten 6 Kanäle übereinander, 1200 mm in Kanalrichtung	20 Kanäle mit je 25 Paletten 6 Kanäle übereinander, 800 mm in Kanalrichtung	20 Kanäle mit je 25 Paletten 6 Kanäle übereinander, 800 mm in Kanalrichtung	1 Hauptgang rechts und links je 5 Gänge mit je 30 Palettenplätzen 5-fach Stapelung Einlagerichtung 1200 mm tief	1 Hauptgang rechts und links je 5 Gänge mit je 30 Palettenplätzen 5-fach Stapelung Einlagerichtung 1200 mm tief
Lagerabmaße einschl. Gänge und Überfahrten ohne Vorzonen [m]	45,1 x 30,3 x 3,2	49,9 x 36,3 x 3,2	84,2 x 12,3 x 7,2	62,3 x 15,7 x 8,1	50,0 x 7,8 x 18,9	30,2 x 22,1 x 8,4	30,5 x 23,7 x 8,9	30,5 x 24,9 x 8,9	16,2 x 60,3 x 6,2	57,3 x 13,9 x 7,2
Lagerkenngrößen										
Lagergutfläche in einer Ebene [m²]	960	980	484	484	192	480	480	480	576	576
Lagergesamtfläche [m²]	1.366	1.811	1.036	973	390	667	723	759	977	798
Flächennutzungsgrad [%]	70	54	47	49	49	72	66	63	59	72
Lagergutvolumen [m³]	2.880	2.938	2.903	2.903	2.880	2.880	2.880	2.880	2.880	2.880
Lagergesamtvolumen ohne Vorzone [m³]	4.373	5.796	7.457	7.923	7.371	5.606	6.433	6.759	6.056	5.745
Raumnutzungsgrad [%]	66	51	39	37	39	51	45	43	48	50
Zugriffsgrad [%]	3,3	11,8	100	100	100	4	4	4	20	20
Anschaffungskosten										
Lagermittel [T€]	-	-	135	246	364	497	404	404	497	666
Fördermittel zum Ein- und Auslagern [T€]	41	41	128	317	399	72	246	394	72	312
Gebäude [T€]	262	348	485	555	295	392	450	473	424	401
Gesamt [T€]	303	489	748	1.118	1.058	961	1.100	1.271	993	1.379
Preis pro Palettenplatz ohne Gebäude [€]	14,--	13,--	87,--	186,--	254,--	190,--	217,--	266,--	190,--	326,--
Preis pro Palettenplatz [€]	101,--	127,--	247,--	370,--	353,--	320,--	367,--	424,--	331,--	460,--
Betriebskosten										
Fixkosten [T€/a]	32	40	88	145	152	120	144	174	122	188
variable Kosten [T€/a]	199	211	337	225	218	285	223	245	289	259
Gesamtkosten [T€/a]	232	251	425	370	370	405	367	419	412	448
Kosten je Lagerbewegung (von den Gesamtkosten) [€]	1,16	1,25	2,13	1,85	1,85	2,02	1,84	2,09	2,06	2,24
Kosten je Lagerplatz (von den Gesamtkosten) [€/a]	77,--	82,--	141,--	122,--	123,--	135,--	122,--	140,--	137,--	149,--

Bemerkungen

Preisbasis: 2004; als Kosten je Mitarbeiter wurden 40.000,-- €/a angesetzt

Randbedingungen:
Ladeeinheiten (LE)	: Europalette (800 x 1200 x 1000 mm)
Gewicht	: 1 t
Menge der Ladeeinheiten: 3.000 Stück

Stapelfähigkeit	: 3-fach
Artikelstruktur	: < 100 Artikel
Lagerbewegungen	: 50 LE/h
Betrieb	: 250 Tage, 2 x 8 h

Flächennutzungsgrad = Lagergutfläche in einer Ebene/Lagergesamtfläche
Raumnutzungsgrad = Lagergutvolumen/ Lagergesamtvolumen ohne Vorzone
Zugriffsgrad = Anzahl der direkt greifbaren LE / Anzahl der gelagerten LE

Bild 2.44: Beispielhafte Leistungs- und Kostenaufstellung für verschiedene Lagersysteme (in Anlehnung an [Jüne89])

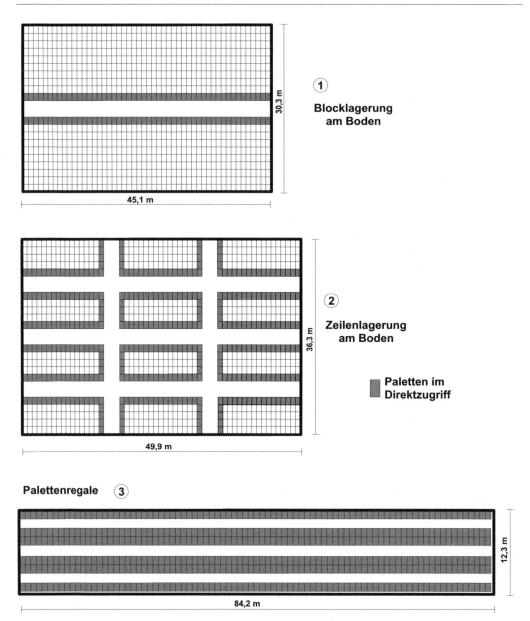

Bild 2.45: Grundrisse der Lagervarianten 1 bis 3 zu Bild 2.44; Daten siehe dort

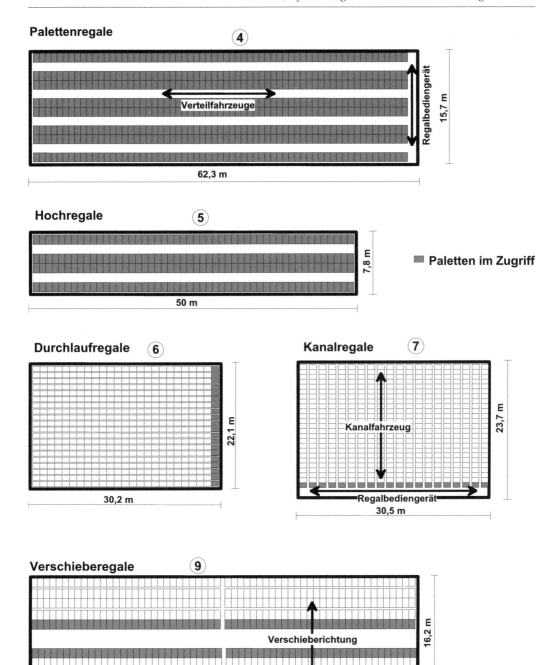

Bild 2.46: Grundrisse der Lagervarianten 4 bis 7 und 9 zu Bild 2.44; Daten siehe dort

2.5   Beispiele und Aufgaben zu Kapitel 2

Beispiel 2.1 (Lagerung und Kommissionierung von Automobilersatzteilen)
Eine hohe Vielfalt von Automobilersatzteilen wird übersichtlich in Fachbodenregalen gelagert und für die Kommissionierung bereitgestellt, Bild 2.47. Die vorhandene Raumhöhe von über 6 m wird durch ein Steckregalsystem mit geschlossenen Seiten- und Rückwänden ausgenutzt. Das Kommissionieren erfolgt mit einem elektrisch angetriebenen und innerhalb der Regale schienengeführten Kommissionierstapler (Prinzip „Mann zur Ware", siehe Kap. 4) [Verb00].

Beispiel 2.2 (Bereitstellung von Kleinteilen in einer Transportermontage)
Um Kleinteile für die Werker in einer Transportermontage bereitzustellen, werden Durchlaufregale eingesetzt, Bild 2.48. Die Teile werden in VDA-Kleinladungsträgern angeliefert und von dem parallel zur Montagelinie verlaufenden Materialflussweg aus in die Regale gestellt. Die KLT laufen aufgrund der Schwerkraft zur Entnahmeseite der Regale an der Montagelinie. Leere Behälter werden vom Montagepersonal in die obere, zum Materialflussweg hin geneigte Regalebene gestellt. Sie können so von den Bereitstellern entnommen und in die Kommissionierzone zurückgebracht werden. Es wird mit Festplatzlagerung gearbeitet, d. h., jedes Teil hat seinen festen Kanal innerhalb der Durchlaufregale. Die Menge der bereitgestellten Teile (und damit auch der Behälter) richtet sich nach der Verbaurate. Jeder leere Behälter ist für das Bereitstellpersonal die Aufforderung, einen vollen Behälter nachzuliefern.

Beispiel 2.3 (Lagerung von Werkzeugen in Verschieberegalen)
650 Stück Großwerkzeuge (Press- und Stanzwerkzeuge) mit Abmessungen von 800 mm × 800 mm bis 3.000 mm × 1.200 mm und Massen zwischen 1.500 kg

Bild 2.47: Lagerung von Autoersatzteilen in Fachbodenregalen [Werkfoto: Dexion GmbH]

Bild 2.48: Durchlaufregale für die Bereitstellung von Kleinteilen in KLT (Montage von leichten Nutzfahrzeugen) [Werkfoto: BITO-Lagertechnik GmbH]

Bild 2.49: Lagerung von Großwerkzeugen in Verschieberegalen; Bedienung durch Schwerlast-Frontstapler [Verb00]

und 6.000 kg werden in einer Verschiebe-regalanlage gelagert, Bild 2.49. Besonders vorteilhaft ist dabei die geringe Grund-fläche für die Lagerung. Außerdem können kostengünstige Schwerlast-Frontstapler für die Regalbedienung eingesetzt werden. Die erforderliche große Gangbreite spielt in diesem Fall keine Rolle, da aufgrund der niedrigen Zugriffshäufigkeit (Ein-/Ausla-gerung pro Zeiteinheit) nur ein Bediengang notwendig ist. Die Regalanlage besteht aus neun fahrbaren und zwei einseitigen Rega-len 10.000 mm × 2.500 mm × 5.000 mm (Länge × Tiefe × Höhe) mit einer Trag-fähigkeit von je 120 t [Verb00].

Beispiel 2.4 (Lagerung von Autoglas)
Zur spannungsfreien Lagerung von Auto-glas in kleinen Mengen im Werkstattbe-reich wird ein Kragarmregal benutzt, Bild 2.50. Die Kragarme sind zur Anpassung an das Lagergut steckbar ausgeführt und mit Schaumstoff ummantelt, um Beschä-digungen des Lagergutes zu vermeiden [Verb00].

Aufgabe 2.1: Sie sind bei einem Automobil-zulieferer als Leiter des Versands tätig. Warum bestehen ihre Abnehmer (Pkw-Hersteller) strikt auf der Einhaltung von Verpackungsvorschriften (Vorgabe der zu verwendenden Ladehilfsmittel) für die zu liefernden Teile?

Lösung: Die Abnehmer haben ihre interne Logistik auf bestimmte Behälterformen bzw. -größen abgestimmt, z. B. die Lager-, Förder- und Handhabungstechnik. Außerdem sollen Umpack-, Handhabungs- und Kommissio-niervorgänge in der Logistikkette vermieden werden, d. h., ein vom Lieferanten kommender Behälter wird direkt am Montageplatz bereit-gestellt. Auch die Behälterinhalte, mithin Be-stände und Reichweiten, sind auf die Bedürf-nisse der Produktion abgestimmt. Einwegbe-hälter werden vom Abnehmer z. B. wegen der Entsorgungskosten zurückgewiesen. Schließ-lich können die vorgeschriebenen Behälter auch noch speziell auf die zu liefernden Teile zugeschnitten sein, um letztere z. B. vor Be-schädigungen zu schützen.

Bild 2.50: Lagerung von Autoglas in einem Kragarmregal [Verb00]

Aufgabe 2.2: Für den Bereich „Instandhaltung" eines Montagewerks soll das Ersatzteillager für Kleinteile (ca. 2.000 Artikel in kleinen Mengen, Stückmasse bis 2 kg) neu gestaltet werden. Nach der Vorauswahlphase gibt es noch drei Varianten:
a) Fachbodenregale
b) Schubladenregale
c) Vertikale Umlaufregale (Paternoster).
Welche Alternative schlagen Sie vor, wenn Lagerpersonal nur in der Frühschicht zur Ein- und Auslagerung zur Verfügung steht, in der Spät- und Nachtschicht aber das Instandhaltungspersonal die Auslagerung im Sinne eines offenen Lagers selbst vornehmen muss? Welche Lagerplatzvergabestrategie (feste bzw. chaotische Lagerplatzvergabe) kommt infrage?

Lösung: Da die Lagergüter vom Instandhaltungspersonal ausgelagert werden müssen, ist der Direktzugriff auf die Artikel notwendig, ohne dass vorher eine Lagerfachnummer z. B. über die Artikelnummer oder die Benennung aus einer Kartei oder aus einem EDV-System herausgesucht werden muss. Damit ist der Einsatz von Fachbodenregalen am sinnvollsten, weil hierbei das gelagerte Gut direkt in Augenschein genommen werden kann. Die Bedienung eines Paternosters erfordert die Artikelnummer oder die Lagerfachnummer. Der Inhalt von Schubladenregalen lässt sich nur von oben einsehen bzw. erfordert eine genaue Beschriftung der Schubladen. Deshalb ist das dargestellte Problem am besten mit einem Fachbodenregal zu lösen; die Lagergüter sollten möglichst feste Lagerplätze besitzen, um langwieriges Suchen zu vermeiden. Die Vergabe der Lagerfächer sollte teilefamilienbezogen erfolgen.

Aufgabe 2.3: Welche Lagermittel sind geeignet, um vor einer Blechbearbeitungsmaschine den Schichtbedarf an Feinblech ($d < 2$ mm) zu puffern? Die Tafelgrößen liegen bei 1.200 mm × 2.500 mm bis 1.500 mm × 3.000 mm; es sind gleichzeitig etwa sechs Sorten Blech (Tafelgröße, Blechdicke, Werkstoff) und jeweils bis zu 25 Tafeln zu lagern. Die Blechtafeln werden der Maschine mittels Kran mit Vakuumheber zugeführt.

Lösung: Die einzelnen Tafelsorten müssen von oben zugreifbar sein. Damit kommen zwei Lagertechniken infrage: das Verschieberegal (Tische) und das Kragarmregal mit beweglichen Armen. Auch eine Bodenlagerung der Bleche wäre möglich, ist aber flächenintensiv und benötigt damit einen großen Aktionsbereich des Krans.

Aufgabe 2.4: Für das Werkzeuglager einer mechanischen Fertigung soll ein neues Lagermittel angeschafft werden. Aufgrund der steigenden technologischen Anforderungen (mehr Spezialfräser, -bohrer und -drehmeißel usw.) bieten die vorhandenen Schubladenregale ($h = 1,2$ m) in der bestehenden Werkzeugausgabe nicht mehr ausreichend Lagerplatz. Es stellt sich das Problem, in dem vorhandenen Raum 35 m × 6 m × 2,6 m ($l \times b \times h$) ca. 50 % mehr Positionen unterzubringen und gleichzeitig eine Fläche von 10 m × 6 m für die Werkzeugvoreinstellung zu gewinnen. Der Lagerumschlag ist niedrig (ca. 30 Werkzeuge/h), so dass für Ein- und Auslagerung nur zwei Personen eingesetzt werden. Welche(s) Lagermittel kommen (kommt) infrage? Beachte: Auf ca. 60 % der Fläche sollen 150 % Artikel untergebracht werden! Das Layout der vorhandenen Werkzeugausgabe zeigt Bild 2.51.

Lösung: Es bieten sich Verschieberegale (Zeilen) und horizontale Umlaufregale an. Vertikale Umlaufregale sind bei der geringen Raumhöhe nicht sinnvoll. Mögliche Layouts mit Verschieberegalen sowie mit Umlaufregalen sind in Bild 2.51 dargestellt. Horizontale Umlaufregale bieten den Vorteil, dass Laufwege des Personals fast völlig entfallen, da die Ein- und Auslagerung an einer Stelle konzentriert wird.

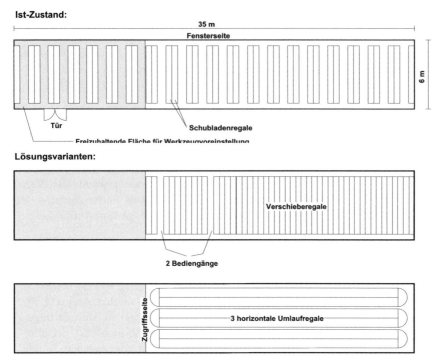

Bild 2.51: *Layout der Werkzeugausgabe nach Aufgabe 2.4; oben: Ausgangssituation; Mitte: Verschieberegale; unten: horizontale Umlaufregale*

Aufgabe 2.5: In einer 12,5 m hohen Fabrikhalle werden Kunststoff-Kraftstofftanks in einer Blasformmaschine hergestellt. Die Taktzeit beträgt 1,4 min. Die Tanks verlassen die Maschine mit einer Temperatur von 160 °C. Für die Montage müssen sie auf 22 °C abgekühlt werden, was bei Raumtemperatur ca. 40 min dauert. Die Tanks passen in einen umschreibenden Quader von 900 mm × 600 mm × 550 mm. Wie könnte ein Puffer für die Abkühlung der Tanks (Veredelungsfunktion!) gestaltet werden, wenn eine Fläche von 6 m × 4 m zur Verfügung steht und die Beschickung durch Werker geschehen könnte?

Lösung: In 40 min Abkühlzeit werden fast 30 Tanks hergestellt, die demnach gepuffert werden müssen. Infrage kommt ein dynamisches Lagermittel, z. B. ein Schaukelförderer (siehe Bild 2.40), der kontinuierlich langsam umläuft. Geht man von einer Nettohöhe von 10 m

aus (geschätzte Umlaufbahnlänge ca. 24 m), so wäre die Umlaufgeschwindigkeit knapp 0,6 m/min. Wenn 15 Lastschaukeln für je zwei Tanks zur Verfügung stehen, müssten die Lastschaukeln bei etwa 1,6 m Teiler (24 m/15 Schaukeln) eine Breite von ca. 1.500 mm und eine Tiefe von etwa 1.000 mm haben, um zwei Tanks nebeneinander aufzunehmen. Das System hält das Fifo-Prinzip automatisch ein, wenn der Werker an der Maschine die Tanks in die Schaukeln stellt (innerhalb der Taktzeit legt die Schaukel etwa 1 m Weg zurück, so dass auch der zweite Tank noch problemlos eingelagert werden kann), und wenn auf der anderen Seite die Tanks für die Montage entnommen werden. Die zur Verfügung stehende Fläche reicht auch für eine Boden- oder Regallagerung aus; allerdings muss der Werker dann teilweise größere Wege zurücklegen und auf die Einhaltung des Fifo-Prinzips selbst achten. Weitere Alternativen wären der Einsatz eines Kreisförderers oder eines Paternosters.

3 Fördertechnik für Stückgüter

Transportmittel dienen zur Ortsveränderung von Personen und/oder Gütern. Wenn der Einsatz von Transportmitteln innerhalb von örtlich begrenzten und zusammenhängenden Betriebseinheiten (z. B. innerhalb eines Werkes, eines Lagers) erfolgt, spricht man von **Fördermitteln**[17].

> **Fördermittel** sind Arbeitsmittel für den innerbetrieblichen Materialfluss. Ihre Aufgaben bestehen im Fördern, Verteilen, Sammeln (Kommissionieren) und Puffern.

Grundsätzlich unterscheidet man **Stetigförderer** und **Unstetigförderer:** Erstere sind durch einen kontinuierlichen, letztere durch einen unterbrochenen Förderstrom gekennzeichnet. Weiterhin wird nach der **Förderebene** unterteilt: Als **flurgebunden** werden Fördermittel bezeichnet, die Verkehrswege am Boden benutzen oder über Einrichtungen verfahren, die im Boden eingelassen sind. Fördermittel, die sich

---

[17] Literatur zu Kap. 3: [Axma03, Bäun92, Jüne89, Jüne00, Koet01, Koet04, Mart05, Wenz01]

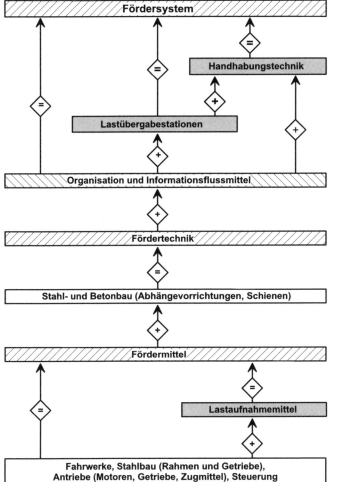

Bild 3.1: Aufbau von Fördersystemen [Jüne89]

in definierter Höhe über dem Boden aufgeständert befinden oder in aufgeständerten
Schienen verfahren, nennt man **aufgeständert**.
Das Fördergut befindet sich oberhalb oder
unterhalb des Fördermittels. Aufgeständerte
Förderer bilden durch ihre ortsfesten Anlagen
stets ein Hindernis für andere Fördermittel.
Die Förderebene **flurfreier** Fördermittel liegt
oberhalb der eigentlichen Arbeitsebene der Fabrik. Flurfreie Fördermittel befördern das Gut
in der Regel hängend.

Geschieht die Führung und Steuerung eines
Fördermittels durch den Menschen, werden sie
als **manuell bedient** bezeichnet. **Mechanisiert**
sind Fördermittel, die ohne direktes Einwirken
eines Menschen operieren, eine einfache Steuerung besitzen (Start, Stopp, usw.) und bei denen keine operativen Entscheidungen getroffen
werden (Beispiel: Personenaufzug). Als
automatisiert werden Fördermittel bezeichnet,
wenn nicht nur die Förderbewegung, sondern
auch die komplexe Steuerung ohne menschliches Einwirken erfolgt, wenn also der Mensch
nur Überwachungsfunktionen innehat. Die
eigentliche Steuerung wird von Rechnern ausgeführt. Bild 3.1 zeigt den Aufbau komplexer
Fördersysteme aus einzelnen Komponenten.

3.1   Stetigförderer

Stetigförderer sind durch einen kontinuierlichen, ununterbrochenen Förderstrom gekennzeichnet.

Bild 3.2 nimmt eine Einteilung der Stetigförderer für Stückgut nach systemtechnischen Kriterien vor. In den Bildern 3.3 bis 3.16 werden
Stetigförderer vorgestellt. Zu den flurgebundenen Stetigförderern gehört der **Unterflur-
Schleppkettenförderer** (Bild 3.3): In einem Kanal im Boden läuft als Zugmittel eine endlose,
angetriebene Kette. Dabei kann die Rückfüh-
rung der Kette in einem zweiten Kanal unterhalb des nach oben offenen Kanals erfolgen,
oder die Kette wird in einer Ebene in einem
ringförmigen Kanal geführt. Steigungen kön-

nen überwunden werden. Nicht angetriebene
Fahrzeuge werden über Mitnehmer an die
Kette angekoppelt. Unterflur-Schleppkettenförderer müssen bereits bei der Gebäudeerstel-
lung eingeplant werden, weil der nachträgliche
Einbau oder Umbau mit sehr hohem Aufwand
verbunden ist.

Rollenbahnen (Bild 3.4) sind aufgeständerte
Stetigförderer. Sie werden mit oder ohne Antrieb ausgeführt. Meist werden mehrere Rollen
von einem Motor über Kette bzw. Riemen angetrieben. Sind einzelne Rollenbahnabschnitte
getrennt an- oder abschaltbar, wird die Förderfunktion mit einer Pufferfunktion gekoppelt.
Man spricht dann vom Staurollenförderer
(siehe Kap. 2, Bild 2.37). Durch eine Neigung
der Rollenbahn ist auch Schwerkraftantrieb
möglich.

Bei **Röllchenbahnen** (Bild 3.5) sind anstelle von
durchgehenden Tragrollen nur Scheibenröll-
chen auf Querachsen einzeln gelagert. Sie dienen zur Förderung leichter Stückgüter, während Rollenbahnen auch für schwere Güter
geeignet sind. Rollen- und Röllchenbahnen
werden auch kurvengängig ausgeführt. **Kugelbahnen** aus hinter- und nebeneinander in einer
Blechmatrix angeordneten, drehbaren Kugeln
erlauben beliebige Förderrichtungen (Bild 3.6).
Sie werden durch Schwerkraft angetrieben
oder manuell bedient; eingesetzt werden sie
z. B. beim Sortieren, da die Fördergüter auf
Kugelbahnen leicht in jeder Richtung in der
Ebene bewegt werden können. Gleiches gilt für
Kugeltische, die z. B. als Bereitstellplätze an
Maschinen verwendet werden.

Skid-Rollenbahnen dienen zur Förderung von
Tragrahmen, den sog. Skids, Bild 3.7. Sie wer-
den bevorzugt zur Karossenförderung (und
-pufferung, siehe Kap. 2, Bild 2.38) eingesetzt.
Die Tragrollen links und rechts sind über eine
Achswelle verbunden.

Eine Variante stellen die **Schubskidförderer** dar.
Sie bestehen aus aneinander gereihten, kontinuierlich oder getaktet weiterlaufenden Ar-
beitsplattformen. Meist sind sie bündig auf
dem Niveau des Hallenbodens installiert und

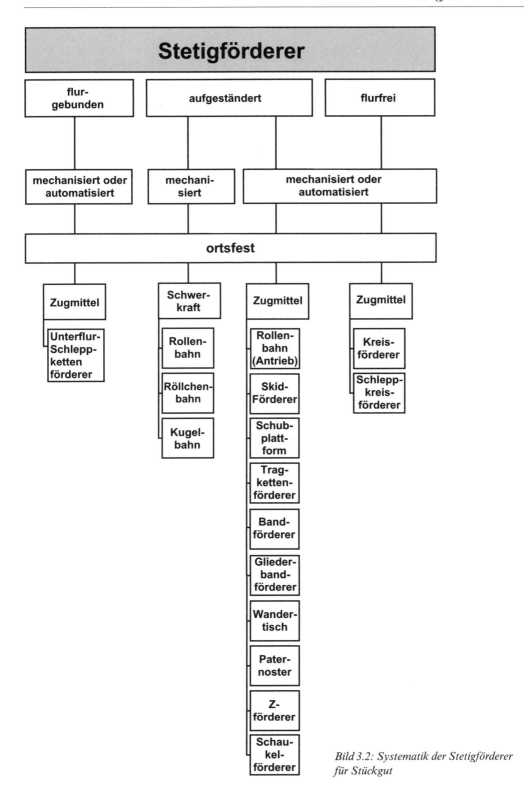

Bild 3.2: Systematik der Stetigförderer
für Stückgut

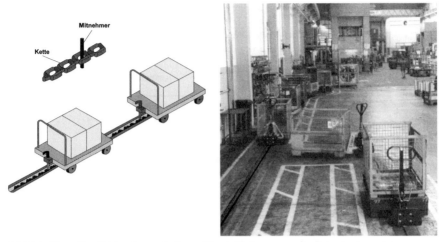

Bild 3.3: Unterflur-Schleppkettenförderer (Stetigförderer – mechanisiert/automatisiert –
ortsfest, flurgebunden – Zugmittel); links: Aufbau und Funktion (nach [Jüne89]);
rechts: Anwendung in einem Presswerk [Werkfoto: Egemin GmbH]

Bild 3.4: Angetriebene Rollenbahn (Stetigförderer – mechanisiert/automatisiert –
ortsfest, aufgeständert – Zugmittel)
[Werkfoto: HaRo GmbH]

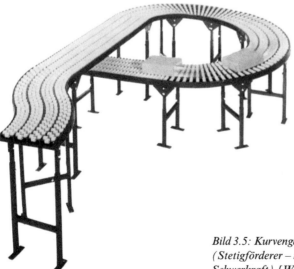

Bild 3.5: Kurvengängige Röllchenbahn mit Schwerkraftantrieb
(Stetigförderer – mechanisiert – ortsfest, aufgeständert –
Schwerkraft) [Werkfoto: EUROROLL GmbH]

Bild 3.6: Kugeltisch bzw. Kugelbahn (Stetigförderer – mechanisiert – ortsfest, aufgeständert – Schwerkraft/Muskelkraft) [Werkfoto: HaRo GmbH]

Bild 3.7: Skid-Rollenbahn in einer Lackieranlage (links) [Werkfoto: Eisenmann Maschinenbau KG]; Schubskidförderer in einer Endmontagelinie (rechts) [Werkfoto: AFT GmbH & Co KG] (Stetigförderer – mechanisiert/automatisiert – ortsfest, aufgeständert/flurgebunden – Zugmittel)

Bild 3.8: Schubplattformen (Stetigförderer – mechanisiert/automatisiert – ortsfest, aufgeständert/flurgebunden – Zugmittel) [Werkfotos: Eisenmann Maschinenbau KG]

dienen als Fördermittel in Montagelinien. Die Schubskids in Bild 3.7 sind zur Aufnahme der Karossen mit Hubtischen ausgestattet, so dass die Arbeitshöhe eingestellt werden kann. Den gleichen Zwecken wie die Schubskidförderer dienen auch die **Schubplattformen**, Bild 3.8, lediglich Trag- und Antriebsfunktion sind abweichend. Die Plattformen selbst sind mit Rädern ausgestattet und laufen auf Schienen. Der Antrieb erfolgt stationär.

Die in Bild 3.9 dargestellten **Tragkettenförderer** sind für schwere Stückgüter geeignet. Zwei oder drei in der Breite nebeneinander angeordnete Ketten sind Trag- und Zugorgan gleichzeitig. Tragkettenförderer fördern geradeaus; zur Richtungsänderung sind Drehtische erforderlich. Die Überwindung von Steigungen ist möglich. Eingesetzt werden Tragkettenförderer zum Transport von Stückgütern auf Ladehilfsmitteln einheitlicher Abmessungen, z. B.

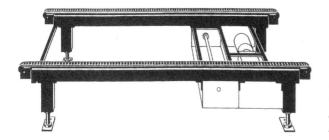

Bild 3.9: Tragkettenförderer (Stetigförderer – mechanisiert/automatisiert – ortsfest, aufgeständert – Zugmittel) [Werk-
foto: Mannesmann Dematic GmbH]

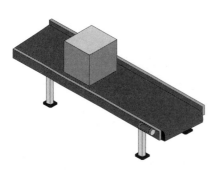

*Bild 3.10: Bandförderer (Stetigförderer – mechanisiert/automatisiert – ortsfest, aufgeständert –
Zugmittel); links: Aufbau und Funktion (nach [Jüne89]); rechts: Einsatz zum Fördern
von Stahlfelgen [Werkfoto: Wegener + Stapel GmbH]*

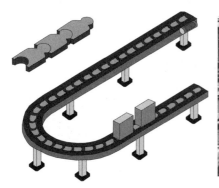

*Bild 3.11: Gliederbandförderer (links, nach [Jüne89]; Plattenbandförderer (rechts [Werkfoto:
Mannesmann Dematic GmbH] (Stetigförderer – mechanisiert/automatisiert – ortsfest,
aufgeständert – Zugmittel)*

Paletten. Für leichtere Ladeeinheiten werden **Gurtförderer** verwendet, die anstelle der Tragketten mit schmalen Gurten ausgestattet sind. Sie kommen z. B. auch zur Verkettung von Fertigungseinrichtungen als Transfersysteme zum Einsatz.

Bei **Bandförderern** übernehmen Gurte, Stahlbänder, Drahtgurte, Seile oder Riemen die Trag- und Zugfunktion (Bild 3.10). Sie sind zum Transport leichter bis mittelschwerer Stückgüter in waagerechter oder leicht geneigter gerader Richtung geeignet. Spezialausführungen ermöglichen auch Kurven.

Gliederbandförderer (Bild 3.11, links) besitzen eine Kette als Zugorgan mit daran befestigten, stumpf gestoßenen, sich überdeckenden oder gelenkartig verbundenen Platten als Tragorganen. Sie sind für Förderstrecken mit zahlreichen Kurven geeignet. Beim **Plattenbandförderer** sind die Platten scharnierartig mit horizontaler Gelenkachse verbunden, so dass nur gerade Förderstrecken möglich sind (Bild 3.11, rechts). Plattenbandförderer werden in zweisträngiger Ausführung auch in Pkw-Endmontagelinien eingesetzt. Jeder Strang nimmt dann eine Radseite auf. Eine Sonderform des Gliederbandförderers sind **Wandertische** (Bild 3.12). Hierbei sind die Plattformen nicht überdeckend. Wandertische werden z. B. in der Montage mittelgroßer Objekte zur Verkettung von Arbeitsplätzen verwendet.

Paternoster (Umlaufförderer, siehe Bild 2.40 in Kap. 2) sind Stückgutförderer mit zwei in einer Ebene versetzt angeordneten, parallel laufenden Kettensträngen. Durch die Art der Führung bleiben die Lastaufnahmemittel waagerecht. Eingesetzt werden Paternoster für waagerechte bis senkrechte Förderung, z. B. zum Verbinden von Stockwerken. Ähnliche Einsatzfälle decken auch **Z-Förderer** und **Schaukelförderer** (Bilder 3.13 und 3.14) ab. Eine weitere Variante des Schaukelförderers ist in Bild 2.40 im Kap. 2 abgebildet.

Die in den Bildern 3.15 und 3.16 gezeigten **Kreisförderer** und **Schleppkreisförderer** gehören zu den flurfreien Stetigförderern. Das Fördergut wird von Gehängen getragen. Beim **Kreisförderer** sind diese entweder an durch Ketten verbundenen Rollenlaufwerken oder an mit Rollen versehenen Einstrangketten befestigt. Die Rollen laufen auf L-, U-, T-Profilen oder in Schlitzrohren aus Stahl (seltener Aluminium), die an der Hallendecke abgehängt sind. Beim **Schleppkreisförderer** (auch **Power- and-Free-Förderer**, **P + F**, genannt) sind Antriebskette und Lastlaufwerke in getrennten, untereinander angeordneten Bahnen geführt (Bild 3.16). Lastlaufwerk und Schleppwerk können über Mitnehmernocken mechanisch getrennt und wieder verbunden werden. Im Gegensatz zum Kreisförderer sind Weichen möglich, was Verzweigungen innerhalb mehrerer Förderkreise und antriebslose Pufferstrecken erlaubt. Zur Aufnahme größerer Lasten können mehrere Lastfahrwerke durch Traversen verbunden sein. Kreisförderer und Schleppkreisförderer besitzen zentrale Antriebe. Beide Bauarten können Steigungen überwinden; Sonderbauarten des Kreisförderers erlauben auch senkrechte Förderung. Kreisförderer und P + F können bei Temperaturen bis 250 °C betrieben werden und eignen sich daher z. B. zur Förderung in Trockenkabinen der Lackiererei.

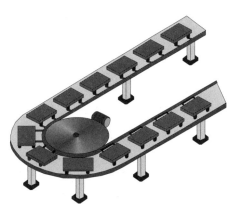

Bild 3.12: Wandertische (Stetigförderer – mechanisiert/automatisiert – ortsfest, aufgeständert – Zugmittel) (nach [Jüne89])

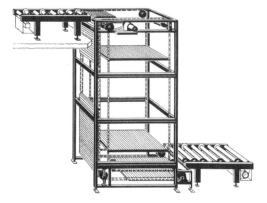

Bild 3.13: Z-Förderer (Stetigförderer – mechanisiert/automatisiert – ortsfest, aufgeständert – Zugmittel) [Werkfoto: Mannesmann Dematic GmbH]

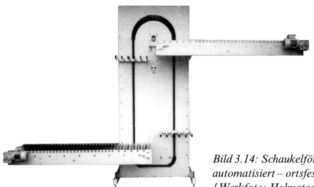

Bild 3.14: Schaukelförderer (Stetigförderer – mechanisiert/ automatisiert – ortsfest, aufgeständert – Zugmittel) [Werkfoto: Holmatec GmbH]

Bild 3.15: Kreisförderer, links: Prinzip (nach [Jüne89]), rechts: Einsatz in einer Lackieranlage für Leichtmetallfelgen [Werkfoto: AFT GmbH & Co KG] (Stetigförderer – mechanisiert/automatisiert – ortsfest, flurfrei – Zugmittel)

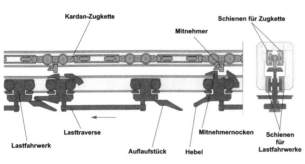

Bild 3.16: Schleppkreisförderer, links: Prinzip [Werkbild: Eisenmann Maschinenbau KG], rechts: Einsatz zum Motortransport [Werkfoto: ThyssenKrupp Stahlbau GmbH] (Stetigförderer – mechanisiert/automatisiert – ortsfest, flurfrei – Zugmittel)

3.2 Unstetigförderer

> **Unstetigförderer** sind durch aussetzende, intermittierende Förderung gekennzeichnet.

Auch hier gibt es Ausführungen in flurgebundener, aufgeständerter und flurfreier Bauweise und sowohl automatisiert als auch manuell bedient. Sie besitzen gegenüber den Stetigförderern eine höhere Flexibilität bei Layoutveränderungen und eine bessere Erweiterungsfähigkeit. Dagegen ist das Verhältnis Eigengewicht zu beförderter Nutzlast schlechter (meist > 1, d. h. Eigengewicht höher als Nutzlast). In

Bild 3.17 sind Unstetigförderer für Stückgut nach systemtechnischen Kriterien geordnet. Die Bilder 3.18 bis 3.31 und 3.33 sowie 3.36 bis 3.39 zeigen beispielhafte Darstellungen wichtiger Unstetigförderer.

3.2.1 Flurgebundene Unstetigförderer

Regalbediengeräte (Bild 3.18), auch als Regalförderzeuge bezeichnet, sind Fördermittel zur manuellen oder automatischen Bedienung von Regalfächern einer Lageranlage. Sie sind in der Regel schienengeführt (am Boden sowie an der

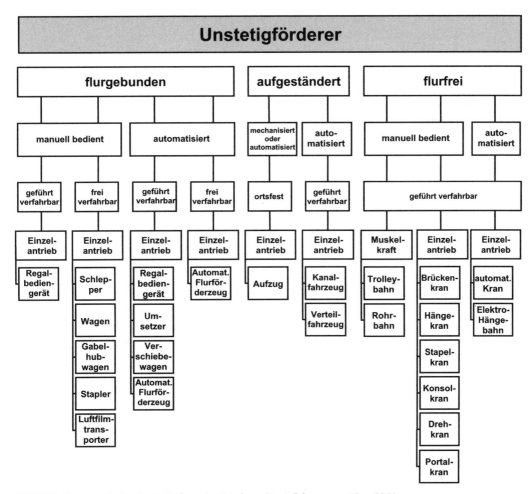

Bild 3.17: Systematik der Stetigförderer für Stückgut (in Anlehnung an [Jüne89])

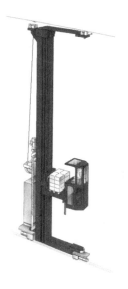

Bild 3.18: Regalbediengeräte; rechts: kurvengängige Variante (Unstetigförderer – manuell bedient/automatisiert – geführt verfahrbar, flurgebunden – Einzelantrieb) [Werkfotos: Köttgen Lagertechnik GmbH; Electrolux Constructor GmbH]

Regaloberkante oder an der Gebäudedecke). Der Antrieb erfolgt elektrisch, die Stromzuführung über Schleppkabel oder Schleifleitungen. Der Hubwagen kann über unterschiedliche **Lastaufnahmemittel** verfügen (Gabeln, Teleskopgabeln, Drehschubgabeln, Greifer, Rollentisch, Elektromagnet, Zange). Regalbediengeräte werden eingesetzt zur Ein- und Auslagerung von Gütern in Palettenregal-, Hochregal- oder Behälterregallagern, außerdem in Kommissionierlagern (Transport des Kommissionierers). Geschwindigkeitskennwerte üblicher Regalbediengeräte sind z. B. 125 m/min bei Längsfahrt, aber nur 25 m/min bei Hubfahrt. Dies erhöht die Dauer eines Fahrspiels mit zunehmender Regalhöhe überproportional[18]. Bei geringerer Umschlagleistung, wenn pro Regalgang kein eigenes Regalbediengerät erforderlich ist, werden kurvengängige Regalbediengeräte eingesetzt, die hinter den Regalgassen liegende Kurven und Weichen befahren und so in mehrere Gassen gelangen können (Bild 3.18, rechts). Dies kann auch über **Umsetzer** erreicht werden (Bild 3.28). Mit Hilfe kurvengängiger Regalbediengeräte bzw. Umsetzer kann die Zugriffssicherheit auf die gelagerten Güter erhöht werden, da ein ausgefallenes Regalbediengerät durch ein anderes ersetzt werden kann.

> Eine wichtige Gruppe innerhalb der Unstetigförderer bilden die **Flurförderzeuge**: Sie sind gleislose, überwiegend innerbetrieblich verwendete Fahrzeuge mit oder ohne Einrichtungen zum Heben oder Stapeln von Lasten.

Sie werden überwiegend manuell bedient; die Entwicklung geht jedoch in Richtung automatischer Flurförderzeuge. Der Antrieb erfolgt bei den Flurförderzeugen sowohl durch Muskelkraft als auch elektrisch und durch Verbrennungsmotoren. Innerhalb von Gebäuden werden bevorzugt elektrisch angetriebene Flurförderzeuge verwendet, wobei die Batteriekapazität die Einsatzdauer und die installierbare Leistung begrenzt. Durch letzteres dauern z. B. die Umschlagsspiele batteriebetriebener Stapler länger als die dieselbetriebener. Die Batterien verursachen einen erheblichen Anteil an den Investitions- und Wartungskosten; ihre Lebensdauer ist meist kürzer

---

[18] Bei Hochregallagern mit bis zu 45 m Höhe nimmt allein das Heben und Senken der Lastplattform von der Null- bis in die höchste Regalebene und zurück fast vier Minuten in Anspruch!

Bild 3.19: Schlepper (Unstetigförderer – manuell bedient – frei verfahrbar, flurgebunden – Einzelantrieb) [Werkfoto: Still GmbH]

Bild 3.20: Wagen (Elektro-Plattformwagen) (Unstetigförderer – manuell bedient – frei verfahrbar, flurgebunden – Einzelantrieb) [Werkfoto: MAFI Transportsysteme GmbH]

als die des Flurförderzeugs. Bei kombiniertem Innen- und Außeneinsatz bieten sich z. B. gasgetriebene Stapler und Schlepper an (mit günstigeren Abgas-Emissionswerten als Diesel-Förderzeuge, die mit Rußfiltern ausgestattet werden müssen), außerhalb von Gebäuden hauptsächlich dieselbetriebene Flurförderzeuge. Es gibt auch Hybrid-Fahrzeuge mit diesel-elektrischem/batterie-elektrischem Antrieb für kombinierten Innen- und Außeneinsatz. Fahrzeuge mit Brennstoffzellenantrieb befinden sich im Laborstadium.

Schlepper (Bild 3.19) dienen zum Horizontaltransport von Anhängern. Sie besitzen als Schleppzug eine geringe Wendigkeit und dienen zum Transport laufend anfallenden För-

dergutes über längere Strecken mit wenigen Haltestellen im inner- und zwischenbetrieblichen Einsatz. Sie werden für leichte Zugaufgaben dreirädrig, ansonsten vierrädrig ausgeführt. **Wagen** (Elektrokarren, Bild 3.20) tragen das Ladegut auf ihrer Ladefläche. Sie sind auch als Zugmaschinen geeignet. Automatischen Schleppern und Wagen kommt wachsende Bedeutung zu (siehe Bild 3.31).

Gabelhubwagen (Bild 3.21) sind für den Horizontaltransport von auf dem Boden stehenden Ladeeinheiten auf Ladehilfsmitteln (Paletten) geeignet. Sie bestehen aus zwei Gabeln, die sich jeweils über eine nicht angetriebene, nicht gelenkte Rolle abstützen, sowie aus einem Rahmen, der Mechanik bzw. Hydraulik für den

Bild 3.21: Gabelhubwagen; links: manuell-hydraulischer Hubantrieb; rechts: Elektro-Fahrerstand-Gabelhubwagen (Unstetigförderer – manuell bedient – frei verfahrbar, flurgebunden – Muskelkraft/Einzelantrieb) [Werkfotos: Wagner Fördertechnik GmbH]

Hubvorgang, Antrieb, Lenkung, Batterie und im automatisierten Fall (Bild 3.31) auch die Steuerung aufnimmt. Gabelhubwagen unterfahren das Ladehilfsmittel und heben es etwa 100 mm an. Sie können Last nur vom Boden aufnehmen und auf dem Boden absetzen. In Bild 3.21 ist links eine manuell bediente Version dargestellt, bei der eine mitgehende Person den Wagen über eine Deichsel zieht und lenkt; Bild 3.21 zeigt rechts eine Version des Gabelhubwagens mit Fahrerstand, Bild 3.31 eine automatische Version.

Stapler sind Fördermittel mit einer Hubfunktion, die für eine Lastaufnahme bzw. -übergabe von bodeneben gelagertem Fördergut geeignet sind. Ebenso können sie Fördergut handhaben, das auf Stetigförderern oder in Regalen gelagert ist. Stapler gibt es (Bilder 3.22 bis 3.24) in unterschiedlichen Ausführungen. **Gabelstapler** (auch **Frontstapler** oder **Gegengewichtsstapler** genannt) nehmen das Ladegut außerhalb ihrer Radbasis freitragend mittels frontal an einem Hubgerüst befestigter Gabeln auf und heben es an. Zur Lastaufnahme kann das Hubgerüst um etwa 3° nach vorne geneigt werden, nach der Lastaufnahme zur Vermeidung des Abrutschens des Fördergutes während der Fahrt um 8° bis 10° nach hinten. Da das Hubgerüst (und damit auch die Last) vor den Vorderrädern

liegt, ist am hinteren Ende ein Gegengewicht angeordnet (bei Elektrostaplern meist die Batterie). Gabelstapler können neben der Standardausrüstung mit geschmiedeten Gabeln mit zahlreichen anderen Lastaufnahmemitteln ausgerüstet werden. Die schwersten Ausführungen von Staplern werden in Containerterminals zum Transportieren und Stapeln von Containern eingesetzt (sog. Reach-Stacker, siehe Kap. 5). Da das Heben der Last den Energieverbrauch des Staplers wesentlich bestimmt, werden Batterie-Elektrostapler zunehmend mit der Möglichkeit der Energie-Rückgewinnung beim Lastsenken ausgestattet [19].

Spreizenstapler (Bild 3.23 zeigt oben links eine deichselgeführte Version) nehmen das Fördergut mit starren Gabeln an einem nicht neigbaren Hubmast auf. Der Schwerpunkt des Fördergutes liegt dabei innerhalb der Radbasis. Die Vorderräder sind in seitlich am Fördergut vorbei auskragenden Radarmen, den Spreizen mit in der Regel 900 mm Innenabstand, nicht angetrieben und nicht lenkbar gelagert. Vom Boden können nur Ladegüter, die zwischen die Spreizen passen, aufgenommen werden (z. B. längs stehende, nicht aber quer stehende Euro-Paletten). Ein Einsatz erfolgt daher vor allem in Lagern. Zur Einlagerung in Regale müssen Einfahrräume für die Spreizen vorgesehen werden.

Schubgabelstapler sind ähnlich aufgebaut wie Spreizenstapler, haben aber anstelle der starren Gabel eine Teleskopgabel, d. h. eine nach vorne bewegbare Gabel. Damit können quer stehende Paletten außerhalb der Radbasis vom Boden aufgenommen, angehoben und in die Radbasis hineinbewegt werden. Eine Einlagerung ist daher möglich, ohne dass an Regalen unten Einfahrräume für die Spreizen freigehalten werden. **Schubmast- oder Schubrahmenstapler** (Bild 3.23, oben rechts) gleichen ebenfalls den Spreizenstaplern, besitzen aber einen

Bild 3.22: Frontstapler (Gegengewichtsstapler) (Unstetigförderer – manuell bedient – frei verfahrbar, flurgebunden – Einzelantrieb) [Werkfoto: Steinbock Boss GmbH]

---

[19] vgl.: Warmbold, J.; Energiemanagement im Schubmaststapler; Fördertechnik 67 (1998) H. 5, S. 28/29

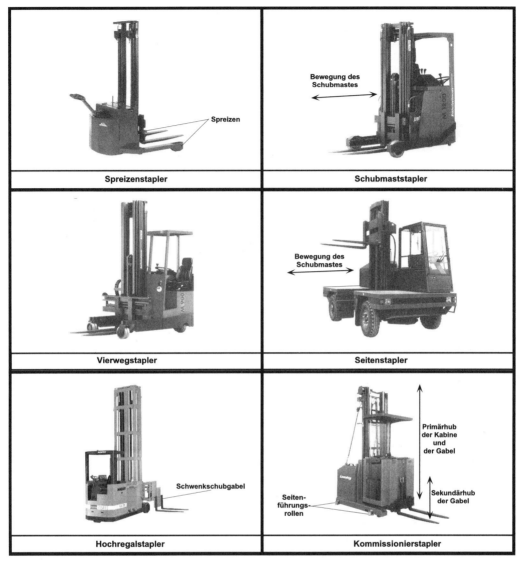

Bild 3.23: Bauarten von Gabelstaplern [Werkfotos: Linde AG; Sichelschmidt GmbH; Wagner Fördertechnik GmbH; Lansing GmbH]

längsverschiebbaren, teilweise auch neigbaren Schubmast mit starren Gabeln. Zur Lastaufnahme oder -abgabe wird der gesamte Schubmast über Rollen in den Spreizen nach vorn geschoben.

Beim **Vierwegstapler** (Bild 3.23, Mitte links) können alle vier Räder um 90° gelenkt werden. Er ist damit auch als Seitenstapler einsetzbar

und sehr wendig (Drehen auf der Stelle). In Regalgassen wird der Vierwegstapler häufig über seitliche Rollen geführt. Verwendet werden Vierwegstapler vor allem im Lagerbereich bei schmalen Gassen.

Seitenstapler (Quergabelstapler), Bild 3.23 Mitte rechts, sind eine Kombination eines Plattformwagens mit schmaler Fahrerkabine und eines mittig, quer zur Fahrtrichtung eingebauten Schubmaststaplers. Zur Lastaufnahme fährt der Stapler neben die aufzunehmende Ladeeinheit, fährt den Schubmast mit der Gabel in abgesenkter Stellung seitlich heraus unter die Ladeeinheit, hebt diese an und zieht den Schubmast zurück. Beim Transport liegt das Fördergut in Fahrtrichtung auf der Plattform. Seitenstapler dienen daher hauptsächlich zur Ein- und Auslagerung von Langgut, lose und in Kassetten oder Wannen z. B. in Kragarm-Regallagern, aber auch von palettierten Gütern.

Hochregalstapler (Bild 3.23, unten links) sind Stapler mit nicht neigbarem, jedoch meist teleskopierbarem Mast. An die Kippsicherheit werden aufgrund der Bedienhöhe von bis zu 12 m hohe Anforderungen gestellt. In den Lagergassen werden Hochregalstapler meist seitlich durch Rollen an Schienen geführt. Die wichtigsten Lastaufnahmemittel sind Teleskopgabeln und Schwenkschubgabeln. Erstere sind vorn am Fahrzeug quer zur Fahrtrichtung angebracht; sie lassen sich nach beiden Seiten ausfahren und ermöglichen einen sog. Sekundärhub von etwa 100 mm. Damit kann der Hochregalstapler zwar in schmalen Gassen verfahren, aber keine Last vom Boden aufnehmen. Schwenkschubgabeln lassen sich seitlich bewegen und um je 90° aus der Mittelstellung links und rechts schwenken; die Aufnahme von Fördergut vom Boden ist möglich, das Schwenken z. B. von Paletten erfordert aber breitere Gassen als mit Teleskopgabel. Meist ist für den Schwenkvorgang nur eine reduzierte Last zulässig. Hochregalstapler finden Anwendung in Regallagern bei Stapelhöhen bis 8 m, in Ausnahmefällen bis 12 m zum Ein- und Auslagern ganzer Ladeeinheiten bis max. 1 t Gewicht, bei relativ geringer Umschlagleistung, aber Verfahrmöglichkeit der Lagerbediengeräte in die Lagervorzone oder die Produktion.

Der **Kommissionierstapler** (Bild 3.23, unten rechts) besitzt neben dem Lastaufnahmemittel einen Bedienstand. Beide sind gemeinsam an einem nicht neigbaren Hubgerüst vertikal verfahrbar (Primärhub). Um dem Kommissionie-

rer das Ablegen der Ware auf z. B. der Auftragspalette zu erleichtern, ist das Lastaufnahmemittel relativ zur Fahrerkabine ebenfalls verfahrbar (Sekundärhub). Es befindet sich zu Beginn des Kommissioniervorgangs in der oberen Stellung und wird bei fortschreitender Kommissionierung relativ zur Fahrerkabine abgesenkt. Kommissionierstapler sind im Allgemeinen vierrädrig mit Allradlenkung und werden in Regalgassen durch seitliche Rollen geführt. Sie dienen im Regallager zum Ein- und Auslagern ganzer Ladeeinheiten, besonders aber zum Kommissionieren von Kleinteilen. Im Gegensatz zu den schon beschriebenen Regalbediengeräten können Kommissionierstapler freizügig in mehreren Gassen verkehren.

Portalstapler (Bild 3.24) nehmen das Fördergut von oben innerhalb ihrer Radbasis mit Greifzangengeschirr (Spreadern) auf. Die Fahrzeuge sind vierrädrig, oft mit Allradantrieb und Allradlenkung. Portalstapler werden vor allem in Häfen zum Containertransport und -umschlag eingesetzt; sie sind so hoch gebaut, dass sie auf zwei übereinander stehenden Containern einen dritten absetzen können.

Bild 3.25 zeigt den Einfluss der Staplerbauart auf die **Regalgangbreite**. Beim Aufnehmen der Ladeeinheit sind bei einigen Bauarten Fahrt-

Bild 3.24: Portalstapler beim Umschlagen von 20'-Containern (Unstetigförderer – manuell bedient – frei verfahrbar, flurgebunden – Einzelantrieb) [Werkfoto: Fahrzeugwerke Bernard Krone GmbH]

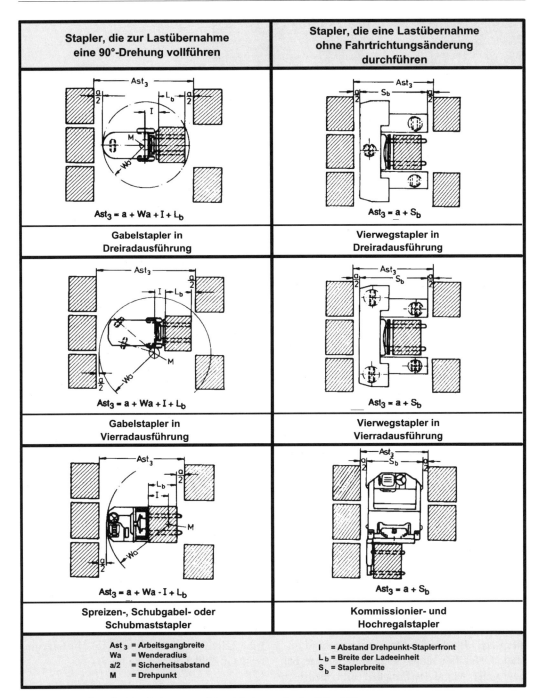

Stapler, die zur Lastübernahme eine 90°-Drehung vollführen	Stapler, die eine Lastübernahme ohne Fahrtrichtungsänderung durchführen
$Ast_3 = a + Wa + I + L_b$	$Ast_3 = a + S_b$
Gabelstapler in Dreiradausführung	Vierwegstapler in Dreiradausführung
$Ast_3 = a + Wa + I + L_b$	$Ast_3 = a + S_b$
Gabelstapler in Vierradausführung	Vierwegstapler in Vierradausführung
$Ast_3 = a + Wa - I + L_b$	$Ast_3 = a + S_b$
Spreizen-, Schubgabel- oder Schubmaststapler	Kommissionier- und Hochregalstapler

Ast_3	= Arbeitsgangbreite	I	= Abstand Drehpunkt-Staplerfront
Wa	= Wenderadius	L_b	= Breite der Ladeeinheit
a/2	= Sicherheitsabstand	S_b	= Staplerbreite
M	= Drehpunkt		

Bild 3.25: Einfluss der Staplerbauart auf die Arbeitsgangbreite [Jüne89]

richtungsänderungen des Staplers um 90° erforderlich. Vierwegstapler, Kommissionierstapler und Hochregalstapler können eine Lastübernahme bzw. -übergabe ohne Fahrtrichtungsänderung durchführen, womit die Arbeitsgangbreite geringer gehalten werden kann.

*Bild 3.26: Luftfilmtransporter (Trans-
port von vormontierten Nutzfahrzeug-
Triebwerken) (Unstetigförderer –
manuell bedient/automatisiert – frei
verfahrbar/flurgebunden – Muskel-
kraft/Einzelantrieb)
[Werkfoto: DELU GmbH]*

Das wirkt sich vorteilhaft auf die erforderliche Lagergrundfläche und damit auch auf den umbauten Raum aus.

In Bild 3.26 ist ein **Luftfilmtransporter** dargestellt. Luftfilmtransporter zeichnen sich generell durch große Wendigkeit (Drehen um die Hochachse auf der Stelle) und eine hohe Tragfähigkeit aus. Die Tragfunktion übernehmen Luftkissen, Bild 3.27: Durch ausströmende Luft gleiten Luftfilmtransporter auf einem dünnen Luftfilm (< 0,5 mm). An Ebenheit und Rauhigkeit des Fußbodens werden deswegen gewisse Ansprüche gestellt. Antriebs-, Brems- und Lenkfunktionen werden durch Räder übernommen, soweit sie nicht wie in Bild 3.26 durch eine Bedienperson mittels Muskelkraft ausgeführt werden. Die Luftkissen werden meist von einem stationären Kompressor per Schlauch mit Druckluft versorgt, oft erfolgt über ein Kabel auch die Energiezufuhr für den Antrieb („Nabelschnur"). Luftfilmtransporter eignen sich zum Transport schwerer Lasten, z. B. Papierrollen, Blechcoils, Großwerkzeuge, Stahlplatten, Nutzfahrzeuge, Schienenfahrzeuge, bei sehr guter Manövrierfähigkeit und niedriger Fußbodenbelastung. Luftfilmtransporter werden auch als Fahrerlose Transportfahrzeuge für den automatisierten Einsatz ausgelegt.

Bild 3.28 zeigt den **Umsetzer**, mit dessen Hilfe nicht kurvengängige Regalbedienfahrzeuge

die Lagergasse wechseln können (Anwendung z. B. bei geringen Umschlagsanforderungen, d. h., ein Regalbediengerät reicht für mehrere Gassen). Der **Verschiebewagen**, Bild 3.29, wird z. B. zur Verbindung von als Puffer dienenden parallelen Rollenbahnen oder zur automatischen Verkettung von Bearbeitungsmaschinen eingesetzt. Die Schienenführung erlaubt eine hohe Positioniergenauigkeit.

Die Bilder 3.30 und 3.31 zeigen **Fahrerlose Transportsysteme** (FTS)[20]. Sie können sich je nach Führungsprinzip entlang bestimmter Linien oder frei verfahrbar ohne direktes menschliches Eingreifen bewegen. Ihre Steuerung, Disposition und Verwaltung erfolgt meist durch einen übergeordneten Rechner; FTS sind demnach automatisierte Flurfördersysteme. Bild 3.30 zeigt ein in einem Pkw-Motorenwerk eingesetztes FTS, bestehend aus je einem **Wagen** mit Antrieb und einem antriebslosen Anhänger. Beide sind mit Hubtischen zur automatischen Lastübernahme ausgestattet. Eine Lastübergabestation ist im Hintergrund rechts in Bild 3.30 zu erkennen.

---

[20] Üblich sind folgende Bezeichnungen: FTF = Fahrerloses Transportfahrzeug; FTS = Fahrerloses Transportsystem; AFZ = Automatisches Flurförderzeug; ATS = Automatisches Transportsystem.

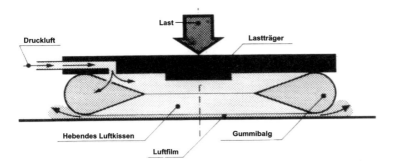

Ohne Luftzufuhr stützt sich die Last auf dem Lastträger ab.

Beim Einschalten der Luftzufuhr expandiert der ringförmige Gummibalg und füllt den Abstand zwischen Lastträger und Boden aus.

Wenn der Balg gegen den Boden abgedichtet hat, steigt der Luftdruck in dem vom Balg begrenzten Raum an. Das Luftkissenelement mit der Last hebt an.

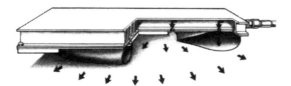

Ist der Druck im innenraum höher als der Gegendruck der Last, strömt die Luft unter dem Gummibalg aus und bildet einen dünnen Luftfilm. Auf diesem entstandenen Luftfilm schwebt die Last dann praktisch reibungsfrei.

Bild 3.27: Aufbau und Funktion eines Luftfilmtransporters (nach [Werkbilder: AeroGo Inc.; DELU GmbH])

In Bild 3.31 sind verschiedene Bauformen Fahrerloser Transportfahrzeuge dargestellt: **Schlepper** (Bild 3.31, oben links) können mehrere Anhänger mitführen; der abgebildete Schlepper kann auch manuell gelenkt werden. **Gabelhubwagen** (oben rechts) können auf dem Boden stehende Paletten aufnehmen, transportieren und auf dem Boden absetzen. **FTS-Gabelstapler** sind zusätzlich in der Lage, Palet-

ten aus Regalen aufzunehmen und in Regale einzulagern. Aus Sicherheitsgründen fahren FTS-Stapler mit nach hinten zeigender Gabel. Lediglich zur Lastaufnahme und -abgabe wird die Fahrtrichtung umgekehrt.

Für Fahrerlose Transportfahrzeuge als automatische Flurförderzeuge ist es in vielen Fällen sinnvoll, wenn sie ihre Ladung selbstständig

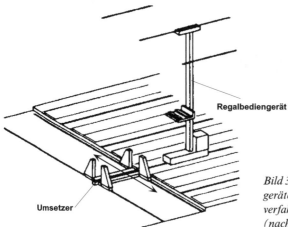

Bild 3.28: Umsetzer zum Umsetzen von Regalbediengeräten (Unstetigförderer – automatisiert – geführt
verfahrbar/flurgebunden – Einzelantrieb)
(nach [Jüne89])

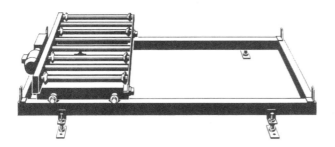

Bild 3.29: Verschiebewagen, hier mit
Rollenbahn (Unstetigförderer – automatisiert – geführt verfahrbar/flur-
gebunden – Einzelantrieb) [Werk-
bild: Mannesmann Dematic GmbH]

Bild 3.30: Fahrerloses Transportsystem
(Wagen mit Hubtisch zur Lastübernahme;
Wagen zieht antriebslosen Anhänger) [Werk-
foto: Jungheinrich AG] (Unstetigförderer –
automatisiert – geführt verfahrbar,
flurgebunden – Einzelantrieb)

Bild 3.31: Ausführungsformen von Fahrerlosen Transportfahrzeugen [Werkfotos: Mannesmann Dematic GmbH; Indumat GmbH; BT System GmbH] (Unstetigförderer – automatisiert – geführt verfahrbar, flurgebunden – Einzelantrieb)

aufnehmen und abgeben können. Als Beispiele zeigt Bild 3.31 einen **Wagen mit Rollenbahn** (die Lastübergabestation ist ebenfalls als Rollenbahnabschnitt ausgebildet und wird über ein ausklappbares Reibrad vom FTS angetrieben), sowie einen **Wagen mit Satellit**, der in der Vorzone eines Hochregallagers selbsttätig palettierte Ladeeinheiten aufnehmen kann.

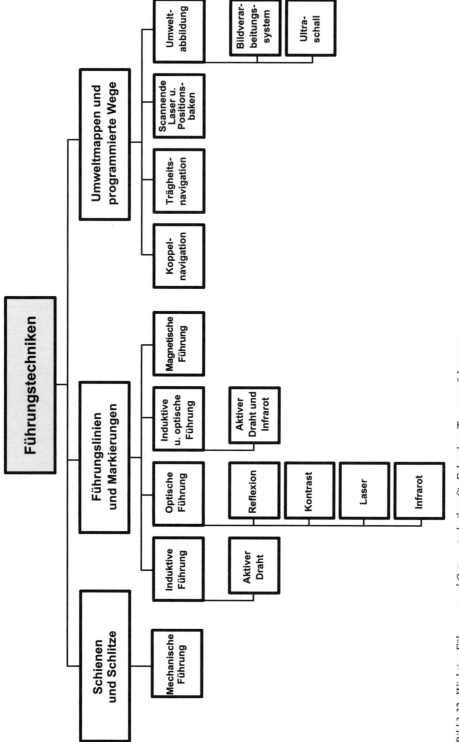

Bild 3.32: Wichtige Führungs- und Ortungstechniken für Fahrerlose Transportfahrzeuge

Bild 3.33: Mechanisch geführtes FTS in einer Lkw-Montagelinie [Werkfoto: AFT GmbH & Co KG]

Die in Bild 3.31 links unten dargestellten **Wagen mit Drehvorrichtung** bzw. **mit Hubtisch** werden als sog. „mobile Werkbänke" in flexibel verketteten Montagen eingesetzt, d. h., sie nehmen das Montageobjekt auf und transportieren es ohne Taktzwang von Arbeitsstation zu Arbeitsstation. Die Werker können mit Hilfe von Drehvorrichtung (Bild 3.31 zeigt eine Motormontage) bzw. Hubtisch (Türmontage) die Montageobjekte in eine ergonomisch günstige Arbeitsposition bringen.

Alle bisher beschriebenen FTS besitzen elektrischen Antrieb mit Energieversorgung durch mitgeführte Batterien. Oft können die Batterien in Wartezeiten des Fahrzeugs über Bodenkontakte nachgeladen werden, um die Einsatzdauer zu erhöhen bzw. die Batteriekapazität (Gewicht, Kosten) begrenzen zu können. Eine induktive Übertragung der Energie mittels Halbtrafos von der Bodenanlage auf die Fahrzeuge ist ebenfalls möglich. Fahrerlose Transportfahrzeuge erreichen aus Sicherheitsgründen keine großen Fahrgeschwindigkeiten:

Üblich sind Werte um 1 m/s (entsprechend 3,6 km/h) im Innenbereich; FTS für den Außeneinsatz werden mit besonderen Strategien zur Kollisionsverhinderung mit bis zu 15 km/h betrieben. Bei niedrigen Geschwindigkeiten reichen mechanische Einrichtungen aus (Bügel, Tastarme), die bei Anstoß einen Nothalt auslösen. In Bild 3.31 unten rechts ist schließlich noch eine Sonderanwendung von FTS gezeigt: In einem Containerhafen werden dieselbetriebene Wagen zum Transport der Container zwischen Umschlag- und Abstellplatz eingesetzt.

Die **Führung Fahrerloser Transportfahrzeuge** erfolgt nach drei Hauptprinzipien (Bild 3.32): zum einen durch **Schienen** auf dem Boden oder **Schlitze** im Boden (Hindernisbildung!), zweitens entlang von auf dem Boden angebrachten oder mit Hilfe von im Boden verlegten **nichtmechanischen Leitlinien**, drittens entlang **programmierter Fahrwege** mit Hilfe von im Fahrzeugrechner gespeicherten Umweltmodellen.

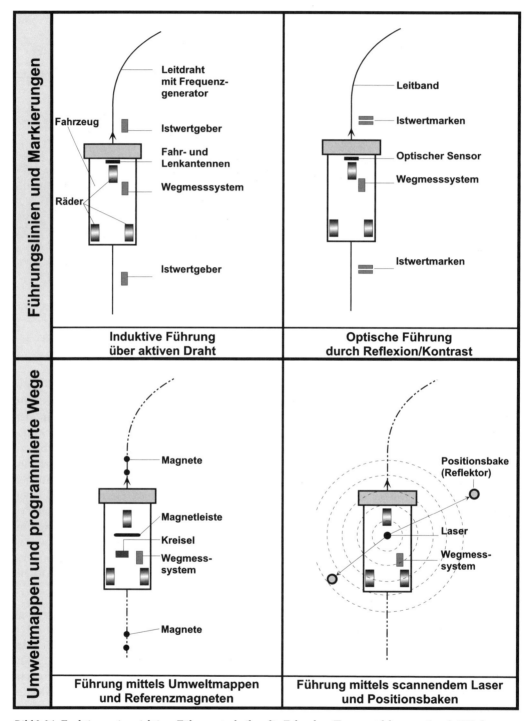

Bild 3.34: Funktionsweise wichtiger Führungstechniken für Fahrerlose Transportfahrzeuge (nach [Werksunterlagen: MLR System GmbH])

Bild 3.33 zeigt mechanisch geführte FTS-Fahrzeuge als Transportsystem in einer Lkw-Montagelinie. Der Lkw-Rahmen wird von einem angetriebenen FTS und einem antriebslosen Nachläuferfahrzeug aufgenommen. Über die Leitschiene werden die Fahrzeuge mit Energie versorgt. Nachteile Batterieelektrischer Fahrzeuge wie Stillstand durch Batterieladezeiten sowie Investitions- und Entsorgungskosten für die Batterien werden vermieden. Durch die hohe Variantenvielfalt der Lkw, z. B. unterschiedliche Fahrzeuglängen und Montagezeiten, bieten die voneinander unabhängigen FTS höhere Flexibilität als starr verbundene Transporteinrichtungen wie Unterflurschleppkettenförderer oder Schubplattformen.

Zu den **Führungstechniken mittels Leitlinien** gehören die **induktive**, die **optische**, die **magnetische Führung** und Mischformen. Von Bedeutung ist die **induktive Führung über Leitdraht** (Bild 3.34, oben links), wobei im Boden Wechselstrom durchflossene Leiter eingelassen sind. Die resultierenden Magnetfelder werden von je einer links und rechts des Leitdrahtes im Fahrzeug angebrachten Spule aufgenommen, die induzierten Spannungen verglichen und mittels einer Regelelektronik bei Spannungsunterschieden Lenkbewegungen des Fahrzeugs eingeleitet. Zur Positionsbestimmung dienen ortsfeste Istwertgeber (Codierung der absoluten Position) sowie ein Wegmesssystem (Odometrie). In rauen Fertigungsumgebungen, wie sie im Maschinen- und Fahrzeugbau vorherrschen, ist die induktive Führung am weitesten verbreitet.

Bei der **magnetischen Führung** werden Gummi- oder Kunststoffstreifen, die magnetisierbares Pulver enthalten, auf den Boden geklebt. Magnetisierungsspulen am Fahrzeug aktivieren den Streifen, wobei dahinter angeordnete Lesespulen wie beim induktiven System die Kursführung des Fahrzeugs übernehmen. Eine weitere Ausführung sind Streifen, die eine Dauermagnetschicht enthalten. Vorteilhaft ist hierbei die passive Ausführung der Bodenanlage, die nicht Strom durchflossen ist. Außerdem müssen keine baulichen Maßnahmen am Fußboden

durchgeführt werden (beim induktiv geführten System werden die Leitdrähte in den Boden gefrästen Schlitzen verlegt).

Auch **optische Führung** ist möglich (Bild 3.34, oben rechts), zum einen durch auf den Boden geklebte Farb- oder Metallstreifen, deren Farbkontrast oder deren Reflexionsfähigkeit zur Kursfindung dient; zum anderen durch gerichtete Laser- oder Infrarotstrahlen, denen die Fahrzeuge folgen (jedoch abschnittsweise nur geradeaus!). Besonders unter Reinraumbedingungen (Lebensmittel-, Pharma-Industrie) hat sich die optische Führung bewährt. Nachteile hat die optische Führung mittels Kontrast oder Reflex, wenn der Fahrkurs des FTS durch konventionelle Fördermittel mitbenutzt oder gekreuzt wird, weil die Gefahr der Verschmutzung und Beschädigung der auf den Boden geklebten Leitspur besteht.

Die bisher besprochenen Führungstechniken mittels Führungslinien oder Markierungen sind nur mit relativ großem Aufwand an veränderte Fahrkurslayouts anzupassen, da Leitdrähte oder Leitbänder verlegt werden müssen. Hier sind Führungstechniken, die auf Umweltmappen („virtuellen Landkarten") oder programmierten Wegen basieren, deutlich flexibler. In Bild 3.34 ist unten links die **Führung mittels Referenzmagneten** dargestellt. Die Fahrtrouten sind virtuell im Fahrzeugrechner abgelegt und werden durch Wegmessung sowie durch Trägheitsnavigation über Kreisel eingehalten. Entlang der Fahrspur in den Boden eingelassene Magnete dienen zur Referenzierung des Fahrzeugs. Je nach notwendiger seitlicher Spurgenauigkeit werden die Abstände der Referenzmagnete festgelegt; Abstände bis zu 50 m sind möglich.

Ein weiteres Verfahren wird in Bild 3.34 unten rechts gezeigt: Es werden **reflektierende Baken** eingesetzt, deren Position dem Leitrechner bekannt ist und die vom Fahrzeug über einen scannenden Laserstrahl erkannt werden, so dass der Leitrechner die absolute Fahrzeugposition berechnen kann. Änderungen am Fahrkurslayout bedürfen nur einer Änderung der

Führungstechniken / Beurteilungskriterien	Mechanische Führung	Induktive Führung	Optische Führung Reflexion oder Kontrast	Magnetische Führung	Koppelnavigation	Trägheitsnavigation	Scannende Laser und Positionsbaken	Umweltabbildung Bildverarbeitung	Umweltabbildung Ultraschall
Einsetzbarkeit in komplexen Systemen	●	●	○	◐	○	◐	◐	◐	◐
Flexibilität bei Layoutänderungen	○	○	◐	◐	●	●	●	●	●
Kommunikationsmöglichkeiten	●	●	○	○	○	○	○	○	○
Investitionskosten	◐	◐	●	◐	◐	◐	◐	◐	◐
Sensibilität gegenüber Störungen	◐	◐	◐	●	○	●	●	●	●
Restriktionen durch Gebäude	○	○	●	●	●	●	●	●	●
Ausfallsicherheit	●	●	●	●	◐	◐	◐	◐	◐
Beständigkeit gegen Abnutzung	●	●	○	○	●	●	●	●	●
Positioniergenauigkeit	●	●	●	●	◐	●	●	●	◐

● günstig   ◐ bedingt   ○ ungünstig

Bild 3.35: Vergleichende Gegenüberstellung wichtiger Führungs- und Ortungstechniken für Fahrerlose Transportfahrzeuge (nach [Jüne00])

Daten im Steuerrechner. Aufgrund der hohen Flexibilität und des geringen Aufwandes für ortsfeste Einrichtungen wird die Bedeutung von **Umweltmappen** und **programmierten Wegen** als Führungstechniken von Fahrerlosen Transportfahrzeugen erheblich zunehmen.

Zur Anwendungsreife entwickelt sind Bildverarbeitungssysteme, bei denen vom Fahrzeug periodisch ein Bild der aktuellen Umwelt aufgenommen, mit gespeicherten Abbildungen verglichen und so die Position des Fahrzeugs bestimmt wird. Weiter ist eine Bildaufnahme von der Hallendecke aus möglich, wobei die Fahrzeuge über Marken von oben erkannt und geortet werden können. Über Infrarotkommunikation können ihnen Kurskorrekturanweisungen übermittelt werden. Bild 3.35 bewertet und vergleicht abschließend **Führungs- und Ortungstechniken für Automatische Flurförderzeuge**.

3.2.2 Aufgeständerte Unstetigförderer

Nach den flurgebundenen sollen nun die **aufgeständerten Unstetigförderer** besprochen werden. Hierzu gehören die **Aufzüge**; sie sind ortsfeste, mechanisierte oder automatisierte Hebezeuge für den vertikalen und schrägen Transport von Personen und Gütern. Im Gegensatz zu Kränen wird die Last stets auf einer Plattform oder in einem Gefäß (Kabine) befördert. Der Antrieb erfolgt über Seil- oder Kettenzug von einem oberhalb des Aufzugschachtes angeordneten Maschinenraum aus, bzw. beim Hydraulikaufzug durch einen Hydraulikzylinder von unten oder seitlich. Während beim Seil- oder Kettenaufzug der Aufzugschacht durch Kabine, Gegengewicht, Nutzlast und Antriebsaggregat belastet wird, dient der Schacht beim Hydraulikaufzug nur zur Führung der Kabine; das Gewicht der Kabine

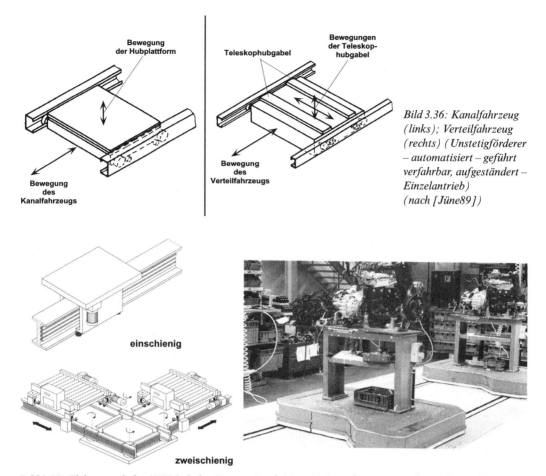

Bild 3.36: Kanalfahrzeug
(links); Verteilfahrzeug
(rechts) (Unstetigförderer
– automatisiert – geführt
verfahrbar, aufgeständert –
Einzelantrieb)
(nach [Jüne89])

Bild 3.37: Elektrotragbahn (ETB); links: Prinzip (nach [Jüne00]); rechts: Einsatz als mobile Werkbank [Werkfoto: AFT GmbH & Co KG] (Unstetigförderer – automatisiert – geführt verfahrbar, aufgeständert – Einzelantrieb)

wird über den Hydraulikzylinder im Fundament abgestützt. Dadurch kann der Hydraulikaufzug mit geringerem Aufwand auch in vorhandene Gebäude nachträglich eingebaut werden. Allerdings sind Förderhöhe und -geschwindigkeit beim Hydraulikaufzug deutlich niedriger als beim Seilaufzug.

Die in Bild 3.36 abgebildeten **Kanalfahrzeuge** und **Verteilfahrzeuge** gehören zu den **Satellitenfahrzeugen**. Sie verkehren elektrisch angetrieben in horizontal angeordneten Schienen, in die sie grundsätzlich von einem Trägerfahrzeug (z. B. Regalbediengerät, aber auch automatisches Flurförderzeug, siehe Bild 3.31) eingesetzt werden, mit dem sie meist über ein Schleppkabel zur Energie- und Datenübertragung verbunden sind. Autonome Satelliten führen Batterie, Antrieb, Steuerung und Lastaufnahmemittel mit sich. Kanalfahrzeuge verfahren unterhalb der Ladeeinheiten (z. B. in Paletten-Blocklagern), Verteilfahrzeuge neben den gelagerten Ladeeinheiten, die sie mit Teleskopgabeln aufnehmen. Verteilfahrzeuge können somit im Gegensatz zu den Kanalfahrzeugen auch im beladenen Zustand andere Ladeeinheiten passieren.

Zu den aufgeständerten Unstetigförderern ist auch die **Elektrotragbahn** zu zählen. Sie wird entsprechend Bild 3.37 einschienig oder zweischienig ausgeführt. Die zweischienige Ausführung wird auch als **Elektro-Palettenbahn** bezeichnet. Die Elektrotragbahn besteht aus Komponenten der im folgenden Abschnitt 3.2.3 beschriebenen Elektrohängebahn, allerdings sind bei ersterer die Schienen auf dem Boden befestigt und die Last wird von unten tragend aufgenommen. Bild 3.37 zeigt rechts eine Elektro-Palettenbahn als mobile Werkbank in einer Pkw-Triebsatzmontage. Hier sind die Schienen bis Schienenoberkante mit Fußbodenplatten abgedeckt.

3.2.3 Flurfreie Unstetigförderer

Zu den **flurfreien Unstetigförderern** gehören **Trolleybahn** und **Rohrbahn**. Die Lastgehänge sind bei beiden nicht angetrieben und werden manuell verschoben. Als Laufbahnelemente, die von der Decke abgehängt werden, dienen bei der Trolleybahn Winkel-, T- oder I-Profile, bei der Rohrbahn Rohre. Weichen sind möglich. Trolley- und Rohrbahnen sind relativ unempfindlich gegen Verschmutzung und höhere Temperaturen; sie werden z. B. in Spritzlackier- und Trockenkabinen eingesetzt.

Große Bedeutung in der Fertigungsindustrie haben **Elektro-Hängebahnsysteme** (EHB), Bild 3.38. Sie dienen dem schienengeführten, flurfreien Transport von Gütern. Ihre Schienen (Spezialprofile aus Stahl oder Aluminium) werden von der Decke abgehängt oder an Stützen aufgeständert. Geraden, Bögen, Weichen, Kreuzungen, Drehscheiben sowie Hub- und Senkstationen sind möglich. Die Energiezuführung erfolgt über Schleifleitungen. Auch die Informationsübertragung ist über Schleifleitungen möglich. Die Fahrzeuge bestehen aus einem angetriebenen Laufwerk (Elektromotor und Getriebe) und meist einem nicht angetriebenen Nachläufer, beide durch eine drehbar gelagerte Traverse verbunden. Als Lastaufnahmemittel dienen Lasthaken, Greifer, Schaukeln, Plattformen und Gondeln, sowie zahlreiche Sonderkonstruktionen. Elektro-Hängebahnen werden universell in Wareneingang, Lager, zur Verbindung von Produktionsbereichen sowie in der Montage, auch als mobile Werkbank, eingesetzt.

Kräne sind Hebezeuge für den vertikalen und horizontalen Transport von Stück- oder Schüttgütern. Wichtige Ausführungen sind in Bild 3.39 dargestellt. **Brückenkräne** besitzen seitliche Fahrschienen, die die längs verfahrbare Brücke tragen. Auf der Brücke kann sich in Querrichtung die Laufkatze mit dem Hubwerk bewegen. Brückenkräne werden zum Heben und Transportieren großer Lasten benutzt. Für sperrige und große Güter (z. B. komplette Schienenfahrzeuge) können zwei (in Ausnahmefällen auch mehr) Brückenkräne im Synchronbetrieb eingesetzt werden. **Hängekräne** sind für kleinere Lasten geeignet; bei ihnen hängt eine die Laufkatze mit dem Hubwerk aufnehmende Quertraverse unterhalb

Bild 3.38: Elektrohängebahn (EHB),
eingesetzt zum Transport von Pkw-Karossen
(Unstetigförderer – automatisiert – geführt
verfahrbar, flurfrei – Einzelantrieb)
[Werkfoto: AFT GmbH & Co KG]

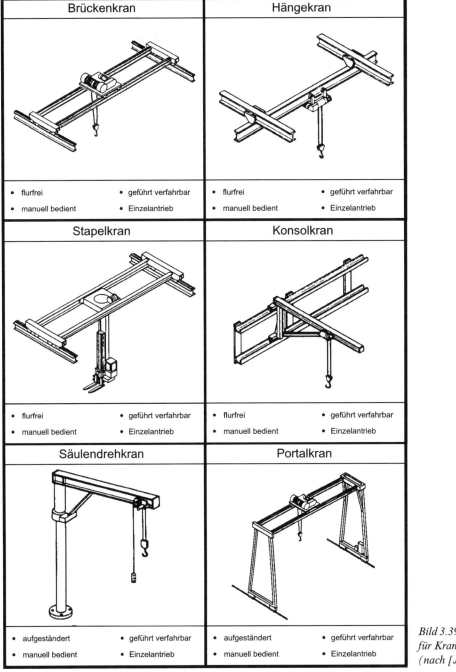

Brückenkran		Hängekran	
• flurfrei	• geführt verfahrbar	• flurfrei	• geführt verfahrbar
• manuell bedient	• Einzelantrieb	• manuell bedient	• Einzelantrieb
Stapelkran		**Konsolkran**	
• flurfrei	• geführt verfahrbar	• flurfrei	• geführt verfahrbar
• manuell bedient	• Einzelantrieb	• manuell bedient	• Einzelantrieb
Säulendrehkran		**Portalkran**	
• aufgeständert	• geführt verfahrbar	• aufgeständert	• geführt verfahrbar
• manuell bedient	• Einzelantrieb	• manuell bedient	• Einzelantrieb

Bild 3.39: Beispiele für Kranbauarten (nach [Jüne89])

der Fahrschienen. Typische Einsatzfälle sind das Heben und Transportieren von Gütern im Werkstatt-, Reparatur- und Servicebereich.

Der **Stapelkran** ist eine Kombination aus Brückenkran und Gabelstapler. Statt eines Hubwerks besitzt er an der Laufkatze eine senkrecht verfahrbare Lastaufnahmegabel.

Der Stapelkran kann deshalb zur flurfreien Bedienung von Block- und Zeilenlagern verwendet werden.

Der **Konsolkran** besitzt an der Wand (oder an Stützen) befestigte, übereinander angeordnete Laufschienen. Der Ausleger kann seitlich geschwenkt werden. Der **Säulendrehkran** besteht aus einer auf dem Boden befestigten Säule, um die ein Ausleger geschwenkt werden kann. Konsolkräne und Säulendrehkräne werden im Werkstattbereich z. B. zur Maschinenbestückung mit schweren Werkstücken oder Werkzeugen eingesetzt.

Der **Portalkran** verfährt auf am Boden befestigten Schienen. Er deckt ähnliche Einsatzfälle wie der Brückenkran ab; durch die portalartige Gestaltung kann aber z. B. beim Außeneinsatz auf die teure Stützkonstruktion für die Fahrschienen verzichtet werden. Typische Einsatzfälle sind die Bedienung von Freilagern für Grobblech oder schwere Stahlprofile sowie die Verwendung z. B. in Sägewerken und Betonwerken.

3.3 Systemvergleich, Kostenbetrachtung

Zusammenfassend zeigen die Bilder 3.40 und 3.41 anhand von jeweils zwanzig Bewertungskriterien einen **Systemvergleich**[21] **häufig im Fahrzeugbau eingesetzter Stetig- und Unstetigförderer**. Bild 3.42 gibt die mögliche Verwendung und Zuordnung von Förderern und Lagermitteln (siehe Kap. 2) an; Bild 3.43 ordnet für die Ein- und Auslagerung einige der in diesem Kapitel besprochenen Förderer den aus dem Kapitel 2 bekannten Lagermitteln zu. Mit Hilfe dieser Bilder kann z. B. eine **Vorauswahl von Förderern** bei der Planung von Logistiksystemen erfolgen. Bild 3.44 stellt qualitativ die Investitionskosten für Strecke und Fahrzeuge unterschiedlicher Fördersysteme dar. Für unregelmäßigen Transport sind Systeme mit niedrigen Investitionen für die Strecken sinnvoll. Förderer mit hohen Strecken-Investitionen lohnen sich für regelmäßige Transporte bei

hoher Transportkapazität. In jedem Fall sollte vor der Investition ein Kostenvergleich (siehe Bilder 3.45 und 3.46) durchgeführt werden.

In den Bildern 3.45 und 3.46 werden für ein Beispiel die **Kosten der Fördersysteme** Gabelstapler, Fahrerloses Transportsystem (FTS), Elektrohängebahn (EHB) und Schleppkreisförderer (Power and Free, P+F) verglichen. Die Aufgabe besteht darin, Bild 3.45, in einer Automobilmontage Kunststoff-Kraftstoffbehälter (KKB) aus einem Pufferlager an den Verbauort über eine Lastfahrt-Strecke von 610 m zu transportieren. Pro Arbeitsschicht werden 105 Ladeeinheiten mit je zwei KKB gefördert (das entspricht 210 KKB bzw. Fahrzeugen pro 7h-Schicht oder einer Montagetaktzeit von zwei Minuten). Das System ist 250 Tage im Jahr in Betrieb. Pro Mitarbeiter und Jahr werden Kosten von € 40.000,– angesetzt. Preis- und Kostenbasis ist das Jahr 2005. Aus den technischen Leistungsdaten wurde vorab die Anzahl der benötigten Förderzeuge ermittelt (Ergebnis siehe Bild 3.45).

Bild 3.46 stellt Investitionen, fixe und variable Kosten für die vier Systeme gegenüber und gibt einen Kostenvergleich für ein- bzw. dreischichtigen Betrieb. Es ist zu erkennen, dass der Transport mit Gabelstaplern am teuersten ist; hierbei ist – bezogen auf die Förderkosten für ein Teil – aufgrund der hohen variablen Kosten (Personal!) der Unterschied zwischen ein- bzw. dreischichtigem Betrieb gering. Systeme mit hohem Fixkostenanteil werden von den Kosten her bei Dreischichtbetrieb günstiger. Im vorliegenden Beispiel haben EHB und P+F die niedrigsten Kosten. Dennoch fallen auch im günstigsten Fall noch mehrere € Transportkosten je Ladeeinheit an – Kosten, die den Wert des Produktes aus Sicht des Kunden nicht erhöhen. Bei veränderten Randbedingungen (Gewicht je Ladeeinheit, Entfernung, Anzahl Ladeeinheiten/Zeiteinheit, Betriebszeit, usw.)

---

[21] Weitere Angaben zum Systemvergleich und zu den Kosten von Fördermitteln finden sich z. B. in [ATLE98, Koet01, Jüne89, Jüne00]

Fördermittel / Bestimmungs-kriterium	flurge-bunden mechanisiert oder automatisiert ortsfest Zugmittel Unterflur-Schlepp-ketten-förderer	aufgeständert mechanisiert oder automatisiert ortsfest Schwerkraft Rollen-bahn	Röllchen-bahn	Kugel-bahn	Zugmittel Trag-ketten-förderer	Band- und Glieder-band-förderer	Wander-tisch	Pater-noster	Z-Förderer	Schaukel-förderer	flurfrei mechanisiert oder automatisiert ortsfest Zugmittel Kreis-förderer	Schlepp-kreis-förderer
Automatisierungsgrad	◐	○	○	○	●	●	●	●	●	●	●	●
Integrierbarkeit in automat. Materialfluss-Systeme	○	◐	◐	○	●	●	●	●	●	◐	●	●
Flexibilität bei Layoutänderungen	○	◐	◐	◐	○	◐	○	○	○	○	○	○
Flexibilität bei Änderungen der Förderleistung	◐	○	○	○	○	○	○	○	○	○	○	○
Flexibilität bei Änderung des Transportgutes	●	◐	○	◐	○	◐	◐	◐	◐	◐	●	●
Flächenbedarf für Transportstrecken	○	○	○	○	○	○	○	◐	◐	◐	●	●
Hindernisbildung	◐	○	○	○	○	○	○	○	○	○	●	●
Umkehrbare Förderrichtung	○	○	○	◐	◐	○	◐	●	●	○	○	○
Überwinden von Steigungen	●	○	○	○	○	◐	○	●	●	●	●	●
Aufwand bei Verzweigungen	◐	◐	◐	◐	◐	○	○	○	○	○	○	◐
Stau- und Pufferfähigkeit	●	●	●	◐	◐	◐	○	◐	◐	◐	◐	◐
Lastübergabe an der Transportstrecke möglich	●	○	○	◐	◐	○	○	○	○	○	◐	◐
Anforderungen an den Baukörper	○	●	●	◐	●	●	●	◐	◐	◐	◐	◐
Personalbedarf	◐	●	●	◐	●	●	●	●	●	●	●	●
Steuerungsaufwand	○	●	●	◐	◐	◐	○	○	○	◐	◐	◐
Organisation mit Datenverarbeitung	◐	○	○	○	●	●	●	●	●	●	●	●
Erweiterungsfähigkeit	○	◐	◐	◐	●	●	○	○	○	○	○	○
Notbetrieb bei Störungen	◐	●	●	●	○	○	○	○	○	○	○	◐
Investitionsaufwand	◐	●	●	●	◐	◐	○	○	○	○	◐	●
Wartungsaufwand	○	●	●	◐	●	●	◐	◐	◐	◐	●	◐

● günstig   ◐ durchschnittlich   ○ ungünstig

Bild 3.40: Beispielhafte Bewertung häufig eingesetzter Stetigförderer anhand wichtiger Bestimmungskriterien (in Anlehnung an [Jüne89])

Unstetigförderer

Legend:
- ● günstig
- ◐ durchschnittlich
- ○ ungünstig
- | nicht möglich

Bestimmungskriterien \ Fördermittel	flurgebunden – manuell bedient – frei verfahrbar – Einzelantrieb: Regalbediengerät (geführt)	Schlepper	Wagen	Gabelhubwagen	Stapler	Hochregalstapler	Luftfilmtransporter	automatisiert – geführt verfahrbar – Einzelantrieb: Regalbediengerät	Umsetzer	Verschiebewagen	Automatisches Flurförderzeug (geführt)	Automatisches Flurförderzeug (frei)	aufgeständert – ortsfest: Aufzug	Kanal-/Verteilfahrzeug	flurfrei – Muskelkraft: Trolley-/Rohrbahn	Brücken-/Hänge-/Stapel-/Konsolkr.	Portalkran	Automatischer Kran	Elektro-Hängebahn
Automatisierungsgrad	○	○	○	○	○	○	○	●	●	●	●	●	◐	●	○	○	○	●	●
Integrierbarkeit in autom. Materialfluss-Systeme	◐	◐	◐	◐	◐	◐	◐	●	●	●	●	●	◐	●	○	○	○	●	●
Flexibilität bei Layoutänderungen	○	●	●	●	●	●	●	○	○	○	●	●	○	○	●	●	●	●	●
Flexibilität bei Änderung der Förderleistung	○	◐	◐	◐	◐	◐	◐	◐	◐	◐	◐	◐	◐	◐	◐	◐	◐	◐	◐
Flexibilität bei Änderung des Transportgutes	○	◐	◐	◐	◐	◐	◐	○	○	○	◐	◐	○	○	◐	◐	●	◐	◐
Flächenbedarf für Transportstrecken	○	○	○	○	○	○	○	◐	◐	◐	◐	◐	●	◐	●	●	●	●	●
Hindernisbildung	●	○	○	○	○	○	○	◐	◐	◐	○	○	●	●	●	●	●	●	●
Umkehrbare Förderrichtung	◐	●	●	●	●	●	●	◐	●	●	●	●	●	●	●	●	●	●	●
Überwinden von Steigungen	○	◐	◐	○	◐	○	○	○	○	○	○	○	●	◐	◐	◐	◐	◐	◐
Aufwand bei Verzweigungen	○	◐	◐	◐	◐	◐	◐												
Stau- und Pufferfähigkeit	○	○	○	○	○	○	○	●	●	●	●	●	○	●	●	●	●	●	●
Lastübergabe an der Transportstrecke möglich	○	◐	◐	◐	◐	◐	◐	◐	◐	◐	◐	◐	○	◐	◐	◐	◐	◐	◐
Anforderungen an den Baukörper	●	●	●	●	●	●	●	◐	◐	◐	◐	◐	◐	○	◐	○	◐	◐	◐
Personalbedarf	○	○	○	○	○	○	○	●	●	●	●	●	◐	●	○	○	○	●	●
Steuerungsaufwand	●	●	●	●	●	●	●	◐	◐	◐	◐	◐	●	◐	●	●	◐	◐	◐
Organisation mit Datenverarbeitung	●	●	●	●	●	●	●	◐	◐	◐	◐	◐	●	◐	●	●	◐	◐	◐
Erweiterungsfähigkeit	○	◐	◐	◐	◐	◐	◐	◐	◐	◐	●	●	○	○	◐	◐	◐	◐	◐
Notbetrieb bei Störungen	○	◐	◐	◐	◐	◐	◐	◐	◐	◐	◐	◐	◐	◐	●	◐	◐	◐	◐
Investitionsbedarf	○	◐	◐	◐	◐	◐	○	○	○	○	○	○	◐	○	●	◐	◐	○	○
Wartungsaufwand	●	◐	○	◐	◐	◐	◐	◐	◐	◐	◐	◐	◐	◐	●	◐	◐	◐	○

Bild 3.41: Beispielhafte Bewertung häufig eingesetzter Unstetigförderer anhand wichtiger Bestimmungskriterien (in Anlehnung an [June89])

		Fördermittel im Lager			
	Fördermittel	als Bestandteil dynamischer Läger	zum Ein- und Auslagern	in der Lager-vorzone	mit Lager-funktion
stetige Fördermittel / flur-geb.	Unterflurschleppkettenförderer			●	
stetige Fördermittel / aufgeständert	Rollenbahn (angetrieben)	●	●	●	
	Rollenbahn (Schwerkraft)	●		●	
	Staurollenbahn				●
	Röllchenbahn	●		●	
	Tragkettenförderer	●	●	●	
	Staukettenförderer				●
	Bandförderer		●	●	
	Paternoster	●		●	●
	Z-Förderer			●	
stetige Fördermittel / flur-frei	Kreisförderer	●	●	●	●
	Schleppkreisförderer			●	●
unstetige Fördermittel / flurgebunden	Regalbediengerät		●		
	Verschiebwagen	●		●	
	Gabelhubwagen		●	●	
	Gabelstapler		●	●	
	Hochregalstapler		●	●	
	Automatisches Flurförderzeug		●	●	
	Anhänger				●
	Wagen und Eisenbahnwagen				●
unstetige Fördermittel / aufge-ständert	Aufzug	●	●	●	
	Kanalfahrzeug	●	●	●	
	Verteilfahrzeug		●	●	
unstetige Fördermittel / flurfrei	Brücken-/ Hänge-/ Portalkran		●	●	
	Stapelkran		●	●	
	Automatischer Kran		●	●	
	Trolley- oder Rohrbahn				●
	Elektro-Hängebahn		●	●	●

Bild 3.42: Verwendungsübersicht der Fördermittel im Lagerbereich [Jüne89]

Legende: ● gut geeignet   ◐ bedingt geeignet   ○ schlecht geeignet

Fördermittel	Bodenlagerung – Statische Lagerung – Block gestapelt und ungestapelt	Bodenlagerung – Statische Lagerung – Zellen gestapelt und ungestapelt	Regallagerung – Statische Lagerung – Blockregal – Einfahr-/Durchfahrregal	Blockregal – Wabenregal	Zellenregal – Fachbodenregal	Zellenregal – Schubladenregal	Zellenregal – Paletten- oder Hochregal	Zellenregal – Behälterregal	Zellenregal – Kragarmregal	Feststehende Regale, bewegte Ladeeinheiten – Durchlaufregal Stetigf. Schwerkraft	Einschubregal Stetigf. Schwerkraft	Durchlaufregal Stetigf. Antrieb	Durchlaufregal Unstetigf. Antrieb	Einschubregal Unstetigf. Schwerkraft	Kanalregal Unstetigf. Antrieb	Dynamische Lagerung – Bewegte Regale, feststehende Ladeeinheiten – Umlaufregal horizontal	Umlaufregal vertikal	Verschieberegal (Tische)	Verschieberegal (Zeilen)	Regal auf Flurförderzeug
Stetigförderer																				
Rollenbahn (angetrieben)	○	○	○	○	○	○	○	○	○	●	○	●	●	○	○	○	○	○	○	○
Tragkettenförderer	○	○	○	○	○	○	○	○	○	●	○	●	●	○	○	○	○	○	○	○
Bandförderer	○	○	○	○	○	○	○	○	○	●	○	●	●	○	○	○	○	○	○	○
Unstetigförderer																				
Regalbediengerät	○	○	○	●	●	◐	●	●	●	●	◐	●	●	◐	●	◐	◐	○	○	●
Stapler und Hochregalstapler	●	◐	●	○	●	◐	●	○	●	●	●	●	●	●	◐	◐	●	◐	●	●
Automatisches Flurförderzeug	◐	○	◐	○	○	○	●	○	◐	●	●	●	●	●	●	◐	○	◐	●	●
Regalbediengerät mit Kanalfahrzeug	○	○	○	○	○	○	○	○	○	○	○	○	●	○	●	○	○	○	○	○
Regalbediengerät mit Verteilfahrzeug	○	○	○	○	◐	○	●	●	●	●	○	●	●	◐	○	◐	◐	○	○	●
Brücken-/Hänge-/Portalkran	●	●	●	●	◐	●	●	●	●	○	○	○	○	○	○	○	○	●	●	○
Stapelkran	●	●	○	●	◐	●	●	●	●	◐	○	●	◐	○	○	○	○	●	●	◐
Elektro-Hängebahn	○	◐	○	○	◐	●	●	●	●	◐	○	◐	◐	○	○	◐	◐	●	○	◐

Bild 3.43: Zuordnung von Fördermitteln zu den verschiedenen Lagermitteln für die Ein- und Auslagerung (nach [Jün89])

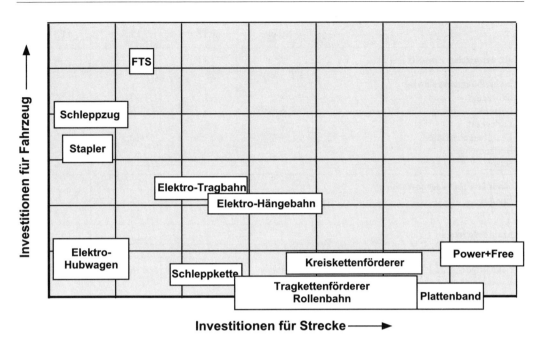

Bild 3.44: Qualitativer Vergleich von Strecken- und Fahrzeug-Investitionskosten für verschiedene Förder-systeme (nach [Koet01])

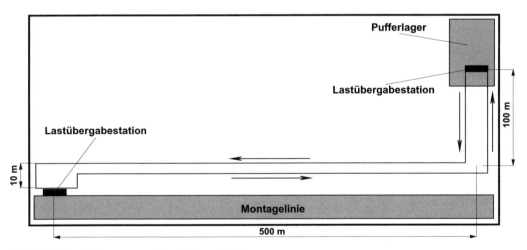

Bild 3.45: Beispiel-Layout zum Vergleich von Fördersystemen

	Stapler	FTS	EHB	P+F
Kalkulatorischer Zinssatz [%]	8	8	8	8
Abschreibungszeitraum [a]				
Fahrzeug	8	7	7	6
Batterie	5	5	–	–
Ladegerät	6	6	–	–
Lastübergabestation	–	12,5	12,5	12,5
Bodenanlage	–	10	–	–
Schienen	–	–	7	6
Kostensätze [in % der Investition]				
Energie	3	3	3	3
Wartung	10	15	10	3
Anzahl Fahrzeuge	3	7	7	17
Investitionen [T€]				
Fahrzeuge	61,4	246,6	118,7	4,4
Batterien	36,9	50,2	–	–
Ladegeräte	4,6	10,8	–	–
Lastübergabestationen	–	1,5	1,5	1,5
Bodenanlage	–	139,7	–	–
Schienen und Aufhängung incl. Montage	–	–	173,9	439,6
Summe Investitionen	**102,9**	**448,8**	**294,1**	**445,5**
Fixkosten p. a. [T€]				
Zinsen	4,1	18,0	11,8	17,8
Abschreibungen	15,8	61,2	41,9	74,1
Summe Fixkosten p.a.	**19,9**	**79,1**	**53,7**	**91,9**
Lfd. Kosten p.a., 1schichtiger Betrieb [T€]				
Personal	120,0	–	–	–
Energie	3,1	13,5	8,8	13,4
Wartung	10,3	67,3	29,4	13,4
Summe lfd. Kosten	**133,4**	**80,8**	**38,2**	**26,7**
Lfd. Kosten p. a., 3schichtiger Betrieb [T€]				
Personal	360,0	–	–	–
Energie	9,3	40,4	26,5	40,1
Wartung	30,9	202,4	88,2	40,1
Summe lfd. Kosten	**400,1**	**242,4**	**114,7**	**80,2**
Gesamtkosten p. a. [T€]				
1schichtiger Betrieb	153,3	159,9	91,9	118,7
3schichtiger Betrieb	420,1	321,5	168,4	172,1
Kosten pro Ladeeinheit [€]				
1schichtiger Betrieb	5,84	6,09	3,50	4,52
3schichtiger Betrieb	5,33	4,08	2,14	2,19
Kosten pro Ladeeinheit pro m [Cent] *)				
1schichtiger Betrieb	0,96	1,00	0,57	0,74
3schichtiger Betrieb	0,87	0,67	0,35	0,36

*) zum Vergleich: 1 m Bahnfahrt 2. Klasse kostet bei der Deutschen Bahn AG pro Person als Normalfahrpreis ca. 0,015 Cent (ca. € 0,15/km; Tarifstand 04.2005)

Bild 3.46: Kostenvergleich von Fördersystemen mit den Vorgaben nach Bild 3.45

können sich Kostenverschiebungen ergeben. Regelmäßiger Gabelstaplertransport ist meist ab Entfernungen über 200 m unwirtschaftlich.

3.4 Aufgaben zu Kapitel 3

Aufgabe 3.1: Der Verkehrsbetrieb einer Millionenstadt will das Instandhaltungswerk für U-Bahn-Fahrzeuge neu gestalten. In der vorhandenen Halle von 150×35 m sollen 16 Instandhaltungsinseln eingerichtet werden, in denen die Wagenkästen ohne Drehgestelle repariert und gewartet werden. Je nach Reparatur- und Wartungsaufwand beträgt die Durchlaufzeit je Fahrzeug zwischen einer Woche und zwei Monaten. Die 16 m langen und 18 t schweren Wagenkästen müssen in den Instandhaltungsinseln von allen Seiten, auch von oben und unten, zugänglich sein. Die Zuführung und die Abgabe der Wagenkästen erfolgt an derselben Schmalseite der Halle (siehe maßstäbliche Skizze in Bild 3.47 a)!). Machen Sie Vorschläge für die Anordnung der Instandhaltungsinseln und die Gestaltung des Fördersystems für die Wagenkästen!

Lösung: Aus Platzgründen können die Instandhaltungsinseln nur längs (mit geringem Abstand) in zwei Reihen oder fischgrätenartig schräg angeordnet werden (siehe Bild 3.47 b)). Für den Transport der Wagenkästen kommen daher entweder Brückenkräne im Tandembetrieb, die bei einer Breite von fast 35 m relativ teuer werden und eine große Höhe der Halle erfordern, oder Luftfilmtransporter infrage. Letzteren wird hier der Vorzug gegeben. Die U-Bahn-Wagen werden in die Halle auf eigenen Rädern gefahren und dort z. B. mit Hubwinden vom Laufwerk abgehoben. Zwei Luftfilmtransporter mit Abstellböcken unterfahren dann den Wagenkasten; letzterer wird abgesetzt und von den Luftfilmtransportern in eine freie Instandhaltungsinsel gefahren. Dort wird der Wagenkasten auf Böcken abgestellt, und die Luftfilmtransporter sind für den nächsten Einsatz verfügbar. Eine ähnliche Anwendung aus einer österreichischen Waggonfabrik zeigt Bild 3.47c).

Aufgabe 3.2: Warum gibt es außer dem Frontstapler auch noch
a) Hochregalstapler
b) Seitenstapler
c) Kommissionierstapler?

a)

b)

c)

Bild 3.47: a) Ausgangssituation zu Aufgabe 3.1;
b) Konzeptvariante mit Luftfilmtransporter;
c) Beispiel für Luftfilmtransporter
[Werkfoto: DELU GmbH]

Lösung: Alle Stapler sind auf spezielle Einsatzfälle und Ladegüter zugeschnitten. In Hochregal-Lagern wird Wert auf möglichst schmale Gänge zwischen den Regalen gelegt; der Hochregalstapler kann Last seitlich aufnehmen und hat eine hohe Standsicherheit. Der Seitenstapler nimmt Last ebenfalls seitlich auf und ist besonders für Langguthandhabung- und -transport geeignet. Der Kommissionierstapler besitzt eine hebbare Kabine für den Kommissionierer zur Kommissionierung am Lagerplatz in Regallagern. Der Frontstapler benötigt im Gegensatz zu den drei anderen genannten Bauarten breitere Gänge zur Lastaufnahme und Lastabgabe.

Aufgabe 3.3: Warum findet man in vielen Betrieben nach wie vor konventionelle Schlepper und Gabelstapler und sogar personengeführte Gabelhubwagen im Materialfluss, obwohl automatische Fördersysteme hoch entwickelt sind?

Lösung: Die Investitionskosten automatischer Fördersysteme sind relativ hoch. Für nicht ständig durchzuführende Transportaufgaben oder Transporte „auf Zuruf" bieten daher manuell geführte Systeme nach wie vor niedrigere Kosten und hohe Flexibilität.

Aufgabe 3.4: Warum geht bei den Fahrerlosen Transportfahrzeugen der Trend immer mehr zu Systemen, die zumindest teilweise frei, d. h. ohne ortsfeste Leitspuren navigieren können?

Lösung: Frei navigierende Systeme, z. B. mit Navigation per Laserscanner oder mittels Umweltmappen, bieten die Möglichkeit, ohne hohen technischen und finanziellen Aufwand Layoutänderungen durchzuführen. Die Systeme können daher flexibel an neue Transportaufgaben angepasst und Lastübergabestationen relativ freizügig verschoben werden.

4 Handhabungs- und Kommissioniertechnik

Zu den Hauptfunktionen des Materialflusses gehört neben dem schon behandelten Lagern und Fördern das Handhaben.

> **Handhaben** ist nach VDI-Richtlinie 2860 *„das Schaffen, definierte Verändern oder vorübergehende Aufrechterhalten einer vorgegebenen räumlichen Anordnung von geometrisch bestimmten Körpern in einem Bezugskoordinatensystem"*. Weitere Bedingungen (Zeit, Menge, Bewegungsbahn) können dabei vorgegeben sein.

Zum **Handhaben** zählen folgende Funktionsbereiche:

- **Speichern oder Halten**,
- **Verändern**,
- **Bewegen**, also Schaffen und Verändern einer definierten räumlichen Anordnung,
- **Sichern**, also Aufrechterhalten einer definierten räumlichen Anordnung,
- **Kontrollieren**.

Auch das **Kommissionieren** (siehe Abschn. 4.2) wird zum Handhaben gerechnet.

4.1 Handhabungsgeräte und Industrieroboter

Mit der Forderung nach kürzeren Durchlaufzeiten, höherer Flexibilität und höherer Produktqualität, aber auch nach Humanisierung der Arbeit werden steigende Ansprüche an **Handhabungsmittel** gestellt. Hierbei besteht die technische Schwierigkeit vor allem darin, die menschliche Hand mit ihren Fähigkeiten des Greifens, Haltens, Bewegens und der Haptik durch technische Mittel zu ersetzen. Bild 4.1 gibt eine systematische Gliederung der Handhabungsmittel[22].

In Bild 4.2 werden einige Beispiele für Handhabungsmittel gezeigt. **Einzweckmaschinen** sind Spezialmaschinen für bestimmte Aufga-

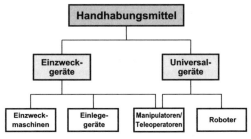

Bild 4.1: Systematik der Handhabungsmittel (nach [Jüne00])

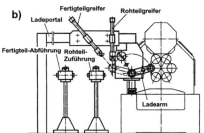

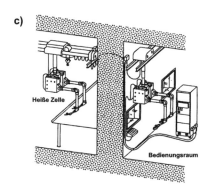

Bild 4.2: Handhabungsmittel – Beispiele für Einzweckgeräte: a) Pneumatisches Einlegegerät; b) Ladeeinrichtung an einem Mehrspindel-Drehautomaten; c) Manipulator für Kernenergieanlagen (Master/Slave) [Hess96]

---

[22] Literatur zu Abschn. 4.1: [Hess96, Hess98, Jüne89, Jüne00, Kief05, Nava89, Remb90, Webe02]

ben (z. B. Palettier-, Depalettier-, Signier-, Verpackungs-, Ladungssicherungsmaschinen und Maschinen zur Ladungsumsetzung). Sie sind in der Regel ortsfest; sie besitzen eine hohe Leistungsfähigkeit, aber nur geringe Flexibilität bezüglich der auszuführenden Aufgaben. **Einlegegeräte** sind durch nur eine oder zwei Bewegungsachsen gekennzeichnet. Sie werden meist in starr verketteten Fertigungsstraßen mit Massenfertigung eingesetzt. Ihr Antrieb ist aufgrund der geforderten Einfachheit oft pneumatisch. **Teleoperatoren** sind praktisch verlängerte Arme des Arbeitspersonals. Sie sind deshalb manuell ferngesteuert und nicht programmierbar. Sie können Kraft, Leistung und Reichweite des Werkers verstärken und werden z. B. in gesundheitsschädlichen Zonen und im Schwerlastbereich eingesetzt. In Bild 4.2c) ist ein Manipulator für Kernenergieanlagen dargestellt: Aus dem Bedienungsraum werden die vom Personal an den Bewegungsgliedern des „Master-Gerätes" ausgeführten Bewegungen als elektrische Signale in die Heiße Zelle übertragen und dort in dieselben Bewegungen des „Slave-Gerätes" umgesetzt. Weitere Anwendungen sind z. B. beim Freiformschmieden die Führung schwerer Schmiedestücke, die von einem fahrbaren Gerät mit einer Werkstückaufnahme übernommen wird. Die Bewegungen werden vom Bedienpersonal über eine Art „Joystick" gesteuert.

4.1.1 Allgemeines

Roboter[23] (slawisch: „robota" = Fronarbeit) können Handhabungsvorgänge nach einem vorgegebenen Programm abarbeiten.

Nach VDI-Richtlinie 2680 sind sie wie folgt abgegrenzt:

*„**Industrieroboter** sind universell einsetzbare Bewegungsautomaten mit mehreren Achsen, deren Bewegungen hinsichtlich Bewegungsfolge und Wegen bzw. Winkeln frei (d. h. ohne mechanischen Eingriff) programmierbar und gegebenenfalls sensorgeführt sind. Sie sind mit Greifern, Werkzeugen oder anderen Fer-*

tigungsmitteln ausrüstbar und können Handhabungs- und/oder Fertigungsaufgaben ausführen."

Die **Definition von Industrierobotern** verlangt dabei mindestens **drei programmierbare Bewegungsachsen**. In Japan werden auch Einlegegeräte zu den Industrierobotern gezählt. Deswegen weisen Statistiken über den Robotereinsatz in Japan eine gegenüber anderen Ländern sehr hohe Industrieroboterdichte aus.

Ab 1950 wurden erste Maschinen patentiert, die nicht nur eine einzige Aufgabe erfüllen konnten, sondern flexibel einsetzbar waren, um anstelle des Menschen monotone Tätigkeiten auszuführen. Ford nutzte 1961 den ersten Prototyp eines Industrieroboters der Fa. Unimation in der Serienfertigung. Mit dem Kauf einer Lizenz durch den japanischen Hersteller Kawasaki begann 1968 der breite Einzug von Robotern in der Industrie. In Deutschland setzte Daimler-Benz 1971 die ersten Roboter zum Schweißen von Karosserien ein [Nava89].

Ende 2003 waren in Deutschland rd. 112.700 Industrieroboter im Einsatz, 13.400 mehr als 2002. Deutschland ist damit nach Japan und vor den USA das Land mit der höchsten Anzahl eingesetzter Industrieroboter. Pro 10.000 Industriebeschäftigte gab es in Deutschland 148 Roboter. In der Fahrzeugindustrie kommen annähernd 1.000 Roboter auf 10.000 Werker; die Automobilindustrie setzt 56 % aller Industrieroboter in Deutschland ein. Die Investitionskosten für Industrieroboter haben sich zwischen 1990 und 2003 etwa halbiert. Berücksichtigt man, dass die Leistungsfähigkeit gleichzeitig erheblich gesteigert wurde, so sind die Preise für Industrieroboter seit 1990 auf etwa ein Fünftel gefallen[24].

---

[23] vgl. [Hess96, Jüne89, Jüne00, Nav89]
[24] nach Pressemitteilung ECE/STAT/04/03 der United Nations Economic Commission for Europe, Genf, vom 20. 10. 2004 (www.unece.org) und nach Pressemitteilung des VDMA „World Robotics 2004" vom 02. 06. 2005 (www.vdma. org)

Man unterscheidet beim Robotereinsatz die **Werkzeughandhabung** und die **Werkstückhandhabung**. Gut die Hälfte der Industrieroboter ist in der **Werkzeughandhabung** eingesetzt, z. B. (Nennung in absteigender Häufigkeit des Einsatzes)

- zum Punktschweißen (31 % aller Roboter),
- in der Montage,
- zum Bahnschweißen,
- zum Beschichten und Lackieren,
- zum Auftragen von Kleber
- zum Entgraten und
- zur spanenden Bearbeitung[25].

Mehr als zwei Fünftel der Roboter dienen der **Werkstückhandhabung**, nämlich

- zum Transport (17 % des Gesamtbestandes)
- zur Handhabung an Werkzeugmaschinen
- zur Handhabung beim Druck- und Spritzgießen
- zum Kommissionieren und Palettieren
- zur Handhabung an Pressen und Schmiedemaschinen sowie
- zum Messen und Prüfen.

Ein Rest von etwa fünf Prozent wird für Testzwecke, zur Ausbildung sowie in der Forschung eingesetzt.

4.1.2 Aufbau und Komponenten von Industrierobotern

> Die **Systematik der Industrieroboter** (Bild 4.3) unterscheidet zunächst **stationäre und mobile Roboter**. Von einem **Handhabungsroboter** spricht man, wenn die Handhabungsaufgaben im Vordergrund stehen. Beim **Transportroboter** spielen die Transportaufgaben die Hauptrolle.

Handhabungsroboter können stationär oder mobil ausgeführt sein. Durch Mobilität eines Handhabungsroboters wird sein Bewegungsraum erheblich erweitert. Transportroboter sind per Definition mobil. Mindestens drei Bewegungsachsen bilden die Handhabungseinheit eines Handhabungsroboters. Ein Trans-

portroboter hat demnach mindestens drei Transportachsen als Transporteinheit [Jüne89]. Handhabungsroboter werden **aufgeständert** (d. h., Gestelle oder Stützen sind mit dem Fußboden verbunden) oder **flurfrei** (d. h. an Decke oder Wand befestigt) ausgeführt. Gleiches gilt für Transportroboter, die aber z. T. für die Fortbewegung auch den Fußboden benutzen und damit **flurgebunden** sein können. Je nach der Ausführung der Bewegungsachsen und Gelenke eines Roboters ergeben sich Arbeitsräume unterschiedlicher Formen – quaderförmig, zylinderförmig, sphärisch oder torusförmig beim Handhabungsroboter, linien- bzw. flächenförmig oder räumlich beim Transportroboter[26].

Grundkonfigurationen von Industrierobotern sind in Bild 4.4 dargestellt. Jede der mindestens drei Bewegungsachsen kann als Translations- oder Drehachse ausgeführt werden, so dass sich fünf grundsätzliche Möglichkeiten ergeben (die Formen der Arbeitsräume werden in Bild 4.5 gezeigt):

- Variante 1 besitzt **drei lineare Achsen**. Der Arbeitsraum lässt sich als Quader charakterisieren, und die Bewegungen des **Effektors (Greifers)** sind am einfachsten in einem kartesischen Koordinatensystem zu beschreiben.
- Variante 2 zeichnet sich durch **eine Drehachse und zwei Translationsachsen** aus. Damit entspricht der Arbeitsraum einem (Hohl-)Zylinder. Die Position des Effektors lässt sich in Zylinderkoordinaten (Radius und Winkel in der Horizontalebene, Höhe) am einfachsten beschreiben.

---

[25] Hierbei führt der Roboter die Bearbeitungseinheit. Die Bearbeitungsgenauigkeit ist aufgrund der niedrigeren Steifigkeit geringer als auf einer Werkzeugmaschine; siehe: o. Verf.; Fräsroboter-System für die Prototypenfertigung; mav (2005) H. 5, S. 52–53

[26] vgl. [Hess96, Hess98, Jüne89, Kief05, Nava89, Webe02]

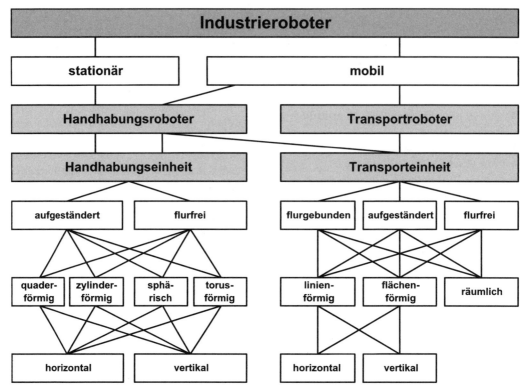

Bild 4.3: Systematik der Industrieroboter [Jüne89]

● Variante 3 ist gekennzeichnet durch **zwei Drehachsen und eine Translationsachse**. Der Arbeitsraum hat deswegen die Gestalt einer (Hohl-)Kugel. Die Position des Effektors lässt sich am einfachsten durch Kugelkoordinaten beschreiben.

● Variante 4 ist der sog. **Kugelkoordinaten-Knickarm-Roboter**, der **drei Drehachsen** besitzt. Sein Arbeitsraum ist trotz seines Namens nur stark vereinfacht eine Kugel, sondern genauer ein Torus. Seine Bewegungen lassen sich am einfachsten in Gelenkkoordinaten beschreiben.

● Variante 5 ist der für Montageaufgaben sehr häufig verwendete **SCARA-Roboter**, der über **zwei Dreh- und eine Translationsachse** verfügt (Achsen 1, 2 und 3 in Bild 4.4; die zusätzlichen Achsen 4 und 5 erweitern die Einsatzmöglichkeiten). Der Arbeitsraum dieses Roboters ist wieder ein (Hohl-)Zylinder, vorausgesetzt die Achse 1 erlaubt einen Drehwinkel von 360°. SCARA-Roboter

erreichen eine hohe Positioniergenauigkeit und besitzen durch die scharnierartigen Gelenke 1 und 2 eine hohe Steifigkeit in senkrechter Richtung. Dadurch sind sie für Füge- und Bestückungsaufgaben sehr gut geeignet.[27]

Die wesentlichen **Komponenten eines Industrieroboters** mit ihren jeweiligen Aufgaben und ihrem Zusammenspiel stellt Bild 4.6 dar.

● Das **Greiferführungsgetriebe** ist der maschinenbauliche Teil des Roboters. Es ermög-

---

[27] Eine weitere Variante befindet sich zurzeit im Laborstadium, die sog. Hexapoden. Sie vereinen die Eigenschaften von Werkzeugmaschinen und Robotern, da sie große Arbeitsräume mit flexiblen Bewegungsmöglichkeiten und hoher Steifigkeit verbinden; siehe z. B.: Rückel, V.; Feldmann, K.; Komplettmontage mit kooperierenden Robotern – Ein innovativer Lösungsansatz zur Verkürzung der Montagezeit; Werkstatttechnik 95 (2005) H. 3, S. 85–90

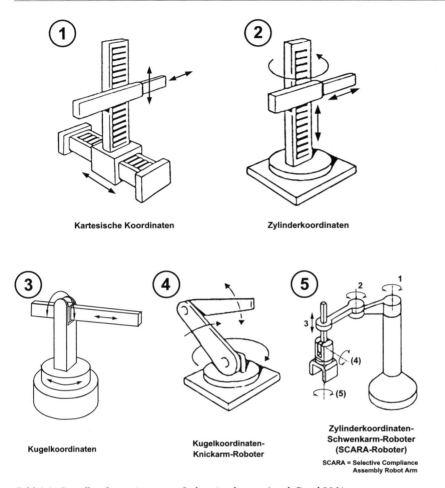

Kartesische Koordinaten   Zylinderkoordinaten

Kugelkoordinaten   Kugelkoordinaten-
Knickarm-Roboter

Zylinderkoordinaten-
Schwenkarm-Roboter
(SCARA-Roboter)

SCARA = Selective Compliance
Assembly Robot Arm

Bild 4.4: Grundkonfigurationen von Industrierobotern (nach Remb90])

licht die gewünschten Bewegungen der Greiferaufnahme. Die Teile des Greiferführungsgetriebes müssen zur Sicherstellung der Positioniergenauigkeit und zur Aufnahme der Kräfte eine ausreichende Steifigkeit besitzen.

- Der **Greifer** greift das Handhabungsobjekt (Werkstück) und sichert seine Lage bei den Bewegungen des Roboters. Je nach Beschaffenheit des Werkstücks (Form, Werkstoff, Oberfläche, usw.) werden z. B. Außen-, Innen-, Finger-, Saug-, Magnet- und Abformgreifer eingesetzt. Anstelle des Greifers können auch Werkzeuge wie Punktschweißzangen, Schweißbrenner, Kleb- und Lackierpistolen, Schrauber sowie Bohr-,

Fräs- und Schleifeinrichtungen vom Roboterarm aufgenommen werden.

- Um das Objekt und seine Umgebung zu erkennen, sind Roboter mit einer **Sensorik** ausgerüstet. Dies können Kameras für Bildverarbeitungssysteme sein, aber auch Kraft- oder Wegaufnehmer sowie andere Sensoren zum Messen physikalischer Größen am Greifer oder Werkzeug.

- Die Signale der Sensorik werden in der **Steuerung** des Roboters verarbeitet. Diese besteht meist aus einem Computersystem mit Prozessor und Speicher(n). Sie nimmt das Arbeitsprogramm des Roboters auf und regelt die Bewegungs- und Handhabungsvorgänge. Außerdem kommuniziert sie mit

Variation der drei Hauptachsen			Arbeitsraum		Symbolische Darstellung und Achsbezeichnung (VDI 2861)	
	T	D				
3 Translations-achsen (T)	3	0	quaderförmig	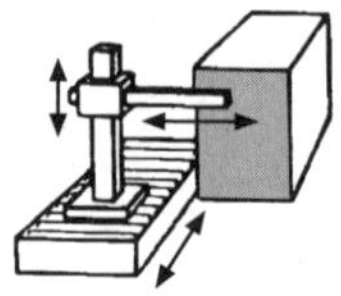	Kartesische Koordinaten	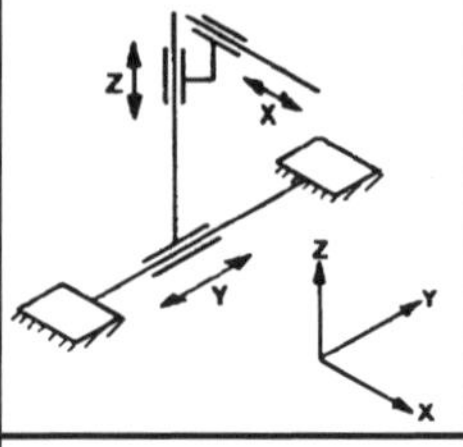
2 Translations-achsen (T) 1 Dreh-achse (D)	2	1	zylindrisch	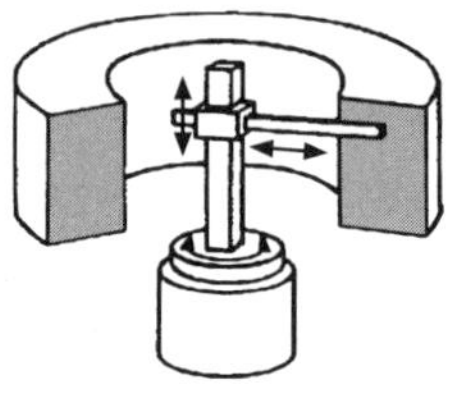	Zylinder-Koordinaten	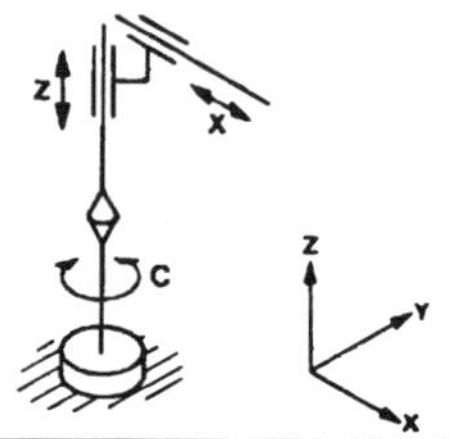
1 Translations-achse (T) 2 Dreh-achsen (D)	1	2	sphärisch	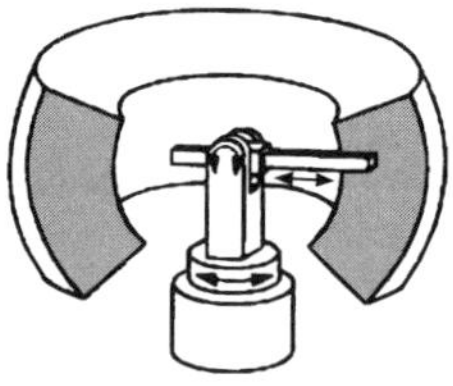	Kugel-Koordinaten	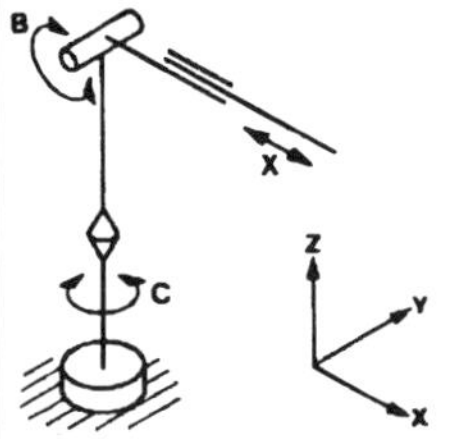
3 Dreh-achsen (D)	0	3	torusförmig	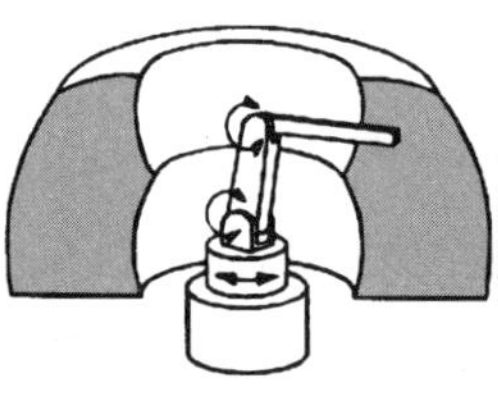	Gelenk-Koordinaten	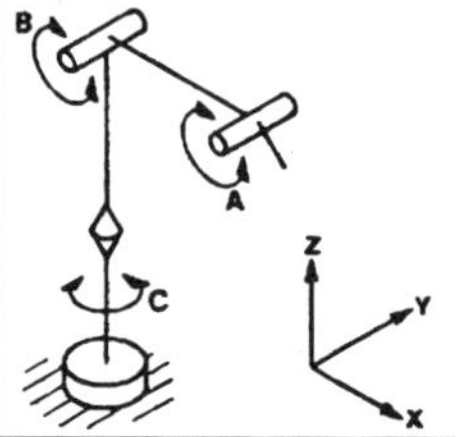

Bild 4.5: Die vier typischen Arbeitsräume von Industrierobotern mit den Achsenbezeichnungen nach VDI-Richtlinie 2861

der Peripherie des Roboters, schaltet z. B. den Schweißstrom ein und aus, gibt Spann-oder Lösesignale an Vorrichtungen oder Befehle an Transporteinrichtungen. Bei Fehlern im Bewegungs- oder Fertigungsablauf sorgt die Steuerung z. B. für die Weitergabe einer Fehlermeldung an den übergeordneten Leitrechner oder löst einen lokalen Alarm aus.

- Zur Regelung der Bewegungen des Roboters müssen die Ist-Werte aufgenommen werden. Dies ist Aufgabe des **Messsystems**. Roboter sind meist mit absoluten Messwertgebern ausgestattet, damit beim Einschalten des Roboters der Steuerung definierte Positionen des Greiferführungsgetriebes bekannt sind und keine Kalibrierung, z. B. durch Anfahren einer „Nullstellung", not-

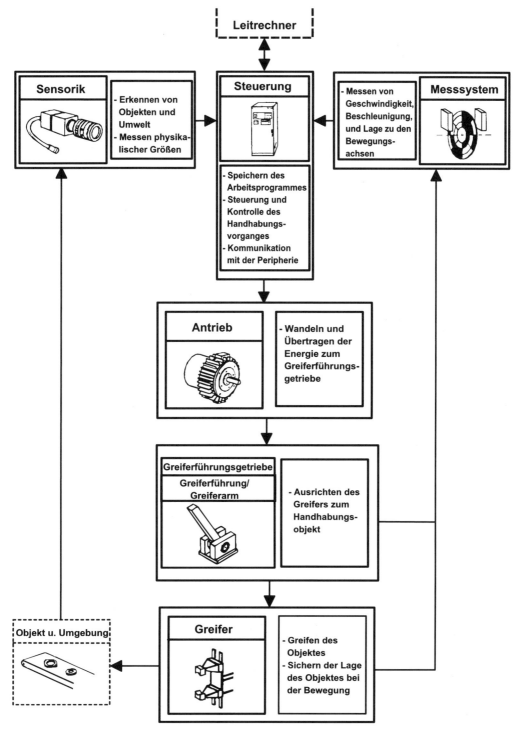

Bild 4.6: Wesentliche Komponenten eines Industrieroboters und ihr gegenseitiges Zusammenspiel (nach [Jüne00])

wendig ist. Als Messsysteme werden meist absolute optische Winkel- oder Wegcodierer eingesetzt. Die entsprechenden Zahlenwerte sind dabei binär als Hell-Dunkel-Muster codiert.

- Die Erzeugung der entsprechenden Bewegungen des Greiferführungsgetriebes und der dazu notwendigen Kräfte bzw. Momente erfolgt im **Antrieb** des Roboters. Meist werden heute elektrisch angetriebene Roboter verwendet. Als Motoren sind Gleichstrom-Scheibenläufer- oder Drehstrom-Asynchronmotoren gebräuchlich. Die Drehzahl-Drehmoment-Wandlung geschieht oft in „Harmonic-Drive-Getrieben", die sich durch große Übersetzungsverhältnisse und kleinen Bauraum auszeichnen. Neben elektrisch angetriebenen Industrierobotern sind auch hydraulisch angetriebene üblich, wenn

z. B. große Kräfte aufgebracht werden müssen. Pneumatische Roboter sind selten; sie werden z. B. in explosionsgefährdeten Bereichen eingesetzt.

4.1.3 Steuerungen und Programmierung von Industrierobotern

Aufgrund der unterschiedlichen Einsatzgebiete und Anforderungen an Industrieroboter gibt es **verschiedene Steuerungsarten**, Bild 4.7:

- Die einfachste und älteste Steuerung ist die **Point-to-Point-Steuerung (PTP) ohne Achsensynchronisation**. Dabei werden zwischen zwei Punkten, die der Effektor im raumfesten Koordinatensystem anfahren soll, die

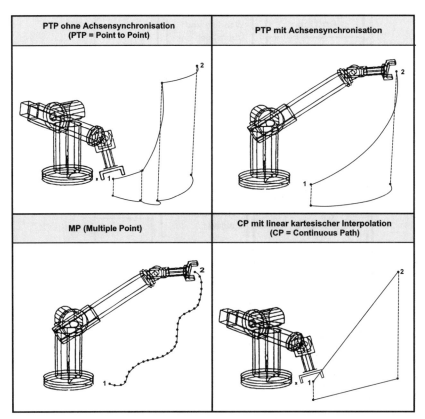

Bild 4.7: Bahn des Roboter-Greifers (Effektors) bei verschiedenen Steuerungsarten (nach [Remb90])

Bewegungen der einzelnen Glieder des Greiferführungsgetriebes nacheinander ausgeführt. Die Anforderungen an die Rechen-
leistung der Steuerung sind dadurch niedrig, die vom Effektor beschriebene Bahnkurve ist allerdings undefiniert.

• Bei der **Point-to-Point-Steuerung mit Achsensynchronisation** werden die Bewegungen
der einzelnen Roboterglieder koordiniert,
so dass sich eine stetige, aber dennoch unbe-
stimmte Bahn zwischen zwei definierten
Punkten ergibt.

• Um eine bestimmte Bahnkurve zu erreichen, können bei der **Multiple-Point-Steue-
rung (MP)** viele Zwischenpunkte gespeichert werden. Diese Punkte werden direkt
angefahren; bei entsprechend dicht liegenden Punkten gibt es keine großen Abweichungen zwischen der gewünschten und der
abgefahrenen Bahnkurve. Der Speicherbe-
darf ist höher als bei PTP.

• Wenn definierte Bahnkurven zwischen zwei
Punkten erforderlich sind, kommen **Conti-
nuous-Path-Steuerungen (CP)** zum Einsatz.
Damit werden die Bewegungen aller Robo-
terglieder so koordiniert, dass sich der Ef-
fektor zwischen zwei Punkten z. B. auf einer
Geraden oder einem Kreisbogen bewegt.
Dies stellt hohe Anforderungen an Rechen-
genauigkeit und Rechengeschwindigkeit der
Steuerung.

Für bestimmte Aufgaben im Fertigungs-
bereich, z. B. beim Bahnschweißen, ist neben
einer CP-Steuerung auch eine Sensorik notwendig, damit der Schweißbrenner z. B. bei
Fertigungstoleranzen der Schweißfuge bzw.
beim Wärmeverzug der zu verschweißenden
Teile den Schweißstoß nicht verliert. Hier wird
durch die Steuerung der Weg des Schweißbren-
ners an der von der Sensorik erkannten Ist-
Bahn geführt, auch wenn sie von der programmierten Soll-Bahn abweicht.

Die Methoden zur **Programmierung von Industrierobotern** sind in Bild 4.8 dargestellt. Bei
der **textuellen Programmierung** wird der Pro-
grammablauf in der entsprechenden Syntax
mit Hilfe eines Bildschirm-Editors erstellt. Das
Programm muss anschließend in die Roboter-
Steuerung übertragen und getestet werden. Zur
Playback-Programmierung wird ein spezielles
Programmiergerät verwendet, mit dem die gewünschten Bewegungen des Effektors manuell
abgefahren und dabei im Gerät gespeichert
werden. Das Programm kann anschließend in
die Roboter-Steuerung übertragen werden.
Dieses Verfahren kommt nur für einfache Aufgaben ohne große Genauigkeitsanforderungen,
z. B. für das Beschichten, infrage.

Die **Teach-in-Programmierung** wird am Roboter durchgeführt. Über ein Steuerungstableau
werden die Bewegungen Schritt für Schritt vor-

Bild 4.8: Methoden zur Programmierung von Industrierobotern (nach [Nava89, Remb90])

Anforderungen an Roboter und Robotersteuerung / Ausgewählte Einsatzbereiche von Robotern	Verfahrbarkeit			erforderl. Handhabungsgewicht			Bahngeschwindigkeit			Positioniergenauigkeit			Steuerungsart			Programmierungsart		
	Standroboter	Portalroboter	Mobile Roboter	kleiner 10 kg	10 kg - 50 kg	über 50 kg	niedrig (kleiner 0,1 m/s)	mittel (0,1m/s - 1,0 m/s)	groß (über 1,0 m/s)	niedrig (über 1 mm)	mittel (0,2 mm - 1 mm)	hoch (kleiner 0,2 mm)	Punkt-zu-Punkt-Steuerung (PTP)	Vielpunkt-steuerung (MP)	Bahn-steuerung (CP)	Teach in (Punkte oder Bahn abfahren)	Online	Offline (textuell oder oder graphisch)
Beschichten	●	○	◐	●	○	○	◐	◐	●	●	○	○	○	●	◐	◐	○	○
Punktschweißen	●	◐	◐	○	○	●	○	○	●	●	◐	○	●	◐	○	●	◐	●
Bahnschweißen	●	◐	◐	◐	●	○	●	●	○	○	●	◐	○	◐	●	●	○	◐
Entgraten	●	◐	◐	◐	◐	○	●	●	○	◐	●	●	◐	●	◐	●	○	○
Montage	●	◐	◐	●	○	○	○	●	●	○	◐	●	●	◐	◐	●	◐	◐
Mechanische Bearbeitung	●	●	◐	○	○	●	●	◐	○	○	○	●	○	○	●	○	○	●
Bedienung von Pressen	●	○	○	●	◐	○	○	○	●	●	●	○	●	◐	○	●	◐	◐
Bedienung von Schmiedemaschinen	●	○	○	○	●	●	○	●	◐	●	●	○	●	●	◐	●	◐	◐
Bedienung von Druck-/Spritzguß-maschinen	●	◐	◐	●	◐	○	○	◐	●	○	○	●	●	●	○	●	◐	◐
Werkzeugmaschinen-bedienung und Verkettung	◐	●	●	●	●	●	○	◐	●	○	◐	●	●	◐	◐	●	◐	●
Kommissionieren	◐	◐	●	●	●	◐	○	◐	●	●	○	○	●	◐	◐	○	●	○

● = geeignet ◐ = teilweise geeignet ○ = wenig geeignet bzw. nicht geeignet

Bild 4.9: Anforderungen an Roboter in ausgewählten Einsatzbereichen (nach [Jüne89])

gegeben, direkt überprüft und in der Steuerung gespeichert. Kollisionen des Effektors mit der Peripherie (Spannvorrichtungen, Transporteinrichtungen, usw.) oder mit dem Werkstück werden direkt erkannt. Aufwändig bis unbrauchbar werden die drei bisher vorgestellten Methoden, wenn komplexe Robotersysteme programmiert werden sollen, wenn z. B. die Abläufe von sechs oder sieben Robotern, die in einer Auspunktzelle an einer Pkw-Karosserie Schweißpunkte setzen, koordiniert werden müssen.

Hier ist die Methode der **graphisch-interaktiven Programmierung** sinnvoll, bei der mit Hilfe eines leistungsfähigen Rechners und einer Software mit 3D-CAD-Funktionalität die gesamte Roboterzelle einschließlich Werkstück und Peripherie dargestellt werden kann. Die Bewegungen der Roboter werden am Bildschirm vorgegeben, das Programm wird automatisch erstellt und kann als Animation am Bildschirm betrachtet werden. Kollisionen werden dabei erkannt, ohne dass reale Schäden entstehen. Während der Programmierung können die Roboter produktiv eingesetzt werden;

nach Fertigstellung und Test kann das Programm in die Steuerung übertragen werden. Nachteilig sind die hohen Investitionen und Kosten für Rechner und Software. Entsprechende Softwaremodule sind in den Systemen der „Digitalen Fabrik" (siehe Abschn. 6.1) enthalten.

Die **Anforderungen an Industrieroboter** in den eingangs genannten Einsatzbereichen sind in Bild 4.9 zusammengestellt. Man erkennt, dass Standroboter für die meisten Fertigungsaufgaben ausreichen, während die Verkettung von Maschinen und das Kommissionieren, also logistische Aufgaben, eher Roboter mit großem Arbeitsraum bzw. mobile Roboter bedingen. Das Beschichten und die Montage sind z. B. Robotereinsätze, die nur geringe Handhabungsgewichte erfordern. Das Punktschweißen, die Bedienung von Schmiedemaschinen und die Werkzeugmaschinenverkettung bedeuten dagegen meist hohe Handhabungsgewichte. Bezüglich der Bahngeschwindigkeit stellen Bahnschweißen und Entgraten die niedrigsten Anforderungen. Für das Beschichten, das Punktschweißen, die Montage, die Ma-

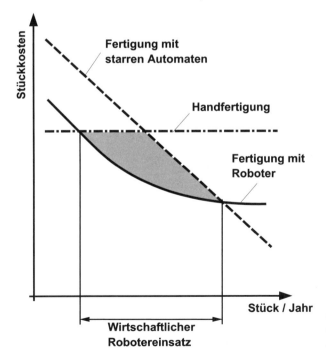

Bild 4.10: Vergleich der Stückkosten bei manueller, automatisierter und Roboter-Fertigung [Nava89]

schinenverkettung und das Kommissionieren sind dagegen hohe Bahngeschwindigkeiten gefragt, um kurze Zykluszeiten zu erreichen. Die Positioniergenauigkeit muss z. B. beim Montieren und bei der Maschinenverkettung am höchsten sein, während Beschichten und Punktschweißen hier niedrige Anforderungen stellen. Deswegen lagen hier auch die ersten Einsatzgebiete für Industrieroboter. Schließlich reicht z. B. beim Punktschweißen und in der Montage sowie in der Maschinenverkettung und beim Kommissionieren eine PTP-Steuerung aus. Das Bahnschweißen bedingt aber, wie oben erwähnt, eine CP-Steuerung. Für das Beschichten, z. B. Kleberauftrag oder Lackieren, genügt meist eine MP-Steuerung. Aufgrund des Preisverfalls und der ständigen Erhöhung der Leistungsfähigkeit von Computerprozessoren spielen PTP- und MP-Steuerungen heute nur noch eine untergeordnete Rolle.

Die **Stückkosten für die Fertigung** mit starren Automaten, für Handfertigung sowie für die Fertigung mit Industrierobotern vergleicht Bild 4.10 qualitativ: Besonders im Bereich der Klein- und Mittelserien liegt der Kostenvorteil der Fertigung mit Robotern. Die Fertigung mit starren Automaten hat aufgrund der hohen Investitionen Kostenvorteile nur bei hohen Stückzahlen, also in der Großserien- und Massenfertigung. Für Einmal- und Einzelfertigung liegen die Stückkosten der Handfertigung am niedrigsten.

4.1.4 Industrieroboter im Materialfluss

Einige beispielhafte **Konfigurationen von Materialflussrobotern** zeigt Bild 4.11. Sie sind durch relativ große Arbeitsräume gekennzeichnet. Die Varianten 2 (**Flächenportalroboter**) und 3

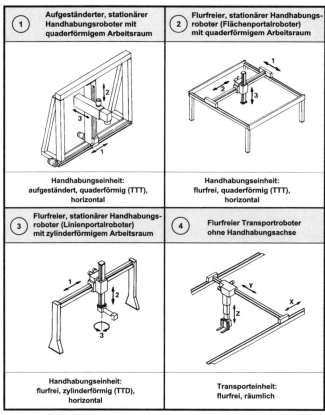

Bild 4.11: Beispielhafte Darstellung einiger Materialflussroboter mit den zugehörigen Unterscheidungsmerkmalen (nach [Jüne89])

(**Linienportalroboter**) werden z. B. zur Verkettung von Werkzeugmaschinen eingesetzt, sind aber auch für Palettierungs- und Depalettierungsaufgaben geeignet sowie zum Kommissionieren. Variante 4 stellt einen automatischen Stapelkran dar, der nach den Definitionen der VDI-Richtlinie 2680 durchaus als Handhabungsroboter anzusehen ist. Ebenso können automatische Regalbediengeräte, Elektrohängebahnfahrzeuge und Fahrerlose Transportsysteme, wenn sie mit Lastübergabeeinrichtungen ausgestattet sind, als Handhabungs- bzw. Transportroboter angesehen werden, da sie in diesem Fall über mindestens drei Bewegungsachsen verfügen.

Beispiele für den **Einsatz von Robotern im Materialfluss** und für Handhabungsaufgaben sind in den Bildern 4.12 bis 4.14 dargestellt: Der SCARA-Roboter in Bild 4.12 vereinzelt Halogenlampen (sowohl für Kfz. als auch für Haushalte), die aus der Herstellanlage kommen, um sie anschließend der Verpackungsmaschine zuzuführen. Für die Palettierung von Schwerlastbehältern in einem Automobil-Ersatzteillager ist der in Bild 4.13 gezeigte Flächenportalroboter im Einsatz. Hier sind die Behältergewichte mit über 50 bis 100 kg für eine manuelle Palettierung zu hoch. In Bild 4.14 sind Anwendungen von Linienportalrobotern zur Verkettung von Werkzeugmaschinen dargestellt: Im

Bild 4.12: SCARA-Roboter für die Vereinzelung von Halogenlampen [Werkfoto: Robert Bosch GmbH]

Bild 4.13: Flächenportalroboter für die Palettierung von Schwerlastbehältern in einem Automobil-Ersatzteillager [Werkfoto: Noell Stahl- und Maschinenbau GmbH]

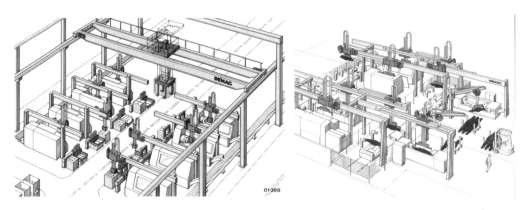

Bild 4.14: Verkettung von Fertigungseinrichtungen mit Linienportalrobotern [Werkbild: Mannesmann Dematic GmbH]

linken Bildteil werden von den Robotern kleinere Getriebeteile in die Maschinen eingebracht, nach der Bearbeitung entnommen und wieder im Werkstückträger abgelegt. Der automatische Stapelkran transportiert Behälter mit Roh- bzw. Fertigteilen vom Pufferlager zu den Bereitstellplätzen an den Maschinen und umgekehrt. Im rechten Bildteil wird die Fertigung von Lkw-Hinterachsgehäusen gezeigt. Aufgrund der hohen Gewichte werden Säulendrehkräne zur Beschickung zweier Maschinen verwendet; die Verkettung geschieht über Linienportalroboter.

4.1.5 Mobile Roboter

Während in den besprochenen Beispielen die Automatisierung der Fertigung (und die Entlastung der Werker von hohen Handhabungsgewichten) im Vordergrund steht, wird mittels **mobiler Roboter** (Bild 4.15) versucht, eine hohe Flexibilität der Fertigung zu erreichen. Ziel ist dabei u. a. eine bedarfsgerechte Produktion in kleinen Losgrößen bis hinunter zu Losgröße Eins.

> Die wesentliche Idee bei mobilen Robotern besteht darin, den Arbeitsraum, der durch die maschinenbaulichen Komponenten des Roboters festgelegt ist, durch die Integration in Fördersysteme wesentlich zu verbessern[28].

Die grundsätzlichen **Möglichkeiten zur Schaffung mobiler Roboter** sind in Bild 4.16 dargestellt: So könnte z. B. mit Hilfe eines Fahrerlosen Transportfahrzeugs ein stationärer Roboter aufgenommen, an einen neuen Einsatzort transportiert und dort wieder abgesetzt werden. Weiterhin wäre es möglich, den stationären Roboter und das Fördermittel zu einem Gesamtsystem zu koppeln. Gelöst werden muss hierbei die Energieversorgung des Roboters sowie die Aufnahme der Reaktionskräfte und -momente aus den Bewegungen des Roboters bzw. eine möglichst starre Abstützung beim Einsatz des Roboters. Die höchste Stufe eines mobilen Roboters ist eine konzeptionelle Integration von Roboter und Fördermittel [Jüne89].

Auf diese Weise können neben Transportaufgaben auch Kommissionieren und Handhaben, Ein- und Auslagern, evtl. sogar Fertigungsaufgaben an verschiedenen Orten im Logistikprozess übernommen werden. Damit wird das Einsatzfeld gegenüber stationären Robotern erheblich erweitert. Weitere **Vorteile mobiler Roboter** sind z. B. (nach [Jüne89, Jüne00]):

● Erschließung neuer Tätigkeitsgebiete
● Maximale Flexibilität hinsichtlich der Einsatzplanung, der Organisation und der Materialflussstrukturen

---

[28] siehe [Jüne89]

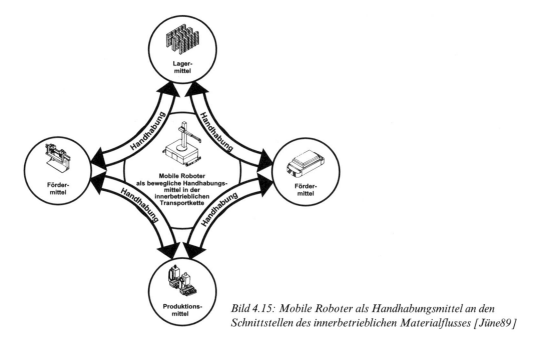

Bild 4.15: Mobile Roboter als Handhabungsmittel an den
Schnittstellen des innerbetrieblichen Materialflusses [Jüne89]

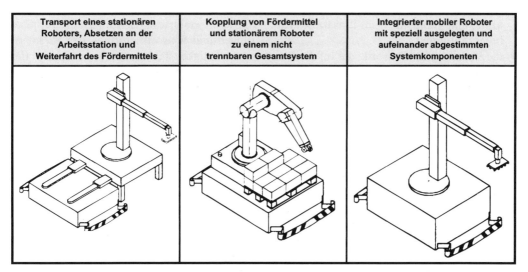

Bild 4.16: Wege zur Mobilität von Industrierobotern (nach [Jüne89])

- Höchstmögliche Auslastung von Roboter und Fertigungsanlagen
- Erhöhung der Arbeitsschichtzahl („Mannlose Schicht")
- Verbesserung der Fixkostensituation für Roboter und Fertigungsanlagen durch Erhöhung der Betriebsstunden pro Tag, damit verbesserte Wirtschaftlichkeit.

Die **wesentlichen Komponenten eines mobilen Roboters** sind:

- die Handhabungseinheit, die im Aufbau weitgehend einem stationären Roboter entsprechen kann,
- die Transporteinheit, die die Mobilität des Roboters sicherstellt und die Reaktions-

Anzahl der Achsen (Roboterachsen)	2	3	4	5	6	7	8
Transport- achsen	2	2	2	2	2	2	2
Handhabungs- achsen	0	1	2	3	4	5	6
Hauptaufgabe	Fördern (Transportroboter)	Fördern (Transportroboter)	Fördern (Transportroboter)	Handhaben (Handhabungsr.)	Handhaben (Handhabungsr.)	Handhaben (Handhabungsr.)	Handhaben (Handhabungsr.)
Typischer Einsatzfall	Transport schwerer Lasten. Lastaufnahme durch zusätz- liche Hand- habungsmittel.	Transport von Gütern auf Ladehilfs- mitteln. Lastaufnahme durch Unter- fahren der auf- geständerten Last und an- schließendem Hub.	Transport palettierter Ladeeinheiten. Lastaufnahme durch Teles- kopieren der Gabeln unter die Palette mit anschließender Hubbewegung.	Umschlagen von Stück- gütern bei hoher Umschlags- leistung.	Handhabung von geordnet bereitgestellten Stückgütern, vorzugsweise Packstücke, z.B. zur Kom- missionierung.	Handhabung von Werk- stücken und Werkzeugen zur Maschinen- bedienung und -verkettung.	Handhabung von Stück- gütern bei aufwändigem Bewegungs- ablauf, z.B. in der Montage.

Bild 4.17: Einsatz von mobilen Robotern [Piepel, U.; Mobile Roboter auf der Basis Automatischer Flurförder- zeuge – Systemtechnik – Anforderungskatalog – Wirtschaftlichkeit; Diss. Universität Dortmund (1989)]

kräfte und -momente beim Einsatz des Ro- boters aufnimmt,

- die Steuerung und Sensorik, die auf die Auf- gaben des mobilen Roboters abzustimmen sind, und schließlich
- die Energieversorgung von Handhabungs- und Transporteinheit des mobilen Robo- ters.

In Bild 4.17 sind schließlich **mögliche Konfigu- rationen und Einsatzgebiete mobiler Roboter** dargestellt. Für den Praxiseinsatz mobiler Ro- boter werden an die Sensorik erhöhte Anfor- derungen gestellt, die meist nur durch **Bild- verarbeitungssysteme** erfüllt werden können. Außerdem erfordert eine flexible Verwendung der Roboter auch eine aufwändige **Greifer- (Wechsel-)Technik**. Auch aus Gründen der Ar- beitssicherheit ist ein freizügiger Einsatz mo- biler Roboter nicht in allen Fällen möglich. Deswegen ist die Anzahl der im Einsatz befind- lichen mobilen Roboter immer noch gering.

Für die Zukunft wird erwartet, dass sich die Zahl der in der Industrie eingesetzten Roboter weiterhin erhöht. Sinkende Anschaffungskos- ten, verbesserte mechanische Eigenschaften

und komfortablere und leistungsfähigere Steue- rungen und Sensorik eröffnen den Robotern neue Tätigkeitsfelder. Auch außerhalb der Großunternehmen und außerhalb von Pro- duktion und Materialfluss wird sich der Robo- tereinsatz verstärken. Ein wachsendes Einsatz- feld finden z. B. Serviceroboter für Reini- gungsaufgaben, im Labor- und Gesundheits- bereich, beim Militär, in der Land- und Forst- wirtschaft sowie im Haushalt.

4.2 Kommissionierung

Kommissionieren beinhaltet nach VDI- Richtlinie 3590 *„das Zusammenstellen be- stimmter Teilmengen (Artikel) aus einer bereitgestellten Gesamtmenge (Sortiment). Dabei findet eine Umformung eines lagerspe- zifischen in einen verbrauchsspezifischen Zu- stand statt.“*

Die **Kommissionieraufgabe** umfasst demnach das Zusammentragen und -stellen der angefor- derten Lagergüter (Auslöser sind z. B. Kundenaufträge, Fertigungsaufträge, Anforderungen betriebsinterner Stellen usw.)[29].

4.2.1 Kommissionierarten

Im Einzelnen umfasst das **Kommissionieren**

- das **Suchen und Finden der Lagerplätze**,
- die **Entnahme** des betreffenden Artikels,
- den **Transport zur Abgabe** und
- die **Abgabe** der verlangten Artikel.

Letzteres erfolgt z. B. in der Materialausgabe, im Kommissionierraum, im Versand usw. Bei dieser Art der Kommissionierung spricht man von **statischer Kommissionierung**. Dabei werden die Lagergüter (Artikel) vom Kommissionierer an ihrem Lagerplatz aufgesucht, d. h., die Lagergüter bleiben „statisch" am Lagerplatz. Die statische Kommissionierung nennt man auch **„Mann-zur-Ware"-Prinzip**. Der Kommissionierer begibt sich zum Lagerplatz, entnimmt dort von artikelreinen Ladehilfsmitteln (Paletten, Behälter) auftragsgerechte Mengen und bringt sie zum Abgabeort.

Für die **vollautomatische Kommissionierung** ist dieses Prinzip weniger geeignet; hierbei wird meist **dynamisch kommissioniert**. Die gelagerten Güter werden vollautomatisch einschließlich des Ladehilfsmittels zur Kommissionierstelle befördert, d. h., die Güter bewegen sich, sind also „dynamisch". Die dynamische Kommissionierung verläuft damit nach dem **„Ware-zum-Mann"-Prinzip**. Die Auslagerung ganzer Ladeeinheiten am Lagerplatz ist in den seltensten Fällen auftragsgerecht. Am Kommissionierplatz entnimmt der Kommissionierer daher die gewünschte Auftragsmenge. Der Rest der Anbruchmenge wird unmittelbar an seinen Lagerplatz zurück befördert oder einer Anbruchlagerzone überstellt.

Neben dem Merkmal der Bewegung der Güter (statisch = keine Bewegung, aber Kommissionierer bewegt sich zu den Lagerplätzen; dynamisch = Güter bewegen sich, der Kommissionierer dagegen nicht), können auch andere Merkmale zur Unterscheidung von Kommis-

sionierungsarten herangezogen werden, Bild 4.18. So wird z. B. bei der **einzonigen Kommissionierung** der Auftrag positionsweise den einzelnen Lagerzonen zugeordnet und nach der Teilkommissionierung in diesen Zonen zusammengeführt. Bei der **mehrzonigen Kommissionierung** wird der Auftrag als Ganzes über alle Lagerzonen von einem Kommissionierer abgearbeitet. Die Vorgehensweise bei **Auftragskommissionierung** zeigt Bild 4.19: Die Aufträge 1 bis 4 werden nacheinander vollständig kommissioniert, was zu erheblichen Lauf- bzw. Fahrwegen des Kommissionierers und damit zu einer geringen Kommissionierleistung (Positionen/Zeiteinheit) führen kann. Zur **Artikelkommissionierung** werden nach Bild 4.20 die Auftragspositionen mehrerer Aufträge zu einer artikelbezogenen Pickliste zusammengeführt. Die Reihenfolge der Pickpositionen auf dieser Liste wird meist noch wegoptimiert, d. h. so sortiert, dass der Kommissionierer minimale Wege abläuft bzw. abfahren muss. Dadurch können die Kommissionierzeiten und -kosten minimiert werden. Die Lagerplätze werden anhand der Pickliste aufgesucht und die vorgegebenen Pickmengen entnommen. In einer zweiten Stufe werden dann die gesammelten Artikel in der Lagervorzone auf Auftragsbehälter oder -paletten verteilt, Bild 4.21. Man spricht deswegen bei der Artikelkommissionierung auch von **zweistufiger Kommissionierung** [Koet01].

Die **Nacheinander-Kommissionierung** (Bild 4.18) lässt einen Kommissionierer die Auftragspositionen nacheinander abarbeiten; bei der **Nebeneinander-Kommissionierung** werden Auftragspositionen auf mehrere Kommissionierer aufgeteilt und parallel bearbeitet. Dadurch kann die Durchlaufzeit des Kommissionierauftrags verkürzt werden. Von **eindimensionaler Kommissionierung** spricht man, wenn nur in einer Flurebene kommissioniert wird. Bewegen sich dagegen Kommissionierer oder Kommissioniergerät auf mehreren Stockwerken, in mehreren Regalebenen oder Regalgas-

---

[29] Literatur zu Abschn. 4.2: [Jüne00, Koet01, Kops97, Schu99]

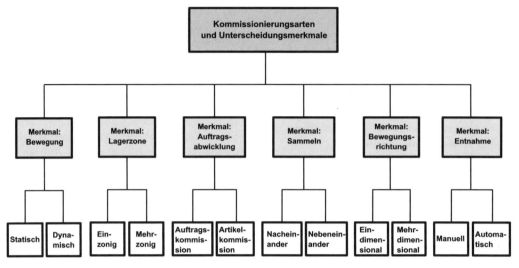

Bild 4.18: Kommissionierungsarten und Unterscheidungsmerkmale (nach [Kops97])

sen, so ist die **Kommissionierung mehrdimensional**. In der Praxis sind Kommissionierlager selten systemreine Lager nach den genannten Unterscheidungsmerkmalen; typisch sind vielmehr unter wirtschaftlichen Gesichtspunkten optimierte Mischformen.

An zwei Beispielen sollen nun die wesentlichen Unterschiede der statischen und der dynamischen Kommissionierung erläutert werden. Bild 4.22 zeigt ein Kommissioniersystem nach dem **Prinzip „Mann-zur-Ware" (statische Kommissionierung)**: Im Kommissionierlager werden artikelreine Paletten in Regalen (Zeilenregallagerung) bereitgestellt. Kommissionierlager (4) und Versand (6) sind über einen Unterflurschleppkettenförderer (1) verbunden. Der Kommissioniervorgang beginnt mit der Übernahme einer leeren Auftragspalette (7) sowie der Auftragspapiere mit den Kommissionierpositionen. Der Kommissionierer sucht die Artikel an ihren Lagerplätzen auf, entnimmt dort Teilmengen und legt sie auf der Auftragspalette auf dem Kommissionierwagen ab. Hat er den Auftrag komplett abgearbeitet, fährt er mit dem Wagen aus dem Regallager heraus und übergibt die Auftragspalette an eines der vom Unterflurschleppkettenförderer gezogenen Fahrzeuge, indem er mit den

Fahrzeug Schritt hält und die Palette vom Kommissionierwagen hinüber schiebt (5).

Ein **dynamisches Kommissioniersystem** nach dem Prinzip „Ware-zum-Mann" ist in Bild 4.23 dargestellt: Artikelreine Paletten werden in einem Hochregallager (1) bereitgestellt. Über Regalbediengeräte (2) ist das Lager mit der Vorzone verbunden; Ladeeinheiten werden von den Regalbediengeräten an ein Rollenbahnsystem (3) übergeben und dem Kommissionierer (5) an seinem ortsfesten Arbeitsplatz bereitgestellt (4). Von der Artikelpalette entnimmt hier der Kommissionierer Teilmengen und legt sie auf der Auftragspalette (6) ab, die nach Abschluss der Kommissionierung über eine Rollenbahn in Richtung Versand (7) transportiert werden kann. Anbruchpaletten werden ins Hochregallager zurück transportiert und wieder eingelagert.

Ähnliche Lösungen dynamischer Kommissioniersysteme werden auch mit horizontalen oder vertikalen Umlaufregalen realisiert (siehe Kap. 2). Hierbei sind einem Kommissionierer oft mehrere (in der Regel zwei bis vier) Umlaufregale zugeordnet. Damit kann während der Verfahrzeiten einzelner Regale an anderen, nicht bewegten Regalen kommissioniert werden. Die Kommissionierleistung wird dadurch

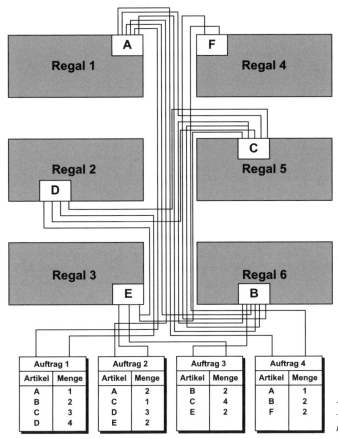

Bild 4.19: Auftragskommissionierung
– Darstellung der Laufwege des Kommissionierers (nach [Koet01])

Auftrag 1	
Artikel	**Menge**
A	1
B	2
C	3
D	4

Auftrag 2	
Artikel	**Menge**
A	2
C	1
D	3
E	2

Auftrag 3	
Artikel	**Menge**
B	2
C	4
E	2

Auftrag 4	
Artikel	**Menge**
A	1
B	2
F	2

Pickliste	
Artikel	**Menge**
E	4
D	7
A	4
F	2
C	7
B	6

Bild 4.20: Umsetzen der Aufträge nach Bild 4.19 in eine wegoptimierte Pickliste für die Artikelkommissionierung (nach [Koet01])

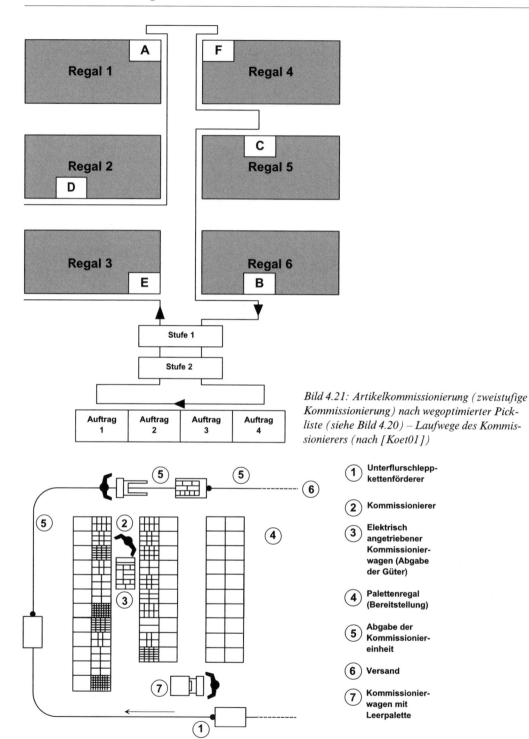

Bild 4.21: Artikelkommissionierung (zweistufige Kommissionierung) nach wegoptimierter Pickliste (siehe Bild 4.20) – Laufwege des Kommissionierers (nach [Koet01])

1 Unterflurschlepp-kettenförderer

2 Kommissionierer

3 Elektrisch angetriebener Kommissionier-wagen (Abgabe der Güter)

4 Palettenregal (Bereitstellung)

5 Abgabe der Kommissionier-einheit

6 Versand

7 Kommissionier-wagen mit Leerpalette

Bild 4.22: Realisierungsbeispiel eines Kommissioniersystems (statische Kommissionierung, „Mann-zur-Ware") (nach [Jüne89])

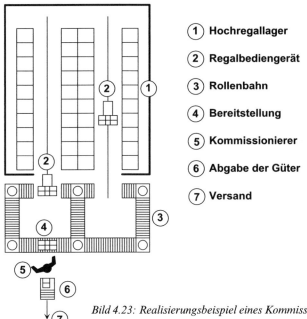

① **Hochregallager**

② **Regalbediengerät**

③ **Rollenbahn**

④ **Bereitstellung**

⑤ **Kommissionierer**

⑥ **Abgabe der Güter**

⑦ **Versand**

Bild 4.23: Realisierungsbeispiel eines Kommissioniersystems (dynamische Kommissionierung, „Ware-zum-Mann") (nach [Jüne89])

gesteigert. Meist werden die Umlaufregale von einem Rechner gesteuert, und dem Kommissionierer wird über Leuchtmelder das Fach zum Greifen der Artikel angezeigt. Nach Quittierung über eine Taste bewegt sich das Regal weiter.

4.2.2 Kenngrößen und Leistungen beim Kommissionieren

Es ist leider nicht möglich, generelle Kennwerte für die Wahl der einen oder anderen Kommissionierungsart anzugeben. Wichtige **Kenngrößen der Kommissionierung**, z. B. bei der Konzeption von Kommissioniersystemen, nennt Bild 4.24 für die Systemparameter

● Auftragsstruktur
● Artikelstruktur
● Zugriffsstruktur.

Unter Rationalisierungsgesichtspunkten lässt sich der Kommissioniervorgang in drei wesentliche Zeitanteile gliedern[30]: Informieren, Bewegen und Greifen.

Das **Informieren** macht rund 10 bis 20 % der Gesamt-Kommissionierzeit aus. Potenziale können hier durch logische, kurze und eindeutige Informationsinhalte sowohl bei der Lagerortkennzeichnung als auch bei der Gestaltung der Belege (Kommissionieraufträge, Picklisten) erschlossen werden. Sehr hoch ist der Rationalisierungseffekt von papierlosen Kommissioniersystemen, Bild 4.25: Rechnergesteuert leuchten z. B. zur Führung des Kommissionierers an der Regalfront angebrachte Positionsmelder am Lagerplatz auf, von dem Artikel zu entnehmen sind. Ein Display gibt die Entnahmemenge an. Der Kommissionierer entnimmt die angezeigte Menge und drückt die Quittiertaste. Damit erlischt an diesem Fach der Positionsmelder und am wegoptimiert nächsten Fach leuchtet der Melder auf. Bild 4.26 macht die Unterschiede der Arbeitsabläufe beim konventionellen Kommissionieren mit Beleg gegenüber dem beleglosen Verfahren deutlich.

---

[30] nach Firmenunterlagen der Fa. BITO-Lagertechnik GmbH

Wichtige Kenngrößen bei der Kommissionierung		
Auftragsstruktur	**Artikelstruktur**	**Kommissionierlager-struktur (Zugriffsstruktur)**

● Anzahl der Aufträge pro Zeiteinheit
● Anzahl der Positionen pro Auftrag
● Anzahl der Entnahme-einheiten pro Position
● Auftragsvolumen
● Auftragsgewicht
● Wiederholhäufigkeit
● Eingangskontinuität
● Auftragsdurchlaufzeit (Kommissionierzeit)
● Auftragsart
  - Auftragsbezogene Kommissionierung
  - Artikelbezogene Kommissionierung
	● Gewicht pro Entnahmeeinheit
	● Abmessungen pro Entnahmeeinheit
	● Sortimentsbreite (Artikelanzahl)
	● Umschlaghäufigkeit (Gängigkeit)
	● Form der Artikel
	● Oberfläche der Artikel
	● Artikeltoleranzen
		● Anzahl der Entnahme-einheiten pro Ladeeinheit
		● Fläche pro Ladeeinheit
		● Höhe pro Ladeeinheit
		● Toleranzen im Lagerbereich
		● Art der Lagermittel
		● Möglichkeiten des Zugriffs auf die Ladeeinheit
		● Zugriffsfläche
		● Abmessungen der Kommissionierfläche (Gangbreite)
		● Greiftiefe
		● Greifhöhe
		● Anzahl der Zugriffe pro Ladeeinheit

Bild 4.24: Wichtige Kenngrößen bei der Kommissionierung [Jüne89]

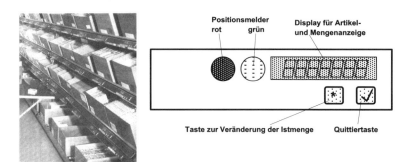

Bild 4.25: Belegloses Kommissionieren mit Hilfe rechnergesteuerter Regalanzeigen ("Pick-to-Light"); links: Blick in Kommissionierzone mit Durchlaufregal; rechts: Regalanzeige mit Bedientasten (nach [Werksunterlagen: BITO-Lagertechnik GmbH])

Der zweite Block innerhalb des Kommissioniervorgangs ist mit einem Zeitanteil von 50 bis 70 % das **Bewegen** – dies sind im Wesentlichen die im Lager zurückzulegenden Wege. Hier können mit Hilfe einer ABC-Analyse (siehe Abschn. 7.1.1) die Lagerplätze nach der Gän-gigkeit der Güter sinnvoll vergeben werden. Wege können auch über eine Auswahl der Lagertechnik (z. B. Durchlaufregale, s. u.) erheblich verkürzt werden. Eine rechnergestützte Wegoptimierung zielt in die gleiche Richtung. Weiterhin können die zurückzulegenden Wege

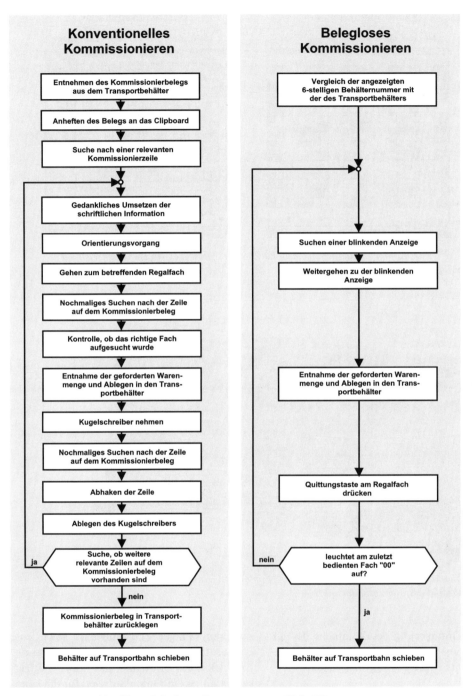

Bild 4.26: Arbeitsablauf beim beleglosen Kommissionieren [Schu99]

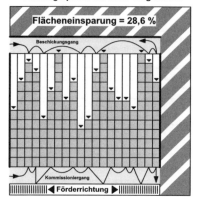

Bild 4.27: *Vergleich der Kommissionierung in einem Fachbodenregal- und einem Durchlaufregallager (gleiche Anzahl Lagerplätze) [Verb00]*

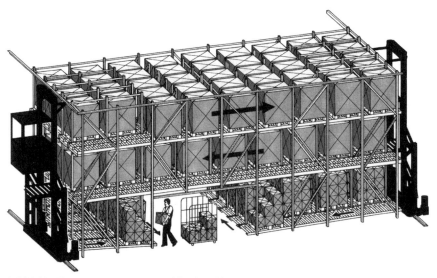

Bild 4.28: *Kommissionieren im Durchlaufregallager (Kommissioniertunnel) [Werkbild: Westfalia Systemtechnik GmbH]*

über eine Optimierung des Volumens des im Kommissionierbereich bereitgestellten Artikelsortiments günstig beeinflusst werden.

Bild 4.27 zeigt für eine bestimmte Anzahl Lagerplätze den Vergleich der Laufwege beim Kommissionieren im Fachbodenregallager und im Durchlaufregallager: Das Durchlaufregal bedeutet weniger Wege für den Kommis-

sionierer, weniger Flächenbedarf sowie eine Entflechtung der Kommissionierung und der Beschickung. Für Artikel mit hoher Gängigkeit ist daher ein Durchlaufregal für die Kommissionierung geeigneter als ein Fachbodenregal.

In Bild 4.28 ist ein weiteres Beispiel für die Kommissionierung im Durchlaufregallager

Bild 4.29: Kommissionieren nach dem Prinzip „Mann-zur-Ware" mit Hilfe von Kommissioniergeräten:
a) Kommissionierstapler [Werkfoto: Jungheinrich AG]; b) Niedrigkommissionierer für untere Regalebenen
[Werkfoto: Wagner Fördertechnik GmbH]

dargestellt: Der **Kommissioniertunnel** bietet kurze Wege, dennoch können große Mengen der einzelnen Artikel gelagert und für die Kommissionierung bereitgestellt werden. Die Unterstützung des Kommissionierers durch Fördertechnik zeigt das Bild 4.29: Mit Hilfe entsprechender Kommissioniergeräte ist anstelle des eindimensionalen das mehrdimensionale Kommissionieren möglich. In Bild 4.29 b) ist eine Anwendung aus dem Zentral-Ersatzteillager eines Nutzfahrzeugherstellers dargestellt: Mit dem **Niedrigkommissionierer** können die beiden unteren Regalebenen angefahren werden. Die Regalebenen darüber dienen zur Lagerung größerer Vorräte; die Behälter werden bei Bedarf mit Hilfe eines Staplers in die unteren Regalebenen umgesetzt.

Letzter Block innerhalb der Tätigkeitsbereiche beim Kommissionieren ist das **Greifen** mit etwa 20 bis 30 % Zeitanteil. Die mittelgroßen Rationalisierungsreserven können durch ergonomische Ausgestaltung der Regale, insbesondere der Entnahmefront, sowie durch eine nicht zu tiefe Einlagerung (von der Greifseite aus gesehen) erreicht werden. Auch die Berücksichti-

gung der Entnahmehäufigkeit bei der Zuordnung des Lagerplatzes steigert die Kommissionierleistung.

Trotz aller Automatisierungsbemühungen bei der Kommissionierung werden heute noch die meisten Kommissionieranlagen manuell bedient. So ist die Entnahmezeit des Menschen von ca. 4 Sekunden pro Artikel geringer als die von Kommissionierautomaten, bzw. müssten zur Erreichung dieser Zeit die Handhabungsroboter sehr hohe Beschleunigungen erreichen, was nur mit hohem technischen Aufwand erreichbar wäre. Obendrein ist der Mensch aufgrund seiner Sinne (Auge, Tastsinn usw.) gerade bei der Kommissionierung den Automaten überlegen, wenn es im Sortiment Unterschiede z. B. in Zerbrechlichkeit, Oberfläche, Steifigkeit, Form oder Gewicht der Artikel gibt. Kommissionierroboter erfordern dann eine komplexe und damit teure Sensorik (z. B. Bildverarbeitungssysteme) und ein Greifer-Wechselsystem. Da zudem im Lagerbereich relativ niedrige Löhne gezahlt werden, sind teure Automatisierungslösungen nur selten wirtschaftlich.

Die Kommissionierleistung, also die Produktivität beim Kommissionieren ist bis heute nur unzureichend untersucht. Allgemein gültige Daten können nicht angegeben werden.

> Die Kommissionierleistung hängt stark von der Kommissioniertechnik mit den jeweils eingesetzten Strategien und Organisationsformen ab. Außerdem spielen Artikelgröße, -gewicht, Sortimentsumfang, Auftragsumfang, Artikelanzahl je Auftragsposition, Art der DV-Unterstützung und Arbeitsumfeld eine Rolle.

Folgende Anhaltswerte für die Kommissionierleistung je Mitarbeiter und Stunde können angesetzt werden[31]:

Fachbodenregal, eindimensional	35 … 80 Pos.
Fachbodenregal, zweidimensional	40 … 90 Pos.
Palettenregal, eindimensional	30 … 50 Pos.
Palettenregal, zweidimensional	40 … 90 Pos.
Durchlaufregal	150 … 250 Pos.
Durchlaufregal mit papierloser Komm.	350 … 450 Pos.
Automat. Behälterlager	40 … 250 Pos.
Umlaufregal	100 … 150 Pos.
Roboter	100 … 350 Pos.
Schachtautomaten (siehe Bild 4.31)	bis 10.000 Pos.

Ein **vollautomatisches Kommissioniersystem** nach dem Prinzip „Mann-zur-Ware" zeigt Bild 4.30. Hier wird ein Flächenportalroboter zum Kommissionieren von Packstücken eingesetzt. Die per Auftrag angeforderten Packstücke werden durch einen Rechner optimal zu einem Packstückverband vorsortiert. Daraus wird das auftragsabhängige Steuerprogramm für den Roboter abgeleitet. Der Roboter legt die Packstücke auf der auf einem schienengeführten Wagen befindlichen Auftragspalette ab. Da auch die normierten Packstücke verformt sein können, werden am Roboter optische Positionserkennungsgeräte zur Erhöhung der Funktionssicherheit eingesetzt. Ein Fahrerloses Transportsystem mit Rollenbahn führt der Kommissionieranlage artikelreine Paletten aus einem Lager zu. Aufgrund der gleichartigen, wenn auch in der Größe unterschiedlichen Packstücke ist keine aufwändige Greifer-Wechseltechnik für den Roboter notwendig.

Ein Schachtautomat zur Kommissionierung ist in Bild 4.31 dargestellt. Diese Geräte sind insbesondere für kleinere Packstücke hoher Gängigkeit (A-Artikel) geeignet.

Bild 4.32 vergleicht abschließend die statische und die dynamische Kommissionierung. Ein Beispiel zu Kommissionierung und Bereitstellung in der Automobilindustrie zeigt Bild 4.33: An einer Pkw-Rohbaumontagelinie können aufgrund begrenzter Platzverhältnisse nur kleinere Vorräte von Teilen bereitgestellt werden. Es werden Durchlaufregale verwendet, deren untere Ebenen in Richtung Montagelinie geneigt sind (Bereitstellung gefüllter Kleinladungsträger). Die obere Ebene ist von der Montagelinie weg geneigt und nimmt leere Behälter auf, die vom Versorgungsweg entnommen werden können. Über sog. „Pendelkarten"[32] wird dem Kommissionierer ein Bedarf angezeigt. An einem Kommissionierplatz werden Teile in Großladungsträgern bereitgestellt. Hier füllt der Kommissionierer entsprechend den Anforderungen der Montagewerker die Kleinladungsträger wieder auf, transportiert sie zur Montagelinie und stellt sie dort in den vorbezeichneten Ebenen der Durchlaufregale ab.

Bild 4.34 gibt ein Beispiel zur Bereitstellung und Kommissionierung an der Montagelinie für nicht angetriebene Achsen schwerer Nutzfahrzeuge. Die Anzahl der Varianten ist hoch.

---

[31] nach Firmenunterlagen der Fa. BITO-Lagertechnik GmbH

[32] vergleichbar mit Kanbans, siehe Abschn. 8.7.2

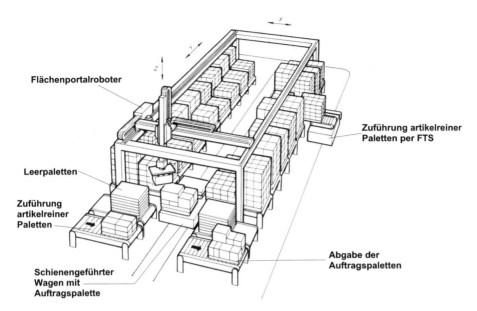

Bild 4.30: Automatisches Kommissioniersystem („Mann-zur-Ware") mit Flächenportalroboter (nach [Werkbild: Jungheinrich AG])

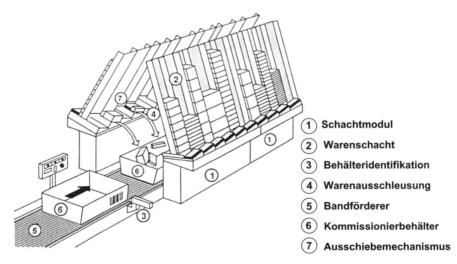

① Schachtmodul
② Warenschacht
③ Behälteridentifikation
④ Warenausschleusung
⑤ Bandförderer
⑥ Kommissionierbehälter
⑦ Ausschiebemechanismus

Bild 4.31: Schachtautomat zum Kommissionieren [Jüne89]

Vor Kopf der Linie – die Achskörper werden per Kran auf einen Tragkettenförderer aufgesetzt – ist eine Bereitstellzone angeordnet, in diesem Fall als „Supermarkt" bezeichnet. Hier werden auf und in artikelreinen Ladehilfsmitteln die zu verbauenden Teile bereitgestellt. Viele Teile sind in linker und rechter Ausführung vorhanden. Je ein Werker links und ein Werker rechts fahren mit Handwagen die Bereitstellzone ab und kommissionieren anhand einer Auftragsstückliste die benötigten Teile für linke bzw. rechte Achsseite. Auf den Handwagen werden die Teile dann auf der jeweiligen Seite der Montagelinie bereitgestellt.

Kommissionier-system	Vorteile	Nachteile	Eignungskriterien
Statisch (Mann-zur-Ware)	● alle Artikel direkt im Zugriff ● flexibel gegenüber stark schwankenden Anforderungen ● kürzere mittlere Auftragsdurchlaufzeiten ● Abwicklung von Eilaufträgen möglich ● geringer Investitionsaufwand	● geringere Kommissionierleistung pro Kommissionierer bei Aufträgen mit wenig Positionen wegen hoher Wegzeitanteile ● keine optimale Gestaltung des Arbeitsplatzes möglich ● erschwerter Abtransport leerer Ladehilfsmittel	● mittlere Entnahmemengen pro Position sind ein kleiner Bruchteil der bereitgestellten Mengen (x < 3) ● Entnahmen sind ohne Hilfsmittel möglich ● viele Positionen pro Auftrag (n > 10) ● kurze Auftragsdurchlaufzeiten gefordert ● Abwicklung von Eilaufträgen notwendig ● geringe Investionen wichtiger als Personaleinsparungen
Dynamisch (Ware-zum-Mann)	● hohe Kommissionierleistungen pro Kommissionierer wegen fast ganz wegfallender Wegezeiten ● optimale Gestaltung der Entnahmeplätze möglich ● Einsatz von Entnahmehilfsmitteln (z.B. Kran) sowie Bearbeitungen (Wiegen, Abmessen, Schneiden usw.) möglich ● Abtransport leerer Ladehilfsmittel leicht möglich	● jeweils nur wenige Artikel im direkten Zugriff ● wenig flexibel gegenüber stark schwankenden Anforderungen ● längere mittlere Auftragsdurchlaufzeiten ● nur mit hohen Investitionen für Förderer und Steuerung realisierbar	● mittlere Entnahmemengen pro Position sind ein großer Bruchteil der bereitgestellten Menge (x > 5) ● Entnahme nur mit Hilfsmittel möglich ● wenige Positionen je Auftrag (n < 10) ● lange Durchlaufzeiten bis zu mehreren Stunden zulässig ● keine Eilaufträge ● gleichmäßig hohe Auslastung ● Personaleinsparungen rechtfertigen hohe Investionen

Bild 4.32: Vergleich statischer und dynamischer Kommissioniersysteme (nach [Schu99])

Den Einsatz eines Linienportalroboters für die Kommissionierung zeigt Bild 4.35. Der Roboter entnimmt die zu einer Karosserie zuzuführenden Türen, Motorhaube und Heckklappe aus artikelreinen Behältern und setzt sie auf dem Gehänge einer Elektrohängebahn (EHB) ab. Die EHB übernimmt den Weitertransport in den Karosserierohbau. Ausschlag-

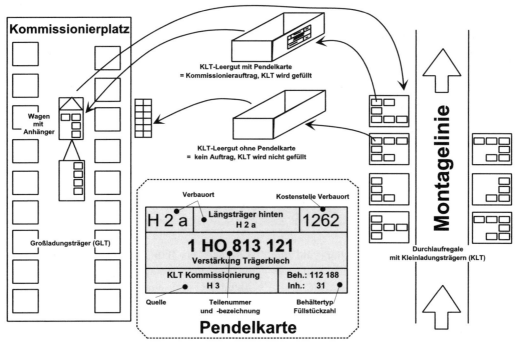

Bild 4.33: Kommissionierung und Materialbereitstellung mit Pendelkarten (nach [Werkbild: Volkswagen AG])

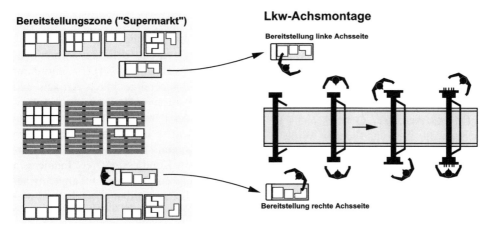

Bild 4.34: Kommissionierung von Achsteilen in einem „Supermarkt"

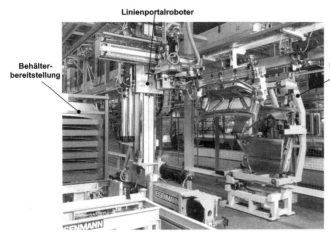

Bild 4.35: Kommissionierung mit Linienportalroboter [Werkbild: Eisenmann Maschinenbau KG]

gebend für den Einsatz des Roboters sind zum einen die hohen Gewichte der Teile, zum anderen dessen hohe Positioniergenauigkeit.

4.3   Aufgaben zu Kapitel 4

Aufgabe 4.1: Welches sind die Vorteile mobiler Roboter?

Lösung: Mobile Roboter besitzen gegenüber stationären Robotern einen wesentlich größeren Arbeitsraum und sind damit flexibler bei Transport- und Handhabungsaufgaben einsetzbar. Gleichzeitig lässt sich die Auslastung erhöhen (Möglichkeit der „Geisterschicht"), wodurch auch die Wirtschaftlichkeit verbessert wird.

Aufgabe 4.2: Für den Ausbildungsbereich eines Automobilherstellers soll eine voll funktionsfähige Roboterzelle zum Bahnschweißen von Fahrwerkteilen aufgebaut werden. Der Instandhaltungsbereich bietet dazu einen gebrauchten Kugel-Koordinaten-Knickarm-Roboter (Handhabbare Masse 30 kg, Positioniergenauigkeit ± 1 mm, PTP-Steuerung) an. Ist der Roboter für die genannte Aufgabe brauchbar?

Lösung: Das Bahnschweißen erfordert keine großen Handhabungsgewichte, aber hohe Genauigkeit und eine Bahnsteuerung (Continuous Path, mit Sensorik für die Regelung der Ist-Bahn). In der angebotenen Form ist der Roboter damit für die Aufgabe nicht einsetzbar.

Aufgabe 4.3: Worin unterscheiden sich statische und dynamische Kommissionierung?

Lösung: Bei der statischen Kommissionierung ist die Ware „statisch", d. h., der Kommissionierer bewegt sich zum Lagerplatz, entnimmt Teilmengen des bereitgestellten Artikels und arbeitet so Position für Position seines Auftrages ab. Bei der dynamischen Kommissionierung werden artikelreine Ladeeinheiten zum ortsfesten Kommissionierplatz bewegt. Dort entnimmt der Kommissionierer Teilmengen entsprechend dem Auftrag. Die angebrochenen Ladeeinheiten werden anschließend wieder eingelagert.

Aufgabe 4.4: Ein Logistikdienstleister soll für den Montagebereich eines Automobilherstellers 800 Artikel (Kleinteile) lagern und kommissionieren. Die Artikel sollen von Zulieferern auf artikelreinen Paletten in VDA-Kleinladungsträgern (Bruttomasse je KLT < 18 kg) angeliefert, dann eingelagert und nach Abrufen der Montage zu Auftragspaletten aus unterschiedlichen Artikel-KLT zusammengestellt und ins Montagewerk transportiert werden. Pro Tag sind rund 8.000 KLT zu kommissionieren. Erarbeiten Sie einen Grobvorschlag für die Gestaltung des Lagers und des Kommissionierbereichs! Beachten Sie die hohe Kommissionierleistung!

Lösung: Da die Masse der beladenen KLT unter 18 kg liegt, ist eine manuelle Handhabung möglich. Das Kommissionierlager könnte für „Schnelldreher-Artikel" grundsätzlich ähnlich dem Kommissioniertunnel in Bild 4.28 gestaltet werden. Alle 800 Artikel so bereitzustellen erfordert einen sehr langen Kommissioniertunnel (bei der Verwendung von Euro-Paletten fast 800 m Front, also ca. 400 m Kommissioniertunnel in einer Ebene). Eine weitere Möglichkeit wäre die Verwendung eines Durchlaufregals für die depalettierten KLT, die artikelrein in den Regalkanälen eingelagert werden. Die Front der bereitgestellten Artikel mit Ladehilfsmittel wird dadurch auf ca. 200 m verkürzt; ordnet man z. B. drei Durchlaufkanäle in ergonomisch günstiger Höhe übereinander sowie beidseitig vom Kommissioniergang an, kommt man mit etwa 35 m Länge aus. Die Kommissionierer fahren die Front der bereitgestellten Artikel z. B. mit einer Auftragspalette auf einem deichselgeführten, elektrisch angetriebenen Gabelhubwagen ab, nachdem rechnergestützt die Auftragspositionen in eine wegoptimale Kommissionierreihenfolge sortiert worden sind.

Aufgabe 4.5: Bei einem Automobilhersteller werden Überlegungen angestellt, im Ersatzteillager die manuelle statische Kommissionierung mit Vertikalkommissionierfahrzeugen durch mobile Kommissionierroboter zu ersetzen. Der mit der Konzepterstellung beauftragte Unternehmensberater kommt zu dem Schluss, das bisherige manuelle Kommissionieren beizubehalten. Welche Gründe können dafür maßgebend sein?

Lösung: Im Ersatzteillager wird ein sehr breites Artikelspektrum bereitgestellt, das sich außerdem in der Gängigkeit erheblich unterscheidet. Mobile Roboter erfordern relativ hohe Investitionen. Hier kommt aufgrund des breiten Artikelspektrums bzgl. Gewicht, Werkstoff, Steifigkeit, Oberfläche, Volumen usw. eine aufwändige Greifertechnik und Sensorik hinzu, was außerdem die Störanfälligkeit der Roboter erhöhen kann. Wenn zusätzlich der Auftragseingang über den Tag ungleichmäßig ist und kurze Durchlaufzeiten verlangt werden, wird die Wirtschaftlichkeit der mobilen Roboter durch nicht ständig ausgelastete Kapazitäten weiter herabgesetzt. Es sprechen also offenbar technische und wirtschaftliche Gründe gegen einen Einsatz mobiler Roboter.

Aufgabe 4.6: In einem Hochregallager ($H = 18,5$ m) eines Nutzfahrzeugherstellers werden Getriebeteile (Stückmasse 0,6 bis 31,5 kg) für die Produktion und das Ersatzteilgeschäft gelagert. Zur Kommissionierung von Aufträgen soll ein grober Systemvorschlag erstellt werden!

Lösung: Aufgrund der Höhe des Lagers und der teilweise hohen Stückmasse von bis zu 31,5 kg der Artikel kommt eine Kommissionierung nach dem „Mann-zur-Ware"-Prinzip nicht infrage. Deswegen sollten Kommissionier-Arbeitsplätze in der Lagervorzone eingerichtet werden. Die artikelreinen Paletten werden dann dynamisch kommissioniert, indem sie z. B. per Regalbediengerät entnommen und in die Vorzone transportiert werden. Hier werden vom Kommissionierer, evtl. unter Einsatz von Handhabungshilfen, Teilmengen entnommen und auf Auftragspaletten abgelegt. Die Anbruchpaletten werden anschließend wieder eingelagert.

5 Verkehrsmittel und Umschlagtechnik

Durch die Verringerung der Fertigungstiefe und die zunehmende Arbeitsteilung in der Industrie, durch die starke Einbindung von Zulieferern in den Produktionsprozess sowie durch die Internationalisierung der Unternehmen steigen die Materialströme an, die die Werks- und Unternehmensgrenzen überschreiten. Deswegen werden hier auch die **Verkehrsmittel** betrachtet[33].

> **Verkehrsmittel** sind Transportmittel für Fahrten und Versandvorgänge, die über den Bereich eines Werkes im Unternehmen hinausgehen.

Transportmittel dienen der Ortsveränderung von Personen und/oder Gütern. Verkehrsmittel stellen Kraftfahrzeuge, Eisenbahnen, Binnen- und Seeschiffe sowie Flugzeuge dar. Der Personenverkehr wird hier nicht behandelt. Beim Güterverkehr wird hauptsächlich der Transport von Stückgütern betrachtet. Die in der Bundesrepublik Deutschland insgesamt beförderte Gütermenge[34] lag 2003 bei 3,61 Mrd. t bei einer mittleren Versandweite von 143 km. Daraus ergab sich eine Güterverkehrsleistung von rund 517 Mrd. tkm.

Da jedes Transportmittel seine speziellen Stärken und Schwächen besitzt, werden innerhalb einer Transportkette häufig mehrere Transportmittel benutzt, so dass beim Wechsel des Transportgutes von einem Transportmittel zum nächsten Umschlagvorgänge notwendig sind. In diesem Kapitel wird deswegen auch die **Umschlagtechnik** dargestellt. Schließlich müssen Schnittstellen zwischen außer- und innerbetrieblichem Materialfluss geschaffen werden: die sog. **Ladezonen**. Auch ihre Gestaltung und die ablaufenden Vorgänge werden kurz behandelt.

5.1 Verkehrsmittel

Gerade die Automobilindustrie ist durch eine starke **Internationalisierung und Spezialisierung** geprägt. Prozesse mit einem hohen Investitionsbedarf oder mit speziellem Know-how wie die Umformtechnik oder die mechanische Bearbeitung zwingen zu einer starken Konzentration der Anlagen. Während die Automobilmontage aufgrund der weniger investitionsintensiven Anlagen dezentral, absatzmarktnah, vorgenommen wird, haben die meisten Automobilhersteller Presswerke oder die Aggregateherstellung an einem einzigen oder an wenigen Standorten konzentriert.

> Im **weltweiten Produktionsverbund** bildet sich die Strategie heraus, ein bestimmtes Teil nur noch an einem Standort zu produzieren, um Know-how, Anlagen- und Werkzeugkosten zu bündeln und durch große Stückzahlen und hohe Anlagenauslastung die Kosten zu minimieren.

Diese Strategie ist natürlich mit einem starken Anwachsen der Teileströme zwischen den Standorten eines Herstellers und seiner Zulieferer verbunden. Dadurch kommt der Wahl der geeigneten Verkehrsmittel zur Sicherstellung der Versorgung der Produktion sowie zur Minimierung von Beständen und Kosten eine wachsende Bedeutung zu. Die in der Fahrzeugindustrie eingesetzten Verkehrsmittel sollen im Folgenden vorgestellt werden.

5.1.1 Straßenverkehr

Der **Straßengüterverkehr** ist heute in allen Ländern der Europäischen Union (EU) das vor-

---

[33] Literatur zu Kap. 5: [Bern01, DANZ02, Ihme00, Jüne89, Jüne00, Koet04, Oelf02, Schu99]

[34] Zahlenangaben zum Verkehr in Kap. 5 aus: o. Verf.; Verkehr in Zahlen 2004/2005; Deutscher Verkehrs-Verlag, Hamburg (2004)

herrschende Verkehrssystem. In der Bundesrepublik Deutschland erbringt der Straßengüterverkehr über vier Fünftel des Gütertransportaufkommens (gemessen in beförderten Tonnen) und rund 70% der Gesamt-Transportleistung (in Tonnenkilometern, tkm; ermittelt aus befördertem Gewicht mal Transportweite). Die Länge des überörtlichen Straßennetzes in Deutschland beträgt rund 231.000 km, davon 12.000 km Autobahnen. Hinzu kommen innerörtliche Straßen mit einer Gesamtlänge von ca. 413.000 km.

Beim Straßengüterverkehr wurden Güternahverkehr, Güterfernverkehr und Werksverkehr unterschieden; seit dem 1. Juli 1998 sind in der EU die bisher geltenden Konzessionen und Kontingentierungen (Kabotage) entfallen. Die Erlaubnis zur Betreibung von Güterkraftverkehr wird erteilt, wenn individuelle Anforderungen wie persönliche Zuverlässigkeit, finanzielle Leistungsfähigkeit und fachliche Eignung erfüllt sind. Eine Erlaubnis in einem Mitgliedsland der EU berechtigt zum Transport von Gütern in jedem anderen Mitgliedsland.

> **Gewerblicher Güterkraftverkehr** ist die geschäftsmäßige oder entgeltliche Beförderung von Gütern mit Kraftfahrzeugen und ist erlaubnispflichtig.
> **Werksverkehr** ist Güterkraftverkehr für eigene Zwecke eines Unternehmens und ist erlaubnisfrei.

Der **Straßengüterverkehr** hat sich aufgrund seiner **Vorteile in Preis, Flexibilität und Schnelligkeit** hauptsächlich auf Kosten des Schienengüterverkehrs ausgeweitet. Von den starken Zuwächsen des Güterverkehrs in den letzten zwanzig Jahren hat im Wesentlichen nur der Straßengüterverkehr profitiert. Im Nahverkehr ist der Zeitvorteil gegenüber der Eisenbahn besonders deutlich. Durch das dichte und gut ausgebaute Straßennetz ist mit dem Lkw ein umfassender Flächenverkehr möglich. Die exzessive Zunahme des Straßenverkehrs hat allerdings die Grenzen des Straßengüterver-

kehrs bezüglich Pünktlichkeit und Umweltverträglichkeit (Abgas, Staub, Lärm, Unfälle) deutlich werden lassen.

Die **Abmessungen von Lkw** sind in Deutschland durch die Straßenverkehrs-Zulassungs-Ordnung (StVZO) auf 2,55 m Breite und 4,0 m Höhe festgelegt. Die Länge staffelt sich nach Solofahrzeug, Zugmaschine mit Sattelanhänger und Fahrzeug mit Anhänger, Bild 5.1. Die Innenbreite der Ladeflächen beträgt in der Regel 2,42 bis 2,44 m (ausreichend für zwei 1,2 m lange Paletten). Die Gesamtgewichte von Lkw und Anhängern gehen ebenfalls aus Bild 5.1 hervor. Innerhalb der EU sind die zulässigen Abmessungen und Gewichte inzwischen weitgehend vereinheitlicht. Die Schweiz als Nicht-EU-, aber wichtiges Transitland lässt allerdings z. B. nur 32 t Gesamtgewicht bei Lkw-Zügen zu. Innerhalb der EU ist zu erwarten, dass die Lkw-Maße und -Gewichte weiter heraufgesetzt werden, z. B. die Länge eines Einzelfahrzeugs auf 15 m, die von Lkw-Zügen auf ca. 25 m und das Gesamtgewicht von Lkw-Zügen auf 60 t.

Je nach Aufbau beträgt die **Nutzlast eines Lkw-Zuges** etwa 22 bis 25 t. Die zulässige Geschwindigkeit ist für Lkw über 7,5 t Gesamtgewicht auf Autobahnen mit 80 km/h, auf Bundes- und Landstraßen mit 60 km/h festgesetzt.

Verkehrsmittel im Straßenverkehr sind, soweit sie für Transporte im Fahrzeugbau eine Rolle spielen, in Bild 5.2 mit unterschiedlichen Standard-Aufbauten dargestellt: **Rungenpritschen** dienen zum Transport von Lang- und Flachmaterial sowie von großen und schweren Einzelstückgütern (Maschinen, Großwerkzeuge usw.). Nässe-empfindliche Güter werden auf **Pritschen mit Planen** befördert. Für die schnelle Be- und Entladung palettierter Ladegüter mittels Gabelstapler bieten sich seitliche Schiebeplanen („Curtainsider") an. **Kofferaufbauten** schützen das Ladegut vor Witterungseinflüssen, sind allerdings meist nur über Hecktüren zu be- und entladen. Für spezielle Ladegüter werden Kofferaufbauten mit besonderen Lade-

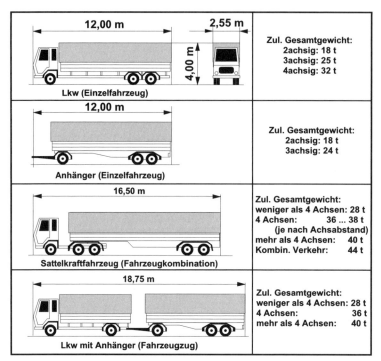

Bild 5.1: Längen- und Breitenabmessungen sowie zulässige Gesamtgewichte von Lastkraftwagen, Anhängern, Sattelkraftfahrzeugen und Fahrzeugzügen
(nach [StVZO])

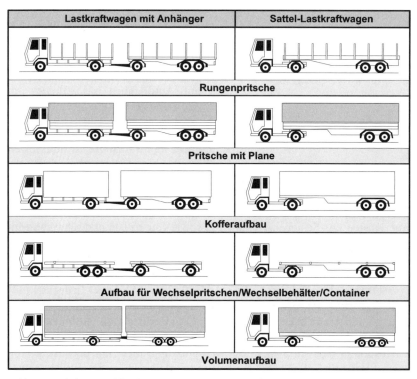

Bild 5.2: Verkehrsmittel für den Gütertransport im Straßenverkehr

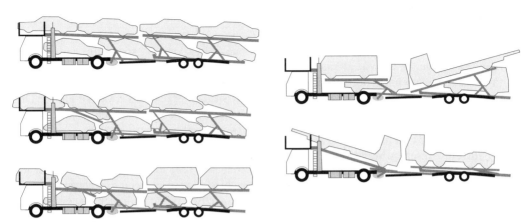

Bild 5.3: Doppelstock-Autotransport-Lkw (nach [Werkbild: Karl Kaessbohrer Fahrzeugwerke])

sicherungseinrichtungen sowie Zwischenböden angeboten.

Zum Transport von **Wechselpritschen, Wechselbehältern und Containern** dienen Aufbauten, die mit den notwendigen Aufnahmevorrichtungen für die (Eck-)Beschläge der Behälter versehen sind. Die Aufnahme von aufgestellten Wechselbehältern und -pritschen ohne Umschlaggerät wird durch luftgefederte Fahrzeuge ermöglicht (siehe Kap. 2). Ladegüter mit geringem spezifischen Gewicht (z. B. Dämm- und Isoliermaterial, Polster) werden in **Volumenaufbauten** befördert, die aufgrund kleiner Räder eine große Innenraumhöhe besitzen.

Neben dem **Solo-Lkw** werden als **Fahrzeugkombinationen** Lkw mit zwei- oder dreiachsigen **Anhängern** verwendet. Anhänger mit Tandem-Zentral-Achsaggregat (Bild 5.2, unten links) sind leichter zu rangieren. Durch spezielle Kurzkupplungen zwischen Lkw und Anhänger in Verbindung mit einem kurzen Fahrerhaus („Top-Sleeper") lassen sich bis zu 38 Euro-Paletten in einer Ebene auf einem Lkw mit Anhänger transportieren. **Sattel-Lastkraftwagen** bestehen aus einer Zugmaschine und einem aufgesattelten Anhänger, der die gesamte Ladung aufnimmt. Hier lässt sich die teure Zugmaschine vom Anhänger leicht trennen und kann so in Be- und Entladephasen anderweitig genutzt werden. Sattelanhänger bieten sich auch für den unbegleiteten

Kombinierten Verkehr (siehe Abschn. 5.1.5) an.

Im Versand verkaufsfähiger Fahrzeuge kommen **doppelstöckige Autotransporter** zum Einsatz, Bild 5.3. Sie können durch Wippen und Rampen auf den Ladeflächen bis zu neun Mittelklasse-Pkw laden, sind aber auch für den Transport von Kastenwagen und Nutzfahrzeug-Fahrgestellen sowie Traktoren geeignet. Während früher hauptsächlich offene Fahrzeuge zum Neuwagentransport eingesetzt wurden, besteht die Automobilindustrie zunehmend auf geschlossenen Autotransportern, um die Außenkonservierung der Fahrzeuge sparen zu können und um Beschädigungen und Vandalismus an den Neuwagen sowie Lackschäden durch Vogelkot zu vermeiden.

5.1.2 Eisenbahnverkehr

Der **Schienengüterverkehr** erbringt in Deutschland rund 8 % des Gütertransportaufkommens und etwa 1/7 der Gütertransportleistung. Die Deutsche Bahn AG besitzt rund 112.000 Güterwagen (31. 12. 2003). Hinzu kommen noch etwa 58.000 private Güterwagen, die Waggon-Vermietgesellschaften, aber auch Industriebetrieben gehören. Die Länge des Streckennetzes in Deutschland beträgt rund 41.000 km (DB AG: 36.000 km; nichtbundeseigene Eisenbahnen: ca. 5.000 km). Davon sind fast 20.000 km Strecke elektrifiziert. Nach der Privatisierung der Deutschen Bahn im Jahre 1994 kann das Streckennetz auch von Dritten befahren werden; Güterzugleistungen werden deshalb auch im Fernverkehr zunehmend von privaten Eisenbahn-Verkehrsunternehmen durchgeführt.

Die zulässigen Achslasten im Eisenbahnverkehr betragen in der Regel 20 t, auf den meisten Hauptstrecken 22,5 t. Eine Erhöhung der Achslasten auf europäischen Magistralen auf 25 t hat begonnen. Güterzüge verkehren mit 80 km/h Höchstgeschwindigkeit; viele Wagen sind für 100 bzw. 120 km/h zugelassen, was im Ganzzugverkehr auch ausgenutzt werden kann. Einzelne Güterzüge bei der Deutschen Bahn AG fahren 160 km/h („InterCargoExpress").

Die Eisenbahn ist in der Regel im Linien- und Streckenverkehr einsetzbar. Bezüglich Transportzeiten und Kosten ist sie im Stückgut- und Wagenladungsverkehr vor allem im Nah- und Flächenverkehr den Straßengüterverkehrsmitteln unterlegen. Die Eisenbahn besitzt darüber hinaus eine deutlich geringere Anpassungsfähigkeit an individuelle Transportbedürfnisse. Aufgrund der Längsstöße bei Rangiervorgängen sind oft aufwändige Transportverpackungen und Ladungssicherungen notwendig. Schließlich bestehen im europäischen Eisenbahnverkehr erhebliche Kompatibilitätsprobleme bei den Stromsystemen, bei der Signalisierung[35], bei den Spurweiten (Spanien, Portugal, Irland, Finnland sowie die Länder der ehemaligen Sowjetunion haben breitere Spurweiten als Mitteleuropa), beim Lichtraumprofil (Großbritannien sowie einige Alpentransversalen besitzen kleinere Lichtraumprofile als das übrige Mitteleuropa) und bei den Zug- und Stoßeinrichtungen (die Länder der ehemaligen Sowjetunion fahren mit Mittelpufferkupplung, während die übrigen Länder Europas Seitenpuffer und Schraubenkupplung verwenden).

Im **Massengutverkehr** ist die Eisenbahn dem Lkw hingegen überlegen. Aufgrund ihrer Pünktlichkeit und Zuverlässigkeit bevorzugen auch die Automobilhersteller über größere

Entfernungen die Eisenbahn für umfangreiche Ganzzug-Transporte im Zuliefer- und Zwischen-Werks-Verkehr sowie für den Neuwagenversand. Unter ökologischen Aspekten hat die Eisenbahn Vorteile durch einen gegenüber dem Straßenverkehr um etwa den Faktor Drei niedrigeren Energieverbrauch – gleiche Geschwindigkeiten vorausgesetzt.

Grundsätzlich muss bei der Eisenbahn der **Einzelwagenverkehr** und der **Ganzzugverkehr** unterschieden werden. Beim Einzelwagenverkehr ist zunächst ein Sammeln der Wagen und Zusammenstellen der Güterzüge notwendig. Bis zum Erreichen des Zielbahnhofs muss ein Wagen oft mehrmals in Rangierbahnhöfen umgestellt und neuen Zügen zugeordnet werden. Dadurch liegen die Beförderungszeiten z. B. innerhalb Deutschlands selbst auf mittleren Distanzen im Bereich mehrerer Tage. Eine Verfolgung der Ladung ist heute für Versender oder Empfänger im Einzelwagenverkehr außer im Kombinierten Ladungsverkehr nicht vollständig möglich, aber in Realisierung[36]. Im Ganzzugverkehr fahren komplette Wagengarnituren zielrein zwischen Versand- und Empfangsbahnhof; die Zustellung oder Abstellung einzelner Wagengruppen auf Zwischenbahnhöfen ist möglich. Im Ganzzugverkehr lassen sich sog. Nachtsprungverbindungen realisieren, d. h., beim Versender bis abends gegen 22.00 Uhr aufgegebene Ladungen erreichen bis zum Beginn der Frühschicht an nächsten Morgen den Empfänger. Gerade die Auto-

---

[35] Die Deutsche Bahn/Railion besitzt zwar seit 2003 Mehrsystem-Elektrolokomotiven (Baureihe 189) für die wesentlichen Strom- und Signalsysteme in Europa. Aufgrund der schleppenden Zulassungsverfahren in den einzelnen Ländern werden die Loks zurzeit nur zwischen Deutschland und den Niederlanden eingesetzt (siehe: Feldmann, T.; Die Baureihe 189 – GPS serienmäßig; Lok-Magazin 44 (2005) H. 9, S. 34–47)

[36] vgl.: Baranek, M.; Jakob, V.; Alles eine Frage der Logistik! Moderne Einsatzsteuerung und Disposition von Transportequipment im Schienengüterverkehr; Eisenbahningenieur 55 (2004) H. 12, S. 53–60

mobilindustrie nutzt Ganzzüge für die Anbindung von Zulieferern sowie im Zwischenwerksverkehr. Eine Laufüberwachung der Züge ist meist realisiert. Der in der Vergangenheit noch angebotene Transport von Einzel- und Kleingutsendungen (Stückgutverkehr) wird nicht mehr durchgeführt.

> Beim **Ganzzugverkehr** fahren alle Wagen eines Zuges vom gleichen Versandbahnhof zu einem gemeinsamen Empfangsbahnhof. Beim **Einzelwagen-** bzw. **Wagenladungsverkehr** wird mindestens ein Wagen ausschließlich von einem Kunden genutzt.

Beim Service liegen sicher auch Gründe dafür, dass die Eisenbahn kaum vom wachsenden Verkehrsmarkt profitiert hat, sondern Transportaufkommen verloren hat. Während die Lkw-Spediteure zunehmend Servicetätigkeiten für die Versender und Empfänger übernehmen – von der Be- und Entladung über Lagerung, Kommissionierung, Sequenzierung bis hin zur Montage – sich also zu Logistik-Dienstleistern entwickelt haben, sieht sich die Bahn vielfach noch als reiner Transportbetrieb, der die genannten Tätigkeiten den Versendern bzw. Empfängern überlässt. Auch hat die Deutsche Bahn durch Stilllegung und Abbau von Nebenstrecken, Güterbahnhöfen und Anschlussgleisen den Netzzugang für immer mehr Versender und Empfänger erschwert.

Eisenbahnfahrzeuge haben in der Regel **höhere Nutzlasten** als Straßenfahrzeuge. Je nach Ausführung und zulässiger Radsatzlast (s. o.) können zweiachsige Wagen etwa 25 bis 30 t Last aufnehmen, vierachsige bis 60 t, sechsachsige bis 100 t. Die Ladebreite hängt u. a. von der Länge des Wagens ab und liegt etwa zwischen 2.600 und 2.750 mm (max. 2.900 mm). Durch das Lichtraumprofil[37] (siehe Bild 5.13) nimmt die Ladebreite oberhalb einer Innenhöhe von 2.300 mm ab. Die Ladelänge bei vierachsigen Fahrzeugen beträgt max. etwa 22.000 mm. Während bei den Güterwagen früher die Standard-Fahrzeuge überwogen, geht heute der Trend zum an das Ladegut angepassten

Fahrzeug[38]. Zu den **Standard-Fahrzeugen** gehören:

- **Offene Wagen**: Flachwagen, Rungenwagen, Niederbordwagen, Hochbordwagen
- **Gedeckte Wagen**: Wagen mit Schiebetür, Wagen mit Schiebewänden, Wagen mit Schiebedach oder Schwenkdach, Wagen mit Schiebewänden und Schiebedach.

Techn. Daten:	
Ladelänge:	12.792 mm
Ladebreite:	2.760 mm
Eigengewicht:	21,7 t
Nutzlast:	58 t

Bild 5.4: Hochbordwagen (offener Wagen für Stück- und Schüttgut) [Werkfoto: MAN Schienenfahrzeuge, Nürnberg]

Offene Wagen als **Flachwagen, Rungenwagen und Niederbordwagen** werden z. B. für den Neuwagentransport von leichten Nutzfahrzeugen eingesetzt, ebenso für den Transport von Lang- und Flachmaterial sowie von Einzelstückgut. Einen **Hochbordwagen** zeigt Bild 5.4. Derartige Fahrzeuge werden z. B. für Schrott, Späne und Produktionsabfälle verwendet.

Bei den gedeckten Wagen haben sich in der Automobilindustrie die **Schiebewandwagen** durchgesetzt: Durch Öffnen der Schiebewand ist ein Drittel bzw. die Hälfte der Wagenseite für die Be- und Entladung mittels Gabelstapler frei zugänglich (Bild 5.5); das feststehende Dach ist relativ schmal, so dass eine Beladung auch mit Hilfe eines Krans möglich ist. Schiebewandwagen sind für palettierte Lade-

---

[37] Lichtraumprofil: Der für die Durchfahrt der Fahrzeuge freizuhaltende lichte Raum (Abstand benachbarter Gleise, Abstand fester Gegenstände vom Gleis, Brücken- und Tunnelquerschnitte); siehe Bild 5.13

[38] o. Verf.; Die Güterwagen der Bahn; DB Cargo AG, Mainz (2000)

Techn. Daten:
Ladelänge: 21.980 mm
Ladebreite: 2.780 mm
Eigengewicht: 27,0 t
Nutzlast: 63,0 t

Bild 5.5: Schiebewandwagen für großvolumige Güter der Automobilindustrie (gedeckter Wagen für Stückgut) [Werkfoto: Alstom LHB GmbH]

Techn. Daten:
Nutzbare Länge: 10.800 mm
Ladebreite der Mulden: 2.400 mm
Eigengewicht: 22,6 t
Nutzlast: 57,0 t

Bild 5.6: Teleskophaubenwagen zum Transport von Blechcoils (Hauben in Beladestellung) [Werkfoto: Alstom LHB GmbH]

Techn. Daten:
Ladelänge: zweimal 10.998 mm
Ladebreite: 2.760 mm
Eigengewicht: ca. 29 t
Nutzlast: ca. 35 t

Bild 5.7: Güterwageneinheit mit voll öffnungsfähigen Seitenwänden (Einheit aus zwei zweiachsigen, kurzgekuppelten, betrieblich nicht trennbaren Fahrzeugen [Werkfoto: Alstom LHB GmbH]

Techn. Daten:
Ladelänge: zweimal 12.400 mm
Eigengewicht: 32,5 t
Nutzlast: 57,5 t

Bild 5.8: Zweiteilige, kurzgekuppelte Wageneinheit mit abnehmbaren Aufbauten mit Schiebewänden
[Werkfoto: Alstom LHB GmbH]

Techn. Daten:
Ladelänge: 30.500 mm
Ladebreite: 2.910 mm
Eigengewicht: 28,5 t
Nutzlast: 25,0 t

Bild 5.9: Zweiteilige Doppelstock-Autotransporteinheit für Neuwagen (z. B. für 16 Fahrzeuge der Kleinwagen-Klasse) [Werkfoto: Graaff Transporttechnik GmbH]

güter geeignet; in der Automobilindustrie werden sie aber auch zum Transport sperriger (Blech-)Teile in Spezialbehältern eingesetzt, die aufgrund ihrer Maße für einen Lkw-Transport nicht infrage kommen. **Wagen mit Schiebe- oder Schwenkdächern** sind für die Be- und Entladung mittels Kran geeignet. Die Anzahl der klassischen Güterwagen mit seitlicher Schiebetür hat aufgrund der relativ engen Ladeöffnung und der damit aufwändigen Be- und Entladung stark abgenommen.

Neben den Standardfahrzeugen werden für die Automobilindustrie Spezialwagen eingesetzt. Bei den gedeckten Güterwagen sind hier z. B. die **Teleskop-Haubenwagen** nach Bild 5.6 für den Blechcoiltransport zu nennen: Sie sind nach dem Verschieben der Hauben mittels Kran be- und entladbar; die Coils liegen in Lademulden mit seitlicher Transportsicherung und werden durch die Hauben vor Witterung geschützt. Ähnliche Wagen gibt es auch mit verschiebbaren Planengestellen. Coilhaubenwagen können Coils mit Einzelgewichten bis 45 t aufnehmen. Eine weitere Sonderbauart der gedeckten Wagen sind **Spreizhaubenwagen**, bei denen die ebene Ladefläche durch zwei gleichgroße Hauben abgedeckt wird. Die in der Längsmitte des Wagens verbundenen Haubenhälften einer Haube werden seitlich aufgespreizt und die eine Haube über die zweite hinweg geschoben. Die Ladefläche ist damit für Kran- und Gabelstaplerzugriff zur Hälfte frei.

In Bild 5.7 ist eine speziell für die Automobilindustrie entwickelte **Doppelwageneinheit für**

Volumentransporte dargestellt. Die Seitenwandplanen lassen sich gleichzeitig über die gesamte Wagenlänge öffnen; der niedrige Fußboden erlaubt eine Be- und Entladung ohne Rampe. Für den Verkehr mit der iberischen Halbinsel ist die Wageneinheit in Bild 5.8 gedacht: Aufgrund der abweichenden spanischen Spurweite ist ein durchgehender Verkehr nicht möglich[39]. Deswegen können an der französisch-spanischen Grenze die Wagenaufbauten mit Containerkränen abgenommen und auf normale spanische Containertragwagen gesetzt werden. Die Wagenaufbauten sind aber keine Container, sondern besitzen Schiebewände und nutzen die zulässigen Breitenmaße der Eisenbahn aus. Diese Fahrzeuge werden im Zwischenwerksverkehr eines deutschen Automobilherstellers und seiner spanischen Tochtergesellschaft in Ganzzügen eingesetzt.

Ein **Schienenfahrzeug für den Neuwagentransport** zeigt Bild 5.9. Um der Forderung nach konservierungsfreiem (und gegen Vandalismus geschütztem) Transport von Neufahrzeugen nachzukommen, werden auch **geschlossene Doppelstock-Autotransportwagen** (Bild 5.10) verwendet.

---

[39] Im Spanienverkehr werden auch Wagen mit tauschbaren Radsätzen bzw. Drehgestellen eingesetzt; ebenso nach Finnland und in die Länder der ehemaligen Sowjetunion.

Techn. Daten:
Ladelänge: 25.000 mm
Ladebreite: 2.870 mm
Eigengewicht: 31,0 t
Nutzlast: 22,0 t

Bild 5.10: Geschlossene Doppel-stock-Autotransporteinheit für den Neuwagentransport (zur Be- und Entladung sind die Dächer anhebbar) [Werkfoto: Waggonbau Niesky GmbH]

Techn. Daten:
Ladelänge: 29.650 mm
Ladebreite: 2.870 mm
Eigengewicht: 36,0 t
Nutzlast: 54,0 t

Bild 5.11: Mehrzweckwagen für Stückgut- und Neuwagentransport [o. Verf.: Multipurpose-Waggons für den Autotransport; Eisenbahningenieur 49 (1998) H. 7, S. 73]

> Der Einsatz von Spezialfahrzeugen führt bei jedem Verkehrsmittel zu dem Problem der Leerfahrten, da bestimmte Güter meist nur in einer Richtung zu befördern sind.

Aus diesem Grund wurden „**Multi-Purpose-Fahrzeuge**" entwickelt (Bild 5.11), die z. B. sowohl für den Transport palettierter Ladegüter als auch durch einen Hubboden für den Neuwagentransport eingesetzt werden können. Man darf allerdings nicht übersehen, dass bei der Verwendung von Mehrweg-(Spezial-)Behältern wie in der Automobilindustrie auch ein Rücktransport leerer Behälter erfolgen muss, so dass in Last- und Leerrichtung fast dasselbe Transportvolumen anfallen kann.

5.1.3 Binnen- und Seeschifffahrt

Als weiteres Verkehrsmittel sei hier die **Binnenschifffahrt** genannt, die hauptsächlich im **Massengutverkehr** (Kohle, Erz, Schrott, landwirt-schaftliche Produkte, Erdöl, Ölprodukte) auf Binnenwasserstraßen (Flüsse, Kanäle, Seen) stattfindet[40]. Die Gesamtlänge der Binnenwasserstraßen in Deutschland beträgt etwa 7.300 km; das Netz ist damit relativ weitmaschig. In der Binnenschifffahrt findet daher fast die Hälfte aller Transporte als gebrochener Verkehr statt, d. h. unter Einbeziehung anderer Verkehrsträger. In Deutschland erbringt die Binnenschifffahrt rund 6 % der Transportmenge und ca. 11 % der Transportleistung, davon den überwiegenden Teil (68 %) der Transportleistung auf dem Rhein. Vorteil der Binnenschifffahrt sind niedrige Transportkosten, Nachteil die langen Transportzeiten sowie eine Abhängigkeit von Wasserstand, Eisgang und Nebel.

---

[40] siehe auch: Zapp, K.; Effiziente Förderung lässt weiter auf sich warten – Lage in der Binnenschifffahrt; Internat. Verkehrswesen 57 (2005) H. 5, S. 216/217

Bild 5.12: Verkehrsmittel Binnenschiff; links: Neuwagentransport auf RoRo-Schiff; rechts: Containertransport mit Schubverband [Engelkamp, P.; Verkehrsentlastung durch die Binnenschifffahrt – Wunsch und Realität; Int. Verkehrswesen 46 (1994) H. 3, S. 143–148]

Als Fahrzeuge werden **Frachtschiffe, Schubverbände** und **Spezialschiffe** eingesetzt. Frachtschiffe sind Stückgut- oder Schüttgutfrachter, Tankschiffe sowie **Containerschiffe**. Schubverbände bestehen aus antriebslosen, starr miteinander gekoppelten Leichtern, die durch ein Schubschiff geschoben werden. Als Spezialschiffe sind **Roll-on-Roll-off-Schiffe** (RoRo-Schiffe) zu nennen, die zum Transport von Straßenfahrzeugen dienen. Bild 5.12 zeigt den Neuwagentransport auf einem RoRo-Schiff sowie den Containertransport auf Binnenschiffen. Ein am Rhein ansässiger Pkw-Hersteller nutzt die Binnenschifffahrt zum Neuwagenversand auf dem Rhein in Richtung Basel und Rotterdam, ebenso ein Traktorenhersteller. Ähnliche Transporte in Richtung Süd-Ost-Europa werden auf der Donau durchgeführt. Der Containertransport auf Binnenschiffen macht zwar nur einen kleinen Teil der Transportleistung aus, hat aber hohe Zuwachsraten und wird auch von der Automobilindustrie genutzt, z. B. für CKD-Transporte in ISO-Containern vom Binnenhafen zum Seehafen[41].

Die **Seeschifffahrt** als Küsten- und Hochseeschifffahrt wird hauptsächlich für Massenguttransporte eingesetzt, aber auch für den Transport von Stückgütern in Containern. Große Bedeutung besitzt die Seeschifffahrt für den Im- und Export im Knotenpunkttransport zwischen den Kontinenten. 2003 lag die Menge der über deutsche Häfen mit Seeschiffen versendeten bzw. empfangenen Fracht bei 246

Mio. t. Vorteilhaft sind die niedrigen Transportkosten, nachteilig ist die lange Transportzeit. Der Transport von Gütern mit Seeschiffen erfordert aufwändige Transportverpackungen zum Schutz der Güter gegen Seewasser, salzhaltige Luft und Kondenswasser. Die in der Seeschifffahrt eingesetzten Fahrzeugtypen sind **Frachtschiffe** als Schüttgut- oder Stückgutfrachter, Tankschiffe und Containerschiffe sowie **Spezialschiffe** wie RoRo-Schiffe.

Die Fahrzeugindustrie bedient sich der Seeschifffahrt zur Anbindung außereuropäischer Standorte. Auch der Export von Neuwagen in außereuropäische Länder erfolgt über die Seeschifffahrt unter Einsatz von RoRo-Schiffen (siehe Bild 10.13 in Kap. 10).

5.1.4 Luftfahrt

Der **Luftfrachtverkehr** hatte in den letzten zwanzig Jahren erhebliche Zuwachsraten aufzuweisen. 2003 wurden rund 2,2 Mio. t Fracht im internationalen Verkehr in Deutschland versendet bzw. empfangen. 65 % der Luftfracht in Deutschland werden über den Rhein-Main-Flughafen in Frankfurt abgewickelt. Das Flugzeug weist zwar von allen Verkehrsmitteln die

---

[41] vgl.: Porsch, M.; Logport wächst mit Automotive – Duisburger Hafen entwickelt sich zur Logistikdrehscheibe für die Automobilindustrie; Internat. Verkehrswesen 57 (2005) H. 5, S. 220/221

kürzeste Transportzeit aus; allerdings entfallen im Luftfrachttransport nur 10 % der Gesamttransportzeit auf die Flugzeit; 90 % werden für Vor- und Nachlauf sowie Umschlag und Zollabfertigung benötigt. Schwerpunkte des Lufttransports bilden aufgrund der hohen Transportkosten relativ kleine Sendungen sowie zeitkritische oder hochwertige Güter.

Die Fahrzeugindustrie nutzt den Lufttransport zurzeit für die schon genannten zeitkritischen Güter, wenn z. B. die Gefahr von Produktionsstillständen droht, sowie im Ersatzteilbereich. Nachteilig beim Flugzeugtransport sind die notwendigen gegen Kondenswasser schützende Verpackungen, da in den Fracträumen in großen Höhen niedrige Temperaturen auftreten können. Dadurch muss besonders nach der Landung in tropischen Ländern mit Kondenswasser auf den Ladegütern gerechnet werden.

Luftfrachtsendungen werden zum einen zur Kapazitätsauslastung im Passagierverkehr mitgenommen (in einem Großraumflugzeug Boeing 747 M können z. B. unter bzw. hinter dem Passagierdeck bis zu 36 t bzw. 175 m³ Güter geladen werden), zum anderen werden auf bestimmten Strecken **Nur-Frachtflugzeuge** eingesetzt. So verfügt z. B. eine Boeing 747-200 F über eine Gewichtskapazität von 102 t und eine Raumkapazität von 600 m³. Die Reisegeschwindigkeit beträgt etwa 900 km/h und die Reichweite rund 6000 km [Oelf02]. Für den Lufttransport werden spezielle Luftfrachtcontainer eingesetzt, die z. T. nur für bestimmte Flugzeugtypen (aufgrund der Abmaße der Flugzeugrümpfe) verwendbar sind. Damit ergeben sich neben Gewichts- auch Volumengrenzen der zu versendenden Güter.

Im Zusammenhang mit zunehmenden internationalen Produktionsverflechtungen stellen die Unterwegsbestände beim Schiffstransport einen Kostenfaktor dar, der ebenso wie die durch lange Vorlaufzeiten der Planung entstehenden Inflexibilitäten zu Vorüberlegungen bei einigen Automobilherstellern geführt hat, für den interkontinentalen Teile- und Kompo-

nententransport zukünftig Großraumflugzeuge einzusetzen. Konkrete Entscheidungen sind bisher aber nicht bekannt geworden.

5.1.5 Kombinierter Verkehr

Die Gestaltung einer Transportkette unter Einbindung mehrerer Verkehrsmittel nutzt deren spezifische Stärken, erfordert aber besondere Überlegungen zur Vereinfachung des Ladungsumschlags beim Wechsel des Verkehrsmittels. Man spricht in diesem Fall vom „**Kombinierten Ladungsverkehr**" (KLV), mit dem sich die Stärken z. B. von Lkw (Flächenbedienung) und Eisenbahn (kostengünstiger Ganzzugverkehr, schneller Linienverkehr) kombinieren lassen.

> Kombinierter oder Intermodaler Verkehr beinhaltet den Transport von Gütern mit zwei oder mehr Verkehrsträgern ohne Wechsel des Transportbehälters.

Die Problematik dabei zeigt Bild 5.13: Lkw nach StVZO lassen sich auf konventionellen Schienenfahrzeugen nicht transportieren, weil sie das Fahrzeugumgrenzungsprofil überschreiten. Deswegen werden im KLV spezielle Fahrzeuge (und Techniken) eingesetzt. Für den Transport von ISO- und Binnencontainern, Wechselaufbauten und -pritschen gibt es **zwei- und vierachsige Tragwagen** sowie **Gelenkwagen**, Beispiel siehe Bild 5.14. Der Umschlag erfolgt mittels Staplern oder Kränen, s. u.

Sattelanhänger können mit **Taschenwagen** (Bild 5.15) transportiert werden. Die Sattelanhänger müssen an der Rahmenunterseite besondere Aufnahmen für das Ladegeschirr (Spreader) des den Umschlag bewerkstelligenden Krans oder Umschlaggerätes (Reach-Stacker) aufweisen. Das Achsaggregat steht in einer Tasche des Eisenbahnwagens, und eine Sattelplatte auf dem Waggon nimmt den Sattelzapfen des Anhängers auf. Nachteile des Systems liegen hauptsächlich in den notwendigen investitionsintensiven Umschlaganlagen, aber auch in den Zusatzkosten und dem

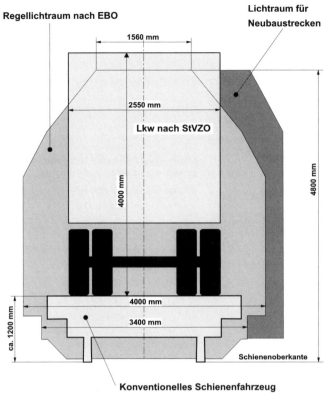

Regellichtraum nach EBO

Lichtraum für Neubaustrecken

1560 mm

2550 mm

Lkw nach StVZO

4000 mm

4800 mm

4000 mm

3400 mm

ca. 1200 mm

Schienenoberkante

Konventionelles Schienenfahrzeug

EBO: Eisenbahn-Bau- und -Betriebsordnung

Bild 5.13: Querschnittsprofile von Eisenbahn-Regellichtraum und Lkw

Zusatzgewicht für die Umschlageinrichtungen am Fahrzeug. Ein Transport von Sattelaufliegern ist aufgrund enger Tunnel nicht über alle Alpentransversalen möglich; eine Spezialentwicklung von Sattelaufliegern, der sog. Alpentrailer, gestattet sowohl die Ausnutzung der möglichen Laderaumabmaße des Lkws als auch den uneingeschränkten Transport über die die Alpen querenden Eisenbahnstrecken auf speziellen Taschenwagen.

Zum Transport kompletter Lkw und Lkw mit Anhänger dienen **Niederflurwagen** mit besonders kleinen Rädern (System **„Rollende Landstraße/Rollende Autobahn"**, Bild 5.16). Bei diesem System fahren die Lkw-Fahrer meist in einem Liegewagen mit (**begleiteter Transport**). Niederflurwagen werden z. B. im Alpentransit eingesetzt, da in der Schweiz generelle Verkehrsbeschränkungen für Lkw bestehen, und

die Brennerautobahn gewissen Einschränkungen für Lkw unterliegt. Für die Spediteure ist der begleitete Transport von Lkw auf Niederflurwagen insoweit interessant, als z. B. beim Deutschland-Italien-Verkehr der sonst notwendige zweite Fahrer unter Umständen eingespart werden kann, da die reglementierte Lenkzeit des Fahrers erst beginnt, wenn der Lkw den Huckepackzug verlässt. Nachteile des Systems bestehen in der geringen Gesamtnutzlast, da der komplette Lkw transportiert wird, sowie in der ungünstigen Kostenstruktur, weil die Fixkosten des Lkws auch während des Bahntransports anfallen.

Schon seit über fünfzig Jahren gibt es immer wieder Versuche, **bi-modale Fahrzeuge für Straßen- und Schienenverkehr** zu etablieren. Erst mit dem aus den USA kommenden System „Railroader" und den in Europa zusätzlich

Techn. Daten:
Ladelänge: 14.600 mm
Eigengewicht: 20,5 t
Nutzlast: 59,5 t
Stoßverzehreinrichtung

*Bild 5.14: Containerwagen für Wechsel-
behälter und Container: ausgestattet mit
Stoßverzehreinrichtung*[42] *[Werkfoto:
Waggonfabrik Talbot KG]*

Techn. Daten:
Ladelänge: 16.450 mm
Eigengewicht: 20,0 t
Nutzlast: 60,0 t

*Bild 5.15: Taschenwagen für den Trans-
port von Sattelanhängern [Werkfoto:
Waggonfabrik Talbot KG]*

Techn. Daten:
Ladelänge: 18.800 mm
Eigengewicht: 17,0 t
Nutzlast: 43,0 t
Ladeflächenhöhe   410 mm

*Bild 5.16: Niederflurwagen „Rollende
Autobahn" für den Transport von
Lkw und Anhängern [Werkfoto:
Waggonfabrik Talbot KG]*

entwickelten ähnlichen Systemen „Kombitrailer" und „Kombirail" (Bild 5.17) scheint das zu gelingen. Bei letzteren werden Sattelanhänger eingesetzt, die mit besonderen Aufnahmen zur Ankoppelung an Eisenbahn-Drehgestelle versehen sind. Den Umsetzvorgang bewerkstelligt die Straßenzugmaschine innerhalb weniger Minuten, Bild 5.18. Besondere Umschlaganlagen sind nicht notwendig. Nachteilig sind die gegenüber konventionellen Sattelanhängern höheren Investitionen und das höhere Leergewicht, da die Untergestelle im Eisenbahnbetrieb größere Kräfte aufnehmen müssen und mit bestimmten Einrichtungen der Eisenbahn-

bremse sowie mit den Drehgestelladaptern ausgestattet sind. Es wird dennoch erwartet, dass sich ein bi-modales System durchsetzt, da die Vorteile, einfacher Umschlag und geringes Zusatzgewicht im Schienenverkehr, überwiegen.

---

[42] Eine Stoßverzehreinrichtung besteht aus Langhub-Stoßdämpfern zwischen Wagenuntergestell und dem die Container aufnehmenden Tragrahmen. Sie lässt besonders bei Rangierstößen Relativwege zwischen Wagen und Ladung zu und setzt so die Ladungsbeanspruchung und die Gefahr von Transportschäden herab.

Techn. Daten:
Ladelänge: 13.540 mm
Ladebreite   2455 mm
Eigengewicht: 9,0 - 9,2 t
Nutzlast: 26,6 t

Bild 5.17: Bi-modaler Sattel-anhänger „Kombitrailer" [Werk-foto: Waggonfabrik Talbot KG]

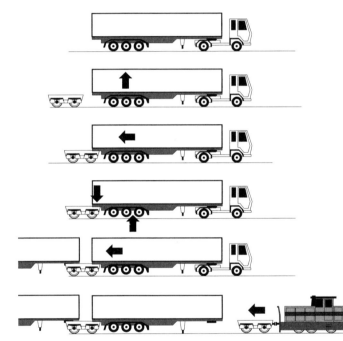

Bild 5.18: Umsetzvorgang von bimodalen Sattelanhängern zum Trailerzug (nach [Kuhla, A.; Trailerzug – Quo vadis? Eisen-bahntechn. Rundschau 43 (1994) H. 7/8, S. 509–513])

Ein weiteres KLV-System, das sog. **Abroll-Container-System**, soll hier nur kurz erwähnt werden, da es bisher im Wesentlichen für Schüttgut-Transporte (Baumaterial, Hausmüll) eingesetzt wird. Eine grundsätzliche Eignung für den Stückguttransport ist aber vorhanden. Auf flachen Eisenbahngüterwagen sind Drehrahmen befestigt, die besondere, rollbare Container aufnehmen können (Bild 5.19). Der Umschlagvorgang wird vom Straßenfahrzeug aus vorgenommen, indem der Drehrahmen seitlich geschwenkt und dann der Container mittels Zugeinrichtung übergeben bzw. übernommen wird.

Die verschiedenen Techniken des KLV mit den notwendigen Umschlageinrichtungen stellt Bild 5.19 gegenüber; einen **Nutzlast- und Totlastvergleich** zeigt Bild 5.20. Man erkennt, dass der Huckepackverkehr durch ein ungünstiges Nutzlast-/Totlast-Verhältnis gekennzeichnet ist, während die bi-modalen Systeme hier relativ gut abschneiden, allerdings immer noch ungünstiger liegen als der reine Schienenfahr-

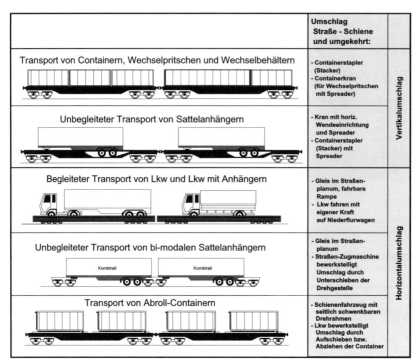

Bild 5.19: Techniken im Kombinierten Ladungsverkehr (KLV) Schiene – Straße

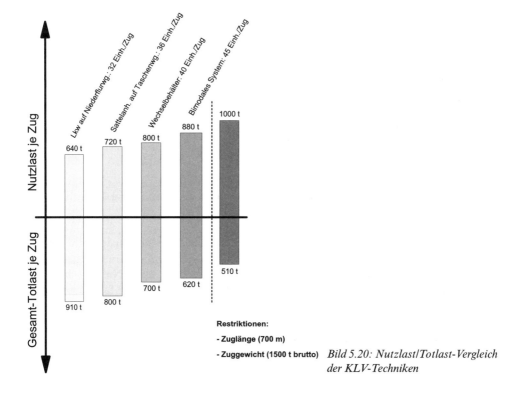

Restriktionen:

- **Zuglänge (700 m)**

- **Zuggewicht (1500 t brutto)**   *Bild 5.20: Nutzlast/Totlast-Vergleich der KLV-Techniken*

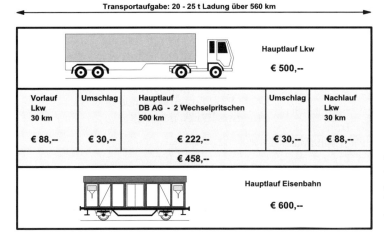

Bild 5.21: Kostenvergleich für Haus-Haus-Leistungen (nach [Strang, G.; Wohin fährt der Güterverkehr der Deutschen Bahn AG? Verkehrszeichen 12 (1996) H. 1, S. 27–31])

zeugtransport. Die **Kostenstrukturen im Kombinierten Verkehr** im Vergleich zum reinen Lkw- bzw. Eisenbahntransport zeigt beispielhaft Bild 5.21: Der KLV kann trotz der Umschlagvorgänge Kostenvorteile sowohl gegenüber dem Lkw- als auch gegenüber dem reinen Eisenbahntransport haben.

Die deutsche Automobilindustrie nutzt diese Kostenvorteile des KLV u. a. über **Sammelverkehre** [43] aus. So hat ein Pkw-Hersteller mit Werken in Norddeutschland für die Zulieferungen aus dem Raum Stuttgart einen **Gebietsspediteur** eingesetzt, der mit Lkw Einzelstückgut, Ladeeinheiten, Wechselpritschen und Wechselbehälter bei den Zulieferern abholt. Teilladungen werden zu kompletten Ladungen auf Wechselpritschen bzw. in Wechselbehältern zusammengestellt und am Containerbahnhof Ludwigsburg auf die Bahn umgeschlagen. Ein kompletter Ganzzug fährt dann im Nachtsprung bis Braunschweig, von wo aus ein weiterer Spediteur die Wechselpritschen und -behälter auf der Straße in die drei nahe gelegenen Werke des Pkw-Herstellers verteilt.

Neben dem Kombinierten Verkehr Lkw-Eisenbahn gibt es auch die Einbeziehung der Binnenschifffahrt in eine entsprechende Transportkette (siehe Bild 5.12, Containertransport auf Binnenschiffen). Da die Seeschifffahrt auf die (küstennahen) Häfen angewiesen ist, sind hier bei der Anbindung des Hinterlandes im-

mer Kombinierte Verkehre unter Einbeziehung der Eisenbahn und/oder des Lkws notwendig. Da ein Großteil des Stückgutverkehrs mit Seeschiffen über Container abgewickelt wird, können die unter 5.1.1 und 5.1.2 genannten Fahrzeuge für den Containertransport eingesetzt werden.

Im innerstädtischen Verkehr gibt es Überlegungen, schienengebundene Nahverkehrsmittel wie U-Bahnen, Straßen- und Stadtbahnen für den Güterverkehr zu nutzen, um die innerstädtischen Straßen vom Anlieferverkehr zu entlasten. So lässt ein deutscher Pkw-Hersteller, der für ein Oberklasse-Pkw-Modell am Innenstadtrand einer Großstadt ein Endmontagewerk betreibt, Zulieferteile per Straßenbahn zustellen. Das Werk besitzt ein Anschlussgleis ans städtische Straßenbahnnetz. Die Güter werden einem Logistikzentrum am Stadtrand per Lkw zugeführt und in Güter-Straßenbahnwagen umgeschlagen. Eine Anlieferung im Werk alle 40 Minuten ist kapazitätsmäßig vorgesehen. Hintergrund ist die nicht erwünschte zusätzliche Belastung der Innenstadt durch Lkw-Transporte.

---

[43] Sie werden in Anlehnung an die Abholung von Milch beim Bauern durch das Tankfahrzeug der Molkerei auch als „Milk-run" bezeichnet.

5.1.6 Vergleich der Verkehrsmittel

Bild 5.22 gibt abschließend eine Gegenüberstellung der Vor- und Nachteile der hier besprochenen Verkehrsmittel. Über den Einsatz eines bestimmten Verkehrsmittels für eine Transportaufgabe entscheiden die Produktionsunternehmen auch nach betriebswirtschaftlichen Kriterien, d. h., die Transportkosten müssen im Zusammenhang mit anderen in einer Logistikkette anfallenden Kosten gesehen werden. Da heute alle Güterverkehrsträger direkt oder indirekt subventioniert werden, d. h. ihre Wegekosten[44] nicht decken, kann eine Veränderung in der Subventionspolitik zu Kostenverschiebungen und damit zu Veränderungen in heute erkennbaren Logistiktrends führen. Eine verursachungsgemäße Zuordnung der Wegekosten auf die Verkehrsunternehmen würde alle Transporte verteuern und damit zu einem Überdenken von Konzepten wie Fertigungstiefenreduzierung, internationale Produktionsverbünde oder Just-in-time-Logistik führen müssen.

---

[44] zu den Wegekosten siehe z. B.: Eisenkopf, A.; Der intermodale Wettbewerbsrahmen der Verkehrspolitik – Systematische Nachteile für den Schienenverkehr? Internat. Verkehrswesen 57 (2005) H. 3, S. 71–76

Verkehrsmittel	Vorteile	Nachteile
Lkw	• Zeit- und Kostenersparnis im Nah - und Flächenverkehr • Unter Umständen Zeitersparnis im Fernverkehr • Flexible Fahrplangestaltung • Eignung für spezifische Ladegüter • Anpassungsfähig bei Annahmezeiten	• Keine zeitgenauen Fahrpläne • Witterungsabhängigkeit • Abhängigkeit von Verkehrsstörungen • Begrenzte Ladefähigkeit • Ausschluss gewisser Gefahrgüter
Eisenbahn	• Größere Einzelladegewichte als beim Lkw • Exakte Fahrpläne • Weitgehend störungsfrei • Gefahrgüter zulässig	• Privates Schienennetz oder Gleisanschlüsse erforderlich • Zusatzkosten bei Anmietung von Spezialwagen
Binnenschifffahrt	• Große Einzelladegewichte • Große Laderäume • Angebot von Spezialschiffen • Günstige Beförderungskosten	• Eingeschränktes Streckennetz • Ohne eigene Anlegestelle erhöhte Kosten durch gebrochenen Verkehr • Abhängigkeit von Wasserstand sowie Eisgang und Nebel
Seeschifffahrt	• Große Einzelladegewichte • Große Laderäume • Angebot von Spezialschiffen	• Beschränkung auf See-Hafen • Abhängigkeit von Sturm, Eisgang und Nebel • Im Linienverkehr Abhängigkeit von festen Routen (anders bei Charterung von Schiffen) • Seemäßige Verpackung der Güter
Flugzeug	• Hohe Transportgeschwindigkeit • Wegfall seemäßiger Verpackung	• Hohe Transportkosten
Kombinierter Verkehr	• Nutzung der spezifischen Vorzüge der in einer Transportkette eingesetzten Verkehrsmittel	• Zeitverbrauch und Kosten durch Umschlagvorgänge • Bindung an Fahrpläne • Wartezeiten an den Umschlagbahnhöfen

Bild 5.22: Vor- und Nachteile wichtiger Verkehrsmittel (nach [Schu99])

5.2 Umschlagtechnik

Umschlagvorgänge sind dann notwendig, wenn ein Wechsel zwischen Lagermittel, Fördermittel, Handhabungsmittel, Verkehrsmittel und Produktionsmittel stattfinden soll.

> **Umschlagen** ist das Überwechseln von Gütern von einem Arbeitsmittel auf ein anderes Arbeitsmittel.

Umschlagvorgänge finden in der gesamten Transportkette, sowohl im außerbetrieblichen als auch im innerbetrieblichen Bereich statt.

Zur oben zitierten Definition des Umschlagens zeigt Bild 5.23 einige beispielhafte Operationen. Wenn z. B. Güter aus einem Schiff in einen Eisenbahnwagen umgeschlagen werden sollen, müssen diese beiden passiven Elemente der Umschlagkette durch ein drittes aktives Glied, einen Kran, ergänzt werden. Beim Umschlag von Packstücken von einer Rollenbahn in ein Lager (drittes Beispiel in Bild 5.23) kann ein Roboter als aktives Glied verwendet oder aber Arbeitspersonal eingesetzt werden. Letzteres hat heute als „Umschlagmittel" noch Bedeutung, da viele Vorgänge manuell ablaufen. Ist eines der am Umschlagvorgang beteiligten Ele-

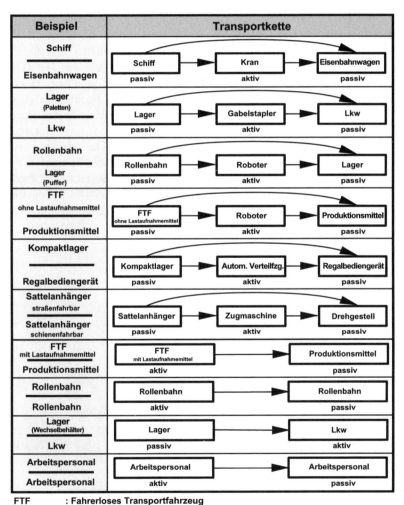

FTF   : Fahrerloses Transportfahrzeug
━━━▶ : Umschlag

Bild 5.23: Beispiele von Umschlagoperationen (nach [Jüne89])

mente mit einem Lastaufnahmemittel ausgerüstet, so kann es gleichzeitig die Rolle des aktiven Gliedes übernehmen: Ein mit einer Hubplattform ausgestattetes Fahrerloses Transportfahrzeug kann ein Gut transportieren und es auch aktiv an ein Produktionsmittel in einer geeigneten Lastübergabestation übergeben[45].

5.2.1 Umschlag im Kombinierten Ladungsverkehr

Der Kombinierte Ladungsverkehr erfordert durch den systembestimmenden Wechsel des Verkehrsmittels in jedem Fall **Umschlagoperationen**, auf die schon im Abschnitt 5.1.5 eingegangen wurde. **Umschlaggeräte** für die Umschlagoperationen im KLV zeigt das Bild 5.24. Container werden mittels **Portalkran, Containerstapler** (Reach-Stacker) und **Portalstapler**[46] umgeschlagen. Mit einem längsverstellbaren „**Spreader**" (Greifzangengeschirr) für 20'-, 30'- und 40'-Container werden die Container an den oberen Eckbeschlägen aufgenommen. Wechselbehälter und Wechselpritschen erfordern wie auch Sattelanhänger die in Bild 5.24 zu erkennenden Greifarme des Spreaders für eine Lastaufnahme an der Unterseite. Für den Umschlag von Sattelanhängern auf Taschenwagen ist ein Kran mit horizontaler Drehvorrichtung notwendig (Bild 5.24, links), damit das Achsaggregat in die in Längsrichtung

außermittig angeordnete Tasche des Waggons eingesetzt werden kann. Kräne, aber auch Stapler stellen erhebliche Investitionen dar und verursachen einen nennenswerten Anteil der Kosten des KLV. Außerdem ist die Auslastung meist nur innerhalb weniger Stunden pro Arbeitstag gegeben. Deshalb ist das Netz von KLV-Umschlagbahnhöfen weitmaschig, was einer Verbreitung des KLV entgegensteht.

Aus diesem Grunde sind **Umschlagtechniken ohne besondere Umschlaggeräte** für kleinere Verkehrsaufkommen günstiger. Der Umschlag von Wechselbehältern kann vom Lkw zumindest für das Abstellen und Aufnehmen des Behälters auf seinen Standfüßen bewerkstelligt werden. Inzwischen gibt es auch Eisenbahnwagen mit Hubrahmen, die in der Gleisachse aufgestellte Wechselbehälter aufnehmen bzw. entsprechend absetzen können. Der Wagen wird dabei von einer Lok unter den auf seinen Standfüßen stehenden Behälter geschoben; der Behälter wird mittels Hubrahmen angehoben, die Füße werden eingeklappt und der Hubrahmen abgesenkt. Das Absetzen von auf dem Eisenbahnwagen befindlichen Behältern läuft entsprechend ab. Selbst für geringes Transportaufkommen ist so der KLV ohne Investitionen in Umschlaganlagen nutzbar. Ein im Straßenplanum verlegtes Gleis reicht aus.

---

[45] siehe z. B. Kap. 3, Bilder 3.30 und 3.31
[46] Beispiel siehe Kap. 3, Bild 3.24

Bild 5.24: Umschlaggeräte für Container, Wechselbehälter, Wechselpritschen und Sattelanhänger; links: Containerkran mit horizontaler Wendeeinrichtung; rechts: Containerstapler (Stacker) [Werkfotos: Kombiverkehr GmbH & Co KG]

Die Umschlagvorgänge beim Einsatz bi-modaler Sattelauflieger wurden bereits in Abschn. 5.1.5 dargestellt. Auch hier sind keine besonderen Umschlaganlagen erforderlich. Besonders hohe Investitionen bedingt bisher der KLV mit Sattelanhängern und Taschenwagen durch den notwendigen Einsatz eines Krans oder Stackers. Hierfür wird zurzeit ein System erprobt, bei dem mit Hilfe sog. Wechseltröge nur relativ kostengünstige stationäre Umschlaganlagen benötigt werden[47].

5.2.2 Ladezone

Der Umschlag vom außerbetrieblichen zum innerbetrieblichen Materialfluss erfolgt meist vom Straßen- oder Schienenverkehrsmittel auf Förder- und Lagermittel in der sog. **Ladezone**. Deren Aufgaben werden in Bild 5.25 dargestellt. Das „Bereitstellen der Ladungsinformationen" und „Identifizieren des Verkehrsmittels" beim Beladen beinhaltet dabei die Ausfertigung der Begleitpapiere (Frachtbrief, Lieferschein); beim Entladen werden Ladung und Güter anhand von Frachtbrief und Lieferschein identifiziert.

Die **Gestaltung der Ladezone** hängt u. a. von Faktoren wie Art, Gewicht und Abmessungen der Güter sowie von der notwendigen Umschlagleistung usw. ab. Bei der Lkw-Be- und Entladung werden drei Prinzipien unterschieden: vom Heck, von der Seite und von oben. Be- und Entladen ist grundsätzlich mit bzw. ohne Rampe möglich. Ohne Rampe kann das Be- und Entladen manuell (große körperliche Belastung!), mit Hilfe einer Hebebühne, mit Kränen, mit Stetigförderern oder Staplern durchgeführt werden.

---

[47] vgl.: Windsinger, J., Fasterding, G.; Kombiverkehrssystem Wechseltrog-Transport – Eine Systemlösung für den Eisenbahngüterverkehr; Eisenbahningenieur 56 (2005) H. 4, S. 10–14

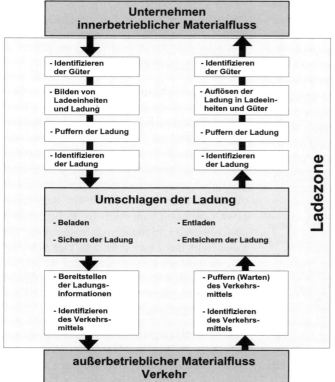

Bild 5.25: Aufgaben der Ladezone als Schnittstelle zwischen dem innerbetrieblichen und dem außerbetrieblichen Materialfluss (nach [Jüne89])

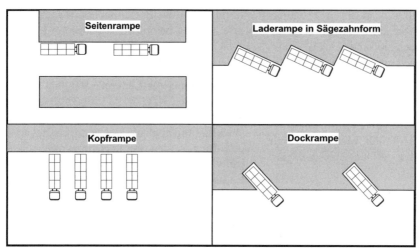

Bild 5.26: Rampenformen für die Lkw-Be- und Entladung [Jüne89]

Eine **Rampe** erleichtert das Be- und Entladen wesentlich; mögliche **Rampenformen für die Lkw-Be- und Entladung** zeigt Bild 5.26: Die **Seitenrampe** wird häufig in Gebäuden eingesetzt, die Be- oder Entladung erfolgt von der Seite. Lkw-Kofferaufbauten sind meist aufgrund fehlender Seitenöffnungen an Seitenrampen nur über zusätzliche Hubbühnen o. ä. be- und entladbar. Bei der **Kopframpe** ist nur das Heck zugänglich; die Lkw stehen dabei meist im Freien. Es wird relativ viel Fläche für die Rangiervorgänge benötigt. Die **Laderampe in Sägezahnform** und die **Dockrampe** benötigen mehr Platz als die Seitenrampe. Allerdings ist die Ladefläche vom Heck und von der Seite zugänglich; bei der Dockrampe können sogar das Heck und beide Seiten gleichzeitig bedient werden.

Möglichkeiten zur **Mechanisierung bzw. Automatisierung des Umschlags** bzw. der Beladung vom Heck eines Lkws aus zeigt Bild 5.27, oben sowie unten links. Beim **Umschlag mit Rollenbahn** laufen die Ladeeinheiten über zwei bzw. drei auf einem quer verschiebbaren Wagen nebeneinander liegenden Rollenbahnen und werden dort gesammelt. Ist die Ladung komplett bereitgestellt, wird der verschiebbare Wagen vor die Ladefläche eines Lkws gefahren. Die angetriebenen Rollenbahnen fördern die La-

dung auf die Ladefläche des Lkws, die ebenfalls mit einer angetriebenen Rollenbahn ausgerüstet ist. Die Entladung erfolgt im umgekehrten Sinn. Ähnliche Systeme sind auch mit Kettenförderern oder Gliederbandförderern möglich. Sie erfordern aber die Ausstattung der Ladefläche des Lkws mit den entsprechenden Fördersystemen. Dadurch ergeben sich höhere Investitionen und eine geringere Nutzlast gegenüber Standard-Lkw.

Beim **Verladesystem mit Rollenteppich** werden die Ladeeinheiten über einen Hubtisch auf einem Rollenteppich bereitgestellt. Der Rollenteppich besitzt auf Ober- und Unterseite drehbar gelagerte Rollen. Mittels Schieber werden je zwei Ladeeinheiten paarweise auf dem Rollenteppich verschoben, bis sich die gesamte Ladung auf dem Rollenteppich vor dem Lkw-Heck befindet. Dann wird der Rollenteppich einschließlich Ladung mittels Schieber auf die Ladefläche des Lkws gefahren. Der Schieber hält die Ladung fest, während der Rollenteppich rückwärts unterhalb der Ladeeinheiten von der Ladefläche fährt. Das System ist nur für die Beladung geeignet.

Beim **Umschlagsystem mit Hubkettenförderer** befinden sich Trag- und Hubkettenförderer auf einem quer verschiebbaren Wagen. Die Ladeeinheiten auf Paletten werden von Übergabe-

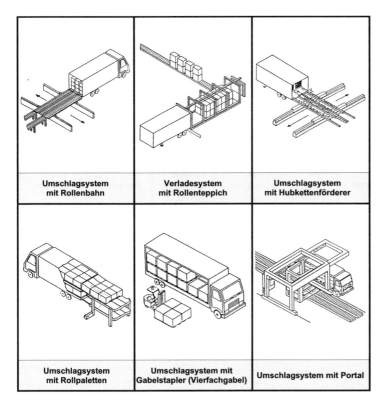

| Umschlagsystem mit Rollenbahn | Verladesystem mit Rollenteppich | Umschlagsystem mit Hubkettenförderer |
| Umschlagsystem mit Rollpaletten | Umschlagsystem mit Gabelstapler (Vierfachgabel) | Umschlagsystem mit Portal |

Bild 5.27: Beispiele mechanisierter oder automatischer Lkw-Be- und Entladesysteme [Jüne89]

stationen, die der Wagen anfährt, auf die Tragketten des Wagens umgeladen. Vor der Ladefläche des Lkws werden die Hubketten, die sich in den Hohlräumen zwischen den Kufen der Paletten befinden, pneumatisch angehoben, und die Tragkette läuft auf dem Boden der Ladefläche mitsamt der Ladung in den Laderaum ein. Die Hubketten werden nun abgesenkt, so dass die Paletten direkt auf der Ladefläche des Lkws stehen. Die Tragketten laufen unter den Paletten aus dem Laderaum heraus; die Entladung kann in umgekehrter Reihenfolge geschehen. Beim **Umschlagsystem mit Rollpaletten** werden die Rollpaletten auf einem Gestell in Schienen bereitgestellt. Ist die Ladung komplett, wird sie über einen elektrischen Seilzug mit einem hinten an der Ladung angebrachten Anker in den Laderaum gezogen. Auch hier muss der Lkw besonders für dieses Umschlagsystem ausgestattet sein.

Eine andere Einrichtung zum Palettenumschlag ist der sog. **Schub-Lamellenfußboden**:

Die Ladefläche besteht aus schmalen, dicht nebeneinander in Längsrichtung angeordneten Lamellen. Mittels eines Hydraulikantriebs können die Lamellen einzeln oder gemeinsam einen gewissen Längshub ausführen. In Förderrichtung bewegen sich die Lamellen gemeinsam mit der darauf abgestellten Ladung. In entgegen gesetzter Richtung folgt eine Rückbewegung der einzelnen Lamellen nacheinander, so dass sie unter der Ladung hindurch rutschen. Eingesetzt wird diese Einrichtung bei Lkw, die sowohl zum Transport von losen Schüttgütern als auch zum Transport palettierter Ladegüter dienen sollen.

Weitere Möglichkeiten für einen mechanisierten Umschlag sind der in Bild 5.27 unten in der Mitte gezeigte **Gabelstapler mit Mehrfachgabel** sowie das unten rechts dargestellte **Umschlagsystem mit Portal**, das automatisierbar ist. Mit den beiden letztgenannten Systemen ist auch ein Umschlag in Eisenbahnwagen mit Schiebewänden möglich.

	Umschlag-system mit Rollenbahn oder Ketten-förderer	Verlade-system mit Rollenteppich	Umschlag-system mit Hubketten-förderer	Umschlag-system mit Rollpaletten	Lkw mit Schub-Lamellen-fußboden	Umschlag-system mit Gabelstapler (Vierfachgabel)	Umschlag-system mit Portal
Umschlag-leistung	hoch	hoch	hoch	hoch	mittel bis hoch	mittel	hoch
wirtschaftlich zu auto-matisieren	ja	ja	ja	ja	nein	nein	nein
Art der Lade-einheiten	Paletten	Paletten	Paletten (nur Kufen-Paletten)	Paletten (mit Roll-untersätzen)	Paletten (alternativ Schüttgut)	Paletten	Paletten
spezielle Einrichtung auf der Lade-fläche nötig	ja	nein	nein	ja	ja	nein	nein
nur geeignet für komplette Beladung	ja	ja	ja	ja	ja	nein	nein

Bild 5.28: Vergleich mechanisierter bzw. automatischer Lkw-Be- und Entladesysteme (in Anlehnung an [Jüne89])

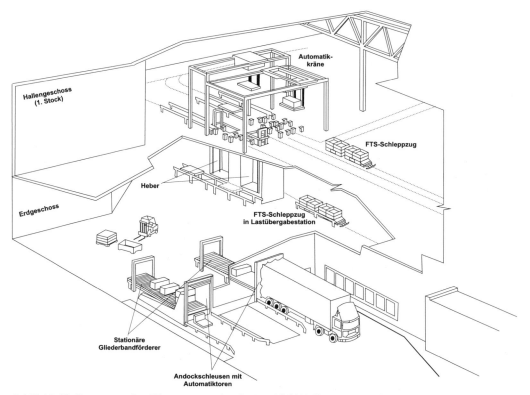

Bild 5.29: Halbautomatischer Wareneingang (nach [Werkbild Volkswagen AG])

Bild 5.28 zeigt den **Vergleich** der besprochenen **mechanisierten bzw. automatisierten Lkw-Be- und Entladesysteme**. Ein Beispiel eines Umschlagbereiches aus der Automobilindustrie gibt Bild 5.29. Es handelt sich hierbei um einen halbautomatischen Wareneingang in einem Motorenwerk. In den Materialfluss zwischen Zulieferern und Abnehmer ist ein externer Dienstleister eingeschaltet, der nach Abruf die benötigten Teile kommissioniert und zu Ladeeinheiten entsprechend den Bedarfen werksinterner Verbraucher zusammenstellt. Die zwischen Dienstleister-Pufferlager und Werk eingesetzten Lkw besitzen Gliederbandförderer auf der Ladefläche. Bei der Ankunft im Motorenwerk docken die Lkw rückwärts an die Schleusen in der Außenwand des Wareneingangs an. Im Innern befinden sich ebenfalls Gliederbandförderer, die jeweils eine Lkw-Ladung puffern können. Durch Gleichlauf zwischen Lkw- und stationärem Gliederbandförderer kann in etwa zwei Minuten die gesamte Lkw-Ladung entladen werden, so dass der Lkw nach kurzer Zeit den Wareneingang leer wieder verlassen kann.

Im Wareneingangsbereich übernehmen zwei normale Gabelstapler das Verteilen der eingegangenen Ladeeinheiten. Im Erdgeschoss wie auch im ersten Stock gibt es Lastübergabestationen an ein Fahrerloses Transportsystem, das den Transport zu den Verbrauchsstellen übernimmt. Die FTS-Lastübergabestationen im Erdgeschoss werden von den beiden Gabelstaplern direkt versorgt. Zur Übergabe in das Hallengeschoss im ersten Stock sind Heber vorhanden. Oben werden die Ladeeinheiten von automatischen Kränen übernommen und auf die Lastübergabestationen des FTS gesetzt. Das FTS kann die Ladeeinheiten mittels Hubplattform selbstständig übernehmen.

5.3 Aufgaben zu Kapitel 5

Aufgabe 5.1: Welche Gründe haben dazu beigetragen, dass die Eisenbahnen in Europa vom wachsenden Verkehrsmarkt kaum profitieren konnten?

Lösung: Gründe dafür können sein:

- Das Eisenbahnnetz ist weitmaschiger als das Straßennetz, d. h., viele Versender oder Empfänger haben keinen direkten Netzzugang.
- Im europäischen Eisenbahnverkehr gibt es zahlreiche Inkompatibilitäten (Spurweiten, Stromsysteme, Signalisierung, Lichtraumprofil, Kupplungen, usw.), die im grenzüberschreitenden Verkehr zu längeren Beförderungszeiten führen.
- Im Einzelwagenverkehr sind die Transportzeiten zu lang; eine Laufüberwachung ist derzeit nur für Container und Wechselbehälter möglich.
- Die Eisenbahnen bieten im Gegensatz zu den Lkw-Spediteuren neben dem Transport kaum Zusatzdienstleistungen wie Lagerung, Kommissionierung, Sequenzierung, Kontrolle usw. an.

Aufgabe 5.2: Wo liegen die Vorteile und die Nachteile des Kombinierten Ladungsverkehrs?

Lösung: Der Kombinierte Ladungsverkehr verbindet die Vorteile zweier (oder mehrerer) Verkehrsträger, z. B. die schnelle und dichte Flächenerschließung des Lkws mit der schnellen und preisgünstigen Beförderung im Linienverkehr der Eisenbahn. Nachteilig ist bei jeder KLV-Technik das erhöhte Eigengewicht der Fahrzeuge und die geringere Nutzlast. Die meisten KLV-Techniken bedingen speziell für den Umschlag ausgerüstete Fahrzeuge. Umschlaganlagen erfordern hohe Investitionen, was einen flächendeckenden KLV-Einsatz (noch) ausschließt.

Aufgabe 5.3: Welche Vorteile bieten mechanisierte und automatisierte Umschlagsysteme?

Lösung: Mechanisierte und automatisierte Umschlagsysteme vermindern den (manuellen) Aufwand beim Ladungsumschlag. Durch eine erhebliche Verkürzung des Umschlagvorgangs ist das Verkehrsmittel schneller wieder einsatzbereit. Letztlich können mit derartigen Umschlagsystemen Umschlagvorgänge durch den Lkw-Fahrer übernommen werden.

Aufgabe 5.4: Welche Vor- und Nachteile haben Spezialfahrzeuge im Gütertransport?

Lösung: Spezialfahrzeuge sind meist mit spezifischen Einrichtungen zum Umschlag und zur Ladungssicherung für spezielle Transportgüter ausgestattet. Auch die Abmessungen der Fahrzeuge sind oft auf das Ladegut abgestimmt. Dies führt zu vereinfachten Umschlagvorgängen, einfacher und schneller Sicherung der Ladung sowie zu einer guten Ausnutzung der Fahrzeuge in Lastrichtung. Bei unpaarigem Verkehr fallen allerdings oft Leerfahrten der Fahrzeuge an.

6 Informations- und Kommunikationstechnik

Informations- und Kommunikationstechnik ist der Sammelbegriff für alle technischen Einrichtungen zur Informationsspeicherung, Informationsverarbeitung und Informationsübertragung, die auf den Entwicklungen der Mikroelektronik, der Computer- oder der Nachrichten- bzw. Satellitentechnik beruhen (nach [Klau00]).

Die Unterstützung logistischer Prozesse mittels Computer wurde Anfang der fünfziger Jahre des letzten Jahrhunderts im Korea-Krieg von den USA erprobt. Hierbei wurde der militärische Nachschub mit Hilfe von Lochkarten identifiziert, erfasst, disponiert und organisiert[48]. Danach setzte sich der Einsatz „Elektronischer Datenverarbeitung" auch in Wirtschaftsunternehmen (Industrie, Handel, Banken, Versicherungen) durch, wobei zunächst das Rechnungswesen (Finanz- und Anlagenbuchhaltung, Kostenrechnung), die Personalabrechnung sowie die Materialwirtschaft (vor allem Lagerverwaltung und Disposition) mit Hilfe von Batch-orientierten EDV-Systemen[49] unterstützt wurden. Durch die Weiterentwicklung der Computer, durch Dialogverarbeitung[50] und durch graphische Datenverarbeitung (CAD/CAM-Systeme) kam Mitte der achtziger Jahre der Gedanke auf, in Produktionsunternehmen mit Hilfe rechnergestützter Techniken (der sog. CAx-Technologien, also CAD, CAE, CAP, CAM, CAQ; siehe Abschn. 6.1) einen durchgängigen Informationsfluss und damit die Möglichkeit des wirtschaftlichen Einsatzes automatisierter Produktionseinrichtungen zu schaffen. In den USA plante General Motors zu dieser Zeit weitgehend automatische Produktions- und Montagewerke – die Vision der menschenleeren Fabrik beherrschte vielerorts die Unternehmensleitungen.

Um diese Vorstellungen und Ziele zu verstehen, muss man sich mit der Ablauforganisation beschäftigen, wie sie bis weit in die achtziger Jahre, teilweise bis heute, die Produktionsunternehmen beherrschte. Ausgehend von den Bedürfnissen einer Massengesellschaft war ab dem Anfang des zwanzigsten Jahrhunderts bis in die zwanziger Jahre die **Massenproduktion** in den USA und in Europa eingeführt worden. Aufbauend auf den Überlegungen von FREDERICK W. TAYLOR war es HENRY FORD I.[51] über die Einführung der Arbeitsteilung („Taylorismus") und des Fließbandes gelungen, das Produkt Automobil zu einem konkurrenzlos günstigen Preis auf den Markt zu bringen und damit die Grundlage für die Massenmotorisierung zu legen. Bis in die sechziger Jahre des letzten Jahrhunderts kennzeichnete die Massenproduktion weltweit die Industriebetriebe: Produkte wurden in wenigen Varianten unter **hoher Arbeitsteilung**, d. h. mit kleinsten Arbeitsinhalten des einzelnen Werkers, in hohen Stückzahlen zu günstigen Kosten produziert. Diese Art der Güterherstellung ermöglichte in vielen Industrieländern die Befriedigung der wachsenden Konsumwünsche und sorgte für

---

[48] Lindner, R.; Wohak, B.; Zeltwanger, H.: Planen, Entscheiden, Herrschen – Vom Rechnen zur elektronischen Datenverarbeitung; rororo-Sachbuch 7715, Rowohlt-Taschenbuch-Verlag, Reinbek bei Hamburg (1984)

[49] Batch-Betrieb: auch Stapel-Betrieb genannt; Computer-Betriebsart, bei der Rechenaufträge als Programm mit Daten auf Datenträger in einem Rechenzentrum ohne Beeinflussungsmöglichkeit durch den Anwender in eine Warteschlange eingereiht und nacheinander bearbeitet werden. Die Antwortzeit liegt im Bereich einiger Stunden.

[50] Dialogverarbeitung: Computer-Betriebsart, bei der der Anwender über ein (Bildschirm-)Datenterminal die Abarbeitung eines Programmes steuert. Die Antwortzeit des Systems liegt im Bereich einiger Sekunden bis zu wenigen Minuten

[51] Taylor, F. W.; Roesler, R.: Die Grundsätze wissenschaftlicher Betriebsführung; R. Oldenbourg Verlag, München (1919)
Ford, H.; Mein Leben und Werk; Paul List Verlag, Leipzig (o. J.; ca. 1920)

steigenden Wohlstand. Auf einen ab den siebziger Jahren festzustellenden Wandel im Konsumverhalten – es entstand der Wunsch nach individuellen, hochwertigen, aber gleichzeitig preiswerten Gütern – reagierten viele Hersteller durch eine ausgeprägte Nischenproduktion, d. h. durch immer neue Produktvarianten in immer kleineren Stückzahlen. Unter den vorhandenen Randbedingungen einer hohen Arbeitsteilung aus den Zeiten der Massenproduktion führte dies zu erheblichen Problemen, die Mitte der achtziger Jahre nicht mehr zu übersehen waren:

- lange Auftragsdurchlaufzeiten
- geringe Flexibilität
- geteilte Verantwortlichkeit, lange Instanzenwege bei Entscheidungen
- hoher Änderungsaufwand
- häufige Qualitätsmängel
- hohe Teilebestände
- häufige Terminüberschreitungen
- hoher administrativer Aufwand
- viele Routinetätigkeiten fürs Fachpersonal
- geringe Transparenz

Der Durchlauf eines Kundenauftrages durch ein tayloristisch organisiertes Unternehmen war durch die Abgrenzung der einzelnen Fachabteilungen gekennzeichnet, d. h., jede Abteilung erledigte jeweils ihren Anteil am Kundenauftrag, ohne die Schnittstellen und Randbedingungen der anderen Abteilungen tiefer gehend zu beachten.

6.1   Computer Integrated Manufacturing und Digitale Fabrik

Mitte der achtziger Jahre entwickelte sich die Idee des **Computer Integrated Manufacturing (CIM)**, der **rechnerintegrierten Produktion**[52]. Damit sollte auch unter den Randbedingungen hochwertiger kundenindividueller Produkte mit großer Variantenvielfalt eine wirtschaftliche, termintreue Produktion hoher Qualität möglich sein. CIM bedeutet deshalb die Integration aller Unternehmensdaten, die Nutz-

barmachung dieser nur an einer Stelle vorhandenen und stets aktuellen Daten mittels entsprechender Anwendungssysteme bei allen Betroffenen, und die damit mögliche Integration von Aufgaben zur Überwindung der Arbeitsteilung. So sollte schließlich die Abstellung der eingangs genannten Probleme gelingen.

Betrachtet man die innerhalb eines Produktionsunternehmens abzuwickelnden Aufgaben, so lassen sich drei „Aufgabensäulen" feststellen, Bild 6.1:

- **Unternehmensbezogene Aufgaben** ergeben sich aus der Existenz des Unternehmens und sind meist durch Gesetze und Vorschriften geregelt: Hierzu zählen die Finanz- und Anlagenbuchhaltung sowie die Personalverwaltung und -abrechnung. Bezieht man noch ein, dass die Mitarbeiter eines Unternehmens miteinander kommunizieren müssen (Austausch von Texten und Nachrichten, Erstellung von Geschäftsgrafiken, Terminabsprachen usw.), so kann man diese Aufgaben unter dem Begriff CAO (Computer Aided Organization/Computer Aided Office) zusammenfassen. Neben den oben erwähnten administrativen Anwendungen gehören die (PC-basierten) Büroanwendungen (Textverarbeitung, Electronic Mail, Tabellenkalkulation, Geschäftsgrafik, elektronischer Terminkalender usw.) in diese Säule.

- **Produktbezogene Aufgaben** umfassen alle Tätigkeiten zur fertigungsgerechten Definition eines Produktes, angefangen von Entwurf, Design, Entwicklung, Berechnung, Simulation (CAE – Computer Aided Engineering), über Konstruktion (CAD – Computer Aided Design), Fertigungs(ablauf)planung (CAP – Computer Aided Planning), Erstellung von NC-Programmen für numerisch gesteuerte Werkzeugmaschinen und Roboter (NC – Numerical Control), bis zur Fertigung und Montage (CAM

---

[52] Literatur zu CIM: [Dist00, Ehrl95, Geil93, Haas95, Rück92, Sche90, Schü94, Spur97]

– Computer Aided Manufacturing). Hier befindet sich der Schnittpunkt zu den unternehmensbezogenen und zu den noch zu besprechenden auftragsbezogenen Aufgaben. Schließlich gehört zu dieser Aufgabensäule die Qualitätssicherung (CAQ – Computer Aided Quality (Management)). Zur Vermeidung von Missverständnissen sei darauf hingewiesen, dass die Qualitätssicherung kein „Anhängsel" ist, sondern dass die Aufgaben der Qualitätssicherung den Produkterstellungsprozess vom Entwurf bis zur Montage begleiten müssen.

- **Auftragsbezogene Aufgaben** entstehen, wenn ein Kunde dem Unternehmen den Auftrag zur Herstellung eines Produktes erteilt. Rechnergestützt werden diese Aufgaben heute über PPS-Systeme (Produktionsplanung und -steuerung [53]) abgewickelt. Sie umfassen die Verwaltung der Kundenauftragsdaten (und deren Ableitung in Fertigungs- und Montageaufträge), die Materialdisposition (die Bestimmung benötigter Halbzeuge, Teile, Baugruppen usw. nach Menge und Termin), die Terminierung und Einlastung von Fertigungs- und Montageaufträgen (Bestimmung von Beginnterminen unter Berücksichtigung der Auslastung von Maschinen und Anlagen), die Werkauftragsveranlassung (Erstellung von Fertigungsunterlagen sowie die Festlegung der mit der Ausführung zu beauftragenden Anlage/Maschine und des Termins). Damit entstehen der Bezug zur Fertigung und so der Schnittpunkt mit den anderen Aufgabensäulen. Die Kontrolle des Fertigungsfortschrittes, der Vergleich von Soll und Ist, erfolgt über BDE-Systeme (BDE = Betriebsdatenerfassung). Um schließlich den Unternehmenserfolg bestimmen zu können, ist die Kostenrechnung notwendig, die als Kostenträgerrechnung das Auftragsergebnis und/oder als periodenbezogene Kostenrechnung das Unternehmensergebnis ermittelt. Außerdem werden hier als Kostenstellenrechnung z. B. Verrechnungssätze für die Kalkulation von Erzeugnissen ermittelt.

Das in Bild 6.1 dargestellte **CIM-Modell** geht über die üblichen CIM-Ansätze hinaus, weil es nicht nur produkt- und auftragsbezogene Aufgaben erfasst und integriert, sondern ebenso die unternehmensbezogenen Aufgaben einbezieht [54]. Dies ist sinnvoll, da Informationen z. B. der Finanz- und Anlagenbuchhaltung wie auch der Personalabrechnung in der auftragsbezogenen Säule entstehen (z. B. Kundenaufträge, Bestellungen, Fertigungsaufträge, verfahrene Lohnstunden). Gleichfalls fließen Daten aus unternehmensbezogener und auftragsbezogener Säule in die produktbezogene (z. B. als Verrechnungssätze für die Kalkulation). Ziel jedes CIM-Modells ist nun die datentechnische und funktionstechnische Verknüpfung der Unternehmensaufgaben und der sie unterstützenden DV-Anwendungen in einer unternehmensweiten einheitlichen Datenbasis. Wenn auch Logistik-Informationssystem und CIM keine Synonyme sind, so ist doch bei beiden eine weitgehende Überschneidung der Ziele und Inhalte festzustellen.

Folgende **computerunterstützte Technologien** werden heute in den Produktentstehungsphasen und bei Produktänderungen eingesetzt (diese Teilsysteme sind auch unter dem Begriff „CAx-Technologien" bekannt geworden) und erzeugen Produktdaten:

- **CAE – Computer Aided Engineering** umfasst Methoden zur Berechnung und Simulation von Produkten in der Entstehungsphase. Hierbei wird auf das mit CAD erstellte Geometriemodell zurückgegriffen.
- **CAD – Computer Aided Design**, rechnerunterstütztes Konstruieren, hat sich als unverzichtbares Werkzeug in Konstruktion und Entwicklung herausgestellt. Hier entsteht das Geometriemodell eines Produktes, d. h.

---

[53] Im englischen und inzwischen teilweise auch im deutschen Sprachraum wird dafür die Bezeichnung ERP-System (Enterprise Resources Planning) verwendet.

[54] Das bekannteste CIM-Modell von Scheer betrachtet z. B. nur die produkt- und die auftragsbezogenen Aufgaben; siehe [Sche90].

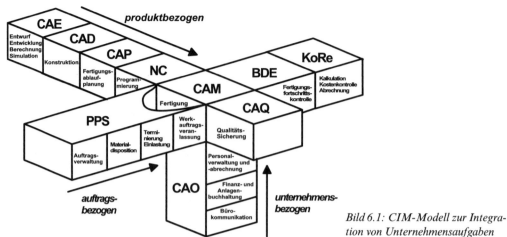

Bild 6.1: CIM-Modell zur Integration von Unternehmensaufgaben

die Beschreibung des Produktes in digitaler Darstellung. Aus dem Geometriemodell können Ansichten und Schnitte (und in der Regel auch die Stückliste) des Produktes abgeleitet werden; das Geometriemodell ist die Datenbasis aller Aktivitäten innerhalb CIM.

- **CAP – Computer Aided Planning** ist die rechnerunterstützte Arbeitsplanung, d. h. das Erstellen von Arbeitsplänen und Programmen für numerisch gesteuerte Werkzeugmaschinen (NC-Programme) unter Verwendung der Produktgeometrie.

- **CAQ – Computer Aided Quality** (auch: Computer Aided Quality Management) ist die rechnerunterstützte Qualitätssicherung. Dies geht von der Ansteuerung von 3D-Messmaschinen mit Hilfe der CAD-Produktdatengeometrie bis zur Überwachung der Serienproduktion einschließlich der statistischen Auswertung der Daten.

- **CAM – Computer Aided Manufacturing**, rechnerunterstützte Fertigung, beschreibt den Einsatz numerisch gesteuerter Werkzeugmaschinen und Industrieroboter zur Fertigung und Montage unter Verwendung der Produktgeometrie. Dies ist sowohl zur Herstellung von Prototypen als auch in der Serienfertigung möglich. Hierzu gehört auch die Erstellung von Werkzeugen und Vorrichtungen. CAM führt Produktdaten

(NC-Programme) mit Auftragsdaten (Mengen, Termine) zusammen.

- **PPS – Produktionsplanungs- und -steuerungssystem** – ist im Produktionsunternehmen das Kernsystem innerhalb eines Logistik-Informationssystems. Hier werden Auftrags-, Produkt-, Produktions- und Unternehmensdaten gespeichert und verarbeitet, z. B. Bestände, Bedarfe, Termine, Kosten, Kapazitäten, Belastungen, usw. In Handelsunternehmen steht an seiner Stelle das Warenwirtschaftssystem.

Ein wesentliches Ziel von **CIM-Systemen** ist die Verkürzung der Durchlaufzeit von Aufträgen: CIM ermöglicht durch Datenintegration den Übergang von der seriellen zur parallelen Abarbeitung von Auftrags-(Teil-)Vorgängen (Vorgangsintegration). Insbesondere alle Vorgänge in der Produktionsvorbereitungsphase können teilweise nebeneinander statt hintereinander ablaufen.

In der Entwicklung und Konstruktion neuer Produkte spricht man in diesem Zusammenhang auch vom „**Simultaneous Engineering**", der simultanen Produktentwicklung, die auch z. B. Ingenieurbüros und Zulieferer einbezieht.

Mit Hilfe rechnerintegrierter Produktionskonzepte kann die Auftragsdurchlaufzeit besonders in der Einzelfertigung (kundenbezogene Produkte, „Maßschneiderei") erheblich verkürzt werden, was heute im Hinblick auf die Kundenansprüche und das Warenangebot von Mitbewerbern in fast allen Branchen als Notwendigkeit zum mittelfristigen Überleben eines Produktionsunternehmens angesehen wird. Selbst in Unternehmen mit Serienfertigung wie der Automobilindustrie kann die Produktentstehungszeit erheblich verkürzt werden. Man bedenke außerdem, dass bei Serienfertigern z. B. die Bereiche Versuchs- und Musterbau sowie Werkzeug- und Vorrichtungsbau typische Bereiche mit Einzel- und Kleinserienfertigung sind.

> Eine Verkürzung der Durchlaufzeit eines Entwicklungsauftrages bedeutet einen früheren Markteintrittstermin für das Serienprodukt.

Im Nutzfahrzeug- und Schienenfahrzeugbereich mit teilweise kundenindividuellen Produkten lassen sich erhebliche Kosteneinsparungen und kürzere Durchlaufzeiten in der Produktionsvorbereitung erzielen.

Da sich aus der Durchlaufzeit

- Zeitpunkte für die Festlegung der Kundenspezifikation
- Zeitpunkte für die Freigabe und Finanzierung der Zukäufe
- Zeitpunkte für die Bereitstellung von Kapazitäten
- Zeitpunkte für die Bereitstellung von Personal und
- Bestände an Halbfabrikaten und unfertigen Erzeugnissen

ableiten, bleibt die Verkürzung der Durchlaufzeit ein wichtiges Ziel.

Seit etwa zehn Jahren lässt sich im Bereich der Produktdaten eine neue Entwicklung in der Datenverarbeitung erkennen [Ehrl95, Spur97], das sog. **Digitale Produktmodell (Digital Mock-up, DMU)**, Bild 6.2: Ausgangspunkt für das DMU sind 3D-CAD-Modelle als CSG- oder BRep-Modell[55]. Dieses 3D-Geometrie-

modell des Produktes dient als Basis der **Berechnung und Simulation**, d. h. mit Hilfe der Finite-Elemente-Methode (FEM) lassen sich statische und dynamische Eigenschaften (Steifigkeit, Verformungen unter Last, Crash, Eigenfrequenzen und Eigenformen, dynamische Verformungen), Wärmeströmung und Wärmeleitung, Strömungsvorgänge (z. B. Luftwiderstandsbeiwert c_w) sowie akustische Eigenschaften des künftigen Produktes in einer frühen Entwicklungsphase berechnen. Auch Kinetik und Kinematik (Fahrverhalten und Schwingungsverhalten, Freigängigkeit bewegter Teile, Kräfte und Momente bei Bewegungsabläufen) werden in Simulationen untersucht. Damit können Entwicklungsergebnisse abgesichert sowie Versuche mit ihren Kosten und ihrem Zeitaufwand eingespart werden.

Mit Methoden des **Rapid Prototyping** werden Anschauungs- und Funktionsmodelle des zukünftigen Produkts direkt aus dem CAD-Datensatz innerhalb einiger Stunden erstellt. **Rapid Tooling** ermöglicht die schnelle Herstellung von Prototyp- und Vorserienwerkzeugen. Ziel ist auch hier die Verkürzung der Entwicklungsprozesse.

CAP – Computer Aided Planning – bedient sich im Rahmen der Fabrik- und Anlagenplanung ebenfalls des 3D-Produktmodells: So können Technologien simuliert werden, z. B. das Blechumformen, um in der Simulation riss- und beulgefährdete Bauteilbereiche zu erkennen. Ebenso können z. B. zur Gestaltung von Spritzgusswerkzeugen die Spritz-, Abkühl- und Schrumpfvorgänge simuliert werden. Auch komplexe Montageanlagen oder einzelne Montagearbeitsplätze können am digitalen Modell simuliert und optimiert werden. Ein Produkt kann auf Montierbarkeit und Wartbarkeit hin (z. B. Zugänglichkeit einzelner

---

[55] CSG = Constructive Solid Geometry = Vollkörpermodell; BRep = Boundary Representation = Flächenbegrenztes Modell; beide Modelle sind vollständig dreidimensionale Geometriebeschreibungen.

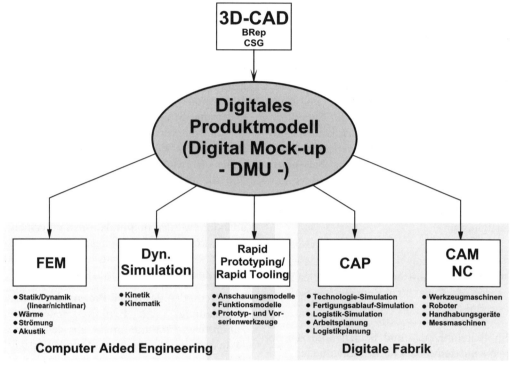

Bild 6.2: Digitales Produktmodell und Digitale Fabrik

Teile und Baugruppen) untersucht werden. Mit einer Logistik-Simulation werden Kapazitäten und Durchsätze ganzer Fertigungsbereiche ermittelt und verbessert; auch die Anzahl notwendiger Fördermittel, die Größe von Pufferbereichen sowie die Zykluszeiten von Förder- und Produktionsmitteln können simuliert und optimiert werden. In der Arbeitsplanung am Simulationsmodell werden z. B. die Ergonomie von manuellen Montageplätzen verbessert oder Vorgabezeiten für Bewegungs- und Arbeitsabläufe ermittelt. Die Logistikplanung greift z. B. bei der Konstruktion spezieller Ladehilfsmittel oder Handhabungsmittel auf die Produktgeometrie zurück. Ziele im Bereich des CAP sind die Verkürzung der Planungsprozesse, aber insbesondere auch deren Absicherung, denn die Optimierung einer realisierten Anlage oder Fabrik ist zeitaufwändig und teuer, meist aber nur in Teilbereichen möglich. Mit Hilfe von Simulationstechniken können in der Fabrik- und Anlagenplanung Fehlinvesti-

tionen vermieden werden [Baye02]. Die entsprechenden Softwaresysteme werden unter dem Begriff **„Digitale Fabrik"** zusammengefasst, Bild 6.2.

Die **Digitale Fabrik** ist ein integriertes Computermodell einer Produktionsstätte – von der gesamten Fabrik bis hin zum einzelnen Bearbeitungsschritt.

Auch das **CAM-System** und die **NC-Technik** greifen auf das digitale Produktmodell zurück. Ausgehend von der Bauteilgeometrie werden hier Werkzeugwege generiert und als NC-Programme den Maschinen zur Verfügung gestellt. Die Simulation von Fertigungsvorgängen spielt eine wesentliche Rolle, um z. B. Kollisionen zwischen Werkzeug und Maschine (Drehmeißel fährt ins Spannfutter, Roboter beschädigt mit Schweißzange die Spannvorrichtung) vor dem Echtablauf des NC-Programmes zu erkennen und zu beseitigen.

Das Digitale Produktmodell hat zukünftig somit direkte Bedeutung für die Planungsprozesse innerhalb der Produktionslogistik, obwohl es sich bei den Daten des DMU um technische Daten, im Wesentlichen um graphische Produktdaten handelt. Bild 6.3 zeigt Beispiele für die **Anwendung der Digitalen Fabrik**. Da die 3D-Produktdaten in der Regel sehr umfangreich sind, werden die Geometrien der Produkte in der Simulation vereinfacht. So sind z. B. in Bild 6.3 oben die Getriebe nur durch ihre äußere Hülle repräsentiert, um die Dateigrößen zu vermindern. Alle Teile im Inneren der Getriebe sind im Modell „ausgeblendet". In Bild 6.3 unten ist nur der für die Untersuchung relevante Teil der Produktdaten, in diesem Fall A-Säule, Fußraum und rechte Hälfte des Cockpits, für die Untersuchung verwendet worden. Alle relevanten Maße der Produkte oder Baugruppen werden aber aus dem CAD-Modell übernommen, so dass z. B. realistische Störkanten- oder Freigängigkeitsuntersuchungen möglich sind. Auch die verwendeten „Manikins" entsprechen in ihren Körpermaßen [56] und Bewegungsmöglichkeiten menschlichen Vorbildern.

Da von bestehenden Fabriken meist keine vollständigen CAD-Daten der Gebäude und Einrichtungen vorliegen, wird hier mit der sog. **„Augmented Reality"** gearbeitet: Mit Hilfe mehrerer Kameras wird die reale Fabrikumgebung aufgenommen und im Computer ohne Erstellung eines 3D-Geometrie-Modells in eine maßstäbliche 3D-Darstellung umgerechnet, in die die virtuellen Anlagen und Maschinen eingeplant werden können. Eine aufwändige vollständige Datenaufnahme der Fabrik kann dadurch vermieden werden. Trotzdem ist die Anwendung von Methoden der Digitalen Fabrik möglich [57].

Logistik-Informationssysteme werden in Industrieunternehmen zur Planung, Steuerung und Überwachung von Prozessen eingesetzt. Produktionsprozesse laufen zwischen Lieferantenmarkt (Beschaffungsmarkt) und Käufermarkt (Absatzmarkt) ab, Bild 6.4. Neben dem Materialfluss vom Lieferanten zum Käufermarkt besteht ein Informationsfluss, der seinen Ausgang am Käufermarkt nimmt (Kundenanfrage, -auftrag), die Planungsabteilungen durchläuft, Beschaffungsvorgänge auf dem Lieferantenmarkt auslöst (Bestellungen) und den Materialfluss durch das Unternehmen begleitet. Ziel muss es unter den heutigen Marktgegebenheiten sein, eine hohe Transparenz im Informationsfluss zu erzielen und Materialbestände durch Informationen zu ersetzen. Dann kann, wie in Bild 6.4 dargestellt, eine **Logistikleitzentrale** (in manchen Unternehmen auch „Auftragszentrum" genannt) die Durchsteuerung von Kundenaufträgen ganzheitlich übernehmen. Damit ist eine Überwindung der herkömmlichen arbeitsteiligen Organisation mit ihren Problemen aufgrund geteilter Verantwortlichkeit möglich. Die Realisierung einer **Logistikleitzentrale** erfordert den Einsatz rechnergestützter Informationsverarbeitung.

Abschließend sind in Bild 6.5 die Teilsysteme eines unternehmensweiten Logistik-Informationssystems dargestellt, wobei auch die im Bereich der Produktentwicklung und -definition verwendeten Systeme erwähnt sind („CAx", s. o.), da in ihnen Daten des Produktes entstehen, die im Logistikbereich weiterverarbeitet werden. Diese Systeme werden hier nicht weiter betrachtet, liefern aber wesentliche Daten für das Logistik-Informationssystem.

> Kern eines Logistik-Informationssystems ist in einem Produktionsunternehmen das PPS-System.

Das **PPS-System** beinhaltet die in Bild 6.4 (in der inneren Wabe) dargestellten Funktionen:

---

[56] Für Untersuchungen stehen meist unterschiedliche „Manikins" zur Verfügung, z. B. kleine Frau, mittelgroßer Mann, großer Mann usw.

[57] siehe z. B.: Zäh, M. F.; Vogl., W.; Patron, C.; Interaktive Planung von Produktionssystemen mittels Augmented Reality – Überblick und Anforderungen sowie Verfahren zur Interaktion und Analyse; Werkstatttechnik 95 (2005) H. 9, S. 615–619

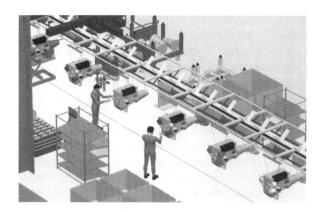

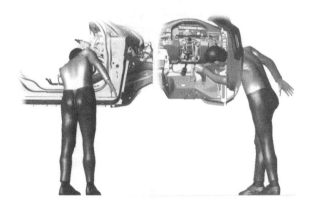

Bild 6.3: Anwendungsbeispiele der Digitalen Fabrik; oben: Simulation einer Getriebe-Montagelinie [Werkbild: Delmia GmbH]; unten: Ergonomieuntersuchung bei der Montage von Teilen im Fußraum eines Pkw [Werkbild: Volvo AB/Tecnomatix GmbH]

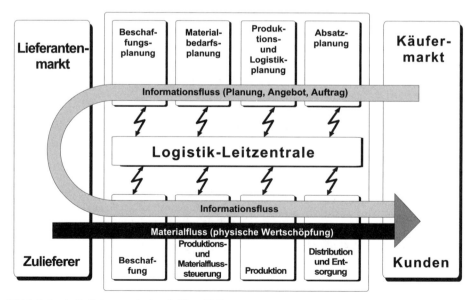

Bild 6.4: Logistik-Leitzentrale (nach [Jüne89])

- Auftragsverwaltung
- Bedarfsplanung
- Kapazitäts- und Terminplanung
- Einkaufssteuerung
- Lagerverwaltung
- Fertigungssteuerung.

Zu den betriebswirtschaftlichen Funktionen gehören

- Kostenrechnung und Kalkulation, Controlling
- Finanzbuchhaltung
- Anlagenbuchhaltung
- Personalabrechnung,

für die Datenverknüpfungen mit dem PPS-System bestehen, da betriebswirtschaftliche Daten (z. B. Teilekosten, Maschinenstundensätze, Personalstundensätze) im PPS-System relevant sind, ebenso aber auch PPS-Daten (z. B. Materialverbräuche, verfahrene Personal- und Maschinenstunden) in die genannten betriebswirtschaftlichen Systeme zurückfließen.

Weitere logistische Funktionen werden in vielen Unternehmen durch zusätzliche (Software-) Systeme abgedeckt: Da fast alle am Markt befindlichen PPS-Systeme im Werkstattsteuerungsbereich Defizite aufweisen, haben sich in Deutschland sog. **Leitstandssysteme zur Werkstattsteuerung** durchgesetzt. Ebenso gibt es spezielle Systeme für die **Steuerung des DNC-Betriebs** von Maschinen und Anlagen (DNC = Distributed Numerical Control, Numerische Steuerung von Werkzeugmaschinen mittels übergeordnetem Rechner). **DNC-Systeme** verknüpfen die Auftragsdaten mit den Produktdaten (NC-Programme). Sie verwalten und steuern die Fertigungsaufträge für Maschinen und sammeln Auftrags-Ist-Daten bzw. Maschinendaten (MDE, Maschinendatenerfassung). Auch die Werkzeug- und Vorrichtungsverwaltung und -steuerung gehören in diesen Funktionsbereich (besonders wichtig in der flexiblen Fertigungstechnik, bei der an einzelnen Fertigungszellen oder -systemen z. T. mehrere Hundert Werkzeuge vorgehalten werden).

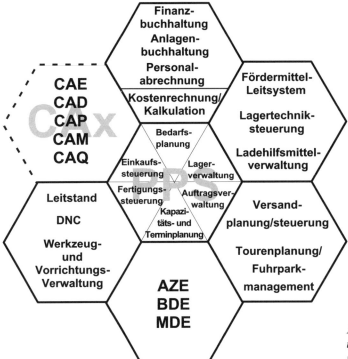

Bild 6.5: (Software-) Teilsysteme innerhalb eines Logistik-Informationssystems (nach [Jüne89])

Da marktübliche PPS-Systeme keine Funktionen für die **Steuerung von Fördermitteln und Lagertechnik** beinhalten, werden hier wieder spezielle Systeme (Bild 6.4, rechte obere Wabe) eingesetzt. Gleiches gilt auch (Bild 6.4, rechts unten) für die **Versandplanung und -steuerung**, die **Tourenplanung** von Außendienstmitarbeitern und Auslieferungsfahrzeugen sowie das Fuhrparkmanagement.

Um die **Umsetzung der Planungsvorgaben zu überwachen** und den Stand der Produktion bzw. Auftragsabarbeitung zu verfolgen, werden Systeme zur

- **AZE (Anwesenheitszeit-Erfassung** der Mitarbeiter)
- **BDE (Betriebsdaten-Erfassung**, insbesondere Auftragsrückmeldung)
- **MDE (Maschinendaten-Erfassung)**

verwendet. Die Daten, die hier erfasst werden, gehen nach der Verdichtung ins PPS-System und in die betriebswirtschaftlichen Systeme ein und werden dort als Ist-Daten z. B. für die mitlaufende und die Nachkalkulation von Aufträgen, für die Fakturierung und für die Personalabrechnung sowie für das Controlling verarbeitet.

> Für die wirtschaftliche und schnelle Informationsverarbeitung, zur Vermeidung der Mehrfacherfassung von Daten und zur redundanzfreien Speicherung der Unternehmensdaten sollten Logistik-Informationssysteme ganzheitlich geplant und ohne Insellösungen verwirklicht werden.

Leider müssen bei der Realisierung solcher Systeme oft bestehende Insellösungen berücksichtigt werden, was einer durchgängigen Informationsverarbeitung aber meist nicht dienlich ist. Andererseits sind umfassende Gesamtlösungen passend zu den speziellen Bedürfnissen eines bestimmten Produktionsunternehmens am Markt nicht vorhanden. Dies ist bei der Vielzahl unterschiedlicher Anforderungen auch für die Zukunft nicht zu erwarten, so dass jedes Unternehmen ein spezielles Konzept zur

Realisierung eines Logistik-Informationssystems erarbeiten (lassen) muss.

6.2   Produktionsplanungs- und Steuerungssystem

In der Automobilindustrie sind für die Steuerung der Fertigung und Montage aufgrund spezifischer Anforderungen meist **unternehmensindividuell erstellte Planungs- und Steuerungssysteme** im Einsatz. Zunehmend ist jedoch festzustellen, dass auch hier zumindest in Teilbereichen **Standard-PPS-Systeme** oder Standard-Module zum Einsatz kommen. Der Hintergrund dafür ist einerseits der enorme Kosten- und Zeitaufwand für die Entwicklung eigener Software-Lösungen, anderseits auch das hohe Entwicklungsrisiko und der Pflege- bzw. Wartungsaufwand für Individualsysteme. Dennoch sollte vor jedem Softwareeinsatz zwischen Standard- und Individuallösung abgewogen werden, da gerade im Bereich der Produktionsplanung und -steuerung durch marktgerechte Abläufe Wettbewerbsvorteile erzielt werden können.

> Beim Einsatz von **Standard-Software** werden z. B. die Abläufe bei der Durchsteuerung von Kundenaufträgen durch das PPS-System vorgegeben – wer also dasselbe PPS-System wie sein Mitbewerber einsetzt, hat auch dieselbe Ablauforganisation und damit keine Wettbewerbsvorteile bei der Auftragsabwicklung.

Bild 6.6 zeigt zu den betriebstypologischen Merkmalen von Produktionsunternehmen die möglichen Merkmalsausprägungen in Form eines morphologischen Kastens. Aufgrund der Vielzahl von Kombinationsmöglichkeiten sind Standardsysteme selten in der Lage, alle Anforderungen abzudecken, obwohl mehr als 100 PPS-Systeme am deutschsprachigen Markt für die Maschinenbau-, Fahrzeug- und Elektro-Industrie angeboten werden. Dazu gehören solche für (klassische) Großrechnersysteme,

Betriebstypolog. Merkmal	Merkmalsausprägung				
Konstruktionsart	Individual-	Kunden- (Anpass-)	Katalog-	Kombinationen	
Erzeugnisstruktur	Einteilige Erzeugnisse	Mehrteilige Erzeugnisse mit einfacher Struktur	Mehrteilige Erzeugnisse mit komplexer Struktur		
Auftragsauslösungsart	Produktion auf Bestellung mit Einzelaufträgen	Produktion auf Bestellung mit Rahmenaufträgen	Produktion auf Lager		
Dispositionsart	kundenauftrags-orientiert	überwiegend kundenauftrags-orientiert	weitgehend programmorientiert	programm-orientiert	
Beschaffungsart	Fremdbezug unbedeutend (Eigenfertigung)	Fremdbezug in größerem Umfang	weitgehender Fremdbezug	Kunden-beistellung	Kombinationen
Fertigungsart	Einmal-fertigung	Einzelfertigg./Kleinserie	Serien-fertigung	Massen-fertigung	
Fertigungsablaufart	Baustellen-fertigung	Werkstatt-fertigung	Insel-fertigung	Fließ-fertigung	Taktfertigung
Fertigungsstruktur	Fertigung mit geringer Tiefe	Fertigung mit mittlerer Tiefe	Fertigung mit großer Tiefe		

▬▬▬▬▬ Pkw-Hersteller

▭▭▭▭▭ Sonderfahrzeug-Hersteller

Bild 6.6: Kategorien betriebstypologischer Merkmale zur PPS-Auswahl (nach [Kurb93])

für Minicomputer („mittlere Datentechnik") als auch für Client-Server-Lösungen auf PC-Basis. In Bild 6.6 sind beispielhaft die betriebstypologischen Merkmale für einen Pkw-Hersteller sowie einen Hersteller von Sonderfahrzeugen, z. B. Spezial-Nutzfahrzeug-Anhängern markiert.

6.2.1 Stammdatenverwaltung

Die grundsätzlichen Teilaufgaben der PPS wurden oben bereits genannt und sollen jetzt spezifiziert werden. Als erstes wird die **Stammdatenverwaltung** erläutert. Stammdaten sind die weitgehend unveränderlichen Unternehmensdaten, deren Vorhandensein und deren Pflege für das PPS-System unbedingt erforderlich sind, z. B.:

- Teiledaten (Daten der Erzeugnisse, Baugruppen, Teile, Halbzeuge usw.)
- Kundendaten
- Lieferantendaten
- Lagerortdaten
- Personaldaten

- Anlagen-, Maschinen-, Arbeitsplatz- und Arbeitsplatzgruppendaten (Kapazitätsdaten)
- Kostenstellendaten

Die **Teilestammdaten** werden im Bild 6.7 beispielhaft aufgezählt und Datengruppen zugeordnet. Man erkennt, dass bestimmte Stammdaten durchaus veränderlich sein können, z. B. die ABC-Klassifizierung, der Mindestbestand, der Verkaufspreis usw. Nicht für jedes Teil sind alle Datengruppen vorhanden; so werden für Eigenfertigungteile keine Beschaffungsdaten, für Kaufteile keine Produktionsdaten benötigt. Wichtig für die Funktion eines PPS-Systems sind z. B. Beschaffungsarten- und Dispositionsartenschlüssel. Über sie werden in der Bedarfsrechnung bestimmte Abläufe gesteuert. **Beschaffungsarten** können z. B. sein: Eigenfertigung, Kaufteil nach Katalog (Teilespezifikation nach Normblatt, Herstellerkatalog usw.), Kaufteil nach Zeichnung (Zeichnung muss im eigenen Hause vor Bestellung erzeugt werden), Kaufteil mit Materialzulieferung (dem Lieferanten muss das Halbzeug geliefert werden) und Kundenbeistellung (der Kunde liefert das Teil passend zur Bearbeitung oder Montage an; üblich z. B. bei Aufträgen von Großkunden). Als **Dispositionsarten** sind zu nennen: auftragsbezogen (Teil wird nur in der Auftragsmenge beschafft oder gefertigt, wenn ein Kundenauftrag vorliegt), bedarfsgesteuert (Teil wird nur beschafft oder gefertigt, wenn Aufträge vorliegen; Teilmengen aus einzelnen Aufträgen werden zusammengefasst), lagerhaltig und verbrauchsbezogen (das Teil wird beschafft oder gefertigt, wenn bestimmte Bestände am Lager unterschritten werden).

Gerade im Zuge starker Differenzierung der Produkte zur Erfüllung von Kundenwünschen und damit zur Besetzung von Marktnischen geht eine starke Zunahme der Teilevielfalt einher. So umfasst z. B. die Teiledatei eines Schienenfahrzeugherstellers ca. 500.000 lebende Teile (extreme Kundenorientiertheit), aber auch im Ersatzteillager eines großen Automobilherstellers werden z. B. 185.000 verschiedene Teilepositionen verwaltet. Ziel muss sein, das **Ansteigen der Teilevielfalt zu begrenzen.** Dies kann durch komfortable Suchmöglichkei-

ten im vorhandenen Teilestamm erreicht werden. Eine Suchanfrage bezieht sich dabei meist auf mehrere Merkmale eines Teils, z. B.: „Suche Sechskantschraube DIN ISO 4017 (Gewinde bis Kopf), M8, Länge zwischen 50 und 60 mm, verzinkt". Das System stellt dann eine Liste der den Suchargumenten entsprechenden Teile am Bildschirm dar, aus der ein verwendbares Teil ausgewählt werden kann. So erschließen sich z. B. dem Konstrukteur die bereits im System vorhandenen Teile. Auf diese Weise werden die Mitarbeiter der Konstruktion angehalten, vorhandene Teile wieder zu verwenden, statt neue Teile gleicher Funktion und oft sogar gleicher Abmessung neu zu erfinden. Dazu muss die Teilesuche aber ein schnelles Ergebnis versprechen – dauert sie zu lange oder liefert sie häufig unbrauchbare Ergebnisse, werden erfahrungsgemäß von den Konstrukteuren lieber neue Teile konstruiert. Dies ist für Unternehmen aber mit erheblichen Kosten verbunden, denn jedes neue Teil erfordert die Erstellung von Geometrie und evtl. Stückliste, die Erzeugung eines Arbeitsplanes, eines NC-Programmes und evtl. von Vorrichtungen und Werkzeugen, sowie die Eröffnung

Identifikationsdaten	Ordnungsdaten	Konstruktionsdaten	Dispositionsdaten	Bedarfsdaten
* Sachnummer (Teilenummer, Identnummer) * Zeichnungsnummer * sonstige Unterlagennummern	* technische Klassifikation * ABC-Klassifizierung * normierte Benennungen * Teileart * Statusdaten	* Funktion * Form * Abmessungen * Werkstoff * Gewicht * physikalische Eigenschaften	* Beschaffungsart * Dispositionsart * Dispositionsstufe * Ersatzteilart * Ausschussfaktor * Losgrößenverfahren	* Bedarfsart * akkumulierter Bedarf * akkumulierter gedeckter Bedarf
Bestandsdaten	**Absatzdaten**	**Beschaffungsdaten**	**Produktionsdaten**	**Kalkulationsdaten**
* akkumulierte Bestände * akkumulierte reservierte Bestände * Mindestbestand * Bestellbestand * max. Bestand	* Verkaufspreis * Rabatte * Bonuskonditionen * Mindestverkaufsmenge * Verpackungsmengen	* Einstandspreise * Wiederbeschaffungsfrist * Bestellmengengrenzen * Mindestabnahmemengen * Verpackungsmengen	* Vorlauffristen * Durchlauffristen * Verfahrensvarianten * Teilefamilienkennung	* Materialkosten * Lohnkosten * Maschinenkosten * Auftragswiederholkosten * Lagerkostensatz

Bild 6.7: Datengruppen der Teiledatei [Ihme00]

eines Materialkontos. Mittlere Unternehmen rechnen für jedes Neuteil mit Verwaltungskosten von € 600 bis € 800, ohne Berücksichtigung des Aufwandes für Werkzeug- und Vorrichtungsbau sowie für die Herstellung des Teils.

Zum Stammdatenbereich gehören weiterhin **Struktur- und Zuordnungsdaten** insbesondere **Stücklisten** und **Arbeitspläne**, die die Grundlage der PPS-Kernfunktionen (Bedarfsrechnung, Terminierung, Kapazitätsplanung, usw.) sind. Stücklisten ordnen oberen Teilen (= Baugruppen) untere Teile (= Stücklistenpositionen) zu; Arbeitspläne sind Zuordnungen zwischen Teil und Arbeitsgängen zur Herstellung des Teils.

6.2.2 Absatzplanung und Absatzsteuerung

Wesentlichen Funktionen aus dem PPS-Teilgebiet **Absatzplanung und Absatzsteuerung** sind:

- Angebotsplanung und -steuerung mit den Teilfunktionen Projektierung, Terminierung, Kalkulation und Vertragsgestaltung
- Auftragsplanung und -steuerung mit Kunden- und Auftragsverwaltung sowie Versandabwicklung
- Produktionsprogrammplanung bestehend aus Prognoserechnung, Lagerreichweitenermittlung und Programmoptimierung
- Absatzstatistik nach Produkten, Kunden, Absatzgebieten

Nicht jedes Unternehmen benötigt alle aufgeführten Abläufe; so ist z. B. die Prognoserechnung bei auftragsbezogener Fertigung (z. B. Schienenfahrzeugindustrie) überflüssig, während sie bei lagerorientierter Produktion (z. B. in der Pkw-Industrie für die Aggregatesteuerung) wesentlich ist. Diese Zusammenhänge werden im Bild 6.8 für vier wichtige **Unternehmenstypen** erläutert. Zu beachten ist, dass in vielen Unternehmen Mischformen der

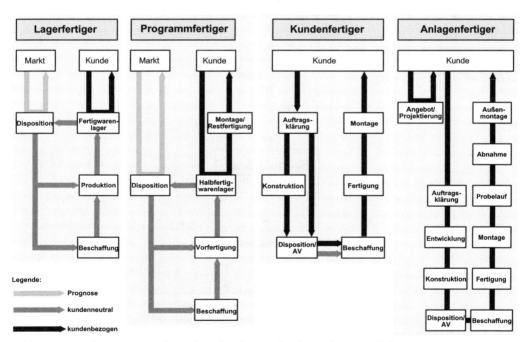

Bild 6.8: Unternehmenstypen in der Auftragsbearbeitung (nach [Müller, R.; Fuhrberg-Baumann, J.; Integriertes Auftragsmanagement – Kurze Lieferzeiten und hohe Termintreue durch Einführung von Vertriebsinseln; Handbuch der modernen Datenverarbeitung (1993) Bd. 173, S. 74–86])

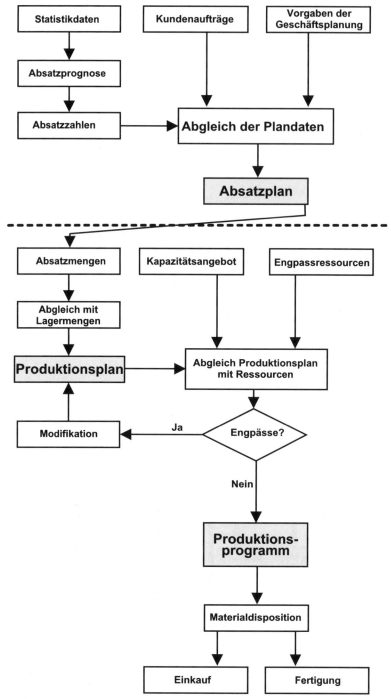

*Bild 6.9: Schematische Darstellung der Absatzplanung (oben) und der Programm-
planung (unten) beim Lagerfertiger (nach [Schweigert, D.; Abt, O.; Übersicht
über Absatz- und Programmplanung in PPS-Standardsoftware;
REFA-Nachrichten 47(1994) H. 4, S. 4–19])*

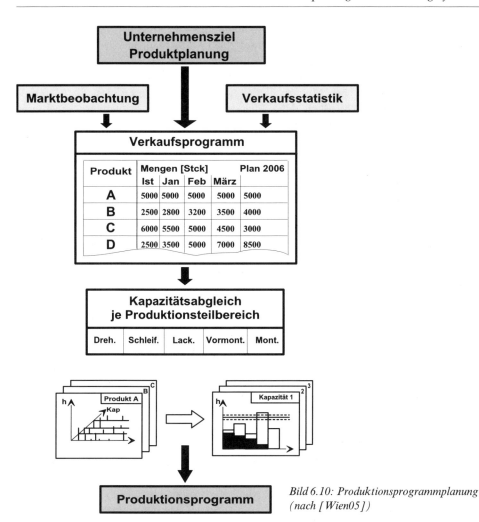

Bild 6.10: Produktionsprogrammplanung
(nach [Wien05])

genannten Typen der Auftragsbearbeitung bestehen. Die Pkw-Industrie gehört weitgehend zum Typ **„Programmfertiger"**. Aufgrund der langen Durchlaufzeiten werden Aggregate (Motoren, Getriebe, Achsen) meist auf Prognose gefertigt; Karosseriebau und Endmontage erfolgen kundenauftragsorientiert. Ein Unternehmen für Nutzfahrzeug-Anhänger gehört eher zum Typ **„Kundenfertiger"**, da Sonderwünsche des Kunden meist berücksichtigt werden und z. B. zusätzlichen Konstruktionsaufwand erfordern. Die Schienenfahrzeugindustrie ist dem **„Anlagenfertiger"** zuzuordnen, da sie noch oft nach Pflichtenheften der Kunden entwickelt und konstruiert – Lagerhaltung ist deswegen selbst im Bereich der

Halbzeuge nicht möglich. Nachteilig sind hierbei die langen Lieferzeiten, so dass die Schienenfahrzeugindustrie über Standardprodukte und Modularisierung sich langsam auf dem Weg zum „Kundenfertiger" befindet.

Beim **„Lagerfertiger"**, Bild 6.9, entsteht aus vorliegenden Kundenaufträgen und aus der Geschäftsplanung (z. B. Markteinführung eines neuen Produktes) sowie aus **Absatzstatistiken und Marktprognosen** des Vertriebs der Absatzplan bzw. das **Verkaufsprogramm** (Absatzzahlen je Produkt nach Menge und Termin, Bild 6.10). Nach dem Abgleich mit vorhandenen Beständen im Erzeugnislager wird daraus der **Produktionsplan**, der nun mit den vorhandenen Ressourcen an Personal, Anlagen/Maschinen, Material, Finanzmitteln usw. abgestimmt werden muss. Engpässe bei den Ressourcen erfordern Modifikationen des Produktionsplans (Veränderungen bei Mengen und Terminen) und ergeben schließlich das **Produktionsprogramm**, das jetzt als Basis weiterer Planungen, insbesondere der Materialdisposition dient. Aus dem Produktionsprogramm leiten sich Bestellvorschläge an den Einkauf sowie Fertigungs- und Montageauftragsvorschläge für die eigene Fertigung ab.

6.2.3 Materialdisposition

Die **Materialdisposition** steht im Mittelpunkt der dritten PPS-Teilaufgabe, der **Bedarfsrechnung**[58]. Bild 6.11 zeigt das generelle Vorgehen. Ausgehend von den Anforderungen des Vertriebs, die im Produktionsprogramm münden, werden von den festgelegten Produktmengen (= Brutto-Primärbedarf) zunächst die Bestände im (Verkaufs-)Lager subtrahiert. Die Differenz ist der **Netto-Primärbedarf**, mithin die zu montierende Stückzahl an verkaufsfähigen Erzeugnissen. Über die Strukturstückliste des Produktes werden die Mengen der benötigten Baugruppen und Teile der Erzeugnisebene 1 ermittelt, also die Brutto-Sekundärbedarfe. Dafür erfolgt wieder ein Abgleich mit Beständen des (Fertigteile-/Zukaufteile-)Lagers. Die nicht durch Bestand gedeckten Bedarfe ergeben je nach Beschaffungsart des betreffenden Teils Bestellvorschläge bzw. Fertigungsauftragsvorschläge – Vorschläge deswegen, weil im Einkauf bzw. in der Fertigungssteuerung noch Mengenänderungen aufgrund von Mindesteinkaufsmengen, Verpackungsmengen, erzielbaren Rabatten, bzw. Fertigungsdurchlaufzeiten, Werkzeugstandmengen usw. vorgenommen werden müssen.

Die **Auflösungsrechnung** wird Stücklistenebene für Stücklistenebene wie oben beschrieben weitergeführt, bis alle Positionen in der benötigten Menge berechnet sind. Verbrauchsgesteuerte Teile (siehe Disparten, Abschnitt 6.2.1) bleiben je nach PPS-Strategie oft in der Bedarfs-

rechnung über die Stückliste unberücksichtigt, weil davon ausgegangen wird, dass sie aufgrund ausreichender Lagerbestände über Beschaffungsauslösebestände disponiert werden. Es sei darauf hingewiesen, dass die Materialdisposition nur dann brauchbare Ergebnisse liefern kann, wenn die Erzeugnisstrukturen fehlerfrei vorliegen und die aktuellen Lagerbestände im System vorhanden sind.

Bis jetzt sind in der Bedarfsrechnung nur Bedarfsmengen, aber keine Bedarfstermine berechnet worden. Das geschieht über eine **Fristenterminierung** (Bild 6.12). Dabei wird beim Serienfertiger, also bei einem relativ konstanten Teilespektrum, von im Teilestamm hinterlegten Durchlauffristen und Pufferfristen ausgegangen. Bei Einzelfertigung mit stark wechselndem Teilespektrum wird bei Eigenfertigungsteilen die Durchlauffrist über den Arbeitsplan berechnet. Dazu werden je Arbeitsgang die Rüstzeit sowie die Zeit je Einheit und die Losmenge verwendet. Übergangsfristen zwischen den unterschiedlichen Arbeitsplätzen werden mit Hilfe von z. B. einer Übergangsmatrix[59] berücksichtigt. Somit können Beginn- und Endtermine aller Baugruppen und Teile eines Erzeugnisses über dessen Strukturstückliste berechnet werden, Bild 6.12. Es wird dabei entweder vom Liefertermin ausgegangen (**Rückwärtsterminierung**; z. B. bei Einzelfertigung) und der Beginntermin errechnet, oder es wird über den frühest möglichen Beginntermin der Ablieferungstermin berechnet (**Vorwärtsterminierung**; Serienfertigung). In beiden Fällen legt der Beginntermin einer Baugruppe den Endtermin der dazu benötigten Einzelteile fest, so dass jeder Bedarfsmenge eines bestimmten Teiles auch ein Bedarfstermin zugeordnet werden kann.

---

[58] Hier ist der klassische MRP II-Ansatz beschrieben (MRP II = Manufacturing Resources Planning).

[59] Die Übergangs(zeit)matrix enthält die mittleren Übergangszeiten (= Liege-, Transport- und Wartezeiten) zwischen den einzelnen Anlagen bzw. Arbeitsplätzen.

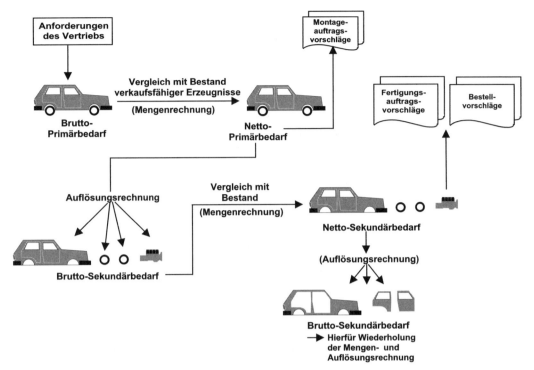

Bild 6.11: Bedarfsrechnung (in Anlehnung an [Wien05])

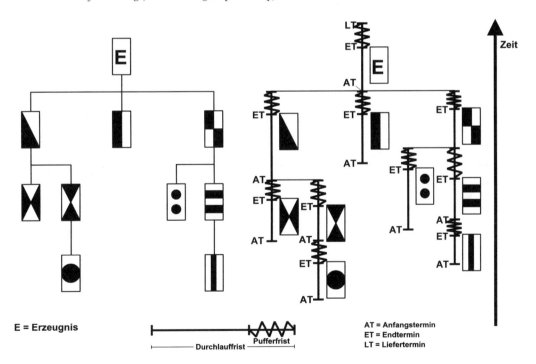

Bild 6.12: Prinzip der Fristenterminierung anhand der Strukturstückliste eines Erzeugnisses

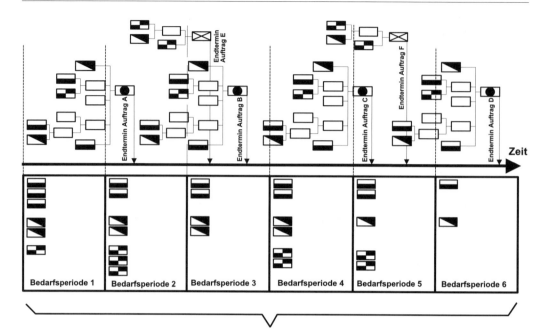

Bild 6.13: Zusammenfassung von Auftragsbedarfen zu Periodenbedarfen (Prinzip der Drucksteuerung; „Push-Prinzip")

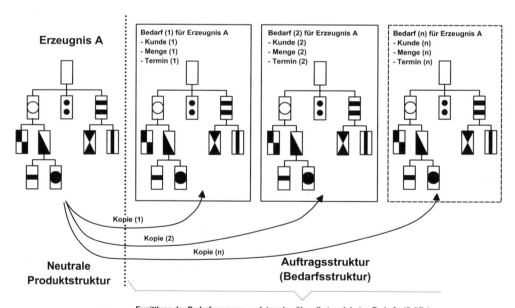

Bild 6.14: Unterscheidung von neutralen und auftragsbezogenen Stücklisten (Prinzip der Zugsteuerung; „Pull-Prinzip")

Das weitere Vorgehen ist jetzt durch zwei grundsätzlich unterschiedliche Strategien gekennzeichnet, Bilder 6.13 und 6.14: Viele, besonders ältere PPS-Systeme fassen Auftragsbedarfe innerhalb fester Terminraster (Beschaffungsperioden) zu **Periodenbedarfen** zusammen, Bild 6.13. Bedarfe gleicher Teile aus unterschiedlichen Aufträgen und Erzeugnissen werden mengenmäßig addiert und terminmäßig auf den Beginn der Beschaffungsperiode gelegt, wobei in vielen PPS-Systemen der Zusammenhang zwischen Bedarfsverursacher (Auftrag) und Bedarf nach der Bedarfsrechnung verloren geht. Häufig werden die ermittelten **Periodenbedarfe** bei längeren Bedarfsperioden über Losgrößenformeln zu „optimalen" Lösgrößen berechnet und damit weitgehend unabhängig von den tatsächlichen Auftragsbedarfen gedeckt. Das in Bild 6.13 beschriebene Verfahren hat entscheidende Nachteile, wenn nicht von weitgehend konstanten Produktionsprogrammen ausgegangen werden kann: Einmal sind die Beschaffungsmengen entkoppelt von den Auftragsbedarfen, und zum zweiten geht der Zusammenhang zwischen Auftrag und Bedarf verloren, so dass Termin- und Mengenänderungen im Auftrag keine Auswirkungen auf die ausgelösten Periodenbedarfe haben (im PPS-System werden nur kumulierte Periodenbedarfe gespeichert). Drittens werden die Bedarfstermine auf den Beginn einer Periode terminiert, was bei langen Beschaffungsperioden immer zu Beständen führt. Da bei dieser Art von PPS-Systemen grundsätzlich Teile aus Vorfertigung und Einkauf ins Lager „gedrückt" werden, spricht man vom **Druck-** oder **Push-Prinzip**. In der heutigen Marktsituation und unter Berücksichtigung steigender Variantenvielfalt und sinkender Seriengröße sind PPS-Systeme dieser Art ungeeignet.

Für bestandsarme Fertigungen mit hoher Variantenvielfalt und kleinen Stückzahlen sind PPS-Systeme nach dem **Zug-** oder **Pull-Prinzip** vorzuziehen, Bild 6.14. Hierbei besitzt jedes Erzeugnis seine neutrale Produktstruktur (Stückliste). Im Auftragsfall wird die **neutrale Stückliste** in eine **auftragsbezogene (Bedarfs-) Struktur** kopiert, wobei jeder Bedarfsstruktur der Kunde, die Auftragsmenge und der Endtermin mitgegeben werden. Ausgehend von der Auftragsmenge werden die Positionen der Bedarfsstruktur in ihren Bedarfsmengen ausmultipliziert und entsprechend Bild 6.12 die Bedarfstermine ermittelt. Die Bedarfe (gleichbedeutend mit mengen- und terminmäßig bestimmten Positionen der auftragsbezogenen Stückliste) können dann auftragsbezogen gedeckt werden, oder Bedarfe auf gleiche Teile aus unterschiedlichen Aufträgen werden durch gemeinsame, sog. geraffte Beschaffungsvorgänge gedeckt. Die Einleitung eines Beschaffungsvorganges kann system- und teileabhängig durch eine Aktion des Disponenten oder durch einen (nächtlichen) Lauf des Dispo-Programms ausgelöst werden.

Wie man erkennt, erlaubt dieses Verfahren eine **exakte Zusteuerung der Bedarfsdeckungen** zu den jeweiligen Bedarfen und ist damit Voraussetzung für die Just-in-time-Logistik. Ein weiterer Vorteil ist wie beschrieben, dass in den Bedarfsstücklisten kundenspezifische Produktänderungen berücksichtigt werden können, ohne dass die neutrale Produktstückliste geändert werden muss. Daher rührt die Anwendung in Einzelfertigung und Anlagenbau. Nachteilig ist jedoch die hohe Datenmenge dieses Verfahrens.[60]

---

[60] Man stelle sich vor, ein Pkw-Hersteller wolle nach diesem Verfahren steuern: Ein Mittelklasse-Pkw besteht aus etwa 35.000 Stücklistenpositionen. Will man tatsächlich für jedes Montageobjekt eine Bedarfsstückliste erstellen, so hat man in einer Montagefabrik mit einem üblichen Durchsatz von 1000 Pkw pro Tag täglich 35.000.000 neue Bedarfe (= Datensätze) zu verwalten. Bei einer Auftragsdurchlaufzeit von etwa 80 Arbeitstagen sind das permanent 2.800.000.000 (2,8 Milliarden) Datensätze. Eine Steuerung nach dem Prinzip der Periodenbedarfe ergibt in diesem Fall pro Bedarfsperiode 35.000 Periodenbedarfe (= Datensätze), vorausgesetzt, es gibt keine Varianten bei den Produkten; jedes Variantenteil erfordert einen zusätzlichen Datensatz. Teilt man die Auftragsdurchlaufzeit von 80 Tagen in übliche Zehntagesperioden ein, so kommt man auf 280.000 Datensätze.

6.2.4 Beschaffungsplanung und -steuerung

Im nächsten Schritt der PPS müssen jetzt für Kaufteile entsprechend den Bedarfen **Beschaffungsvorgänge** nach Menge und Termin ausgelöst werden. Die dafür notwendigen Funktionen sind:

- Lieferantenauswahl mit den Teilfunktionen Bezugsquellennachweis (Wer liefert was bzw. welches Teil kann wo bezogen werden?) sowie Verwaltung der Anfragen/Vergleich der Angebote
- Bestellwesen mit Lieferanten- und Bestellungsverwaltung sowie Bestellüberwachung
- Wareneingang mit Lieferungserfassung und Behandlung der Reklamationen
- Beschaffungsstatistik nach Teilen, Lieferanten und Zeitraum

Die Aufgaben und Funktionen innerhalb der Beschaffungslogistik sind ausführlich im Kap. 8 beschrieben. Die notwendigen Aktionen im Rahmen der Beschaffung erfährt der Einkauf über die Beschaffungsvorschläge aus dem **Dispoprogramm**. Jedem Vorschlag ist eine Bestellposition innerhalb einer Bestellung zuzuordnen. Liegt noch kein Lieferant fest, werden Angebote eingeholt und verglichen und die notwendige Bestellung ausgelöst. Über die Erfassung der Lieferungsdaten im Wareneingang können die Bestellungen nach Menge und Termin überwacht werden.

Ziel ist natürlich, den administrativen Aufwand im Einkauf so gering wie möglich zu halten. Deswegen werden z. B. über die Bedarfsmengen der im Rahmen einer mehrjährigen Modelllaufzeit eines Pkws benötigten Zulieferteile im Vorfeld Rahmenverträge mit Preisen und Lieferkonditionen mit festen Lieferanten abgeschlossen, so dass aus der Bedarfsrechnung direkt Lieferabrufe beim jeweiligen Lieferanten erfolgen, ohne dass bei jedem Bedarf der Einkauf tätig werden muss.

6.2.5 Fertigungsplanung und -steuerung

Als Teilaufgaben der **Fertigungsplanung- und -steuerung** für die benötigten Eigenfertigungsteile und -komponenten sind zu nennen:

- Verfügbarkeitskontrolle für z. B. Fertigungsunterlagen (Zeichnungen, Arbeitspläne, NC-Programme usw.), Material, Vorrichtungen und Werkzeuge
- Feinterminierung/Belastungsrechnung mit der Durchlaufterminierung von Fertigungsaufträgen, der Auftragsfreigabe und der Kapazitäts-/Belastungsrechnung
- Erstellung der Fertigungspapiere wie Laufkarte/Auftragsbegleitkarte, Materialentnahmescheine, Lohnbelege, Rückmeldebelege usw.
- Fertigungssteuerung mit Arbeitsverteilung, Rückmeldung und Auftragsfortschrittsüberwachung

Zu den grundlegenden Funktionen der Terminplanung wird auf die entsprechende Literatur verwiesen [Gei193, Gei293, Gei395, Gei495, Günt03, Helf02, Kurb93, Wien05]. Den generellen **Ablauf der Terminplanung** zeigt Bild 6.15: Aus dem Produktionsprogramm, das die Mengen für die in einer Planungsperiode herzustellenden Produkte auflistet, werden in der Bedarfsrechnung mit Hilfe der Produktstücklisten unter Berücksichtigung vorhandener Lagerbestände die Bedarfe für Eigenfertigungs- und Zukaufteile ermittelt. Bevor ein Bedarf als Fertigungsauftragsvorschlag in einen Fertigungsauftrag umgewandelt und eingesteuert wird, sind Entscheidungen über Losgrößenänderungen[61], Raffung, Splittung

---

[61] Losgrößenermittlungen aufgrund von Formeln zur „wirtschaftlichen" Losgröße haben in der (kunden-) auftragsbezogen Produktion keine Berechtigung mehr. Es müssen aber Randbedingungen wie Transportbehältergrößen, Pufferplatzbedarf, Werkzeugstandmengen usw. berücksichtigt werden.

usw. zu treffen[62]. Die **Feinterminierung/Belastungsrechnung** legt Beginn- und Endtermine der einzelnen Arbeitsgänge eines Auftrages aus dem Auftragsendtermin fest. Vor dem Start des Fertigungsauftrages wird dann eine Verfügbarkeitskontrolle aller benötigten Ressourcen durchgeführt. Evtl. werden dabei die vorhandenen Belastungen der Arbeitsplätze/Kapazitätsstellen berücksichtigt (Kapazitätsterminierung), d. h., neue Belastungen werden zeitlich in Belastungslücken eingepasst.

Die **Belegungsliste** gibt Auskunft über eingesteuerte Arbeitsgänge an einer bestimmten Anlage oder einem bestimmten Arbeitsplatz, während die Auftragsübersicht aussagt, wann welcher Vorgang eines Auftrags sich auf welcher Anlage bzw. welchem Arbeitsplatz befindet. Beides sind unterschiedliche Auswertungen derselben Daten, nämlich der eingesteuerten auftragsbezogenen Arbeitsgänge. Die Feinterminierung sowie die Kapazitäts- und Belastungsrechnung werden in vielen Unternehmen von Leitstandssystemen übernommen (siehe Abschn. 6.4).

Nach der Auftragsfreigabe erfolgt der Druck der Arbeitspapiere, die dann den vorgesehenen Arbeitsplätzen zugeordnet werden. **(Arbeitsverteilung)**. Über Rückmeldebelege oder maschinelle Rückmeldung (BDE-Terminals, MDE) wird der Auftragsfortschritt erfasst und ein Soll-/Ist-Vergleich vorgenommen. Rückmeldungen dienen oft auch zum Nachhalten der Ist-Kosten für die Kostenträgerrechnung (Erfassung von Material und Arbeitszeiten). Die bisher geschilderte Vorgehensweise entspricht der klassischen PPS, wie sie in der Einzel- und Kleinserienfertigung üblich ist. Sie ist im Automobilbau besonders in der Teilefertigung zu finden.

In der taktgebundenen Endmontage der Automobilhersteller kann dieses Konzept keine Verwendung finden; hier wird vielmehr die **Fertigungssteuerung mit Fortschrittszahlen** angewendet[63]. Diese eignet sich für nach dem Fließprinzip organisierte, montageorientierte Serien- und Großserienfertigung. Anwendbar ist sie für komplexe Standardprodukte mit nicht zu vielen Varianten, also für eine Fertigung mit hohem Wiederholungsgrad und größeren Stückzahlen.

Das **Fortschrittszahlenkonzept** geht aus von der Darstellung eines Bestandes über der Zeit, Bild 6.16 oben: Ein Los gefertigter Teile erhöht den Bestand, der dann durch kontinuierlichen Abgang sinkt, wieder aufgefüllt wird, usw. Die Zugangs- und Abgangsdaten werden im **Fortschrittszahlendiagramm** (Bild 6.16, unten) als kumulierte Zählgrößen über der Zeitachse aufgetragen. Meist werden reine Stückzahlen des Prozesses verwendet.

> Eine Fortschrittszahl ist demnach eine kumulierte und auf ein Teil bezogene Mengengröße, die einem bestimmten Termin bzw. Zeitpunkt zugeordnet ist.

Man unterscheidet folgende Arten von Fortschrittszahlen: Die **Ist-Fortschrittszahl** kennzeichnet die Menge eines Bauteils, die bis zu einem bestimmten Zeitpunkt tatsächlich disponiert bzw. bereitgestellt oder gefertigt worden ist. Sie gibt also den realen Stand wieder. Zu Anfang der Kumulation werden vorhandene Bestände mitgezählt. Die **Soll-Fortschrittszahl** ist die Menge eines Bauteils, die insgesamt bis zu einem bestimmten Termin zu disponieren bzw. bereitzustellen ist, um ein vorgegebenes Absatzprogramm realisieren zu können. Bezieht sich die Soll-Fortschrittszahl auf den Abschluss des letzten Arbeitsganges eines Teils, so entspricht diese Zahl der Menge, die

---

[62] Raffung: Zusammenfassung von Bedarfen zu einer gemeinsamen Bedarfsdeckung z. B. durch einen Fertigungsauftrag (Ziel: Einsparung von Rüstvorgängen und Rüstkosten)
Splittung: Aufteilung eines Fertigungsauftrages in mehrere Einzellose (Ziel: Kurze Durchlaufzeiten für Teilmengen; keine langwierige Belegung von Engpasskapazitäten)

[63] Ausführliche Darstellungen findet sich in: Schenk, M.; Wojanowski, R.; Fortschrittszahlen; S. 98–108 in [Koet04] sowie in [Lödd05, Lucz99]

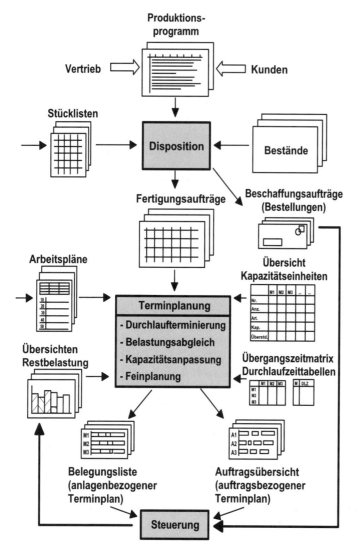

Bild 6.15: Informationsfluss
in der Fertigungsterminplanung
(nach [Wien05])

vom betreffenden Teil bis zu einem bestimmten Zeitpunkt mindestens herzustellen ist. Als **Plan-Fortschrittszahl** bezeichnet man die geplante Soll-Fortschrittszahl, die im Planungsprozess, also im Vorlauf zur Fertigung ermittelt wird. Plan-Fortschrittszahlen verlaufen im Gegensatz zu den Soll- und Ist-Fortschrittszahlen meist kontinuierlich, weil keine Losgrößen berücksichtigt werden.

Zur **Erfassung der Fortschrittszahlen** werden innerhalb der Produktion **Kontrollblöcke** definiert und deren Input und Output über **Zähl-**punkte am Eingang und am Ausgang eines Kontrollblockes bestimmt, siehe Bild 6.17. Sollten Prozesse mit Ausschuss behaftet sein, muss auch dieser separat in einer Fortschrittszahl erfasst werden. Jede Produktionsstelle kann leistungsmäßig durch den zeitlichen Verlauf der Zugangs-Fortschrittszahlen und durch den entsprechenden Abgangs-Fortschritt beschrieben werden. Ein solches „Zustandsdiagramm des Kontrollblockes" zeigt Bild 6.18. Der horizontale Abstand der Funktionen stellt die Reichweite dar. Sie entspricht der mittleren Durchlaufzeit eines Teils im ent-

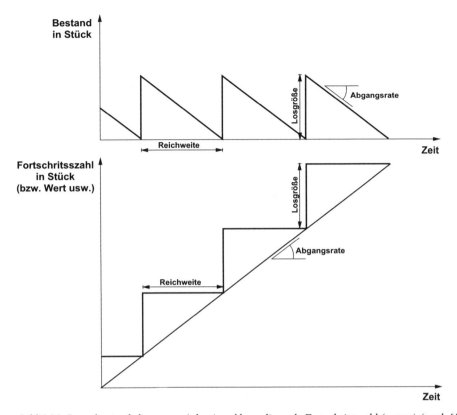

Bild 6.16: Lagerbestandsdiagramm (oben) und kumulierende Fortschrittszahl (unten) (nach [Koet04])

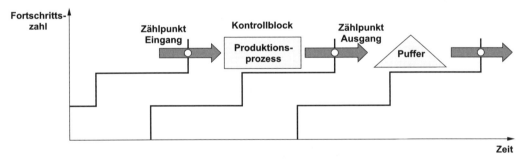

Bild 6.17: Visualisierung von Fortschrittszahlen und Prozessstruktur [Koet04]

sprechenden Kontrollblock. Die Reichweite ist also die Zeitspanne, die vergeht, bis der Bestand im Kontrollblock auf Null zurückgeht, wenn am Eingangszählpunkt keine weiteren Zugänge zu verzeichnen sind. Der vertikale Abstand der beiden Funktionen kennzeichnet den aktuellen Bestand, den Arbeitsvorrat im Kontrollblock. Dieser kann aus der Differenz

von Zugangs- und Abgangs-Fortschrittszahl berechnet werden. Wenn sich die Fortschrittszahl-Funktionen berühren, ist der Bestand Null. Überschneiden können sich die Funktionen nicht.

Die mittlere Leistung (Bild 6.18) ergibt sich aus der produzierten Stückzahl (Fortschritt im Be-

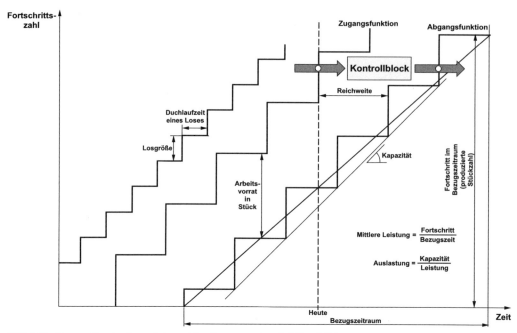

Bild 6.18: Kennzahlen im Fortschrittszahlendiagramm (nach [Koet04])

zugszeitraum) dividiert durch die Bezugszeit. Die Auslastung lässt sich aus dem Quotienten aus Kapazität und Leistung ermitteln.

Die **Produktionsprogrammplanung** beginnt mit der Planung des Primärbedarfs für einen Referenz-Kontrollblock, z. B. das Fertigwarenlager oder die Endmontage. Die Planung der Fortschrittszahlen aller anderen Kontrollblöcke bezieht sich dann hierauf. Grundsätzlich kann man bei der Festlegung der Plan-Fortschrittszahl des Referenz-Kontrollblocks eine Verfolgungsstrategie – die schwankende Nachfrage wird im Produktionsprogramm abgebildet – oder eine Nivellierungsstrategie anwenden – bei Letzterer wird von konstanter Auslastung der Kapazität ausgegangen. In beiden Fällen wird die geplante Abgangskurve des Primärbedarfs festgelegt. Diese ist Ausgangspunkt für die Plan-Fortschrittszahlen in vorgelagerten Kontrollblöcken, Bild 6.19. Die Plan-Fortschrittszahlkurve des Kontrollblocks wird dabei um die Plan-Durchlaufzeit als Vorlaufverschiebung umgerechnet. Die Vorlaufverschiebung führt zu konstanten Plan-Reichweiten. Variiert wie in

Bild 6.19 die Bedarfsrate (entsprechend der Steigung der Fortschrittszahlenkurve), so erhält man variable Plan-Bestände, erkennbar aus den unterschiedlichen vertikalen Abständen zwischen den Fortschrittszahlenkurven. Es ist aber auch möglich, konstante Plan-Bestände vorzugeben. Dann variiert die Vorlaufverschiebung, also die Plan-Durchlaufzeit.

Aus der Verknüpfung abhängiger Sachnummern über den Stücklistenzusammenhang können aus den Plan-Fortschrittszahlen des Primärbedarfs die Plan-Fortschrittszahlen der Sekundärbedarfe berechnet werden, also aus den Plan-Fortschrittszahlen der Endmontage die Plan-Fortschrittszahlen der Vormontagebereiche und der Zulieferer abgeleitet werden.

Die Ist-Fortschrittszahlen werden an festgelegten Stellen der Fertigungslinie erfasst (z. B. durch automatisches Lesen von Ident-Labeln an den Montageobjekten) und mit den Soll-Fortschrittszahlen verglichen. Nur bei Rückständen der Ist- gegenüber der Soll-Fortschrittszahl muss eingegriffen werden. Alle anderen Aktionen steuern sich selbst.

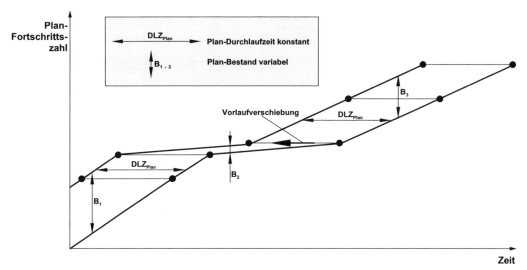

Bild 6.19: Vorlaufverschiebung der Plan-Fortschrittszahlenkurve des Referenzblocks (nach [Lödd05])

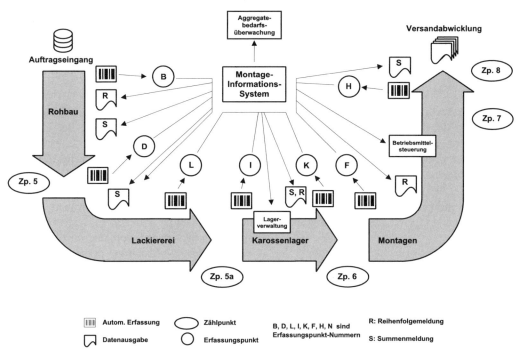

Bild 6.20: Karossen-, Aggregate- und Informationsfluss in einer Pkw-Fertigung (nach [Werkbild: Volkswagen AG])

Bild 6.20 zeigt den Karossenfluss mit dem Informationsfluss in der Montage eines Pkw-Herstellers. Das übergeordnete Montage-Informationssystem steuert die gesamte Montage, gibt die Soll-Fortschrittszahlen sowie die Montageauftragsreihenfolge vor und steuert Karossenlager und Betriebsmittel. An „Zählpunkten" werden Ist-Fortschrittszahlen erfasst und an das Montage-Informationssystem zurückgemeldet. Am Anfang des Montage-

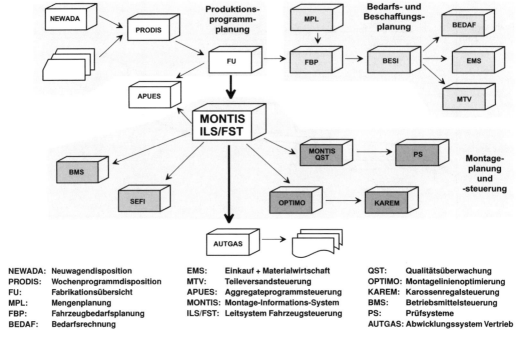

NEWADA:	Neuwagendisposition	EMS:	Einkauf + Materialwirtschaft	QST:	Qualitätsüberwachung
PRODIS:	Wochenprogrammdisposition	MTV:	Teileversandsteuerung	OPTIMO:	Montagelinienoptimierung
FU:	Fabrikationsübersicht	APUES:	Aggregatprogrammsteuerung	KAREM:	Karossenregalsteuerung
MPL:	Mengenplanung	MONTIS:	Montage-Informations-System	BMS:	Betriebsmittelsteuerung
FBP:	Fahrzeugbedarfsplanung	ILS/FST:	Leitsystem Fahrzeugsteuerung	PS:	Prüfsysteme
BEDAF:	Bedarfsrechnung			AUTGAS:	Abwicklungssystem Vertrieb

Bild 6.21: Verbund der DV-Systeme zur Auftragsdurchsteuerung bei einem Pkw-Hersteller (nach [Werkbild: Volkswagen AG])

bandes wird z. B. vom Erfassungspunkt F die Reihenfolge der Karossen erfasst. Hieraus entstehen die Abrufe für just in time anzuliefernde Baugruppen und Module bei den Lieferanten („Reihenfolgemeldung R"). Schließlich ist in Bild 6.21 der Verbund der zur Auftragsabwicklung notwendigen Informations-Teilsysteme am Beispiel eines Pkw-Herstellers dargestellt.

6.3   Internetbasierte Anwendungen

Auf **internetbasierte Anwendungen** soll hier nur kurz eingegangen werden. Sie spielen im Bereich der Außenbeziehungen von Produktionsunternehmen, besonders in der Beschaffungs- und Distributionslogistik, inzwischen eine wichtige Rolle. Diese Anwendungen werden im Kap. 8 ausführlich dargestellt. Weitere Anwendungen ergeben sich z. B. bei den Beziehungen zu Banken, Dienstleistern (z. B. Speditionen) und Behörden.

Es ist durchaus denkbar, mit Hilfe des Internets auch eine Kommunikation der Produktionsbereiche mehrerer kleiner Unternehmen zu realisieren, um z. B. in einem **vertikalen Produktionsverbund**[64] gemeinsam Kapazitäten und Lagerbestände zu nutzen oder Kundenaufträge bzw. Fertigungsaufträge je nach Auslastung einzelner Partner zu verteilen. Man spricht in diesem Fall von einer virtuellen Fabrik[65], Bild 6.22. Auch bei der Zusammenarbeit von mehreren Unternehmen im Rahmen von Arbeitsgemeinschaften und Konsortien (z. B. bei Großprojekten; im Anlagenbau) kann eine gemeinsame Projektplanung und -steuerung mit Hilfe einer Kommunikation über das Internet erreicht werden. Virtuelle Fabriken müssen hochflexibel zusammenarbeiten können, da derartige Produktionsverbünde

---

[64] Supply Chain Management (siehe Abschn. 8.8) ist dagegen eine horizontale Integration in der Kette vom Absatz- zum Beschaffungsmarkt.

[65] nicht zu verwechseln mit der „Digitalen Fabrik", siehe Abschn. 6.2

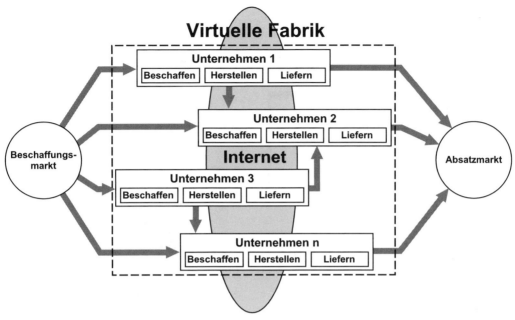

Bild 6.22: Virtuelle Fabrik

oft nur über begrenzte Zeiträume und in veränderlicher Zusammensetzung der Partner bestehen. Softwaresysteme für virtuelle Fabriken sind zurzeit in Entwicklung.

Die Idee der **Virtuellen Fabrik** ist auch für international tätige Fahrzeughersteller interessant, da Massen-Modelle oft in mehreren Fabriken in verschiedenen Ländern und Kontinenten gebaut werden. Mit Hilfe eines Systems der Virtuellen Fabrik kann eine gemeinsame Beschaffungs- und Produktionsplanung und -steuerung stattfinden. Auslastungsschwankungen aufgrund regionaler Konjunkturschwankungen können besser ausgeglichen werden.

6.4 Informationssysteme im Umfeld der PPS

Entsprechend den speziellen Bedürfnissen der Unternehmen wird unterhalb von PPS-Systemen eine Vielzahl von weiteren speziell ausgerichteten Informationssystemen prozessnah eingesetzt. Hier wären als erstes die schon erwähnten **Leitstandssysteme**[66] (Bild 6.23) zu nennen, die insbesondere im deutschsprachigen Raum zur **Werkstattsteuerung** verbreitet sind, da viele PPS-Systeme in diesem Bereich Funktionsdefizite aufweisen. Als Hardware für Leitstände werden leistungsfähige Workstations oder PCs verwendet. Aus dem PPS-System werden grob geplante Fertigungsaufträge mit ihren Arbeitsplänen und der Auftragsstruktur (Vorgänger – Nachfolger) in die Leitstände kopiert und dort feingeplant. Das Ergebnis kann auftrags- und anlagen- bzw. werkstattbezogen grafisch auf dem Bildschirm angezeigt werden, siehe Beispiel im Bild 6.24. Eine wichtige Funktion von Leitständen ist das **simulative Einsteuern**, d. h., der Disponent steuert Aufträge zunächst reversibel ein, analysiert die mögliche Situation nach Einsteuerung und kann dann Veränderungen vornehmen oder fest einsteuern. Außerdem sind interaktive Umplanungen möglich, z. B. das Verlagern eines Auftragsvorgangs auf einen Ausweicharbeitsplatz durch

---

[66] auch MES – Manufacturing Execution System – genannt

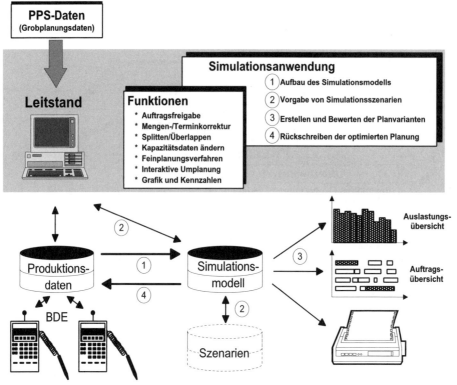

Bild 6.23: Leitstandsfunktionen (nach: Hermann, H.; Schnelle, dezentrale Auftragsabwicklung durch Fertigungsleittechnik; REFA-Nachrichten 47 (1994) H. 4, S. 30–36])

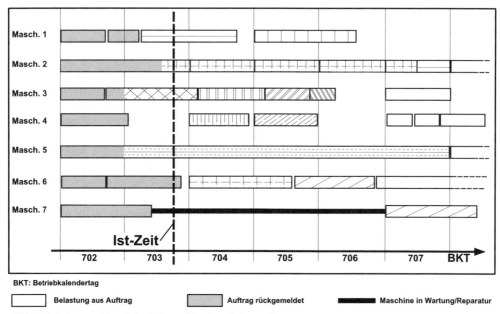

Bild 6.24: Belegungsübersicht (Plantafel) eines Leitstandssystems

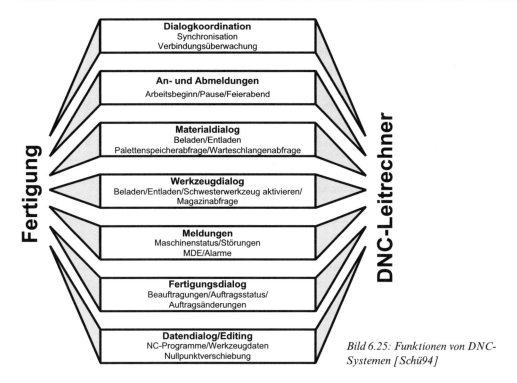

Bild 6.25: Funktionen von DNC-
Systeme [Schü94]

Anpicken und Verschieben des Vorgangsbalkens auf dem Bildschirm mit Hilfe der Maus. Der Leitstand erhält **Fertigungs-Ist-Daten** aus dem **BDE-System** (Betriebsdaten-Erfassungssystem, s. u.) und gibt **verdichtete Ist-Daten** zurück an das **PPS-System**.

Ebenfalls fertigungsnah angesiedelt sind **DNC-Systeme**, die auch zum CAM-Bereich gezählt werden (DNC = Direct Numerical Control). Sie haben die Aufgabe, die numerisch gesteuerten Werkzeugmaschinen einschließlich deren Peripherie (z. B. Be- und Entladesysteme, automatische Pufferlager für Werkzeuge und Werkstücke) mit den für die Bearbeitung notwendigen NC-Programmen zu versorgen. Bei NC- und CNC-Maschinen werden z. T. noch die Programme in Form von Lochstreifen, Magnetbandkassetten oder Disketten in die Steuerung eingelesen. Sinnvoller ist die direkte Verbindung der Maschinen-CNC-Steuerung mit einem DNC-Rechner, auf dem die zu verarbeitenden NC-Programme einschließlich der zugehörigen Auftragsdaten gespeichert sind, z. B. für eine Arbeitsschicht.

Von der Maschinensteuerung oder von einem speziellen DNC-Terminal aus können die für die Maschine bestimmten Programme abgerufen werden. **Funktionen von DNC-Systemen** zeigt Bild 6.25; auch Leitstandssysteme können teilweise DNC-Aufgaben übernehmen. Vorteile des DNC-Betriebs sind der vereinfachte Datentransport an die Maschine, besonders bei umfangreichen NC-Programmen, sowie die organisatorisch vereinfachte Pflege und Änderung der Programme, da keine Programmduplikate an den Maschinen gelagert werden.

Im Abschnitt 6.2.5 wurde bereits auf die Notwendigkeit der Erfassung des Ist-Standes der Produktion hingewiesen. Für diese Aufgabe werden **BDE- und MDE-Systeme** (Betriebsdaten-Erfassungs- bzw. Maschinendaten-Erfassungssysteme)[67] verwendet, Bild 6.26. Im BDE-System erfolgt vom Werker zunächst die

---

[67] auch als EDC-System – Enterprise Data Collection System – bezeichnet

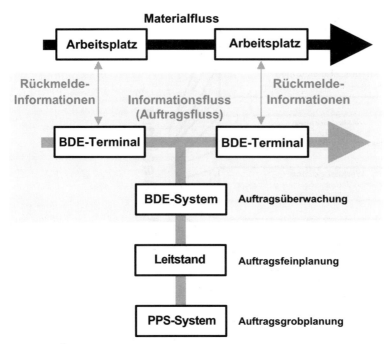

Bild 6.26: Überwachung der Auftragsdurchsteuerung mit einem BDE-System (nach [Brinkkötter, D.; Schlotmann, R.; Simulation und intelligente BDE zur Unterstützung von PPS und Leitstand; CIM-Management 10 (1994) H. 4, S. 11–15])

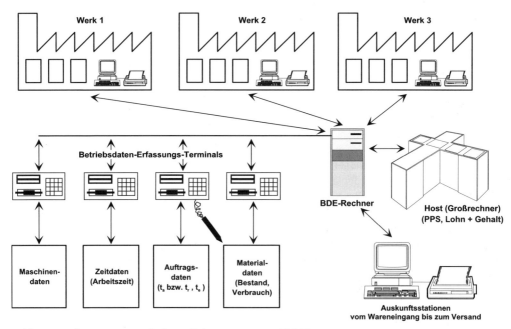

Bild 6.27: Aufbau eines Betriebsdaten-Erfassungssystems (BDE)

Anmeldung von Fertigungsaufträgen bzw. Fertigungsauftrags-Arbeitsgängen. Damit ist der Produktionssteuerung bekannt, welche Aufträge in Bearbeitung sind. Am Ende einer Arbeitsschicht oder zu bestimmten Zeiten können gefertigte Teilmengen rückgemeldet werden. Erledigte Aufträge werden ebenfalls zurückgemeldet, so dass die Fertigungssteuerung zeitnah den Bearbeitungsstand der Fertigungsaufträge sowie, unter Hinzuziehung der Auftragsstruktur, ebenfalls die Abarbeitung von Kundenaufträgen verfolgen kann. Werden im BDE-System auch Materialverbräuche und Ist-Arbeitszeiten gemeldet, können die BDE-Daten auch für die Kostenrechnung und, wenn

sich die Werker bei der Rückmeldung selbst im BDE-System identifizieren, auch für die Brutto-Lohnabrechnung verwendet werden, siehe Bild 6.27. Die BDE-Daten werden aber erst nach Verdichtung im BDE-System (Bild 6.28) an überlagerte Systeme (Leitstand, PPS, Kostenrechnung, Personalabrechnung) weitergegeben. MDE-Systeme erfassen teilweise automatisch (über die Abfrage von Zuständen in der NC-Steuerung) die Maschinendaten (Laufzeiten, Störzeiten und -ursachen, Pausen, Werkzeugverbräuche, usw.).

Beispiele für am Markt angebotene **BDE-Terminals** gibt Bild 6.29. Neben Robustheit für

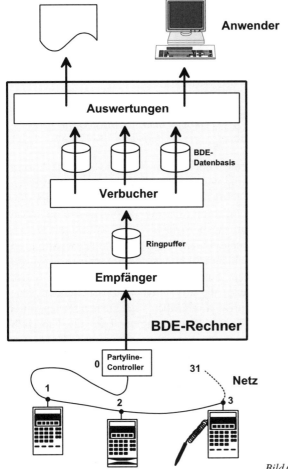

Bild 6.28: Datenerfassung und -verdichtung innerhalb eines BDE-Systems

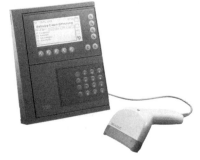

BDE-Terminals (Fa. KABA-Benzing)

BDE-Workstation mit Folientastatur (Fa. Digital-PCS Systemtechnik)

Fahrzeug-Funkterminal auf Stapler; mit Barcode-Lesepistole und -drucker (Fa. TEKLOGIX)

Bild 6.29: Beispiele für BDE-Terminals [Werkfotos]

den Betrieb in Werkstattumgebungen ist hier besonders eine einfache Bedienung gefragt; z. B. sind Eingaben über Funktionstasten und Strichcode-Leseeinrichtungen möglich. Die Bediener-Identifizierung erfolgt z. B. über Durchzugsleser für Magnetkarten. Auch Fördermittel können mit BDE-Terminals ausgestattet werden.

Ein Beispiel für ein komplettes **Fertigungssteuerungssystem** aus dem Automobilbau zur Steuerung eines Presswerks zeigt Bild 6.30. Das System vereinigt PPS-Funktionen mit Leitstands- und BDE-Funktionen. Ebenso kann auf die Bestände des Pufferlagers für die gefertigten Teile zugegriffen werden. Auch eine Ermittlung des Behälterbedarfs für Einlagerung und Transport ist möglich.

Bild 6.31 zeigt eine prozessnahe Anwendung, die in der Blech verarbeitenden Industrie von Bedeutung ist, den Einsatz sog. **Schachtelsys-**

teme. Hierbei geht es um die optimale Ausnutzung von Halbzeug (in diesem Fall um Blechtafeln), mit anderen Worten um die Verschnittminimierung. Besonders in der kundenauftragsbezogenen Produktion mit häufig wechselndem Teilespektrum (Lkw-Anhänger, Schienenfahrzeuge, Baumaschinen usw.) werden automatische Schachtelsysteme eingesetzt, die aus einem zu bearbeitenden Teilevorrat aus großen und kleinen Teilen durch günstige Platzierung der Teile auf dem Halbzeug den Verschnitt minimieren. Dabei wird eine Verbindung von PPS-Daten (Bedarf, Termin, Menge, zu verwendendes Halbzeug) mit CAD-Daten (Teilegeometrie) hergestellt.

Das Ergebnis einer Schachtelung zeigt Bild 6.32: Auf einer Blechtafel sind zwei Großteile (Stegbleche für den Langträger eines Güterwagendrehgestells) platziert, in deren Ausschnitte und Löcher das System Kleinteile unter Aus-

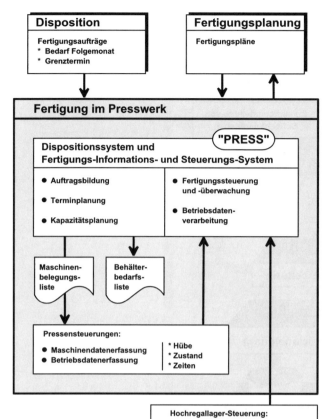

Bild 6.30: Fertigungssteuerung im Presswerk eines Automobilherstellers [Werkbild: Volkswagen AG]

nutzung des „Schlüssellocheffekts" geschachtelt hat[68]. Mit Schachtelsystemen sind erhebliche Einsparungen von Material möglich. Automatische Schachtelsysteme werden außer in der Blechverarbeitung noch in der Möbelindustrie, bei der Herstellung von Isolierglasscheiben und in der Kartonagenindustrie verwendet. Spezielle Randbedingungen beim Schachteln (Glas: nur durchgehende Schnitte; Holz- und Dekortafeln: Maserungsverlauf) werden berücksichtigt.

Bild 6.33 gibt ein Beispiel für die Unterstützung der Versandsteuerung: Für die optimale **Gestaltung von Packverbänden** aus unterschiedlichen Packstücken auf bzw. in standardisierten Ladehilfsmitteln dienen PC-gestützte Programme. Das Bild zeigt das Ergebnis für die Ladungsplanung in einem Luftfrachtcontainer. Derartige Software ist sowohl für die Planung

von Packstücken (optimale Gestaltung der Umverpackung) als auch für die Optimierung von Packverbänden und Ladungen verfügbar.

Für die Steuerung von Auslieferungsfahrzeugflotten sind **Tourenplanungssysteme** im Einsatz. Sie erlauben eine Minimierung der einzusetzenden Fahrzeugflotte sowie der notwendigen Fahrstrecken für die aktuell vorliegende Versandmenge nach Zielorten und Empfängern. Das System verfügt dabei über eine Datenbasis der Straßen-Infrastruktur. **Fuhrparkmanagementsysteme** erlauben z. B. die Leistungs- und Kostenüberwachung des Fuhrparks.

---

[68] Die in Bild 6.28 zu erkennenden kleinen Dreiviertelkreise markieren übrigens die Stelle, an der der Schneidbrenner jeweils in das Material einsticht.

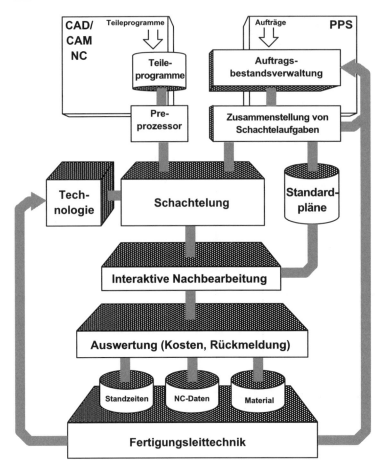

Bild 6.31: Schachtelung bei der Blechbearbeitung im Rahmen
der Produktionssteuerung [Werkbild: Krupp-ATLAS-Elektronik]

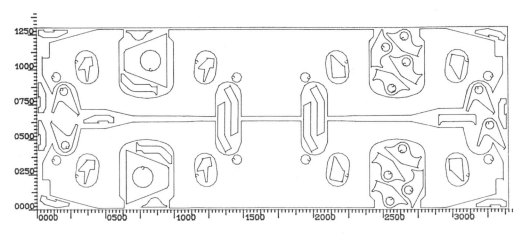

Bild 6.32: Plot eines NC-Programms für eine Brennschneidmaschine (Schachtelplan einer Blechtafel
3320 mm × 1300 mm) [Werkbild: Alstom LHG GmbH]

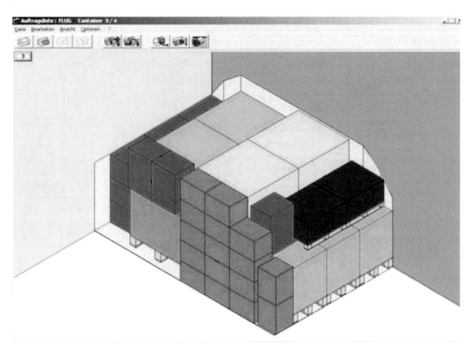

Bild 6.33: Ladungsoptimierung (Bildschirmmaske des Systems „Loaddesigner")
[Werkbild: Logiplan GmbH]

Für die **Verfolgung von Sendungen** im Rahmen der Beschaffungs- und der Distributionslogistik bieten viele Logistikdienstleistungsunternehmen inzwischen **Frachtverfolgungssysteme**, sog. **Tracking-and-Tracing-Systeme**, an. Zur Sicherstellung einer fristgerechten Lieferung, insbesondere bei zeitkritischen Sendungen (z. B. Fehlteile, Ersatzteile), ist eine Überwachung der gesamten Transportkette vom Hersteller (Absender) einer Ware bis zum Kunden (Empfänger) notwendig. Das Transportgut wird dabei von verschiedenen Logistikdienstleistern transportiert, umgeschlagen und ausgeliefert (Postdienste, Speditionen, Fluglinien, Paketdienste, usw.) Zum „Tracking and Tracing", Bild 6.34, wird dazu an der Verpackung ein maschinenlesbarer Identträger (Strichcode-Etikett, Programmierbarer Datenträger, o. ä.) angebracht und bei jedem Übernahme- bzw. Übergabevorgang erfasst. Die Daten werden in einer Datenbank gespeichert (z. B. Datum, Zeitpunkt, Ort der Übernahme), im In-

ternet für Versender und/oder Empfänger bereitgestellt und können über eine Sendungsnummer (und natürlich eine Autorisierung durch Name und Passwort) in einem Standard-Internet-Browser von jedem mit dem Internet verbundenen Rechner aus aufgerufen und verfolgt werden. Damit ist der Versender/Empfänger in der Lage, sein Transportgut auf dessen Weg zu verfolgen.

Für die Steuerung von Fördermitteln, z. B. Gabelstaplerflotten, gibt es sog. **Staplerleitsysteme**, die den Fördermitteleinsatz optimieren und eine Datenübertragung zwischen Fahrzeug und ortsfester Leitstelle erlauben, Bild 6.35. Damit können einzelnen Staplern Transport-, Ein-/Auslagerungs- und Kommissionieraufträge zugeordnet und vom Fahrzeugführer nach Abarbeitung quittiert werden.

Abschließend betrachten die Bilder 6.36 und 6.37 die **Bedeutung von Logistik-Informationssystemen** für Produktionsunternehmen. Aus

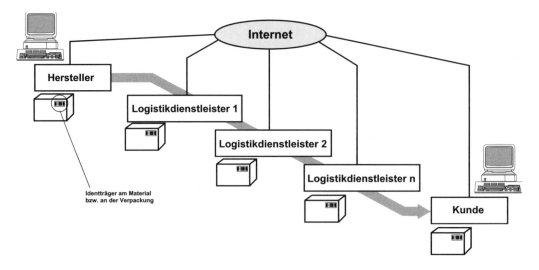

Bild 6.34: Sendungsverfolgung per Internet („Tracking and Tracing")

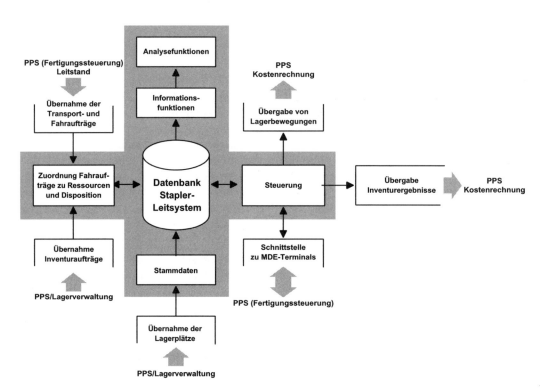

Bild 6.35: Staplerleitsystem (mit Schnittstellen zu PPS und MDE) [o. Verf.; Software für die Lager- und Materialflussoptimierung; dhf 40 (1994) H. 4, S. 84]

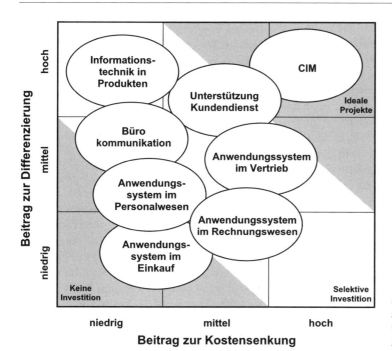

Bild 6.36: Portfolio-Analyse zur Beurteilung und zur Auswahl von innerbetrieblichen DV-Projekten [Dist00]

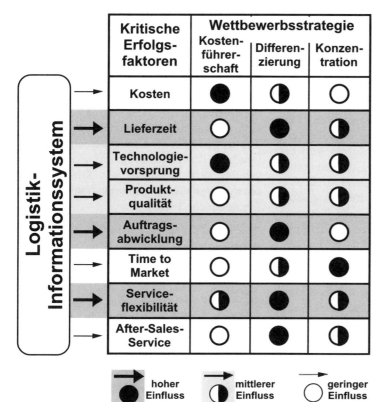

Bild 6.37: Einfluss des Logistik-Informationssystems auf kritische Erfolgsfaktoren eines Unternehmens (nach [Krie95])

Bild 6.36 erkennt man, dass bei der heute von vielen Unternehmen angewendeten Differenzierungsstrategie (mit einer Vielzahl von Produktvarianten dem Kunden sein gewünschtes Produkt anzubieten) besonders der computerintegrierten Produktion (CIM) eine hohe Bedeutung zukommt. Die notwendigen Investitionen (in Hardware, Software und Anlagentechnik) sind allerdings hoch. Bild 6.37 zeigt schließlich den Einfluss des Logistik-Informationssystems auf die kritischen Erfolgsfaktoren eines Unternehmens: Besonders Lieferzeit, Auftragsabwicklung und (Liefer-)Serviceflexibilität werden beeinflusst. Diese Faktoren sind wiederum von besonderer Bedeutung bei der Differenzierungsstrategie, weniger beim Anstreben der Kostenführerschaft. Erstere ist zumindest in der westeuropäischen Automobilindustrie die zurzeit meist verfolgte Unternehmensstrategie.

6.5   Kommunikation mit Externen

Logistik-Informationssysteme dienen der Kommunikation bei der Planung, Steuerung und Überwachung von Materialflussvorgängen. Im Zuge zunehmender Arbeitsteilung zwischen Unternehmen sowie verstärkter Einbindung von Zulieferern und Dienstleistern in den eigenen Produktionsprozess wird die schnelle Kommunikation mit Externen immer wichtiger[69]. Werden intern **Local Area Networks (LAN)** zur Kommunikation eingesetzt, so sind es extern sog. **Wide Area Networks (WAN)**[70], die die Verbindung zu Kunden, Lieferanten, Händlern, Dienstleistern, Banken, Behörden usw. herstellen. Lokale Netze sind dabei auf das Betriebsgelände beschränkt. Die Kommunikation darüber hinaus erfordert in der Regel die Inanspruchnahme eines Kommunikationsdienstleisters (Netzanbieters). Dienste des größten Netzanbieters (Deutsche Telekom AG) in Deutschland sind im Bild 6.38 zusammengestellt; die wichtigsten davon werden in Bild 6.39 bewertet. Neben der Telekom besitzt in Deutschland nur die Fa. Arcor ein eigenes Festnetz[71]; die Dienste der Arcor stimmen im Wesentlichen mit denen der Telekom überein, besitzen aber andere Produktbezeichnungen (Deutsche Telekom T-Net → Arcor Town to Town; T-Online → Arcor Online; T-ISDN → Arcor-ISDN; T-DSL → Arcor-DSL; T-ISDNdsl → Arcor-DSL ISDN; T-ATM → Arcor-ATM).

Im Bereich der deutschen Automobil- und -zulieferindustrie hat der VDA (Verband der Automobilindustrie e.V., Frankfurt (Main)) **Empfehlungen zur Datenfernübertragung** erarbeitet, mit denen rechnergestützt die wesentlichen Außenbeziehungen von Automobilherstellern und -zulieferern in Beschaffung und Produktion abgewickelt werden können, Bild 6.40. Die VDA-Empfehlungen definieren bestimmte Protokolle („Formulare", Datenfelder, Zeichensätze), die bei Verwendung entsprechender Software die Datenfernübertragung in den in Bild 6.36 dargestellten Anwendungen erlauben. Innerhalb der europäischen Automobilindustrie wird „**ODETTE**" (Organization for Data Exchange by Teletransmission in Europe) als Datenübertragungsprotokoll eingesetzt. International und ohne Branchenbeschränkung verfolgt der Standard „**EDIFACT**" (Bilder 6.41 und 6.42) vergleichbare Ziele. Mittelfristig sollen die VDA-Protokolle zur Datenfernübertragung durch ODETTE bzw. EDIFACT ersetzt werden. Die Verwendung der Datenfernübertragung hat gegenüber dem Austausch von Schriftstücken oder der verbalen Kommunikation über Telefon zahlreiche Vorteile:

● schnelle Datenübermittlung
● belegloser (papierloser) Datenaustausch

---

[69] Literatur zu Abschn. 6.5: [Dist00, Fisc04, Haus01, Schn00, Stra04, Thom00, Wenz01]

[70] nicht zu verwechseln mit WLAN: Wireless Local Area Network

[71] Alle anderen Telekommunikations-Anbieter in Deutschland nutzen für Festnetz-Dienste Mietleitungen, z. B. der Telekom, oder sie bieten lediglich eigene Handynetz-Dienste an.

Bezeichnung	Beschreibung	Übertragungs-medium	Endgeräte	Übertragungs-geschwindigkeit
T-Net	Übertragung von Sprache	Fernsprechnetz	Telefongeräte	analog: 2400 Bit/s ISDN: 64 kbit/s
T-Online (über Modem)	Übertragung von digitalen Daten über Tonsignale	Fernsprechnetz	Rechner mit Modem	bis zu 56 kBit/s
Telefax 400	Fernkopieren; Rundsenden, zeitversetztes Senden	Fernsprechnetz	Faxgerät oder Rechner mit Modem	bis zu 64 kBit/s
Datex P	Datenfern-übertragung mit Paketvermittlung	Fernsprechnetz über spezielle Vermittlungsstellen	PC bzw. Rechner mit entsprechender Software	bis zu 1,92 MBit/s
Telebox 400	Mailbox-System für elektronischen Datenaustausch	Fernsprechnetz	PC bzw. Rechner mit entsprechender Software	bis zu 64 kBit/s
T-ISDN	Digitales Kommunikationsnetz mit Serviceintegration	Digitales Fernsprechnetz	Telefon, PC, bzw. Rechner mit entspr. Software	64 kBit/s bzw. bis zu 1,28 MBit/s durch Kanalbündelung
T-DSL (= ADSL)	Schneller digitaler Datentransfer	Digitales Fernsprechnetz	Telefon, PC, bzw. Rechner mit entspr. Software	Downstream: 1 bis 6 Mbit/s Upstream: 128 bis 752 kbit/s
T-ATM	Breitband ISDN	Breitbandnetz (ATM-Netz)	Telefon, PC, bzw. Rechner mit entspr. Software	155 Mbit/s
UMTS	Datenfunkdienst	Mobilfunknetz	Handy, PC, bzw. Rechner mit entspr. Software	Downstream: 384kbit/s Upstream: 128 kbit/s
Inmarsat	Wählverbindung über Satellit	Satellit	PC bzw. Rechner mit entsprechender Software	64 kBit/s bis 2 MBit/s

Bild 6.38: Kommunikationsdienste der Deutschen Telekom AG

Kriterien \ Dienste	T-Net	T-Online	Telefax 400	Datex P	Telebox 400	T-ISDN	T-DSL	T-ATM
Anzahl von erreichbaren Teilnehmern im gleichen Dienst	●	◐	○	◐	○	◐	○	○
Möglichkeit der internationalen Kommunikation	●	●	○	●	○	●	●	◐
Eignung zur Übertragung geringer Datenmengen	●	●	●	●	●	●	●	●
Eignung zur Übertragung von Konstruktionsdaten	○	◐	○	◐	—	◐	●	◐
Standardisierung	○	●	●	◐	●	●	●	○
Integrationsfähigkeit	●	○	—	●	○	●	●	◐
Übertragungssicherheit	○	○	○	●	—	○	○	○
Möglichkeit des Dienstübergangs	●	○	○	○	●	●	●	●
Angebot an Zusatzleistungen	○	◐	○	●	○	●	●	●

Eignung: ● gut   ◐ mittel   ○ gering   — keine

Bild 6.39: Bewertungsmatrix für Kommunikationsdienste/Datenfernübertragungssysteme (DFÜ)

Anwendung	Automobil-hersteller	Zulieferer	Spediteur	VDA-Empfehlung
Anfrage	——→			4909
Angebot	←——			4910
Lieferabruf	——→			4905
Feinabruf	——→			4915
Produktionssynchr. Abruf	——→			4916
Lieferschein- und Transportdaten	←——			4913
Preise	←——			4911
Rechnungen	←——			4906
Zahlungsavise	——→			4907
Gutschriftdaten	——→			4908
Speditionsauftrags-daten		——→		4920
Anlieferungsdaten	←------------			4921

Bild 6.40: VDA-Empfehlungen zur Datenfernübertragung

- weniger telefonische oder (fern)schriftliche Mitteilungen
- weniger Fehler beim Datenaustausch und bei der Datenerfassung
- einmalige Datenerfassung, sofortige Weiterverarbeitung.

Die genannten Vorteile bei der Datenübertragung lassen den höchsten Nutzen erwarten, wenn der Datenaustausch mit sämtlichen Lieferanten nicht mehr über Papier, sondern per Datenfernübertragung erfolgt. Dem stehen allerdings die hohen Kosten zur Einrichtung (Rechner, Software, DFÜ[72]-Anschluss) sowie die laufenden Kosten gegenüber. Besonders Lieferanten, die nur geringe Lieferumfänge mit einem Automobilhersteller abwickeln, scheuen diese Kosten. Viele Automobilhersteller haben daher sog. „Lieferantenportale" im Internet eingerichtet (siehe auch Abschn. 8.8): Hier können Lieferanten z. B. ihre Lieferungen in ei-

nen Web-Browser eingeben, so dass die Daten auch für geringe Lieferumfänge vom Empfänger per DV-Anlage verarbeitet werden können. Die Kosten für dieses „**Web-EDI**" auf Seiten des Lieferanten sind gering – ein Anschluss ans Internet und ein Standard-Browser reichen aus. Allerdings müssen die Daten manuell eingetragen werden, d. h., die Übernahme der Daten aus lieferantenseitigen DV-Anlagen ist nicht möglich.

---

[72] DFÜ = Datenfernübertragung

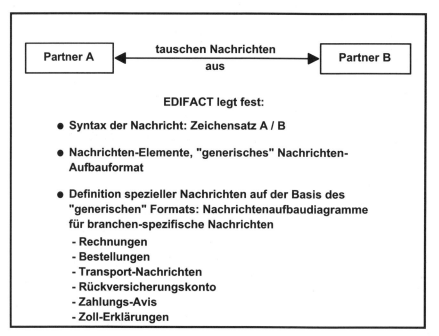

EDIFACT

(Electronic Data Interchange for Administration, Commerce and Transport)
ist der internationale Standard für EDI

Zielsetzung von EDIFACT

Universalität   **EDIFACT als universelle Abwicklungsform
für alle Außenbeziehungen**

Globalität   **EDIFACT als funktions-, branchen- und
sprachübergreifendes Datenaustauschformat**

| Partner A | tauschen Nachrichten aus | Partner B |

EDIFACT legt fest:

- Syntax der Nachricht: Zeichensatz A / B

- Nachrichten-Elemente, "generisches" Nachrichten-
  Aufbauformat

- Definition spezieller Nachrichten auf der Basis des
  "generischen" Formats: Nachrichtenaufbaudiagramme
  für branchen-spezifische Nachrichten
  - Rechnungen
  - Bestellungen
  - Transport-Nachrichten
  - Rückversicherungskonto
  - Zahlungs-Avis
  - Zoll-Erklärungen

Bild 6.41: Definitionen und Festlegungen durch EDIFACT

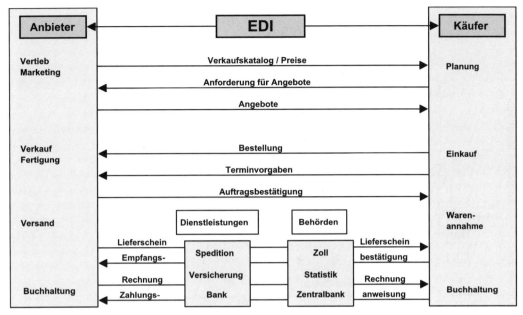

Bild 6.42: EDIFACT-Anwendungsspektrum

6.6 Mobile Datenerfassung und Datenübertragung

Zur lückenlosen Überwachung des Material-flusses im Unternehmen wird die automatische Datenerfassung über **Identträger** eingesetzt[73,74]. Zur automatischen Identifizierung ist eine ma-schinenlesbare Kennzeichnung aller zu erfas-senden Objekte (z. B. Teile, Packstücke, Lade-hilfsmittel, Verkehrsmittel, Lagerfächer, Ar-beitspläne, Lieferscheine, usw.) erforderlich, Bild 6.43.

> Identträger bzw. mobile Datenträger ge-hören zu den **Informationsflussmitteln**.

Nach dem physikalischen Prinzip des Lesens und Beschreibens von Datenträgern unter-scheidet man **mechanische, magnetische, opti-sche** (siehe Bild 6.40) und **elektronische Codie-rungen**.

> Ein **Code** ist nach DIN 4430 *„eine Vorschrift für die eindeutige Zuordnung der Zeichen*

> *eines Zeichenvorrats zu denjenigen Zeichen eines anderen Zeichenvorrates".*

Einige Datenträger sind mehrfach beschreib-bar, können also umprogrammiert werden. Das Umprogrammieren kann berührend (z. B. Magnetkarte am Tonkopf) oder berührungslos erfolgen. Für berührungslos programmierbare Datenträger wird der Begriff **Programmierbare Datenträger (PDT)** verwendet. Datenträger können z. B. Aufkleber oder auch die Güter selbst sein. Nicht programmierbare Datenträ-ger bieten sich dort an, wo sich der Zustand der Güter im Materialflussprozess nicht mehr än-dert.

---

[73] Lit. zu Abschn. 6.6: [Dist00, Fink02, Jüne98, Krie95, Schu99]

[74] vgl.: Müller, P. E.; Neue Herausforderungen für die Datenerfassung – Integrationskonzepte und neue Technologien für eine betriebliche Quer-schnittsfunktion; REFA-Nachrichten 57 (2004) H. 5, S. 4–11

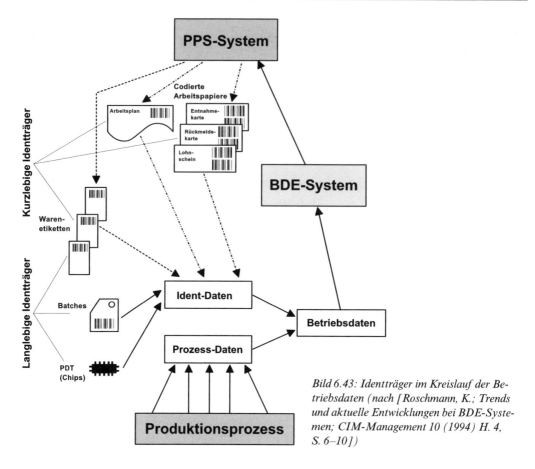

Bild 6.43: Identträger im Kreislauf der Betriebsdaten (nach [Roschmann, K.; Trends und aktuelle Entwicklungen bei BDE-Systemen; CIM-Management 10 (1994) H. 4, S. 6–10])

Mechanische Codierungen sind preiswert, robust und einfach zu handhaben. Sie können mit mechanischen oder induktiven Schaltern oder mit optischen Lichtschranken gelesen werden. Sie werden z. B. in Fertigungsanlagen zur Kennzeichnung von Werkstück-Spannpaletten verwendet. Eine weitere Anwendung sind Lochkarten und Lochstreifen. Beide haben aufgrund der niedrigen Datendichte und der niedrigen Schreib-/Lesegeschwindigkeit an Bedeutung verloren. Lochkarten waren außer als Datenträger in Rechenanlagen auch als Warenetiketten in Gebrauch. Lochstreifen werden heute noch teilweise wegen ihrer Robustheit als Programmspeicher in der NC-Technik eingesetzt.

Magnetische Codierungen sind unempfindlich gegenüber Verschmutzungen, haben eine hohe Lesesicherheit und können große Datenmengen aufnehmen. Dem steht der relativ hohe Preis der Datenträger und der Leseeinrichtungen entgegen.

Große Bedeutung haben **optische Codierungen**. Für den Menschen sind außer Klarschrift nur einige Codierungen direkt lesbar, z. B. die OCR-Systeme (Optical Character Recognition), die aber auch mit Handlesegeräten und mit Beleglesern erfasst werden können. Besonders im Bankenbereich sind auch Lesesysteme für Klarschriftbelege im Einsatz.

Preiswerte Datenträger sind die **Strichcodes** (auch **Barcodes** genannt), die eine hohe Lesesicherheit bieten und z. B. mit EDV-Druckern (Matrix-, Tintenstrahl-, Laserdrucker) sowie im Offset- und Tiefdruck hergestellt werden können. Bestimmte Codes können außer Zif-

Codierungen		Ausführungsbeispiele einiger codierter Datenträger	
mechanisch codiert	- Lochcode - Stiftcode		
		Lochstreifen	Nockencodierung
magnetisch codiert	- Magnetstreifen - Magnetstäbe		
		Magnetstreifen	
optisch codiert	- Klarschrift - Markierungsfelder - Ziffern und Zahlen	0123456789 ♪¥◁| ABCDEFGHIJKLM NOPQRSTUVWXYZ ··、,≡+--/*▓━	
		OCR-A Schrift	

	- OCR-System
	   OCR-A
	   OCR-B
	
	- Strich-Code
	   (Barcode)
	   Code 2/5 interleaved
	   EAN - Code,.....
		
		4022	

		2/5 interleaved	EAN-Code
	- geometrische Figuren - Farbcode	Codablock	Data Matrix Maxi Code

Bild 6.44: Beispiele mechanischer, magnetischer und optischer Codierungen (nach [Jüne89] sowie [Krämer, K.; Transparenz im Materialfluß – Barcode und mobile Datenspeicher als Basiselemente der Materialflußsteuerung; FB/IE 46 (1997) H. 4, S. 150–155])

fern auch Alpha-Zeichen darstellen, Bild 6.45. In der Fertigungsindustrie häufig angewendet wird der **Code 2/5 interleaved**, Bild 6.46. Bei diesem numerischen Code ist jedes Zeichen aus fünf Strichen bzw. Lücken aufgebaut, wovon jeweils zwei breit und drei schmal ausgeführt werden (siehe Codetabelle in Bild 6.46). Die erste dargestellte Ziffer wird als Striche, die zweite als Lücken zwischen den Strichen der ersten dargestellt. Zusätzlich enthält ein Strichcodefeld jeweils ein Start- und ein Stop-Zeichen.

Ein bekannter Strichcode ist der **EAN-Code** (EAN = Europäische Artikelnummer, Bild 6.47), der im Einzelhandel weit verbreitet ist. Auch Automobilersatz- und -zubehörteile müssen, soweit sie z. B. über Bau- oder Super-

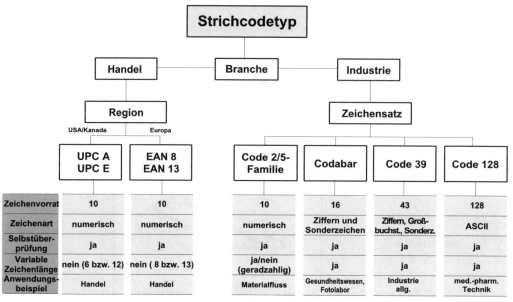

Bild 6.45: Kriterien zur Strichcodeauswahl (nach [Firmenunterlagen: DATALOGIC GmbH])

märkte vertrieben werden, mit dem EAN-Code gekennzeichnet sein, da auf ihn die Warenwirtschaftssysteme dieses Handelsbereichs abgestellt sind. Zur Teilekennzeichnung in Produktionsunternehmen ist der EAN-Code weniger geeignet, da der gleiche Artikel je nach Hersteller mehrere Artikelnummern trägt. Im Produktionsunternehmen sollte die Artikelkennzeichnung unabhängig von Herkunft und Verwendung des Artikels sein. Außerdem stehen beim EAN-Code für die Kennzeichnung eines Artikels nur fünf numerische Schreibstellen zur Verfügung, was in vielen Produktionsunternehmen (bei mehr als 100.000 lebenden Teilen) nicht ausreicht. Obendrein verwenden viele Produzenten alphanumerische Teile-Identifizierungsnummern, die als EAN-Code nicht darstellbar sind.

Codetabelle

Zeichen	S1	S2	S3	S4	S5
1	1	0	0	0	1
2	0	1	0	0	1
3	1	1	0	0	0
4	0	0	1	0	1
5	1	0	1	0	0
6	0	1	1	0	0
7	0	0	0	1	1
8	1	0	0	1	0
9	0	1	0	1	0
0	0	0	1	1	0
Start	0	0			
Stop	1	0			

S1-S5 = Strich/Lücke 1-5
1 = breiter Strich/Lücke
0 = schmaler Strich/Lücke

Codebeispiele

12

1234

123456

12345678

Bild 6.46: Strichcodesystem „Code 2/5 interleaved" (nach [Firmenunterlagen: DATALOGIC GmbH])

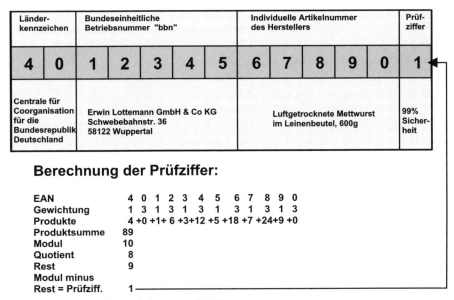

Länder-kennzeichen		Bundeseinheitliche Betriebsnummer "bbn"					Individuelle Artikelnummer des Herstellers					Prüf-ziffer
4	0	1	2	3	4	5	6	7	8	9	0	1
Centrale für Coorganisation für die Bundesrepublik Deutschland		Erwin Lottemann GmbH & Co KG Schwebebahnstr. 36 58122 Wuppertal					Luftgetrocknete Mettwurst im Leinenbeutel, 600g					99% Sicher-heit

Berechnung der Prüfziffer:

EAN	4 0 1 2 3 4 5 6 7 8 9 0
Gewichtung	1 3 1 3 1 3 1 3 1 3 1 3
Produkte	4 +0 +1+ 6 +3+12 +5 +18 +7 +24+9 +0
Produktsumme	89
Modul	10
Quotient	8
Rest	9
Modul minus Rest = Prüfziff.	1

Bild 6.47: Europäische Artikelnummer (EAN)

Prüfziffern (Bild 6.47) werden verwendet, um bei der Datenerfassung Lese- bzw. Eingabefehler zu erkennen. Die Prüfziffer wird nach einem festgelegten Algorithmus z. B. aus den Inhalten der Identnummer berechnet und im Strichcodefeld mit codiert. Beim Lesen werden Identnummer und Prüfziffer erfasst. Aus der gelesenen Identnummer wird die Prüfziffer berechnet und mit der erfassten Prüfziffer vergli-

chen. Die meisten **Prüfzifferverfahren** ermöglichen eine etwa 99 %ige Erkennungsrate von Lesefehlern.

Wichtige Leseeinrichtungen und deren Funktionsweise erläutert das Bild 6.48: Der **Strichcodelesestift** wird anstelle einer Tastatureingabe manuell über den Strichcode geführt. Beim **Laserscanner** wird der Lichtstrahl eines

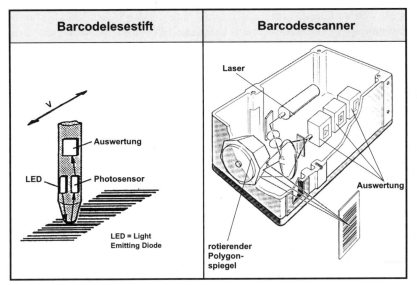

Bild 6.48: Funktionsweise von Strichcodelesegeräten (nach [Jüne89] sowie [Werkbild: Leuze Electronic GmbH])

Helium-Neon-Lasers optisch gebündelt und über ein rotierendes Polygon-Spiegelrad in das Lesegebiet des Strichcodes projiziert. Durch die Drehbewegung des Spiegelrades wird der Sendestrahl ständig wiederholend über das Strichcode-Etikett geführt. Aufgrund des unterschiedlichen Kontrastes zwischen Strich und Lücke ergibt sich ein code-proportionales Reflexionsmuster. Diese Reflexsignale werden über das Polygonrad durch die Eingangsoptik direkt zum Empfänger des Strichcodelesers geführt. Im Auswertesystem des Strichcode-Lesegerätes werden dann die optischen Signale in elektrische Impulse umgesetzt, digitalisiert und einer Dekodier-Elektronik zugeführt. Der mögliche Leseabstand beträgt je nach verwendetem Strichcode (wichtig: Strichbreite und Kontrast) und je nach eingebauter Optik (Schärfentiefe) zwischen 30 und 1500 mm.

Beispiele zum **Einsatz von Strichcodes in der Produktionslogistik** geben die Bilder 6.49 bis 6.51. Bild 6.49 zeigt den Warenanhänger nach VDA-Empfehlung 4902, mit dem im Automobilbereich Packstücke und Behälter gekennzeichnet werden. Wichtige Dateninhalte sind als Strichcodes verschlüsselt und können automatisch erfasst werden. Der Arbeitsplan in Bild 6.50 enthält ebenfalls Strichcodefelder, mit denen der gesamte Arbeitsplan bzw. einzelne Arbeitsgänge per Strichcodelesegerät vereinfacht rückgemeldet werden können. Im Bild 6.51 wird die Anwendung zweidimensionaler Strichcodes gezeigt, die die Speicherung größerer Datenmengen auf kleiner Fläche ermöglichen. Zur Teile-Identifizierung werden Strichcodes auch in Gussteilen erhaben eingegossen oder in Blechteile geprägt. Ein Lesen erfolgt mit Kameras und angeschlossener Bildverarbeitung.

Elektronische Codierungen benötigen technisch aufwändige Datenträger und teure Schreib-/Lesestationen. Die Speicherung von Daten in elektronischen Speicherbausteinen wird bei **Programmierbaren Datenträgern (PDT)** verwendet, für die auch der Begriff „RFID" (Radio Frequency Identification)[75] gebräuchlich ist. Wenn sich objektbezogene

Daten im Laufe des Fertigungs- oder des Materialflussprozesses ändern, bietet sich der Einsatz von PDT an. Die Kosten für die Datenträger sind in den vergangenen Jahren erheblich gefallen. Es wird erwartet, dass einfache RFID-Label zukünftig kaum mehr als ein Strichcodeetikett kosten werden. Besonders im Handel wird damit die flächendeckende Verwendung von RFID möglich mit Lösungen wie automatischen Kassen ohne Bedienpersonal (alle Artikel im Einkaufswagen des Kunden werden vollautomatisch erfasst) oder der berührungslosen Überwachung des Warenbestandes für Zwecke der Disposition und zur Vermeidung von Warendiebstahl. Im industriellen Umfeld werden PDT zur Steuerung und Überwachung des Materialflusses eingesetzt[76].

RFID-Systeme oder genauer **elektromagnetische Identifizierungsverfahren** bestehen aus zwei Komponenten: dem **Erfassungsgerät**, das als Lese- oder Schreib-/Leseeinheit eingesetzt wird und dem PDT, auch **Transponder**[77] genannt, der an den zu identifizierenden Objekten angebracht ist. Bei **aktiven PDT** ist der Datenträger mit einer Batterie als Energieversorgung ausgestattet. **Passive PDT** werden vom elektromagnetischen Feld des Schreibgerätes mit Energie versorgt, die in einem Kondensator im PDT zwischengespeichert wird. Die stationäre Schreib-/Lesestation sendet kontinuierlich elektromagnetische Wellen einer bestimmten Frequenz über ihre Sendeantenne aus. Gelangt ein Datenträger in den Kommunikationsbereich, werden der Datenträger „geweckt" und bei passiven Datenträgern die Energie zu-

---

[75] Man unterscheidet bei elektromagnetischen Identifizierungsverfahren je nach der verwendeten Frequenz induktive Systeme, Radiowellensysteme und Mikrowellensysteme. Dennoch ist der Begriff RFID unabhängig vom Frequenzbereich üblich.

[76] Zum Stand der Technik und zu den Aussichten von RFID siehe: Lange, V.; RFID: Anspruch und Wirklichkeit; Ident Jahrbuch 2005; Ident Verlag und Service, Rödermark (2005)

[77] „Transponder" ist ein Kunstwort aus „Transmitter" (Sender) und „Responder" (Empfänger).

Bild 6.49: Waren-anhänger nach VDA-Empfehlung 4902 (Version 2)

WE-Schein-Nr.	Mehrkostennachl.	N	Auftrags-Nr.	Pos.-Nr.	Los-Nr.	Stückzahl	Planer	Typ/Stichwort		Ablage-Zeichnungs-Nr.	F-Tag	Blatt
			307576	0010	00	0001	40	ZKKV 24			2377	01
Benennung			Ergänzende Angaben, Fertigmaße						Zeichnungs-Nr.		Werkst.-Code	Dar.-Sch.
KER I			20Z M=3,5 31 BR						2617334 3			11
KA	Werkstoff		Modell-Gesenk-Nr.				Roh-Dimensionen		DIN-ZAN-Nr.		Material-Sachnummer	
02	16MNCR5E		(@ 111,4X59,1)				@ 120X70		D1013		1520130102	

QUTSTÜCKZAHL	KARTENWART									
	07	zugef.	Stück	Pos.-Nr.	Los-Nr.	Auftrags-Nr.	Stückzahl d. Hauptauftr.	Vorgabe-Bedingungen	A = Abnahme, E = Zahnweiten-Erfassung, F = Festwert N = nur Stückzahlkontrolle, P = provisorische Vorgabe, R = Richtwert, 21/22 = Mehrmaschinen-Bedienung	
	05	mitgef.								
	04	Arbg.-Nr. Führgstell	Arbeitsgang Nr. N	Pos.-Nr. e b	Los-Nr. e i	Auftrags-Nr. l		Vorgabe-Bedingungen		
	10			n	t	l				
	08/9	Arbeitsgang Nummer	K.SL./M.Gr.	Inventar-Nr.	Röstzeit	Stückzeit (min)		Barcode Nr.: ✱ 3 2 4 8 8 ✱		
	03					Stückgew. (kg)				

Arbeitsgang/Betriebsmittel

✱ 3 2 4 8 8 0 5 ✱

03	005	913902	40123	003	00005,0	ABSAEGEN

✱ 3 2 4 8 8 1 0 ✱

03	010	720722	00470	000	00007,5	GLUEHEN-- GROBK

✱ 3 2 4 8 8 1 5 ✱

03	015	311126	11385	030	00115,0	DR-- BGG AUF @ 40 FZ--
		SONST FTQ NACH	BL.	MASSE--	GEN.	RDLF UND PLLF-- MIT
		SPANNSTELLE				

Bild 6.50: Arbeitsplan mit Strichcodefeldern zur Rückmeldung [Werkbild: Zahnradfabrik Renk]

Bild 6.51: Transportetikett „Multi Industry Transport Label" gemäß CEN-Norm [Roschmann, K.; Trend und aktuelle Entwicklungen bei BDE-Systemen; CIM-Management 10(1994)H. 4, S. 7]

geführt. Als Speicher werden RAM- oder EE-PROM-Bausteine[78] verwendet. RAM erreichen hohe Datentransferraten, benötigen aber Fremdenergie zur Speicherung. EEPROM haben geringere Datentransferraten, halten die Daten aber ohne Zuführung von Energie. Den **Aufbau und die Funktionsweise von PDT und Schreib-/Lesestationen** zeigt Bild 6.52.

Charakteristisches Unterscheidungsmerkmal der PDT ist die Art des Datenübertragungsverfahrens. Es wird nach benutzter Wellenlänge zwischen

- Induktiv-Funk-System (125 kHz bis 13,56 MHz)
- Radiowellen-System (862 bis 928 MHz) und
- Mikrowellensystem (2,45 GHz)

unterschieden, Bild 6.53. Die Leistungsdaten, insbesondere der Lese- und Programmierabstand, sind stark von dem gewählten Da-

tenübertragungsverfahren abhängig. Für die möglichen Einsatzbereiche der PDT sind unter anderem der Lese- und Programmierabstand zwischen PDT und Lese- und Programmierstation, der Speicherinhalt sowie die Speicherhaltezeit von Bedeutung. Weiterhin sind auch die thermische und mechanische Beständigkeit sowie die Energieversorgung der PDT von Einfluss.

Ein PDT kann nach folgendem Schema beschrieben werden [Jüne98]:

- Eingabe der Daten in eine Lese- u. Programmierstation
- Modulation der Daten auf ein elektromagnetisches Feld
- Abstrahlung des modulierten Signals
- Empfang der Daten durch den PDT, der sich im elektromagnetischen Feld befindet
- Demodulation des empfangenen Signals und Speicherung der übermittelten Daten.

Anwendungen in der Fahrzeugindustrie sind z. B. die Kennzeichnung von Automobilkarosserien in der Lackiererei (Unempfindlichkeit der Datenträger gegen Verschmutzung, Lösungsmittel, Hitze, usw.) sowie in der Endmontage (Speicherung der auftragsbezogenen Fahrzeugdaten vor und der Prozessdaten im Laufe der Montage). Mit Hilfe der im PDT abgelegten Daten kann auch ein direkter Einfluss auf den Prozess genommen werden, z. B. in einem Schweißroboter ein bestimmtes Programm aktiviert werden, Bild 6.54a). PDT, die sich aufgrund ihrer Größe (oder besser Kleinheit) zur **Werkzeugidentifikation** eignen, sind in Bild 6.54b) dargestellt. Bild 6.55 gibt ein Beispiel zur Identifizierung von Wechselbehältern auf Zügen während der Vorbeifahrt. In diesem Anwendungsfall ist z. B. auch die Speicherung von **Ladungsdaten** und **Transportverlaufsdaten**

---

[78] RAM = Random Access Memory = Schreib-Lese-Speicher; z. B. als Hauptspeicher im Computer
EEPROM = Electrically Erasable Programmable Read Only Memory = elektrisch löschbarer Nur-Lese-Speicher

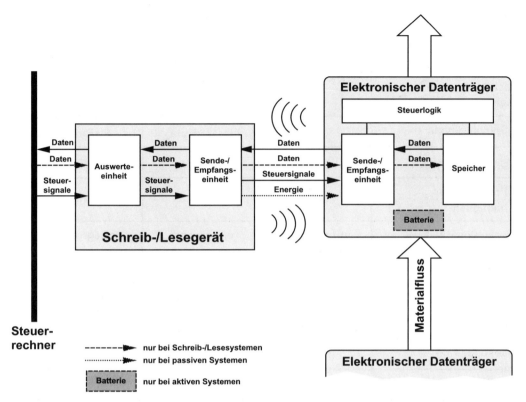

Bild 6.52: Aufbau eines Identifizierungssystems mit programmierbaren Datenträgern (Transpondern) (nach [Jüne98])

(Rangierstöße; Temperaturverlauf bei Kühltransporten) interessant.

Wenn z. B. ein PDT nach Abschluss der Montage am Automobil verbliebe, könnte man über die Sensorik im Fahrzeug (Motormanagement, Anti-Blockiersystem usw.) nicht nur diagnose- und instandhaltungsrelevante Daten im PDT speichern, sondern ihn auch als **Fahrzustandsrecorder ("Black Box")** z. B. für die Unfallrekonstruktion einsetzen.

Bei Wechselpritschen, Wechselaufbauten und Containern sowie bei Lkw und Eisenbahnwagen wird teilweise auf das **"Global Positioning System" (GPS)**, das aus dem militärischen Bereich stammt, zur absoluten Positionsbestimmung zurückgegriffen. Mit diesem System ist es möglich, den Laufweg und die Position der genannten Objekte weltweit auf ca. ± 1 m genau zu verfolgen bzw. zu bestimmen.

Eine weitere Anwendung für PDT ist z. B. die Verfolgung von Ladehilfsmitteln in der Industrie. Hierbei sind die PDT mit den Ladungsträgern als Identifizierungssystem fest verbunden. Jede Bewegung der Ladehilfsmittel z. B. bei Erreichen oder Verlassen des Werkstores kann erfasst werden; ebenso können alle Ladehilfsmittel auf einem bestimmten Abstellplatz oder auf einem Verkehrsmittel registriert werden. Eine Verfolgung der verladenen Güter ist durch eine Zuordnungstabelle im Rechner möglich. Entscheidende Vorteile der PDT gegenüber dem preiswerten Strichcodeetikett sind die Möglichkeit der Datenspeicherung und Datenänderung innerhalb des Prozesses sowie die nicht notwendige Sichtverbindung zwischen PDT und Schreib-/Lesestation. Durch den starken Preisverfall bei PDT ist eine erhebliche Ausweitung des Einsatzes zu erwarten. Eine Übersicht bisheriger und zukünftiger

Datenübertragungs-verfahren techn. Kenndaten der PDT	Induktiv-Funk-System	Radiowellen-System	Mikrowellen-System
Speicherinhalt	2 kByte	bis 32 kByte	8 kByte
Speicherhaltezeit	> 10 Jahre	8 Jahre	> 8 Jahre
Programmier-häufigkeit	$> 10^5$	unbegrenzt	unbegrenzt
Lesehäufigkeit	unbegrenzt	unbegrenzt	unbegrenzt
Löschhäufigkeit	$> 10^5$	unbegrenzt	unbegrenzt
Zul. Relativ-geschwindig-keit — beim Programmieren	20 Byte: 0,03 m/s	4 Byte: 21 m/s	8 Byte: 10 m/s
Zul. Relativ-geschwindig-keit — beim Lesen	20 Byte: 0,08 m/s	1 Byte: 10 m/s	8 Byte: 17 m/s
Leseabstand	0,1 m	bis 5 m	2,0 m
Programmierabstand	0,1 m	bis 5 m	1,5 m
Lesezeit	3 ms/Byte	2 ms/Byte	0,1 ms/Byte
Programmierzeit	3 ms/Byte	2 ms/Byte	0,1 ms/Byte

PDT = programmierbarer Datenträger
ms = Millisekunden

Bild 6.53: Beispiele technischer Kenndaten ausgewählter programmierbarer Datenträger (PDT) (nach [Jüne89] sowie [Firmenunterlagen: Baumer Ident GmbH])

Einsatzfelder von PDT in der Automobilindustrie gibt Bild 6.56.

Durch die wachsende Leistungsfähigkeit von Computern werden Identifizierungsverfahren ohne spezielle Datenträger immer interessanter: Mit Hilfe **computergestützter Bildverarbeitungsverfahren** lassen sich z. B. die Nummern von per Fernsehkamera aufgenommenen Eisenbahnwagen oder die Kennzeichen von Kraftfahrzeugen während der Vorbeifahrt identifizieren. Ähnliches könnte in Zukunft auch im innerbetrieblichen Materialfluss für die Identifizierung von Klarschrift-Kennzeich-nungen an Behältern oder von handschriftlichen Vermerken möglich sein. Auch die **Spracheingabe** in Computer entwickelt sich zur Praxisreife und wird zukünftig eine vereinfachte Dateneingabe, z. B. bei der Kommissionierung (**„Pick by Voice"**) ermöglichen. Zusammenfassend vergleicht Bild 6.57 Kenndaten verschiedener Dateneingabe- und -erfassungstechniken.

In Logistiksystemen werden die Güter zwecks Steuerung und Überwachung entweder zu einer stationären Lesestation (stationäre Datenerfassung) geführt, oder die Daten werden an

a)

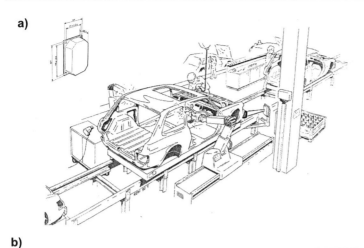

b)

| Datenträger im Kunststoffgehäuse zum Einbau in Werkzeuge, Halter, Futter, Paletten und werkzeugabhängige Ausrüstung | Datenträger zum Einbau in die Anzugsbolzen von ISO-Kegelschaft-Werkzeugen | Datenträger zum Einbau in Block-Tool-Werkzeuge |

Bild 6.54: Programmierbare Datenträger in der Produktion; a) Kennzeichnung von Montageobjekten in der Automobilindustrie; b) PDT zur Werkzeugidentifikation (nach [Werkbilder: Saab Automation; Sandvik Automation])

Bild 6.55: Erfassung von Transportdaten von Wechselpritschen auf Eisenbahnwagen bei der Vorbeifahrt mittels PDT und ortsfester Lesestation (nach [Werkfoto: Kombiverkehr GmbH])

dem Ort erfasst, an dem sich die Güter gerade befinden (mobile Datenerfassung). Für Letzteres gibt es die Möglichkeit der **Online- und der Offline-Datenerfassung**. Bild 6.58 zeigt, welche Systeme für die mobile Datenerfassung und für die Online- bzw. Offline-Datenübertragung möglich sind.

Auf die leitungsgebundene Datenübertragung soll hier nicht weiter eingegangen werden. Sie

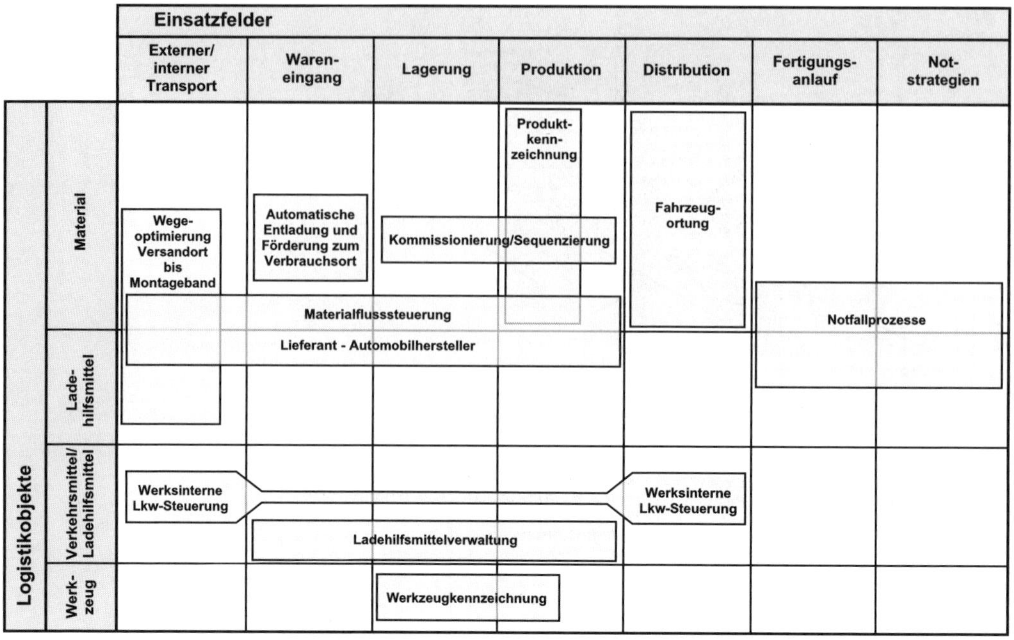

Einsatzfelder						
Externer/interner Transport	Wareneingang	Lagerung	Produktion	Distribution	Fertigungsanlauf	Notstrategien

Logistikobjekte

- **Material:** Wegeoptimierung Versandort bis Montageband — Automatische Entladung und Förderung zum Verbrauchsort — Kommissionierung/Sequenzierung — Produktkennzeichnung — Fahrzeugortung
- Materialflusssteuerung
- Lieferant - Automobilhersteller
- Notfallprozesse
- **Ladehilfsmittel / Verkehrsmittel/Ladehilfsmittel:** Werksinterne Lkw-Steuerung — Werksinterne Lkw-Steuerung
- Ladehilfsmittelverwaltung
- **Werkzeug:** Werkzeugkennzeichnung

Bild 6.56: Einsatzfelder der RFID-Technik in der Automobilindustrie (nach [FIPA05])

kann elektrisch (Kupferkabel) oder optisch (Lichtleiter) erfolgen. Interessanter ist die leitungslose Datenübertragung. Dafür kommen verschiedene Verfahren infrage: Die **induktive Datenübertragung** gehört zu den elektromagnetischen Verfahren. Sie arbeitet als Funk im Längstwellenbereich (Frequenz < 100 kHz). Die Reichweiten sind gering, ebenso die Datenübertragungsraten (bis etwa 2.400 bit/s); Einsatzbeispiele finden sich bei der Datenübertragung von und zu Kränen und automatischen Flurförderzeugen. Beim **Datenfunk** werden Frequenzen im UKW-Bereich eingesetzt (100 bis 200 MHz). Diese Technik ist in Deutschland durch die Bundesnetzagentur[79] (BNetzA) genehmigungspflichtig; die Anzahl der Kanäle ist begrenzt. Vorteilhaft sind die mittleren Reichweiten bis zu einigen Kilometern und hohe Datenübertragungsraten; nachteilig sind die Genehmigungspflicht, mögliche Störeinflüsse durch weitere Funkstellen, Dopplereffekte und Störungen durch Überreichweiten. Weitere Möglichkeiten bietet die standardisierte **WLAN-Technik** (**W**ireless **L**o-

cal **A**rea **N**etwork), deren Reichweite zwar im Innenbereich auf etwa 30 m, außen auf ca. 300 m beschränkt ist, die aber in einem reservierten Frequenzbereich im 5-GHz-Band arbeiten[80].

Eine Anwendung mobiler Datenübertragung zeigt Bild 6.59: Mit Hilfe der mobilen Online-Datenübertragung können z. B. Kommissionieraufträge direkt an das Kommissioniergerät übertragen und die einzelnen Tätigkeiten und Aufträge dort quittiert und an den Verwaltungsrechner zurückgemeldet werden.

Zu den optischen Datenübertragungstechniken gehört die **Datenübertragung mit Infrarotlicht**.

---

[79] Bundesnetzagentur für Elektrizität, Gas, Telekommunikation, Post und Eisenbahnen (früher: Bundesamt für Post und Telekommunikation)

[80] vgl.: Hensel, R.; Delhey, M.; Mehr Mobilität – Die drahtlose Kommunikation erobert die Produktion; Maschinenmarkt (2004) H. 24, S. 104–108

	Eingabezeit für ein 20-Zeichen-Datenfeld	Fehlerrate	Größe eines 20-Zeichen-Datenfeldes	Kosten des Labels	Kosten des Lesegerätes	Qualitative Merkmale
Tastatureingabe	10 s	hoch	1,0 * 5,6 cm	gering	gering	Bediener erforderlich, geringe Geschwindigkeit
OCR-Schrift	4 s	mittel	1,3 * 6,4 cm	gering	mittel	für Menschen lesbar, geringe Flexibilität des Lesegerätes
Magnet-Streifen	4 s	gering	1,0 * 2,5 cm	mittel	mittel	Daten leicht änderbar, Beeinträchtigung durch Magnetfelder, geringe Flexibilität des Lesegerätes; benötigt Kontakt
Spracherkennung	20 s	hoch	1,0 * 5,6 cm	gering	hoch	"Hands off"-Bedienung, Bediener erforderlich, Geräte müssen auf Bediener abgestimmt sein
Bilderkennung	i.d.R. maschinenlesbar	abhängig von Markierungstechnik	variabel	variabel	sehr hoch	kann Teil eines Kontrollprogramms sein
Funkübertragung	2 s	gering	2,5 * 3,8 * 0,5 cm	hoch	hoch	Sichtbarkeit des Labels nicht erforderlich
Barcode	4 s	gering	1,5 * 6,4 cm	gering	gering	freie Auswahl von Drucker und Lesegerät

Bild 6.57: Vergleich von Datenerfassungstechniken [Krie95]

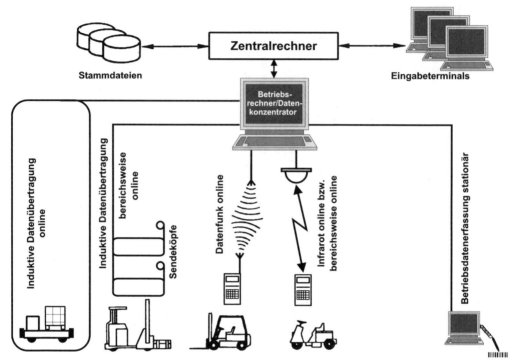

Bild 6.58: Grundsätzliche Systeme für die mobile Datenerfassung und -übertragung (nach [VDI-Richtlinie 3641])

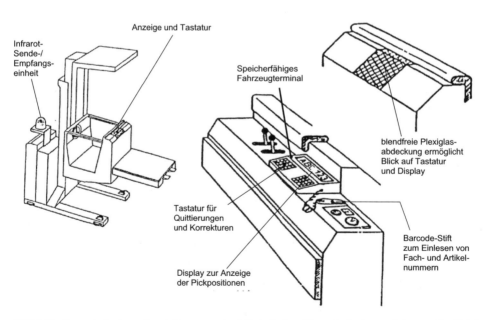

Bild 6.59: Kommissioniergerät mit Datenterminal für beleglose Kommissionierung [Jansen, R.; Grünberg, R.; Trends in der Kommissioniertechnik; Zeitschr. für Logistik 13 (1992) H. 1, S. 4–15]

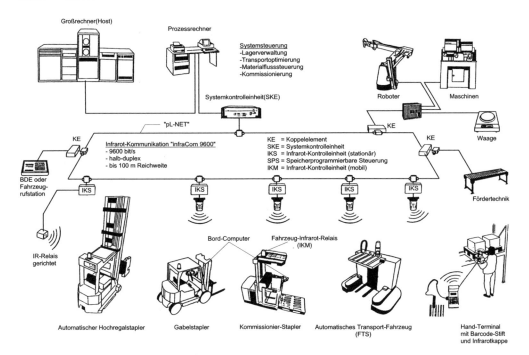

Bild 6.60: Einsatzmöglichkeiten eines Infrarot-Kommunikationssystems [Jansen, R.; Grünberg, R.; Trends in der Kommissioniertechnik; Zeitschr. für Logistik 13 (1992) H. 1, S. 4–15]

Typ	Strahlungscharakteristik	Reichweite (Richtwert)	Kommunikative Fläche	typ. Einsatzfälle im Materialfluss stationär	mobil
gerichtet	Empfänger, 100 m, 30°, Sender, 15°, Hallenwand	ca. 100 m	ca. 800 m²	Regallager - Lagergänge Warenein-/-ausgang - Laderampe	Stapler Regalbediengerät Kommissionier-stapler
rundum	E, S, 20°, 30 m	ca. 30 m	ca. 2000 m²	Blocklager - Kreuzungen Warenein-/- ausgang - Bereitstellfläche	Stapler Automatisches Flurförderzeug Mobiler Roboter
flächendeckend	Hallendecke, 30 m, H, 160°, S, E, Hallenboden	ca. 30 m	ca. 2500 m² (H = 7,5-11 m)	Blocklager - Kreuzungen - Lagerflächen Warenein-/-ausgang - Bereitstellfläche - Laderampe - Lagervorzone Übergabestation Hallentor-Bereich	

S: Infrarotsender; E: Infrarotempfänger

Bild 6.61: Mögliche Strahlungscharakteristiken von Infrarot-Datenübertragungsstrecken (nach [Jüne89])

Anwendungsbereiche		Online				Quasi online		
		infrarot	Datenfunk	Wireless LAN	induktiv	infrarot	induktiv	Standleitung
vorwiegend	innen	●	●	●	●	●	●	●
	außen	○	●	◐	◐	◐	◐	○
Regal-/Lagerbereich		●	●	●	●	●	●	◐
Warenein-/Ausgangsbereich		●	●	●	○	●	◐	○
Kommissionierbereich		●	●	●	●	●	○	●
Freistapelbereich	innen	◐	●	●	○	●	◐	○
	außen	○	●	◐	○	●	○	○
Produktion/Fertigung		◐	●	●	○	●	○	○
fahrerbediente Transportsysteme		●	●	◐	○	●	○	◐
fahrerlose Transportsysteme		○	○	○	●	●	●	○
Reichweite	niedrig	✕	–	✕	✕	Leitungslauf bis Standort beliebig		
	hoch	–	✕	–	–			
Übertragungs- geschwindigkeit	niedrig <3000 bit/s	–	–	–	✕	–	–	–
	hoch >3000 bit/s	✕	✕	✕	–	✕	✕	✕

Legende: ● gut geeignet　◐ geeignet　○ ungeeignet　✕ trifft zu　— trifft nicht zu

Bild 6.62: Auswahlkriterien mobiler Datenübertragungssysteme im innerbetrieblichen Transport (nach [Werksunterlagen: Lansing GmbH])

Die Reichweite geht dabei bis zu 100 m (Bild 6.60). Zwischen Infrarotsender und -empfänger muss in der Regel Sichtkontakt bestehen. Infrarot-Datenübertragungssysteme sind empfindlich gegenüber Fremdlicht und Verschmutzungen von Sender und Empfänger.

Mögliche Charakteristiken von Infrarot-Datenübertragungsstrecken zeigt Bild 6.61. Die Datenübertragungsrate beträgt bis zu 19.600 bit/s. Auswahlkriterien der drei vorgestellten Datenübertragungssysteme gibt Bild 6.62.

6.7 Aufgaben zu Kapitel 6

Aufgabe 6.1: Welche Gründe sprechen für bzw. gegen den Einsatz von Standard-PPS-Systemen in Produktionsunternehmen?

Lösung: Für den Einsatz von Standard-PPS-Systemen sprechen:

* Erprobte Software ohne großes Entwicklungsrisiko
* Software kann über Wartungsvertrag ständig an aktuelle Entwicklungen angepasst werden
* Organisatorische Abläufe werden dem System angepasst; damit ist meist eine Straffung der Organisation verbunden
* Überschaubare Kosten bei der Einführung
* Software kann vor Echteinsatz genau analysiert und ausprobiert werden
* Bei Branchenlösungen besteht die Sicherheit, mit dem System erfolgreich arbeiten zu können.

Gegen den Einsatz von Standard-PPS-Software sprechen:

* Standard-Abläufe des Systems müssen übernommen werden, das erfordert Schulung und Umgewöhnung der Mitarbeiter
* Besonderheiten der Organisation erfordern (teure) Anpassungen der Standard-Software, damit geht oft die Wartbarkeit verloren
* Funktionen, die nicht benötigt werden, müssen trotzdem bezahlt werden
* Strategische Vorteile gegenüber Wettbewerbern mit demselben System gehen verloren
* Es muss oft für die Einsatzplanung und Schulung auf Fremd-Know-how zurückgegriffen werden
* Abhängigkeit vom Software-Anbieter.

Aufgabe 6.2: Welche Gefahr besteht bei der Bedarfsplanung in sog. „Bedarfsperioden" innerhalb eines PPS-Systems?

Lösung: Bedarfe werden bei dieser Art der Bedarfsplanung auftragsanonym kumuliert und auf den Beginn der Bedarfsperiode terminiert. Damit wirken sich Termin- und Mengenänderungen von Aufträgen nicht auf die Periodenbedarfe aus. Weiterhin werden nicht alle Bedarfe schon zu Periodenbeginn benötigt, so dass über die Periodenlänge Bestände aufgebaut werden.

Aufgabe 6.3: Welche Funktionen hat ein BDE-System?

Lösung: Ein BDE-System (Betriebsdatenerfassungs-System) dient zur Erfassung der Ist-Daten der Produktion, um damit den gegenwärtigen Stand der Auftragsabarbeitung feststellen zu können. Dazu werden Fertigungsauftragsdaten (z. B. Fertigstellungstermin, Ist-Menge, verfahrene Arbeitsstunden, Materialverbrauch, usw.) z. B. über spezielle BDE-Terminals in der Produktion erfasst, verdichtet und aufbereitet. Sie dienen z. B. auch als Eingangsdaten für Kostenrechnung und Lohnabrechnung.

Aufgabe 6.4: Vergleichen Sie Strichcode-Etiketten und PDT für die Kennzeichnung von Montageobjekten!

Lösung: Strichcode-Etiketten sind preiswert zu erstellen (z. B. per Laser-, Matrix- oder Tintenstrahldrucker), können maschinell berührungslos gelesen werden und dienen zur Identifizierung eines Objektes, d. h., der Dateninhalt ist begrenzt; beschreibende Daten in größerem Umfang können in der Regel nicht verschlüsselt werden. PDT (programmierbare Datenträger) sind mehrfach verwendbar, aber teurer in der Anschaffung als Strichcodelabel. Auch die notwendigen Lese- und Schreibstationen sind teuer. PDT können größere Datenmengen aufnehmen, d. h., neben einer Identifizierung können sie auch beschreibende Daten und sogar im Laufe des Prozesses anfallende Daten speichern. Sie sind unempfindlich gegen Verschmutzung und höhere Temperaturen und können deswegen auch in Lackier- und Trockenprozessen verwendet werden.

Aufgabe 6.5: Wie beurteilen Sie den Vorschlag, im Ersatzteilbereich eines Pkw-Herstellers als Artikelidentifizierung mit dem EAN-Code zu arbeiten?

Lösung: Der EAN-Code (Europäische Artikel-Nummer) wird im Einzelhandel angewendet. Für den Ersatzteilbereich eines Pkw-Herstellers weist er gewisse Nachteile auf: Es können nur numerische Daten verschlüsselt werden, und für die Identifizierung sind nur fünf Stellen (entspricht 100.000 Teilen) vorgesehen. Da im Ersatzteilbereich oft mit alpha-numerischen Teilekennzeichnungen und Änderungskennzeichen gearbeitet wird und meist mehr als 100.000 Artikel zu bevorraten sind, kommt die EAN-Nummer kaum infrage. Auch die Verschlüsselung des Herstellers in der EAN-Nummer bringt im Ersatzteilbereich eher Nachteile bei mehreren Bezugsquellen für einen Artikel. Andere Strichcode-Etiketten sind hier aber sinnvoll, weil sie eine schnelle, sichere und auch automatische Identifizierung der Artikel erlauben.

7 Materiallogistik

Die **Materiallogistik**[81] umfasst die betrieblichen Bereiche Beschaffungslogistik und Produktionslogistik (siehe Kap. 1). In diesem Kapitel werden die Grundlagen der Materiallogistik vorgestellt. Es beschreibt die Planungs- und Steuerungsvorgänge im Vorfeld der Beschaffung und Produktion. Außerdem wird auf die **Aufgaben des Lagers** (Lagerbestandsplanung und -bestandsführung) eingegangen. Das Kapitel endet mit der Vorgabe der Bedarfe, die dann durch Beschaffung beim Lieferanten oder Fertigung bzw. Montage im eigenen Unternehmen befriedigt werden müssen. Aufgrund des Stoffumfangs sind die Beschaffungslogistik in Kap. 8 und die Produktionslogistik in Kap. 9 dargestellt.

> **Materiallogistik** ist eine betriebliche Teilaufgabe, die oft auch als Materialwirtschaft bezeichnet wird und sich mit der Bewirtschaftung von Materialien beschäftigt.

Allerdings gibt es weder eine einheitliche Definition des Materials noch der Verrichtungen der Materialwirtschaft. Meistens werden als Objekte der Materialwirtschaft die **Einsatzsachgüter** in einem Produktionsunternehmen angesehen, also die Sachgüter, die zur Herstellung von anderen Gütern eingesetzt werden. Hierzu zählen:

- **Rohstoff:** Materie ohne definierte Form, die gefördert, abgebaut, angebaut oder gezüchtet wird und als Ausgangssubstanz für Werkstoffe dient (z. B. Erz, Kohle, Rohöl, Holz, Tierhaut). In Unternehmen des Fahrzeugbaus werden selten Rohstoffe verarbeitet.
- **Werkstoff:** Aufbereiteter Rohstoff im geformten (Kokillen, Barren, Masseln) oder ungeformten Zustand (fest, flüssig, gasförmig), der zur Weiterbearbeitung oder als Ausgangssubstanz für Hilfs- oder Betriebsstoffe dient (z. B. Metalllegierungen, Rohglas, Kunststoffpulver). Auch Werkstoffe

finden wir im Fahrzeugbau, außer z. B. im Gießereibereich, wenig.
- **Halbzeug:** Werkstoff für abgestimmte, spezielle Fertigungszwecke mit definierter Form, Oberfläche und Zustand (z. B. Härte, Gefüge), der in ein Erzeugnis eingeht oder als Hilfsmittel verwendet wird (z. B. Blechcoil, Blechtafel, Schichtstoffplatte, Aluminiumprofil, Kunststoffgranulat)
- **Hilfsstoff:** Stoff, der zur Fertigung benötigt wird, aber nicht oder nur zum Teil in das Erzeugnis eingeht (z. B. Schweißzusatzwerkstoff, Lot, Lösungsmittel, Klebstoff, Schleifpaste)
- **Betriebsstoff:** Werkstoff, der zur Nutzung von Betriebsmitteln oder Erzeugnissen dient (z. B. Schmierstoffe, Heizöl, Treibstoff, Wasser, Druckluft, Gas)
- **Teil:** technisch beschriebener (durch Zeichnung, CAD-Datensatz, Normblatt, Katalog), nach einem bestimmten Arbeitsablauf (Arbeitsplan) zu fertigender bzw. gefertigter, nicht ohne Zerstörung zerlegbarer Gegenstand (z. B. Schraube, Winkel, Welle, Zahnrad)
- **Gruppe:** in sich geschlossener, aus zwei oder mehr Teilen und/oder Gruppen niederer Ordnung bestehender Gegenstand (z. B. Federbein, Autokarosserie, Schaltgetriebe, Elektromotor). Auch verkaufsfähige Produkte werden im Sinne der Materialarten als Gruppe bezeichnet.

Der Bundesverband Materialwirtschaft und Einkauf e. V. (BME) bezieht zusätzlich zu den Einsatzsachgütern auch die **Absatzsachgüter** in die Objekte der Materialwirtschaft ein; Absatzsachgüter im Fahrzeugbau sind den Teilen bzw. Gruppen (s. o.) zuzuordnen. Zu den oben genannten Materialarten kommen noch z. B. fremd beschaffte Dienstleistungen und Rechte (z. B. Patente) sowie Energie (Fernwärme, Erd-

---

[81] Literatur zu Kap. 7: [Bloe97, Hein91, Koet01, Kops97, Oeld95, REFA93, Wien05]

gas, Elektrizität) hinzu. Auch der Bereich der Entsorgung wird oft der Materialwirtschaft zugerechnet, soll aber hier gesondert als Entsorgungslogistik betrachtet werden. Als Tätigkeiten der Materiallogistik werden demzufolge aufgefasst die Planung, Disposition, Durchführung und Kontrolle für das Beschaffen, Bevorraten und Verteilen sowie Herstellen aller zum Erreichen des Unternehmenszweckes notwendigen Güter, Dienstleistungen und Energien, siehe auch Bild 7.1.

Beschaffung umfasst alle Tätigkeiten zur Versorgung des Unternehmens mit allen benötigten, aber nicht selbst erzeugten Gütern, Energien und Leistungen vom Markt zu den wirtschaftlichsten Bedingungen.

Das **Bevorraten** fasst alle Tätigkeiten zusammen, die der Sicherung der optimalen Materialbereitstellung innerhalb des Unternehmens und damit indirekt der Lieferbereitschaft des Unternehmens am Markt dienen.

Das **Verteilen** beinhaltet die Umschlags- und Transporttätigkeiten vom Lieferanten

und zwischen räumlich auseinander liegenden Betriebsstätten des Unternehmens zu optimalen Gesamtkosten.

Die geschilderten Funktionen der Materiallogistik sind ausnahmslos Bestandteile der Unternehmenslogistik.

Die Bedeutung der Materiallogistik in Produktionsunternehmen erkennt man an folgenden Zahlen: In deutschen Produktionsunternehmen sind rund 40% des Firmenvermögens in Beständen (Zulieferteile, angearbeitete Erzeugnisse, Fertigprodukte) gebunden, und etwa 12% der Unternehmenskosten fallen für Administration, Lagerung und Transport sowie Verzinsung der genannten Bestände an.

Einen Eindruck vom **Mengengerüst des Materiallogistikbereiches** geben folgende Zahlen:

- Ein Mittelklasse-Pkw besteht heute aus mehr als 30.000 unterschiedlichen Teilen, die beschafft, gefertigt, gelagert, bereitgestellt und montiert werden müssen.
- Im Zentral-Ersatzteillager eines großen Pkw-Herstellers werden knapp 190.000 verschiedene Artikel gelagert.
- Ein mittelständischer Schienenfahrzeughersteller hat insgesamt einschließlich der

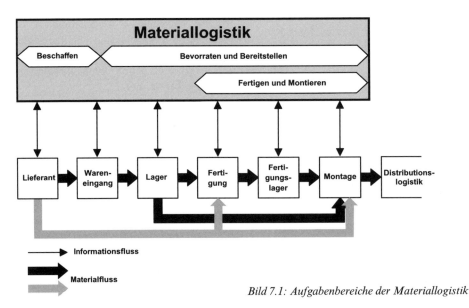

Bild 7.1: Aufgabenbereiche der Materiallogistik

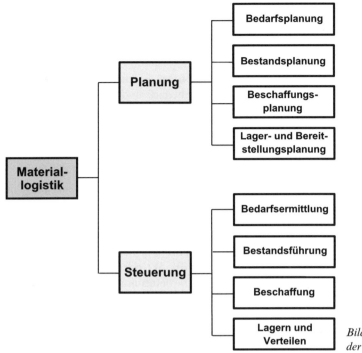

Bild 7.2: Teilfunktionen
der Materiallogistik

Eigenfertigungsteile etwa 300.000 lebende Teilenummern und bevorratet über 40.000 verschiedene Artikel.

Bild 7.2 zeigt die **Teilfunktionen der Materiallogistik**. Man unterscheidet **Planungsaufgaben**, die im Vorfeld der Produktion erledigt werden müssen, sowie **Steuerungstätigkeiten**, die im Rahmen der Auftragsabwicklung durchzuführen sind. Beide Aufgabenbereiche werden in diesem Kapitel besprochen.

7.1 Planung in der Materiallogistik

Die **Materialplanung** beinhaltet folgende Teilaufgaben:

- **Bedarfsplanung** (Wie viel Material wird pro Erzeugniseinheit benötigt und wann ist es im Produktionsablauf erforderlich?)
- **Bestandsplanung** (Wie viel Material welcher Art muss im Lager verfügbar sein?)

- **Beschaffungsplanung** (Wann, wie viel und bei wem muss Material nachbestellt werden?)
- **Lager- und Bereitstellungsplanung** (Wann und wie ist welches Material aus dem Lager wo bereitzustellen?).

Analog dazu hat die **Materialsteuerung** die Aufgabe der aktuellen, auftragsbezogenen Durchführung der geplanten Tätigkeiten. Beide Tätigkeitsgruppen gehen ineinander über und werden in vielen Unternehmen auch von derselben Abteilung oder Person erledigt.

7.1.1 Materialbedarfsplanung

Die **Materialbedarfsplanung** hat die Aufgabe, den Materialbedarf nach Art und Menge je Erzeugniseinheit zu bestimmen. Die Ermittlung des zu bestimmten Terminen zu beschaffenden Materials unter Berücksichtigung der vorliegenden Aufträge ist dagegen Aufgabe der **Materialsteuerung** [Wien05].

Man unterscheidet folgende Bedarfsarten (Bild 7.3): Der Bedarf an verkaufsfähigen Erzeugnissen (kundenspezifisch oder kundenanonym) heißt **Primärbedarf**. Zerlegt man das Erzeugnis anhand seiner Stückliste in Baugruppen und Teile, entsteht der **Sekundärbedarf**. Auch das Halbzeug gehört zum Sekundärbedarf. Als **Tertiärbedarf** wird der Bedarf an Betriebs- und Hilfsstoffen je Erzeugnis bezeichnet. Der **Bruttobedarf** ist die benötigte Materialmenge je Primär-, Sekundär- und Tertiärbedarf. Der Bruttobedarf wird entweder, besonders bei kundenorientierter Produktion, als Auftragsbedarf geführt, oder auftragsübergreifend auf eine Planungsperiode, z. B. einen Monat, bezogen (**Periodenbedarf**).

Die **Länge einer Planungsperiode** ist einerseits für die Häufigkeit der Planungsvorgänge (also für den Planungsaufwand) verantwortlich, andererseits wächst mit der Länge einer Planungsperiode auch der Anfangs- und damit der mittlere Materialbestand, da es bei periodenbezogener Betrachtung üblich ist, den Bedarf zum Anfangstermin der Periode zu decken. Üblich sind heute in der Fahrzeugindustrie Perioden zu fünf Arbeitstagen (entsprechend einer Arbeitswoche), sieben Arbeitstagen (drei Perioden entsprechen dann etwa einem Monat) oder zehn Arbeitstagen (dann sind etwa zwei Perioden gleich einem Monat).

Der **Nettobedarf** ist die Differenz zwischen dem Bruttobedarf und dem in der Periode verfügbaren Lagerbestand.

Bei der **Bedarfsermittlung** lassen sich drei grundsätzliche Methoden unterscheiden (Bild 7.4):

- Die **deterministische Bedarfsermittlung** geht von den vorliegenden Kunden- oder Vorratsaufträgen aus. Aufgrund dieses Primärbedarfs werden die Sekundärbedarfe unter Berücksichtigung der Durchlaufzeiten für einen Zeitpunkt oder Zeitraum genau ermittelt. Die deterministische Bedarfsermittlung wird z. B. bei auftragsbezogener Produktion angewendet.

- Der **stochastischen Bedarfsermittlung** liegen keine konkreten Einzelaufträge, sondern Verbrauchswerte aus der Vergangenheit zugrunde, mit denen der künftige Verbrauch prognostiziert wird. Dieses Verfahren ist in der (kundenanonymen) Großserien- und Massenfertigung üblich.

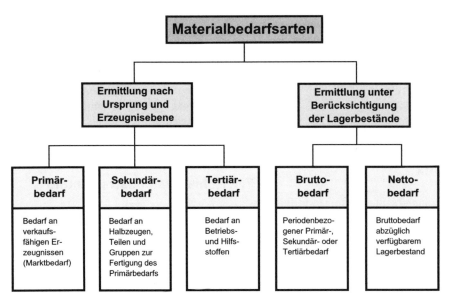

Bild 7.3: Zusammenstellung der Materialbedarfsarten (nach [Wien05])

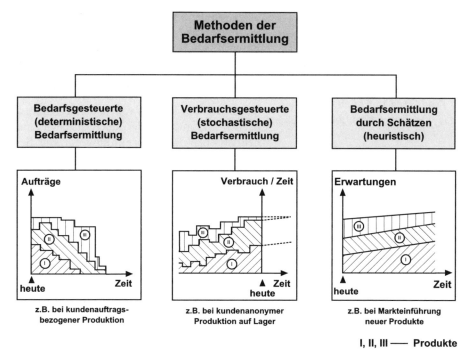

Bild 7.4: Methoden der Bedarfsermittlung (nach [Wien05])

● Bei der **heuristischen Bedarfsermittlung** werden die Ergebnisse der Vorhersage für vergleichbare Materialien oder Erzeugnisse auf andere Materialien oder Erzeugnisse übertragen (Analogschätzung), oder es wird aus Erfahrungen und Vermutungen der mutmaßliche Bedarf der Zukunft geschätzt (Intuitivschätzung). Die heuristische Bedarfsermittlung wird z. B. bei der Markteinführung neuer Produkte angewendet.

Während mit der deterministischen Methode die Bedarfe exakt berechnet werden können, sind stochastische und heuristische Bedarfsermittlung mit Unsicherheiten behaftet; außerdem ist der Aufwand zur Bedarfsermittlung unterschiedlich. Der **Datenbedarf für die Bedarfsermittlung** je nach eingesetztem Verfahren ist in Bild 7.5 angegeben. In jedem Fall muss der Primärbedarf bestimmt werden. Er ergibt sich bei der deterministischen Bedarfsermittlung aus den vorliegenden Kundenaufträgen, also aus Menge und Termin der durch die Kunden georderten Produkte. Bei der stochastischen Bedarfsermittlung werden Primärbedarfe aus der Nachfragestatistik, also aus Vergangenheitswerten, prognostiziert (hochgerechnet). Marktfaktoren, wie die Entwicklung der Einkommen der Kundenzielgruppe, die Markteinführung von neuen Produkten durch Wettbewerber oder z. B. in der Pkw-Industrie die voraussichtliche Entwicklung der Kraftstoffpreise, werden zur Absicherung der Prognose berücksichtigt.

Die deterministische Methode ist zum Beispiel in der Pkw-Industrie üblich, wobei heute meist Mischformen der Primärbedarfsermittlung verwendet werden: Soweit möglich werden konkret vorliegende Kundenaufträge herangezogen; aufgrund der langen Durchlaufzeiten wird zur Abdeckung kurzfristiger Kundenwünsche oft auch noch ein Prognoseanteil für das Produktionsprogramm berücksichtigt.

Nach wie vor ist es aber üblich, in Zeiten geringer Nachfrage das Produktionsprogramm zur Auslastung bestehender Produktionskapazitäten mit Prognoseaufträgen aufzufüllen. Zu bedenken ist, dass hierbei Bestände an Produkten mit höchstem Anarbeitungsgrad, also hoher Kapitalbindung, aufgebaut werden. Besonders bei variantenreichen Produkten kann der in Zeiten geringen Absatzes angewachsene Bestand später bei erhöhter Nachfrage nicht und nur mit Preiszugeständnissen abgesetzt werden, wenn der potentielle Kunde auf seiner Individualvariante besteht. Weiterhin setzen hohe Bestände die Liquidität und damit die Flexibilität des Unternehmens herab; Finanzmittel, die in Beständen gebunden sind, können weder für Investitionen in neue Anlagen noch in neue Produkte verwendet werden.

Die **heuristische Bedarfsermittlung** schätzt wie oben angegeben den Primärbedarf. Natürlich wird auch hier versucht, künftige Markteinflüsse zu berücksichtigen.

Grundsätzlich werden **Sekundärbedarfe** (Materialbedarfe) anhand der **Stückliste des Erzeugnisses** ermittelt (Bild 7.5), indem ausge-

hend von der Bedarfsmenge eines bestimmten Produktes die Mengen an Hauptbaugruppen, Baugruppen, Unterbaugruppen, Teilen, Halbzeugen und evtl. Hilfs- und Betriebsstoffen über die Stücklistenstruktur Position für Position berechnet werden **(Stücklistenauflösung)**. Diese Methode kann sowohl in der deterministischen wie auch in der stochastischen und heuristischen Bedarfsermittlung für die Sekundärbedarfe benutzt werden, wenn für die Primärbedarfe ein Produktionsprogramm festgelegt wurde (siehe Pfeile in Bild 7.5). Für Betriebs- und Hilfsstoffe, die nicht in der Stückliste aufgeführt sind, kann der Bedarf über **technologische Kennziffern** bestimmt werden (z. B. die benötigte Menge Schweißdraht je Meter Schweißnaht oder die benötigte Menge Lackverdünnung je Quadratmeter Anstrich bzw. der Verbrauch an Kühlschmierstoffen je Stunde Betriebszeit einer Werkzeugmaschine).

Andererseits kann man auch Sekundärbedarfe stochastisch ermitteln, indem die Nachfragestatistik der einzelnen Materialpositionen herangezogen wird. Veränderungen im Produktionsprogramm sind dann natürlich für die Prognose der Sekundärbedarfe zu berücksichtigen.

Schließlich gibt es auch bei der Ermittlung der Sekundärbedarfe Mischformen: Während z. B.

Verfahren / Bedarfsarten	Deterministische Verfahren (Bedarfssteuerung)	Stochastische Verfahren (Verbrauchssteuerung)	Heuristische Verfahren (Schätzung)
	Zur Bedarfsermittlung erforderliche Daten		
Primärbedarf (Marktbedarf)	Aufträge nach Menge und Termin	Nachfragestatistik des Produkts, Marktfaktorenstatistik, Marktfaktorenprognose	Keine numerischen Daten erforderlich/ vorhanden
Sekundärbedarf (Fertigungsmaterial)	Produktionsprogramm, Stücklisten, Vorlaufzeiten, Bestände	Nachfragestatistik des Materials, Auftragsstatistik, Auftragsprognose	
Tertiärbedarf (Betriebsstoffe, Betriebsmaterial)	Produktionsprogramm, Stücklisten, Arbeitspläne, technologische Kennziffern	Nachfragestatistik des Betriebsstoffs, Auftragsstatistik, Auftragsprognose	

Bild 7.5: Datenbedarf in Abhängigkeit von Bedarfsart und Bedarfsermittlungsverfahren (nach [Wien05])

Bedarfe für teure und kundenindividuelle Baugruppen oder Teile deterministisch über die Stücklisten berechnet werden, werden Bedarfe auf billige und häufig benötigte Teile stochastisch ermittelt, also nach dem Verbrauch, wodurch sich das Datenvolumen bei der Ermittlung der Sekundärbedarfe erheblich vermindert. Man teilt dazu das Teilespektrum eines Unternehmens in A-, B- und C-Teile, also Teile mit hohem, mittlerem und niedrigem Wert mit Hilfe der sog. **ABC-Analyse** ein, Bild 7.6.

> Die **ABC-Analyse** ist ein universell einsetzbares Verfahren zur Klassifikation von Objekten in drei (oder mehr) Kategorien, wobei die Einstufung der Objekte nach der Wichtigkeit erfolgt. Die ABC-Analyse ermöglicht die Trennung des Wesentlichen vom Unwesentlichen. Dadurch kann man Aufmerksamkeit und Aktivitäten auf Bereiche und Positionen hoher wirtschaftlicher Bedeutung konzentrieren. In Bereichen geringerer Bedeutung ist der Aufwand zu minimieren bzw. so gering wie möglich zu halten [Cord87].

Die ABC-Analyse ist einfach zu erstellen und kann auch außerhalb materialwirtschaftlicher Fragestellungen angewendet werden. Zur Klassifizierung eines Teilespektrums für das Bedarfsermittlungsverfahren wird pro Lagerartikel der durchschnittliche Periodenverbrauchswert ermittelt (aus Menge mal Bezugswert bei Kaufteilen bzw. Menge mal Herstellkosten bei Eigenfertigungsteilen). Anschließend werden die Artikel nach fallenden Periodenverbrauchswerten sortiert, die Summe aller Werte gebildet und gleich 100 % gesetzt. Die Einzelwerte werden nun in Prozentwerte umgerechnet und die Summenkurve gebildet. Man stellt fest (Bild 7.6), dass ca. 5 bis 10 % der Artikelgesamtzahl 80 % des Jahresverbrauchs darstellen (A-Teile), ca. 20 bis 25 % der Artikelanzahl machen weitere 15 % des Verbrauchswertes aus (B-Teile) und der Rest, also ca. 70 % der Teile, bedeutet nur 5 % des Jahresverbrauchswertes (C-Teile). Diese Kurve wird nach einem amerikanischen Statistiker „Lorenz-Kurve" genannt [Bloe97, Hein91]. Es ist sinnvoll, den A-Teilen besondere Aufmerksamkeit bei der Disposition zu widmen, diese Teile z. B. auftragsbezogen zu disponieren oder gar zur Just-in-time-Anlieferung vorzusehen. Letzteres erfordert allerdings weitere Untersuchungen, z. B. zur Vorhersagegenauigkeit der Bedarfe, siehe Bild 7.7. Dazu wird die **XYZ-Klassifizierung** angewendet:

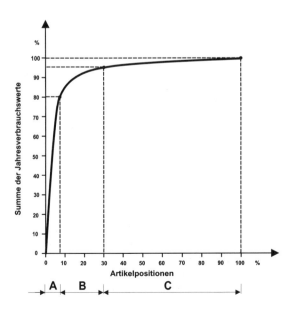

Bild 7.6: ABC-Analyse (Lorenz-Kurve)

Wertigkeit / Vorhersagegenauigkeit	A-Teile	B-Teile	C-Teile
	hoher Wert	mittlerer Wert	niedriger Wert
X-Teile hohe Vorhersagegenauigkeit	deterministische Sekundärbedarfsermittlung		stochastische Sekundärbedarfsermittlung
X-Teile (konstanter Verbrauch)	terminbezogene Beschaffungsauslösung		terminbezogene Beschaffungsauslösung
Y-Teile mittlere Vorhersagegenauigkeit	deterministische Sekundärbedarfsermittlung	fallweise wie A- oder C-Teile behandeln	stochastische Sekundärbedarfsermittlung
Y-Teile (steigender oder fallender Verbrauch)	bestands- und bedarfsbezogene Beschaffungsauslösung		termin- und/oder bestandsbezogene Beschaffungsauslösung
Z-Teile niedrige Vorhersagegenauigkeit	deterministische Sekundärbedarfsermittlung		stochastische und/oder deterministische Bedarfsermittlung
Z-Teile (unregelmäßiger Verbrauch)	bedarfsbezogene Beschaffungsauslösung		bedarfs- und bestandsbezogene Beschaffungsauslösung

Bild 7.7: Entscheidungsschema für die Wahl des Bedarfsermittlungs- und des Beschaffungsauslöse-Verfahrens [REFA93]

- X-Teile haben konstanten Verbrauch bei hoher Vorhersagegenauigkeit der Bedarfe.
- Y-Teile haben eine mittlere Vorhersagegenauigkeit; der Verbrauch steigt, fällt oder ist saisonalen Schwankungen unterworfen.
- Z-Teile haben einen völlig unregelmäßigen Verbrauch und eine dementsprechend geringe Vorhersagegenauigkeit.

Verbindet man ABC-Analyse und XYZ-Analyse, Bild 7.7, so lässt sich ein verfeinertes Schema für die **Wahl des Bedarfsermittlungsverfahrens** entwickeln. Die Lagerpositionen „XA", „XB" und „XC" sind z. B. für eine vollautomatische Disposition geeignet.

7.1.2 Bestandsplanung

Aufgabe der **Materialbestandsplanung** ist es, die Lagerbestände nach Art und Menge so zu bestimmen, dass die Kapitalbindung gering und die Lieferbereitschaft hoch ist. Da von der Beschaffungsseite mit unterschiedlichen Wiederbeschaffungszeiten für die Zugänge gerechnet werden muss und auf der Absatzseite häufig unbekannt ist, wann die Abgänge erfolgen, ist eine Lagerung als Puffer erforderlich. Bei der Materialbestandsplanung kommt es darauf an, möglichst viele Situationen so weit vorgedacht zu haben, dass bei Störungen folgerichtig eingegriffen werden kann. Zum Verständnis dazu dient das **Lagermodell** nach Bild 7.8. Während im oberen Bildteil das tatsächliche Abgangsverhalten eines Lagerbestandes dargestellt ist – der Abgang erfolgt in diskreten Mengen, der Bestandsverlauf ist also treppenförmig – zeigt der untere Bildteil die zur einfacheren mathematischen Beschreibbarkeit übliche Idealisierung, die von einem kontinuierlichen Lagerabgang ausgeht.

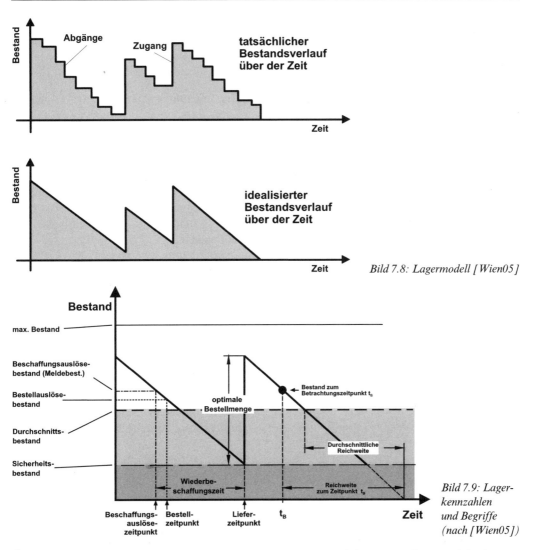

Bild 7.8: Lagermodell [Wien05]

Bild 7.9: Lager-
kennzahlen
und Begriffe
(nach [Wien05])

Übliche **Begriffe und Kennzahlen der Lagerwirtschaft** zeigt Bild 7.9:

- Der **Durchschnittsbestand** wird als arithmetischer Mittelwert der Lagerbestände zu beliebigen Zeitpunkten ermittelt.
- Der **Sicherheitsbestand** wird festgelegt, um bei ungeplanten Entnahmen oder Lieferstörungen noch einen Mindestbestand vorzuhalten.
- Auf dem Sicherheitsbestand baut der **Beschaffungsauslösebestand** (Meldebestand) auf, der dem geschätzten Bedarf während der Wiederbeschaffungszeit entspricht.

Wird er bei einer Entnahme erreicht, ist umgehend eine Beschaffung auszulösen.

- Unter **Wiederbeschaffungszeit (Vorlaufzeit, Vorlauf)** versteht man die Zeitspanne von der Bedarfserkennung bis zur Verfügbarkeit des bestellten Materials im Lager, siehe auch Bild 7.10.
- Der **maximale Lagerbestand** ist die größte Menge, die aufgrund von Vorgaben (z. B. Lagermöglichkeiten, Kapitalbindung, Alterung) auf Lager gehalten werden darf.
- Die **wirtschaftliche oder optimale Bestellmenge** ist diejenige Materialmenge, die unter Berücksichtigung aller Kostenfaktoren

(Lagerkosten, Bestellkosten, Kapitalbindung usw.) die geringsten Gesamtkosten verursacht.

- Die **Reichweite** R gibt an, wie lange mit vorhandenem Material bei vorgegebenem Verbrauch gefertigt werden kann.

$$R = \frac{\text{vorhandener Bestand}}{\text{Verbrauch}} \text{[Tage]}$$

Weitere wichtige Begriffe in der Bestandsplanung sind:

- **Umschlaghäufigkeit** U:

$$U = \frac{\text{Gesamtverbrauch einer Periode}}{\text{durchschnittlicher Bestand}} \left[\frac{1}{\text{Per.}}\right]$$

- **Verweildauer (Lagerdauer)** V:

$$V = \frac{360 \text{ Tage}}{\text{Umschlaghäufigkeit}} \text{[Tage]}$$

- **Servicegrad** S:

$$S = \frac{\text{Anz. sofort befriedigter Anfr. je Zeiteinheit}}{\text{Gesamtzahl der Nachfr. je Zeiteinheit}}$$
$$\times 100 \text{ [\%]}$$

Die **Wiederbeschaffungszeit bei Fremdbeschaffung** ist in Bild 7.10 erläutert. Die angegebenen Zeitanteile gelten für die klassischen Abläufe in Industrieunternehmen:

- Die Erkennung eines Bedarfes erfolgt im Lager durch den Disponenten, der mittels Formular einen Beschaffungsvorgang im Einkauf auslöst. Letzterer fragt üblicherweise bei mehreren möglichen Lieferanten Preise, Konditionen und Lieferzeiten ab und wählt nach Vorliegen von Angeboten einen Lieferanten aus, der dann eine schriftliche Bestellung erhält (**Beschaffungsvorbereitungszeit**).
- Die Bestellung wird sodann dem Lieferanten zugesandt. Der Lieferant fertigt oder er kommissioniert aus Lagerbestand die gewünschten Artikel, verpackt und beschriftet die Lieferung, erstellt Lieferpapiere und lässt die Ware zum Besteller transportieren (**außerbetriebliche Beschaffungszeit**).
- Die Ware erreicht den Wareneingang, wird abgeladen und erfasst; Lieferpapiere, Lieferung und Bestellung werden abgeglichen und eventuell eine Mengen- und eine Qualitätsprüfung durchgeführt. Anschließend

Beschaffungs- oder Wiederbeschaffungszeit							
innerbetriebliche Beschaffungszeit (Beschaffungs-vorbereitungszeit)		**außerbetriebliche Beschaffungszeit**			**innerbetriebliche Beschaffungszeit** (Beschaffungs-nachbereitungszeit)		
Bedarfs-erstellung u. -meldung	Bestell-bearbeitung	Auftrags-übermitt-lung	Fertigung bzw. Lieferung	Transport	Waren-eingangs-prüfung	Einlagerung	
konv. 2 Tage	2 Tage bis 4 Wochen	2 Tage	1 Woche bis 6 Monate	2 bis 5 Tage	2 bis 5 Tage	2 Tage	
JIT	< 1 min		1 bis 2 h	< 40 min	entfällt		

Dauer des Vorgangs

Bild 7.10: Zeitanteile der Beschaffungszeit bei Fremdbeschaffung

wird die Ware dem Lager überstellt, eingelagert und als Bestand erfasst (**Beschaffungsnachbereitungszeit**). Erst jetzt steht das Material dem Unternehmen zur Verfügung.

Beschaffungsvorgänge nach diesem Schema erfordern deshalb Durchlaufzeiten von mehreren Wochen bis hin zu mehreren Monaten und sind für die am Absatzmarkt erforderliche Flexibilität viel zu zeitaufwändig und mit zu hohem manuellen Aufwand verbunden. Außerdem führen lange Wiederbeschaffungszeiten auch notwendigerweise zu hohen (Sicherheits-) Beständen.

Bild 7.10 zeigt deshalb auch, welche Vereinfachungen und damit Verkürzungen der Beschaffungszeit für die Just-in-time-Logistik möglich sind: Bedarfe werden über das rechnergestützte Steuerungssystem erkannt und an den Fertigungsleitrechner des vorher festgelegten Lieferanten weitergeleitet. Preise und Konditionen sind im Vorfeld in Rahmenverträgen festgelegt worden. Die Fertigung beim Lieferanten erfolgt innerhalb weniger Stunden; der Transport ist durch eine abnehmernahe Ansiedlung in weniger als einer Stunde zu erledigen. Die Anlieferung erfolgt direkt am Verbauort; die Wareneingangsprüfung kann aufgrund eines entsprechenden Qualitätsmanagement-

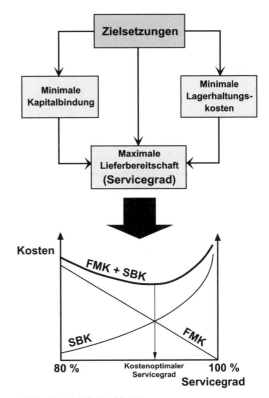

SBK = Sicherheitsbestandskosten

FMK = Fehlmengenkosten

Bild 7.11: Problematik der Bestandsplanung (nach [Wien05])

Faktoren ...	..., die einen hohen Servicegrad	
	begünstigen	erschweren
Bedarfsvorhersage	Zuverlässig	Unzuverlässig
Relativer Anteil dieses Artikels am Gesamtumsatz	Hoch	Niedrig
Auftreten von Bedarfsschwankungen	Selten, mit kleinen Spannweiten	Häufig, mit großen Spannweiten
Substitutionsmöglichkeiten	Vorhanden und billig	Nicht vorhanden oder teuer
Beschaffungsfristen von Lieferanten	Gleichmäßig, kurz	Ungleichmäßig, lang
Kosten der Lagerhaltung im Verhältnis zum Verkaufswert	Niedrig	Hoch
Anzahl der verschiedenen Empfänger	Klein	Groß
Transportwege	Kurz	Lang

Bild 7.12: Die wichtigsten Faktoren mit Einfluss auf den Servicegrad (nach [Wien05])

systems des Lieferanten entfallen, eine Einlagerung findet nicht statt. Damit lassen sich Wiederbeschaffungszeiten auf wenige Stunden verkürzen (siehe Abschn. 8.7).

Für den **Servicegrad** stellt sich das schon in Kap. 1 angesprochene Problem, den „richtigen" Servicegrad einzustellen, siehe auch Bild 7.11: Für sehr hohe Servicegrade steigen die **Sicherheitsbestandskosten** überproportional an; werden Sicherheitsbestände stark vermindert, sinkt der Servicegrad, und die **Fehlmengenkosten** durch z. B. Fertigungsstillstände, Umrüstvorgänge und Verlust von Kundenaufträgen steigen an. Ziel der Bestandsplanung muss also ein optimaler bzw. **kostenminimaler Servicegrad** sein[82]. Bild 7.12 zeigt dazu die wesentlichen Einflussfaktoren. Aus dem Bild 7.12 kann man u. a. aus der mittleren Spalte bereits einige Voraussetzungen für die Just-in-time-Logistik, die ja einen Servicegrad von 100 % erfordert, herauslesen, z. B.:

- zuverlässige Bedarfsvorhersage
- Bedarfsschwankungen nur mit kleinen Spannweiten
- gleichmäßige, kurze Beschaffungsfristen
- kurze Transportwege

7.1.3 Beschaffungsplanung

Aufgabe der Beschaffung ist es, die im Bedarfsplan festgelegten Materialien in den erforderlichen Mengen, zum richtigen Zeitpunkt und zu günstigen Kosten in der notwendigen Qualität auf dem Beschaffungsmarkt einzukaufen. Dazu muss im Vorfeld eine Entscheidung gefallen sein, ob ein Bedarf extern beim Lieferanten oder intern in der eigenen Fertigung oder Vormontage gedeckt wird. Dies ist betriebswirtschaftlich die Aufgabe der sog. „Make-or-Buy-Analyse" (siehe Abschn. 8.2), d. h., die Gesamtkosten einer Fremdbeschaffung müssen den Gesamtkosten einer Eigenfertigung gegenüber gestellt werden. Oft bleibt hierbei unbeachtet, dass z. B. eine Verlagerung von Eigenfertigung zum Zulieferer die Kostenstrukturen des Unternehmens, insbesondere

das Verhältnis der Fixkosten zu den variablen Kosten, verschieben kann. Im Rahmen der Entscheidung Fremdbezug/Eigenfertigung sind auch noch Gesichtspunkte des vorhandenen Know-hows, der Durchlaufzeiten, der Kapazitätsauslastung eigener Anlagen, der Abhängigkeit vom Lieferanten usw. zu beachten.

Grundsätzliche **Beschaffungsformen** sind:

- Einzelbeschaffung im Bedarfsfall
- Vorratshaltung
- einsatzsynchrone Anlieferung (auch produktionssynchrone Beschaffung genannt).

Diese Beschaffungsformen werden in Abschn. 8.3 ausführlich dargestellt und sind in fast allen Produktionsunternehmen nebeneinander anzutreffen; die Wahl der Beschaffungsform ist dabei teileabhängig.

Zu den Aufgaben der Beschaffungsplanung gehört die Festlegung der Beschaffungsmenge je Artikel. Die beiden grundsätzlichen Möglichkeiten der **Bestimmung der Beschaffungsmenge** zeigt Bild 7.13, nämlich die Beschaffung großer Mengen in großen Zeitabständen oder die Beschaffung kleiner Mengen in kleinen Zeitabständen. Aus der Beschaffungsmenge resultiert der durchschnittliche Lagerbestand $B_{\varnothing}$:

$$B_{\varnothing} = \frac{Beschaffungsmenge}{2} + Sicherheitsbestand$$

Große Beschaffungsmengen bieten Preisvorteile beim Einkauf und eine größere Sicherheit im Fertigungsablauf, haben aber den Nachteil der hohen Kapitalbindung und der hohen Lagerkosten. Geringe Beschaffungsmengen mindern die Zinskosten und das Verschrottungsrisiko sowie die Lagerkosten; Nachteile sind die höheren Beschaffungskosten je Mengeneinheit, die schlechteren Lieferkonditionen und das höhere Risiko von Fertigungsunterbrechungen durch die im Mittel niedrigeren Vorräte. Der Aufwand in Einkauf, Warenein-

---

[82] Zur Schwierigkeit der Festlegung des Servicegrades siehe auch Abschn. 1.4, Bild 1.26.

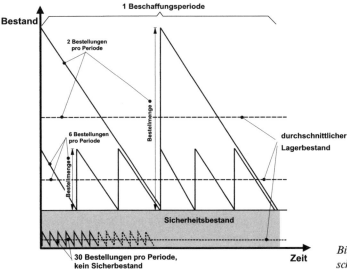

Bild 7.13: Bestellmenge und durch-
schnittlicher Lagerbestand

gang und Lager wächst mit der Anzahl der Beschaffungsvorgänge.

In Bild 7.14 ist das Prinzip der Ermittlung **optimaler Beschaffungsmengen** dargestellt. Die
Zusammenhänge gelten gleichermaßen für
fremdbeschaffte wie für eigengefertigte Artikel. Jede Beschaffung verursacht einmalige
Kosten, die sich mit steigender Beschaffungsmenge auf immer mehr Artikel verteilen (Bild
7.14a). Die beschaffte Menge verursacht aber
Zinskosten für das gebundene Kapital sowie
Lagerkosten. Diese Kosten steigen proportio-
nal mit der Lagermenge an (Bild 7.14b). Die
optimale Beschaffungsmenge ergibt sich dort,
wo die Summe der genannten Kosten ein Mi-
nimum hat (Bild 7.14c). Sie kann nach der von
ANDLER 1929[83] angegebenen Formel berechnet werden. Dazu werden die fixen Kosten je
Los, also

● bei Eigenfertigung die Rüstkosten,
● bei Fremdbezug die Bestellkosten

zu den variablen Kosten des Loses, also

● den stückzahlabhängigen Lagerungskosten
addiert.

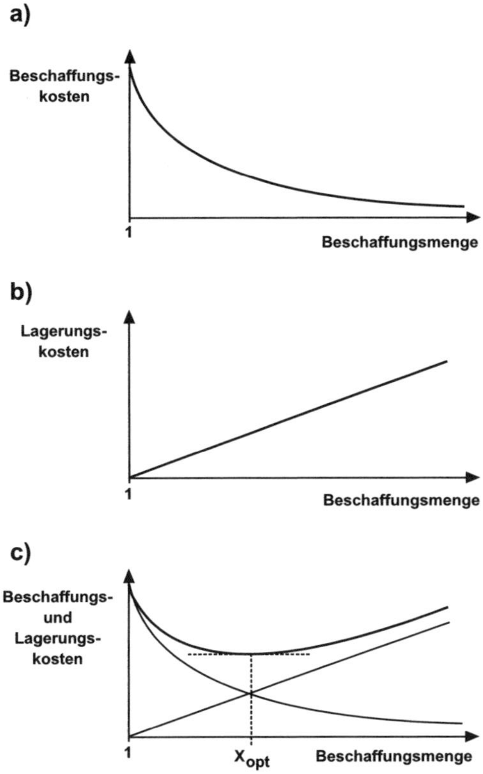

Bild 7.14: Ermittlung der optimalen Beschaffungs-
menge

[83] Andler, K.; Rationalisierung der Fabrikation und
optimale Losgröße; Diss. TH Stuttgart (1929)

Beispielsweise wird die optimale Losgröße bei Eigenfertigung wie folgt bestimmt:

Rüstkosten:

$$K_{R\text{ges}} = \frac{x_{\text{ges}}}{x} \cdot K_R$$

x_{ges} = Gesamtbedarfsmenge pro Periode
$K_{R\text{ges}}$ = Rüstkosten pro Periode
x = Losgröße (Auftragsmenge)
K_R = Rüstkosten pro Los (Auftrag)
x_{ges}/x = Anzahl der Aufträge je Periode

Lagerkosten:

$$K_L = \frac{x}{2} \cdot K_h \cdot i_L; \quad i_L = i_{L1} + i_{L2}$$

K_L = Lagerkosten je Los (Auftrag)
K_h = Herstellkosten je Mengeneinheit (ohne Rüstkosten)
x = Losgröße (Auftragsmenge)
i_L = Kostensatz für die Lagerung
i_{L1} = Zinssatz für die Kapitalbindung
i_{L2} = Kostensatz für die Lagerhaltung

Gesamtkosten:

Die Summe aus Rüstkosten pro Periode und Lagerkosten ergibt die Gesamtkosten:

$$K = K_{R\text{ges}} + K_L$$
$$= \frac{x_{\text{ges}}}{x} \cdot K_R + \frac{x}{2} \cdot K_h \cdot i_L \rightarrow \text{Minimum}$$

Diese Kostenfunktion wird differenziert und die Ableitung Null gesetzt:

$$\frac{dK}{dx} = 0 = -\frac{x_{\text{ges}}}{x^2} \cdot K_R + \frac{1}{2} \cdot K_h \cdot i_L$$

Nach der Umstellung nach x ergibt sich die **„optimale Losgröße"**:

Bei der Fremdbeschaffung sind die Rüstkosten durch die Kosten des Beschaffungsvorgangs zu ersetzen. Ein Zahlenbeispiel findet sich in Abschn. 7.4.

Folgende **Voraussetzungen** sind u. a. für diese Betrachtungsweise notwendig, aber im realen Produktionsprozess so gut wie nie erfüllt:

- Bedarfe können genau prognostiziert werden; der Verbrauch ist konstant.

- Teilebedarfe sind voneinander unabhängig.
- Die Produktionszeit ist unendlich kurz.
- Die Rüstkosten sind nicht von der Reihenfolge der Aufträge abhängig.
- Es gibt keine Beschränkungen beim vorhandenen Lagerraum.
- Es gibt keine Beschränkungen bei der Kapitalbindung.
- Die Kosten für Lagerung sowie Bestellung bzw. Fertigungsvorbereitung/Rüsten lassen sich hinreichend genau ermitteln.

Es sind zwar verbesserte Ansätze zur **Losgrößenoptimierung** bekannt [Bloe97, Hein91; ausführlich in Temp03, Spur94], aber es muss hier nachdrücklich darauf hingewiesen werden, dass die beschriebene Betrachtungsweise nur eine Kostenoptimierung des Einzelloses (der Beschaffungsmenge für einen Artikel) vornimmt, dass jedoch nicht die Kostenoptimierung eines Kundenauftrages oder gar des Unternehmens verfolgt wird.

Nach [Hein91] können *„im mehrstufigen Mehrproduktbetrieb (…) die Losgrößen einzelner Produkte bzw. Zwischenprodukte auf den verschiedenen Fertigungsstufen nicht unabhängig voneinander optimiert werden".*

Es ist also nicht sinnvoll, die Losgrößen der Einzelteile einer Baugruppe unabhängig vom Stücklistenzusammenhang zu optimieren. Im Zeitalter der marktorientierten, kundenindividuellen und variantenreichen Herstellung komplexer Produkte, wie sie im Fahrzeugbau vorliegt, bedeutet dies den Verzicht auf die Anwendung von Losgrößenformeln. Sie sind bestenfalls noch im C-Teile-Bereich brauchbar, dort aber wegen der geringeren Wertigkeit der Teile oft überflüssig. Praktische Bedeutung besitzen Losgrößenverfahren im Fahrzeugbau in der Ersatzteillogistik.

In der Teilefertigung und Montage kann bei Betrachtung der ANDLERschen Losgrößenformel die **bedarfsgerechte Produktion** erreicht werden, wenn die Rüstkosten Null sind – dann ist auch die optimale Losgröße gleich Null. Ziel in einer auftragsbezogenen Produktion muss

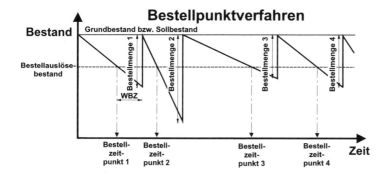

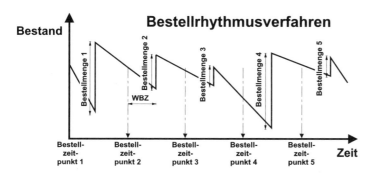

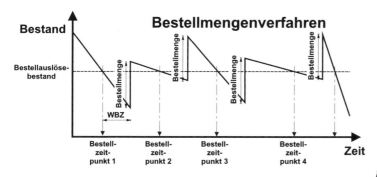

WBZ = Wiederbeschaffungszeit

Bild 7.15: Verfahren
zur Auslösung einer Bestellung

also die **Minimierung der Rüstkosten** sein, also der Einsatz von Anlagen mit minimalen Rüstzeiten, um in kleinsten Losgrößen bedarfsgerecht produzieren zu können, siehe Abschn. 9.1

Neben der Bestellmenge spielt auch der **Bestellzeitpunkt** eine wesentliche Rolle bei der Steuerung der Lagerhaltung. Bei der deterministischen Bedarfsermittlung über die Stücklistenauflösung ist der Bedarfstermin aus dem Endtermin des Primärbedarfs und den Durchlaufzeiten der Sekundärbedarfe berechenbar. Bei stochastischem Bedarfsverlauf gibt es die folgenden Verfahren für die Auslösung einer Bestellung (Bild 7.15), siehe ausführlich in [Schu99]:

● Beim **Bestellpunktverfahren** wird bei Unterschreitung des Meldebestandes eine Bestellung zur Auffüllung des Lagers auf ein vor-

gegebenes Niveau (Grundbestand bzw. Soll-
bestand genannt) ausgelöst. Die Bestellmengen variieren dabei.

- Das **Bestellrhythmusverfahren** ordert zu fest
  vorgegebenen Bestellzeitpunkten den Bedarf für eine definierte Reichweite. Die Bestellmenge ist dabei vom Verbrauchsverlauf
  abhängig.
- Beim **Bestellmengenverfahren** wird bei
  Unterschreiten des Bestellauslösebestandes
  eine feste Bestellmenge, z. B. die optimale
  Losgröße, geordert.

Die bei Fremdbeschaffung wichtige Aufgabe
des **Beschaffungsvollzugs** wird in Abschn. 8.3
beschrieben. Zum Beschaffungsvollzug gehört
die Wahl des Beschaffungsweges (Bezug vom
Hersteller, Großhändler oder Einzelhändler),
die Lieferantenauswahl, die Aushandlung der
Lieferkonditionen und die Festlegung des Lie-
ferzeitpunktes. Letzteres hat z. B. auch unter
dem Gesichtspunkt einer möglichst gleichmäßigen Belastung des Wareneingangs (Vermeidung von Wartezeiten und Überlastung) zu
erfolgen. Im Fahrzeugbau wird letzteres durch
die Vergabe von **Anliefer-Zeitfenstern** erreicht.

7.1.4 Lagerplanung

Die **Lagerplanung** hat die Aufgabe, die zeitlich und räumlich richtige Lagerung der beschafften und produzierten Güter zu planen.

Der logistische Prozess von der Beschaffung
über die Produktion bis hin zur Vermarktung
der produzierten Güter ist von zahlreichen
Strömen beweglicher Sachgüter begleitet. Dazu gehören Halbzeuge, Kaufteile, Hilfs- und
Betriebsstoffe, Halbfertigwaren, Handelswa-
ren, Betriebsmittel und Fertigerzeugnisse, aber
z. B. auch Büromaterial, Werbeartikel sowie
Ersatzteile für die eigenen Anlagen und Betriebsmittel. Die Gesamtheit dieser Materialströme bildet den betrieblichen Materialfluss.

Da die Ursachen der Materialbewegung in den
einzelnen Abschnitten des betrieblichen Pro-

zesses unterschiedlich sind, ergeben sich auch
unterschiedliche Bewegungsrhythmen. Damit
entstehen **Disparitäten im Materialfluss** (Un-
gleichheiten, Unstimmigkeiten) zwischen ab-
nehmenden und aufnehmenden Bereichen.
Zur Vermeidung derartiger Disparitäten dient
die Lagerung. Durch Stauung der Güter in den
schneller fließenden Materialflussbereichen
schafft sie einen Ausgleich in der Bewegung.
Die Stauungsorte heißen Lager; die gestauten
Güter bilden die **Lagergüter** [Kops97].

Bild 7.16 stellt **Motive und Zwecke des Lagerns**
dar. Da die ungleichen Bewegungen in den einzelnen Abschnitten des Materialflusses verschiedene Ursachen haben, verfolgt die Lagerung verschiedene Zwecke, so dass ein Lager
mehrere Funktionen ausüben kann:

- Eine **Ausgleichs- und Pufferfunktion** liegt
  vor, wenn ein Lager zeitliche Diskrepanzen
  in den Bewegungsrhythmen von abgeben-
  dem und aufnehmendem Bereich aus-
  gleicht. Ein Beispiel ist, wenn in der Vorfertigung Teilevarianten in Losen produziert,
  in der Montage aber kontinuierlich oder
  deterministisch (kundenauftragsbezogen)
  verbaut werden. Das Lager übernimmt
  dann eine Pufferfunktion und wird auch
  Antizipationslager genannt.
- Unregelmäßige Verbrauchs- und Lieferzei-
  tenentwicklung bedeuten unsichere Materialbereitstellung und gefährden die Bedarfsdeckung. Zur Beseitigung dieser Unsicherheiten können Lagervorräte aufgebaut werden, womit das Lager eine **Vorrats-
  und Sicherheitsfunktion** ausübt.
- Bei erwarteten Preiserhöhungen für bestimmte Waren kann es vorteilhaft sein, davon mehr als aktuell benötigt zu beschaffen.
  Dazu muss eine Lagermöglichkeit vorhanden sein. Das gleiche gilt auch für die Wahr-
  nehmung von Spot- und Sonderangeboten.
  In diesen Fällen erfüllt das Lager eine **Spe-
  kulationsfunktion**.
- Bei bestimmten Gütern verbessert sich die
  Qualität während der Lagerungsdauer.
  Hierzu gehören z. B. Schnittholz, Wein, Spi-
  rituosen usw. Die Lagerung übt eine **Verede-**

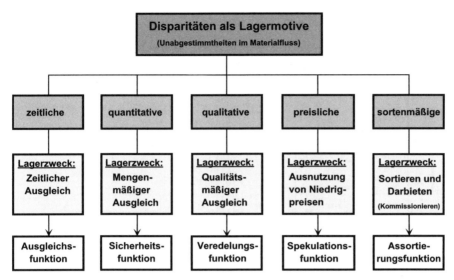

Bild 7.16: Motive und Zwecke des Lagerns (nach [Kops97]

lungsfunktion aus; derartige Lager werden auch Produktivlager genannt. Hierzu zählen auch Lager innerhalb der Produktion, in denen Teile z. B. nach Oberflächenbehandlungen trocknen oder aushärten bzw. nach Wärmebehandlungen abkühlen.

- Im Handel werden auch Lager benutzt, um Sammellieferungen zu sortieren und einzelne Sorten darzubieten. Solche Lager besitzen eine **Assortierungs- bzw. Darbietungsfunktion**. Diese Funktion erfüllt z. B. der Verkaufsraum eines Supermarktes – der Kunde übernimmt hier selbst die Aufgabe des Kommissionierens. Ein anderes Beispiel für die Assortierungsfunktion sind in der Automobilindustrie die sog. Karossenspeicher zwischen Lackiererei und Fertigmontage, wobei nach den Notwendigkeiten der Lackiererei eine Sortierung nach gleichen Farben erfolgt (Kriterium: wenig Farbwechsel), für die Montage aber umsortiert wird (Kriterium: Ausgleich unterschiedlicher Montageumfänge zur gleichmäßigen Auslastung der Montagewerker).

In der Regel bestehen zwischen den einzelnen Bewegungen des Materialflusses mehrere Unstimmigkeiten gleichzeitig, so dass ein Lager auch mehrere Funktionen ausüben kann.

In Industriebetrieben unterscheidet man entsprechend dem Materialfluss die drei Lagerungsstufen Rohlager, Fertigungslager und Absatzlager, Bild 7.17. Mit zunehmendem Anarbeitungsgrad steigt die Kapitalbindung, gleichzeitig sinkt die Flexibilität: Es ist billiger, Rohmaterial und Teile auf Lager zu halten, statt verkaufsfähige Erzeugnisse; aus Halbzeug sind viele Produktvarianten herstellbar, dagegen stellt ein Fertigprodukt nur eine Variante dar.

Die Aufgaben und Teilaufgaben eines Lagers zeigt Bild 7.18. Diese lassen sich grob in **dispositive** und **administrative** Aufgaben unterteilen. Zu den **dispositiven Aufgaben** gehören z. B.:

- die **Bestands- und Platzverwaltung**, d. h. die Führung von Bestandsmengen und Lagerplätzen je Artikel in Lagerkarteien bzw. in DV-gestützten Systemen,
- die **Fördermittel- und Ladehilfsmittelverwaltung**, also die Verwaltung von Regalbediengeräten, Kränen, Gabelstaplern, Anhängern, Gabelhubwagen usw. sowie die Verwaltung von Paletten, Behältern, Verpackungsmaterial usw.,
- die **Auftragsentgegennahme und -verwaltung**, d. h. die Verwaltung der vom Lager auszuführenden Aufträge,

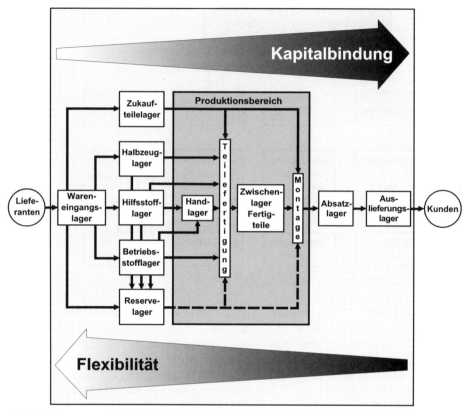

Bild 7.17: Lagerungsstufen in einem Produktionsbetrieb

● die **Auftragsbildung**, also die Erstellung lagerinterner Aufträge (Einlagerung, Auslagerung, Umlagerung) nach lagerspezifischen Kriterien (siehe auch Kap. 4, Kommissionierung),

● die **Zuordnung von Aufträgen zu Fördermitteln**,

● die **Übermittlung lagerinterner Aufträge** an das Lagerpersonal und die Fördermittel.

Zu den **administrativen Aufgaben** des Lagers zählen:

● die **Fakturierung** (Rechnungserstellung; dies allerdings eher bei Handelslagern, z. B. im Ersatzteilbereich; weniger in produktionsnahen Lagern) bzw. **Kostenstellen- oder Kostenträgerbelastung**, d. h. die Zuordnung von Artikelkosten auf betriebsinterne Stellen oder Aufträge,

● die **Bestellüberwachung**, die terminliche, mengen- und qualitätsmäßige Überwachung der vom Einkauf ausgelösten Bestellungen und der daraus entstehenden Wareneingänge,

● die **Lagerstatistik**, also das Ermitteln von Kenngrößen der Lagerorganisation (Bild 7.19) – die dort genannten Kenngrößen sind z. B. auch bei der Neu- und Umplanung von Lagern oder bei der Neugestaltung der Lagerorganisation notwendig,

● die **Inventur**, d. h. das körperliche Aufnehmen der Lagerbestände durch Zählen, Messen, Wiegen; Inventur kann als Stichtags-, permanente oder Stichprobeninventur durchgeführt werden.

Jeder Kaufmann ist nach § 240 HGB verpflichtet, für den Schluss eines Geschäftsjahres ein Inventar aufzustellen.

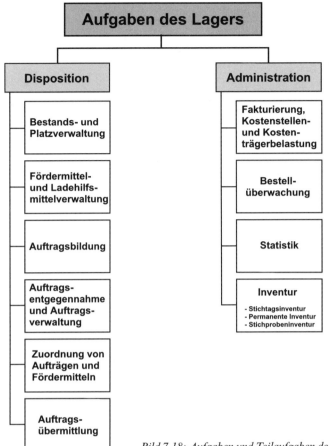

Bild 7.18: Aufgaben und Teilaufgaben des Lagers

Mit der **Inventur** wird der tatsächliche Bestand des Vermögens (und der Schulden) für einen bestimmten Zeitpunkt durch **körperliche Bestandsaufnahme** mengen- und wertmäßig erfasst [Oeld95, Kops97].

Dies gilt sowohl für Lagerbestände als auch für die in der Werkstatt befindlichen angearbeiteten Erzeugnisse. Bei der **Stichtagsinventur** wird eine körperliche Bestandsaufnahme durch Zählen, Messen, Wiegen zeitnah zum Bilanzstichtag durchgeführt. Die Stichtagsinventur erfordert häufig Betriebsunterbrechungen, weil während des zeitaufwändigen Erfassungsvorganges keine Zu- und Abgänge erfolgen können. Deshalb lässt der Gesetzgeber nach § 241 Abs. 2 HGB auch die **permanente Inventur** zu. Dabei werden die Bestände körperlich zu einem beliebigen Stichtag des Geschäftsjahres erfasst und bis zum Bilanzstichtag fortgeschrieben. Praktisch wird eine permanente Inventur durch eine Gruppe von Prüfern durchgeführt, die jeweils einen bestimmten Lagerbereich oder einen Artikelbereich aufnimmt. Günstig ist eine Aufnahme der Güter zum Zeitpunkt eines niedrigen Bestandes. A-Teile werden bei der permanenten Inventur z. B. mehrfach im Laufe eines Jahres erfasst, C-Teile nur einmal. Der Inventurbestand wird dann durch die Lagerbuchhaltung zum Bilanzstichtag fortgeschrieben. Unter besonderen Umständen ist nach § 241 Abs. 1 HGB auch eine Ermittlung des Bestandes aufgrund von Stichproben, die sog. **Stichprobeninventur**, zulässig.

Grundsätzliche Aspekte der Lagerplanung zeigt schließlich Bild 7.19 anhand der Planungsbereiche **Einlagern, Verwalten, Kontrolle und Bereitstellen**. So ist z. B. für das Einlagern zu entscheiden, ob vorher eine Qualitätsprüfung als Stichprobe oder Vollkontrolle der einzulagernden Artikel stattfindet. Die Bestimmung des Lagerortes richtet sich meist nach der Art des einzulagernden Gutes: Grobblech kann z. B. im Freien gelagert werden, Feinblech dagegen in einer Lagerhalle mit einer entsprechenden Lagertechnik; Farben und Lacke erfordern evtl. einen Lagerbereich mit besonderen Brandschutzvorkehrungen. Schließlich kann innerhalb des Lagerortes für jeden Artikel ein fester Lagerplatz bestimmt sein **(Festplatzlagerung)**, oder es wird ein jeweils freier Lagerplatz dem nächsten einzulagernden Artikel zugeordnet **(chaotische Lagerung)**; siehe Abschn. 7.3.

Die Bildung von Einlagerungseinheiten geschieht unter dem Grundsatz, Umpack- und Handhabungsvorgänge zu vermeiden:

Produktionseinheit = Verpackungseinheit = Ladeeinheit = Transporteinheit = Lagerungseinheit = Verkaufseinheit (siehe auch Abschn. 2.1).

Randbedingungen der Lager- und Fördertechnik sind zu beachten; z. B. lassen sich in Palettenlagern nur Ladeeinheiten auf Paletten einlagern.

Zur Aufgabe des **Verwaltens** (Bild 7.19) gehört insbesondere die Sicherstellung des Informationsflusses, z. B. zur rechtzeitigen und vollständigen Information der Produktion, des Einkaufs und des Qualitätsmanagements. Dies wird u. a. durch die **Bestandsführung** erreicht – eingehende Güter werden im Lagerverwaltungssystem nach Art, Menge und Lagerort erfasst und Lagerentnahmen werden nach Art, Menge, Lagerort und z. B. Bedarfsverursacher gebucht.

Schließlich gehört noch die **Kontrolle** zur Lagerorganisation: Bestände müssen auch körperlich überwacht werden, d. h., es muss sichergestellt sein, dass Lagergüter dem Verwendungszweck auch nach längerer Lagerung noch entsprechen, also Bleche nicht rostnarbig und Gummiprofile nicht porös geworden sind. Auch Bestandsvorgaben (z. B. Sicherheitsbestände) müssen anhand der aktuellen Verbrauchsdaten und der Beschaffungsmarktsituation überprüft werden. Außerdem sind regelmäßig

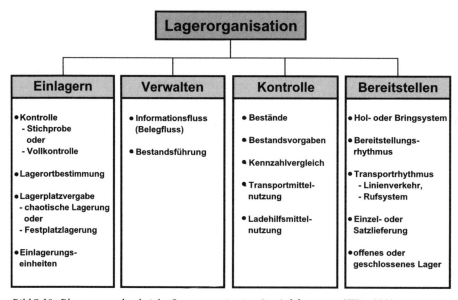

Bild 7.19: Planungsaspekte bei der Lagerorganisation (in Anlehnung an [Wien05])

Statische Größen	Dynamische Größen
Artikelanzahl	Wareneingänge / Tag
ABC-Artikelverteilung	Warenausgänge / Tag
Gesamtdurchschnittsbestand	Umlagerungen / Tag
Anzahl Paletten / Artikel	Umschlag / Jahr
Lagerkapazität	Auftragszahl / Tag
Lagerplatzkapazität	Positionen / Auftrag
Kosten / Artikel	Positionen / Tag
ABC-Kostenverteilung	Zugriffe / Position
Durchschnittliche Gesamtbestandskosten	Gewicht / Zugriff
Durchschnittliche Bestandskosten / Artikel	Gesamtzahl der Artikel im täglichen Zugriff
	Gesamtumschlagskosten
	Kosten / Lagerbewegung

Bild 7.20: Kennzahlen in der Lagerorganisation [Jüne89]

Kennzahlen (vgl. Bild 7.20) zu ermitteln und zu vergleichen, um Bestände an Gütern und Ladehilfsmitteln, Kapazitäten von Lagermitteln, Fördermitteln und Personal sowie die Ablauforganisation den aktuellen Unternehmensbedürfnissen anzupassen.

Die **Bereitstellung** (Bild 7.19) der Artikel für die Produktion oder den Versand muss ebenfalls im Vorfeld geplant werden. Sie kann nach dem **Hol- oder Bringsystem** organisiert werden. Das **Holsystem** – die anfordernden Bereiche holen sich das benötigte Material – belastet die Materialausgabe ungleichmäßig und bindet durch Wartezeiten Produktionsmitarbeiter; das **Bringsystem** erfordert einen höheren organisatorischen Aufwand im Vorfeld und bedingt die Beschäftigung von Mitarbeitern für die Bereitstellung. Bei ständig wechselndem Produktspektrum und Kleinserien wird eher dem

Holsystem, bei Serien- und Massenfertigung dem Bringsystem der Vorzug gegeben. Soll die Materialausgabe des Lagers beim Holsystem möglichst gleichmäßig belastet werden, ist ein Bereitstellrhythmus zu definieren; der Bereitstellrhythmus beim Bringsystem legt z. B. die notwendigen Pufferbestände fest und hat die gleichmäßige Auslastung der Fördermittel zu berücksichtigen.

Bei den erforderlichen **Transporten zwischen Lager und Verbrauchsort** kann ein **Linienverkehr** eingerichtet werden, der fahrplanmäßig bestimmte Bereitstellplätze abfährt und Material anliefert. Der aktuelle Dispositionsaufwand für den Transport ist dann gering; erfahrungsgemäß ergibt sich oft eine schlechte Auslastung der eingesetzten Fahrzeuge. Das **Rufsystem** steuert Transporte nach Bedarf, bedingt deswegen aber Kommunikation zwischen den Anfordernden einerseits und einer Leitstelle und den Fahrzeugen andererseits.

Weiterhin muss beim Bereitstellen nach **Einzel- oder Satzlieferung** unterschieden werden. Die **Einzellieferung** erfolgt z. B. in Originalbehältern artikelnummernweise; dadurch wird am Verbrauchsort (z. B. in der Montage) eine größere Bereitstellfläche benötigt. Die Produktionsmitarbeiter entnehmen nach Bedarf die benötigten Teilmengen, was bei variantenreicher Produktion zuweilen lange Laufwege und die Gefahr von Fehlverbauungen beinhalten kann. Die **Satzlieferung** stellt z. B. auftragsbezogen alle für ein Produkt notwendigen Teile und Komponenten in einer Art „**Warenkorb**" zusammen. Dem hohen Aufwand für eine vorgelagerte Kommissionierung stehen hier der geringere Platzbedarf am Verbauort und eine hohe Sicherheit gegen Fehlmontagen gegenüber. Bild 2.36 in Kap. 2 zeigt die Realisierung eines „Warenkorbes" als Regal auf einem Anhänger.

In kleineren Betrieben, z. B. im Handwerk, wird das Bereitstellen komplett den Produktionsmitarbeitern überlassen, indem diese in einem „**offenen Lager**" selbst ihre Bedarfe durch Entnahmen am Lagerplatz decken. Mitarbeiter für die Lagerverwaltung und die Materialausgabe werden fast ganz eingespart; es besteht jedoch die Gefahr von Diebstahl, Schwund und Unordnung sowie von nicht rechtzeitiger Auslösung von Beschaffungsvorgängen. In Großbetrieben werden deswegen fast ausschließlich „**geschlossene Lager**" betrieben; eine Entnahme ist nur durch das Lagerpersonal, eine Abgabe nur gegen Beleg möglich. Allerdings setzen sich z. B. für C-Teile produktionsnahe „**Handlager**" durch, in denen z. B. Kleinteile in Verpackungsmengen bereitgestellt und direkt von den Werkern entnommen werden; geht der Vorrat zur Neige, wird aus dem (Zentral-)Lager das Handlager aufgefüllt. Dem möglichen Schwund stehen hier deutliche Kostenreduzierungen durch Wegfall von Kommissioniervorgängen gegenüber. Ein Beispiel für diese Art der Bereitstellung zeigt Bild 2.48 in Kap. 2.

7.2 Materialsteuerung (Disposition)

Die **Materialsteuerung** umfasst die **dispositiven und steuernden Tätigkeiten** vom Auftragseingang bis zur Bereitstellung des Materials in der Produktion, Bild 7.21. Ausgehend vom aktuellen Produktionsprogramm aus Kunden- und Vertriebsaufträgen werden Bruttobedarfe ermittelt, aus denen sich unter Berücksichtigung der Lagerbestände Nettobedarfe ergeben. Diese werden als Bestellvorschläge der Beschaffung übermittelt und führen schließlich zu Bestellungen bei Lieferanten sowie zu Fertigungsaufträgen in der Produktion. Der Informationsfluss erzeugt somit einen Materialfluss vom Wareneingang über das Lager, die Teilefertigung und Montage zum Versand. Als Basis des notwendigen Informationsflusses werden Daten aus dem Vertrieb (z. B. Kundenauftragsbestand, Fertigwarenbestand), aus der Produktion (Kapazitäten von Maschinen, Anlagen und Personal), Daten der Erzeugnisse (Teilestammdaten und Stücklisten) sowie Beschaffungsdaten (Lieferantendaten, Bestands- und Bestelldaten) benötigt.

7.2.1 Bedarfsermittlung

Die **Bedarfsermittlung umfasst drei Teilaufgaben**, Bild 7.22: Der **Primärbedarf** an Erzeugnissen ist aus Kunden- oder Vertriebsaufträgen nach Art, Menge und Termin bekannt. Im ersten Schritt erfolgt daraus die **Bruttobedarfsermittlung** entweder deterministisch für jede Erzeugnisstufe oder stochastisch aus dem Verbrauch. Die folgende **Nettobedarfsermittlung** prüft für jeden Materialbedarf den Bestand und ermittelt aus der Differenz von Bedarfsmenge und Bestand den Nettobedarf nach Art, Menge und Termin. Der so gefundene „echte" Bedarf wird in der dritten Teilfunktion, der **Bestellrechnung**, getrennt nach Zukaufteilen und Eigenfertigung zu optimalen Bestellmengen zusammengefasst. Das Ergebnis sind Bestellvorschläge an die Fertigungssteuerung und den Einkauf.

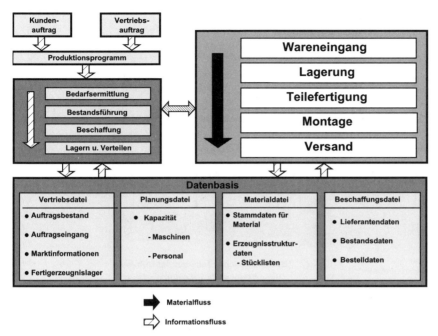

Bild 7.21 Informations- und Materialfluss in der Materiallogistik [Wien05]

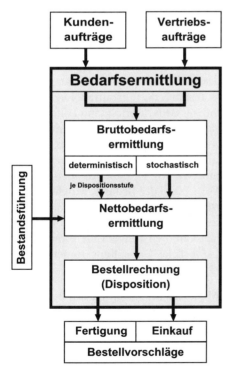

Bild 7.22: Funktionen der Bedarfsermittlung [Wien05]

Die **deterministische Bedarfsermittlung** ermittelt anhand der Stückliste eines Erzeugnisses von oben nach unten die Sekundärbedarfe, oder sie geht von der Verwendung eines Artikels in den verschiedenen Stufen der Erzeugnisse aus.

Bild 7.23 stellt links die Erzeugnisgliederung nach **Fertigungsstufen** dar, also die fertigungs- bzw. montagegerechte Strukturstückliste. Beim Zusammenbau des Erzeugnisses müsste in Stufe 4 begonnen werden. In diesem Beispiel sind die Baugruppe B zweimal und das Teil 1 dreimal enthalten. Löst man dieses Erzeugnis in seine Baugruppen und Einzelteile auf, besteht die Gefahr, dass die Lagerbestände gleicher Teile und Baugruppen in verschiedenen Fertigungsstufen verrechnet und zusätzlich mehrere Einzelmengen entsprechend ihrer Stufe in kurzen Zeitabständen nacheinander bestellt werden. Um dieses zu vermeiden, werden alle Baugruppen und Teile, die in einem Erzeugnis mehrfach enthalten sind, auf die jeweils unterste Stufe ihres Vorkommens im

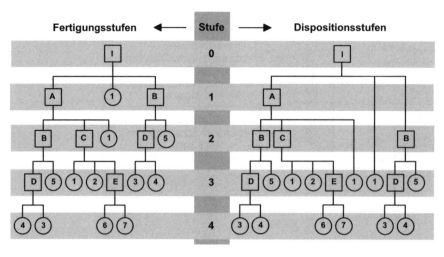

Bild 7.23: Erzeugnisgliederung nach Fertigungs- bzw. Dispositionsstufen [Ihme00]

Sinne der Auflösung (bzw. auf die höchste im Sinne der Zählung nach Bild 7.23, rechts) verschoben. Diese wird als **Dispositionsstufe** bezeichnet. Es ist zu beachten, dass die Einzelbedarfe möglicherweise aus unterschiedlichen Erzeugnisstufen stammen und somit unterschiedliche Bedarfstermine haben, d. h., die Beschaffung nach Dispositionsstufen führt u. U. zu Lagerbeständen, weil von der beschafften Bedarfsmenge erst nach und nach Teilmengen abfließen.

Die zweite wichtige Teilaufgabe der Bedarfssteuerung ist die **Bestimmung der Bedarfstermine**. Wie schon im Kapitel 1 gesagt, machen Puffer-, Zwischenliege-, Sicherheits- und Transportzeiten den wesentlichen Teil der Auftragsdurchlaufzeit aus. Sie sind nur wenig von der Menge der zu fertigenden Teile abhängig. Die Bearbeitungszeit als Produkt aus Losmenge mal Bearbeitungszeit je Einheit ist dagegen von der Losgröße abhängig. Der übrige Teil der Durchlaufzeit wird meist aus Erfahrungswerten bestimmt. In der Großserienfertigung liegt die Durchlaufzeit teile- bzw. baugruppenbezogen vor; in der Einzel- und Kleinserienfertigung wird sie aktuell aus Arbeits- und Montageplänen berechnet.

> Die **stochastische Bedarfsermittlung** ist die statistische Bestimmung des periodenbezogenen Materialbedarfs, indem aus Verbrauchswerten der Vergangenheit auf den zukünftigen Bedarf geschlossen wird.

Nach dieser Methode werden Primär-, Sekundär- und Tertiärbedarfe ermittelt. Die Vorhersage künftiger Bedarfe erfolgt mit Hilfe mathematischer Verfahren, deren Eingangsdaten zuverlässige Vergangenheitswerte aus der Lagerbestandsführung und aus Verbrauchsstatistiken sind. Wichtig ist dabei die periodengerechte Vorhersage der Bedarfe. Mögliche **Verbrauchsstrukturen** zeigt Bild 7.24. Mathematische Methoden der Bedarfsvorhersage bauen meist auf den Trends 1 bis 3 sowie 4 auf (eine ausführliche Darstellung findet sich in [Temp03]).

Einige **Methoden der stochastischen Bedarfsermittlung** erläutert Bild 7.25. Sie greifen immer auf Verbräuche vergangener Perioden zurück und prognostizieren (berechnen) daraus Verbrauchswerte der Zukunft. Die Ergebnisse müssen daher nicht mit den sich tatsächlich einstellenden Verbräuchen identisch sein; zur

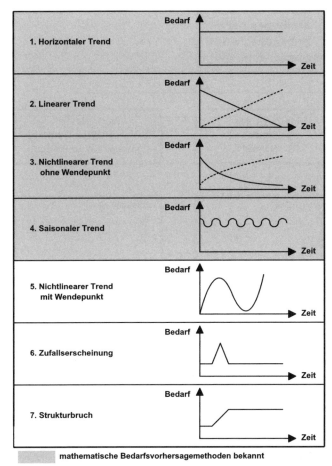

Bild 7.24: Trends in Verbrauchsstrukturen [Ihme00]

Risikoabdeckung dieser Verfahren dienen die Sicherheitsbestände des Lagers.

Man unterscheidet hauptsächlich folgende Verfahren (näheres siehe [Oeld95]):

- **Regressionsanalyse**, linear (siehe Bild 7.25) und nichtlinear; sie wird angewendet bei steigendem oder abnehmendem Verbrauch,
- **gleitender Mittelwert**; sinnvoll bei weitgehend konstantem Verbrauch,
- **exponentielle Glättung**; sie wird eingesetzt bei steigendem oder fallendem Verbrauch. Die einzelnen zu betrachtenden Verbrauchswerte werden durch einen Glättungsfaktor α gewichtet; je kleiner dieser ist, umso stärker werden Vergangenheitsverbräuche gewichtet und damit Zufallsschwankungen geglättet.

Nach der Ermittlung des terminierten Bruttobedarfes je Halbzeug, Teil bzw. Baugruppe erfolgt die Nettobedarfsrechnung, wobei beim Bruttobedarf auch noch Zusatzbedarf durch Ausschuss, Ersatzteilbedarf usw. berücksichtigt wird:

  Bruttobedarf
+ Zusatzbedarf
───────────────
= Gesamtbruttobedarf
− Lagerbestand
+ Vormerkungen
− Werkstattbestand bzw. Bestellbestand
───────────────
= Nettobedarf
───────────────

Für die Ausführung der obigen Rechenvorschrift müssen der **Lagerbestand**, der **Bestand**

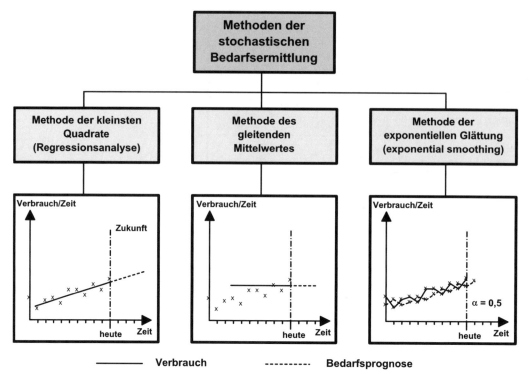

Bild 7.25: *Methoden der stochastischen Bedarfsermittlung (nach [Wien05])*

an Teilen in der eigenen Fertigung, der in der betreffenden Bedarfsperiode fertig werden wird, und der **Bestand an offenen Bestellungen** bei Lieferanten, das sog. **Bestellobligo**, einschließlich des Liefertermins bekannt sein. Durch laufende Änderungen aller dieser Elemente ist der Nettobedarf starken Schwankungen von einer Rechnung zur nächsten unterworfen.

7.2.2 Bestellrechnung

Die aus der Nettobedarfsrechnung bekannten Bedarfe können entweder einzeln auf den Tag genau (in Ausnahmefällen auch noch genauer) als **Terminbedarf** geführt oder innerhalb einer Beschaffungsperiode als **Periodenbedarf** zusammengefasst werden. Im ersten Fall kann jeder Sekundärbedarf bis zum verursachenden Primärbedarf (Kundenauftrag) zurückverfolgt werden, die Datenmenge ist allerdings groß (siehe Kap. 6). Im letzten Fall wird zwar die Datenmenge reduziert, aber der einzelne

Bedarf, der im Periodenbedarf aufging, kann nicht mehr verfolgt werden. Insbesondere geht der Zusammenhang zum Bedarfsverursacher verloren, d. h., werden Kundenaufträge in der Menge oder im Termin verändert, schlägt dies nicht mehr auf den Periodenbedarf durch. Oft werden daher aus Periodenbedarfen Bestände aufgebaut, weil die Bedarfsverursacher im Termin verschoben wurden. Auch bleiben z. B. von Eilbestellungen oder Fertigungsschnellschüssen oft große Teilmengen liegen, weil nur für einen bestimmten Auftrag eine Teilmenge dringend benötigt wird.

In der Bestellrechnung können nun die **wirtschaftlichen Bestellmengen** für Eigenfertigungsteile (wirtschaftliche Losgröße) und Zukaufteile (optimale Bestellmenge) ermittelt werden; die Problematik der optimalen Losgröße wurde im Abschn. 7.1.3 dargestellt.

7.2.3 Bestandsermittlung

Eine weitere Aufgabe innerhalb der **Nettobedarfsrechnung** ist (s.o.) die **Ermittlung des Lagerbestandes** nach Art und Menge zu bestimmten, zukünftigen Terminen. Die dabei zu verwendenden Daten sind in Bild 7.26 aufgeführt. Bild 7.27 zeigt schließlich die Vorgehensweise

zur Bestandsermittlung, die für jedes Material im Anschluss an die Bruttobedarfsermittlung erfolgt.

Im Zusammenhang mit Beständen werden in der **Lagerverwaltung** folgende Begriffe verwendet [REFA93]:

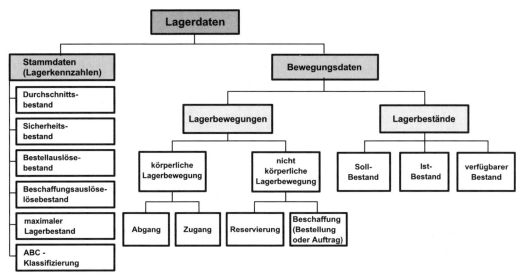

Bild 7.26: Lagerdaten (nach [Wien05])

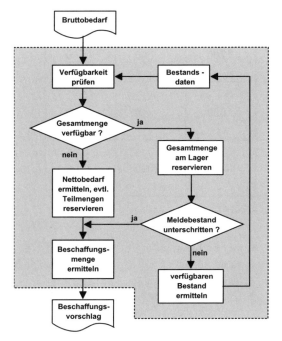

Bild 7.27: Vorgehensweise bei der Ermittlung der Beschaffungsmenge aus dem Bruttobedarf (nach [Wien05])

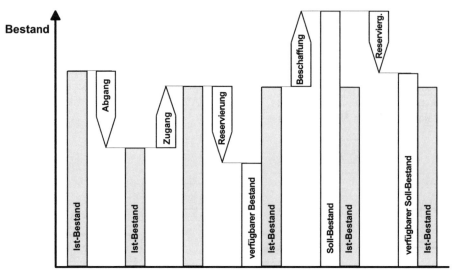

Bild 7.28: Veranschaulichung von Lagerbeständen und Lagerbewegungen [REFA93]

Mögliche Fälle	Bedarf > Bestand	Bedarf < Bestand	Bedarf = Bestand	Bestand = Sicherheitsb.	Kein Bestand
Bruttobedarf in Stück für Monat November	1000	1000	1000	1000	1000
Sicherheitsbestand	200	200	200	200	200
Ist-Bestand (körperlicher Lagerbestand) am 2. November	800	2200	1200	200	0
Verfügbarer Lagerbestand am 2. November	600	2000	1000	0	0
Nettobedarf in Stück für Monat November	400	0	0	1000	1200

Bild 7.29: Zahlenbeispiele für die Berechnung des Nettobedarfs

- Der **Ist-Bestand** ist der gegenwärtige, körperlich vorhandene Lagerbestand (häufig kurz Bestand genannt).
- Der **verfügbare Ist-Bestand** ergibt sich aus dem Ist-Bestand abzüglich Reservierungen (abzüglich Sicherheitsbestand).
- Der **Soll-Bestand** ergibt sich aus dem Ist-Bestand abzüglich Reservierungen (abzüglich Sicherheitsbestand).
- Der **verfügbare Soll-Bestand** ist der Soll-Bestand abzüglich Reservierungen.

Diese Begriffe veranschaulicht Bild 7.28. Zahlenbeispiele für die Berechnung des Nettobedarfs unter Berücksichtigung unterschiedlicher Bestände gibt Bild 7.29. Reservierungen sollten nicht körperlich (z. B. nicht durch Markierung von Beständen mittels Zetteln im Lagerfach) durchgeführt werden, sondern Reservierungen werden durch die Terminierung eines Bedarfs über das Dispositionssystem vorgenommen.

Die **Nettobedarfe** werden nun – evtl. unter Anwendung von Losgrößenformeln – zu **Beschaffungsvorschlägen**. Daraus kann dann für Kaufteile der Einkauf z. B. unter Berücksichtigung von Mindestbestellmengen, Verpackungsmengen, Rabatten usw. Bestellmengen festlegen. Für Eigenfertigungsteile bestimmt die Fertigungssteuerung aus den Beschaffungsvorschlägen unter Beachtung von Kapazitäten und Belastungen der Anlagen, Behältermengen, Werkzeugstandmengen usw. die Fertigungsauftragsmengen.

7.3 Gütereinlagerung und -ausgabe

Mit der **Gütereinlagerung und -ausgabe** endet die Kette der von der Materiallogistik auszuführenden Aufgaben. Dabei ergeben sich folgende Teilaufgaben:

- Die **Materialannahme und Identitätsprüfung** findet im Wareneingang statt (siehe dazu Abschn. 8.6).
- Anschließend erfolgt eine **Wareneingangsprüfung**, zunächst eine Quantitätsprüfung zur Feststellung der gelieferten Menge mit Vergleich zur bestellten und zur in den Begleitpapieren genannten Menge, dann eine Qualitätsprüfung anhand von Prüfvorschriften. Erst danach steht das Material dem Lager, der Fertigung oder dem Vertrieb zur Verfügung. Aufgrund der hohen Durchlaufzeit ist man bestrebt, die Quantitäts- und die Qualitätsprüfung (zumindest bei bestimmten Gütern) durch präventive

Qualitätsmanagement-Maßnahmen entfallen zu lassen; siehe auch Kap. 8.
- Die **Materialeinlagerung** erfolgt entsprechend der Art des Lagergutes in den unterschiedlichen Lagerbereichen (z. B. Freilager, Lager in Gebäuden usw.).
- Die **Materialausgabe** kann nach dem Hol- oder Bringsystem organisiert sein (siehe Abschn. 7.1.4).

Bei der **Materialeinlagerung** gibt es verschiedene **Strategien der Lagerplatzvergabe**:

- Die **Festplatzlagerung** ordnet jedem Artikel seinen festen Lagerplatz zu. Dieser wird auch freigehalten, wenn der entsprechende Artikel keinen Lagerbestand besitzt. Vorteil ist die große Zugriffssicherheit des Personals, Nachteil der höhere Platzbedarf. Üblich ist die Festplatzlagerung bei sich kaum veränderndem Artikelspektrum.
- Bei der **chaotischen Lagerung** werden Artikeln bei der Einlagerung beliebige Lagerplätze (unter Berücksichtigung von Lagergutabmessungen, -gewicht und -art) zugewiesen, so dass keine reservierten Plätze freigehalten werden müssen. Damit ist der Lagerplatzbedarf geringer; aufgrund wechselnder Lagerplätze ist eine eindeutige datenmäßige Erfassung der Artikel-Lagerplatz-Zuordnung notwendig. Chaotische Lagerung ist üblich, wenn sich das Artikelspektrum häufig ändert.
- Bei der **Zonung** erfolgt eine Lagerung der Ladeeinheiten entsprechend der Umschlaghäufigkeit: Häufig benötigte Artikel werden so gelagert, dass Verfahr- und Hubzeiten des Fördermittels minimal sind (dabei ist zu beachten, dass üblicherweise die Geschwindigkeiten bei Horizontal- bzw. Hubfahrt im Verhältnis 5:1 liegen!). Eine weitere Optimierung der Umschlagzeit wird meist durch Doppelspiele des Fördermittels erreicht. Dabei fährt das Fördermittel z. B. mit einer einzulagernden Palette aus der Lagervorzone zum Regalfach und lagert die Palette ein. Nach kurzer Leerfahrt zum nächsten Lagerfach übernimmt das Fördermittel dort eine auszulagernde Ladeeinheit und

fährt damit in die Lagervorzone zurück. Lagerverwaltungssoftware beinhaltet in der Regel entsprechende Algorithmen zur Fahrweg- und Umschlagzeitminimierung.

● Die **Querverteilung** ist eine Lagerplatzvergabestrategie zur Erhöhung der Zugriffssicherheit: Besonders bei schienengeführten Regalbediengeräten (siehe Kap. 3) bedeutet der Ausfall eines Gerätes, dass auf alle Ladeeinheiten in der betreffenden Gasse und damit auf bestimmte Artikel nicht mehr zugegriffen werden kann. Werden die Ladeeinheiten eines Artikels über mehrere Gassen querverteilt, besteht diese Gefahr kaum.

Auch bei **Ein- und Auslagerungen** sind **verschiedene Strategien** zu unterscheiden:

● Das **Fifo-Prinzip** (First in, first out) ist das wichtigste. Es wird immer dort angewendet,

wo die Lagerfähigkeit der Ware zeitlich begrenzt ist (Verfallsdatum!). Bei Durchlaufregalen (siehe Kap. 2) wird das Fifo-Prinzip zwangsläufig eingehalten; bei anderen Lagertechniken muss die Lagerverwaltungsorganisation (Lagerverwaltungssoftware) das Fifo-Prinzip sicherstellen. Das **Lifo-Prinzip** (Last in, first out) ist bei Einfahrregalen (siehe Kap. 2) notwendig; andernfalls sind Umlagerungsvorgänge erforderlich.

● Die **Mengenanpassung** sorgt dafür, dass möglichst wenig angebrochene Ladeeinheiten gelagert werden müssen (Platzbedarf!), indem zur Abdeckung eines Auftragsbedarfes zunächst angebrochene, dann volle Ladeeinheiten ausgelagert werden.

● Zur Erhöhung der Umschlagleistung dient die **Wegoptimierung**. Dabei wird von einem Artikel die Ladeeinheit mit dem kürzesten Bedienweg zuerst ausgelagert; um dieses

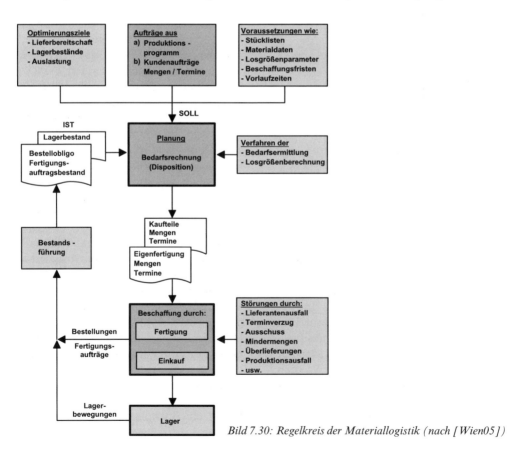

Bild 7.30: Regelkreis der Materiallogistik (nach [Wien05])

Prinzip sinnvoll einzusetzen, sollte auch die Zonung angewendet werden (s. o.).

Bild 7.30 zeigt abschließend das Zusammenwirken aller Teilfunktionen der Materialsteuerung als Regelkreis. Wie bei jedem Regelkreis gibt es Soll-Größen; aufgrund von Störungen entstehen Differenzen zwischen Soll und Ist, so dass regelnd eingegriffen werden muss.

7.4 Beispiele und Aufgaben zu Kapitel 7

Beispiel 7.1: a) In einem Produktionsunternehmen werden pro Bedarfsperiode x_{ges} = 600 Stk. eines Teils benötigt. Die Herstellkosten betragen K_h = 8,00 €, die Rüstkosten K_R = 30,00 €. Es ist mit einem Zinssatz von 10 % und einem Lagerungskostensatz von 15 % zu rechnen. Wie groß ist die optimale Losgröße?

Lösung: Es wird die ANDLER'sche Losgrößenformel angewendet:

$$x_{opt} = \sqrt{\frac{x_{ges} \cdot K_R \cdot 2}{K_h \cdot i_L}}$$

i_L ergibt sich aus der Summe von Zinssatz und Lagerungskostensatz:

$i_L = i_{L1} + i_{L2} = 0,10 + 0,15 = 0,25.$

Alle anderen Werte sind gegeben:

$x_{opt} \approx 134$ Stk.

Es ergibt sich eine optimale Losgröße von rd. 134 Stk., d. h., bei der gegebenen Bedarfs- und Kostensituation sollte für das Teil innerhalb einer Bedarfsperiode vier- bis fünfmal ein Fertigungslos aufgelegt werden.

b) Bei einem Omnibushersteller werden für einen Kundensonderwunsch in einem Auftrag von zehn Omnibussen je vier Stützen aus Flachstahl mit folgenden Daten benötigt:

x_{ges} = 40 Stk.
K_R = 45,00 €; K_h = 0,50 €
i_L = 0,25

Die Berechnung der optimalen Losgröße nach der ANDLER'schen Formel ergibt in diesem Fall:

x_{opt} = 170 Stk.

Da aber nur insgesamt 40 Stützen benötigt werden, liefert die Anwendung der ANDLER'schen Losgrößenformel in diesem Fall ein völlig unbrauchbares Ergebnis: Bei kundenauftragsbezogener Produktion sollte von der Berechnung sog. „optimaler Losgrößen" abgesehen werden.

Beispiel 7.2: Für die Jahres-Verbrauchswerte der im Folgenden genannten Artikel soll eine ABC-Analyse durchgeführt werden.

Artikel-nummer	Verbrauch in Stück	Preis/ Stk. in €
104711	22.000	0,10
104812	8.500	0,45
104913	41.000	0,03
105014	23.000	1,10
105115	56.000	0,08
105216	2.400	0,60
105317	4.300	1,10
105418	12.500	0,12
105519	38.000	0,05
105620	20.500	0,95

Lösung: Zunächst werden die Daten obiger Tabelle um den Mittel-Verbrauch in € ergänzt (berechnet aus Mengen-Verbrauch in Stk. mal Preis/Stk.); anschließend wird nach dem Verbrauch in € eine Rangfolge der Artikel festgelegt:

Artikelnummer	Verbrauch in Stück	Preis/Stk. in €	Verbrauch in €	Rang
104711	22.000	0,10	2.200,00	6
104812	8.500	0,45	3.825,00	5
104913	41.000	0,03	1.230,00	10
105014	23.000	1,10	25.300,00	1
105115	56.000	0,08	4.480,00	4
105216	2.400	0,60	1.440,00	9
105317	4.300	1,10	4.730,00	3
105418	12.500	0,12	1.500,00	8
105519	38.000	0,05	1.900,00	7
105620	20.500	0,95	19.475,00	2
Summe:	228.200	Summe:	66.080,00	

Die letzte Spalte gibt die Bedeutung der einzelnen Artikel für den Jahresverbrauch an (Rang 1 = höchste Bedeutung). In der Reihenfolge des Ranges werden die Artikel nun in einer neuen Tabelle sortiert und die kumulierten Verbräuche in Stk. bzw. € berechnet.

Artikel-nummer	Kumulativer Mengen-Verbrauch in %	Mengen-verbrauch je Klasse	Mittel-Verbrauch in €	Kumulierter Mittel-Verbrauch in €	Kumulierter Mittel-Verbrauch in %	Mittel-Verbrauch je Klasse in %	Klasse
105014	10,1		25.300,00	25.300,00	38,3		A
105620	19,1	19,1	19.475,00	44.775,00	67,8	67,8	A
105317	21,0		4.730,00	49.505,00	75,0		B
105115	45,4		4.480,00	53.985,00	81,8		B
104812	49,1	30,0	3.825,00	57.810,00	87,6	19,8	B
104711	58,7		2.200,00	60.010,00	90,9		C
105519	75,4		1.900,00	61.910,00	93,8		C
105418	80,9		1.500,00	63.410,00	96,1		C
105216	82,0		1.440,00	64.850,00	98,2		C
104913	100,0	50,9	1.230,00	66.080,00	100,0	12,4	C

Ergebnis: Die beiden ersten Artikel der Rangfolge (105014 und 105620) bilden die A-Artikel, denn sie machen bereits knapp 70 % des Verbrauchs in € aus, liegen allerdings zusammen beim Mengen-Verbrauch nur bei 19,1 %. Die Klasse der B-Artikel wird aus den Artikelnummern 105317, 105115 und 104812 gebildet, die 19,8 % des Mittelverbrauchs bestimmen (aber schon 30 % des Mengen-Verbrauchs). Der Rest sind C-Artikel mit 12,4 % des Mittel-, jedoch 50,9 % des Mengen-Verbrauchs. Die LORENZ-Kurve erhält man, wenn man auf der waagerechten Achse des Koordinatensystems die kumulierten Mengen-Verbrauchswerte in %, auf der senkrechten Achse die kumulierten Mittel-Verbrauchswerte in % aufträgt.

Aufgabe 7.1: Ordnen Sie den folgenden Gegenständen aus dem Teilespektrum eines Pkw-Herstellers die Materialarten zu!

a)	Kunststoffprofil n. Zchng. 2.2391.06, auf Rolle 50 m
b)	GammaSeal-Spritzdichtung, in Kartusche 500 ml
c)	Sitzbezuggewebe, Dessin Morsestreifen, Ballen 0,9 m × 75 m
d)	Kurbelwelle, Schmiederohling, Zchng. R26.3.2HO6754
e)	Abdeckband METAkrepp, 40 mm breit, 10 m Rolle, selbstklebend
f)	Türverkleidung links, komplett
g)	Kombiinstrument, Sportausführung, mit Digitaluhr
h)	Kabelbinder, 120 mm lang
i)	Endschalldämpfer für Dieselmotor BAZ.326-EU
k)	Frostschutzmittel Glykolin-3600, Fass 200 Liter
l)	Schreibtisch, Stahl, Korpus lofotengrün, Platte grau
m)	Bolzen mit Kopf, $\varnothing$ 45h7 × 135, n. Zchng. 4.8907-98.2

Lösung: Halbzeug: a), c); Hilfsstoff: b), e); Betriebsstoff: k); Teil: d), g), i), l), m); Gruppe: f); evtl. i), falls Eigenfertigung.

Aufgabe 7.2: Der Leiter der Materiallogistik bei einem Automobilzulieferer (Blechteile und Schweißbaugruppen) erhält von der Geschäftsleitung die Vorgabe, die Bestände im Fertigwarenlager („Verkaufslager") um 15 % zu vermindern. Wie sollte er sinnvollerweise vorgehen?

Lösung: Es gibt grundsätzlich zwei Möglichkeiten: Man könnte erstens nach der „Rasenmähermethode" bei allen Bestandspositionen die Bestände um 15 % vermindern, wobei die Gefahr besteht, dass bei bestimmten Positionen Versorgungsengpässe entstehen. Die zweite Möglichkeit wäre, mit Hilfe einer ABC-Analyse die Positionen mit hohem Bestandswert zu ermitteln und bei dieser voraussichtlich geringen Anzahl Positionen das Dispositionsverfahren zu überprüfen und die Bestände zu senken. Da es sich hier um Bestände im Fertigwarenlager handelt, sollte generell geprüft werden, ob eventuell die Fertigung stärker am Bedarf des Kunden ausgerichtet werden kann. Bei kurzen Durchlaufzeiten und niedrigen Rüstkosten besteht kein Zwang zur Losbildung – damit kann genau der Bedarf produziert werden, und es sind keine Fertigwarenbestände notwendig.

Aufgabe 7.3: Bei einem Nutzfahrzeughersteller bestellt die Straßenbauverwaltung 53 Stk. allradgetriebene 18-t-Lkw mit der Spezialausrüstung „Schneepflug-Anbauplatte" und „Nebenabtrieb für Salzstreugerät". Wie sollte der Disponent der Materialwirtschaft die Beschaffungsmengen für Baugruppen und Einzelteile dieser Ausrüstungsvariante ermitteln?

Lösung: Es kommt nur eine deterministische Bedarfsermittlung infrage. Der Disponent legt die Bedarfsmengen anhand der Auftragsmengen über die zugehörigen Stücklisten fest. Bei stochastischer Bedarfsauslösung (verbrauchsbezogen) würden zukünftig noch Teile disponiert, auch wenn kein Auftrag für diese Variante vorliegt.

8 Beschaffungslogistik

In den meisten Branchen und Betrieben hat sich die Fertigungstiefe, d. h. der eigene Anteil der Wertschöpfung am Produkt, innerhalb der letzten zwanzig Jahre kontinuierlich verringert. In der deutschen Automobilindustrie ist die Fertigungstiefe von über 50 % in den achtziger Jahren auf inzwischen etwa 30 % gesunken. Gründe für den steigenden Zukauf von Gütern und Dienstleistungen sind zum einen darin zu suchen, dass Lieferanten mehr Produkt-Know-how besitzen und sich z. B. ihr Know-how durch Schutzrechte oder Patente gesichert haben. Zum anderen haben Lieferanten oft Fixkostenvorteile aus Prozess-Know-how (kostengünstigere Herstellungsverfahren).

Weiterhin gibt es bei Lieferanten häufig Lohnkostenvorteile (andere Branche, günstigerer Tarifvertrag, Produktion im Niedriglohnland). Durch Zusammenfassung der Bedarfe mehrerer Nachfrager hat der Lieferant eventuell auch Kostenvorteile durch eine produktivere Anlagennutzung aufgrund höherer Stückzahlen oder längerer Maschinenlaufzeiten. Bei hohen Stückzahlen kann ein Kostenvorteil auch durch höheren Automatisierungsgrad entstehen. Schließlich zwingt auch der Wettbewerb zwischen mehreren Lieferanten zu kontinuierlicher Effizienzsteigerung, was letztlich auch wieder zu Kostensenkungen führen kann.

Aus fixen Kosten der Eigenfertigung werden bei Zukauf variable Kosten, so dass der Lieferant das Auslastungsrisiko trägt (siehe Abschn. 8.2, Make or Buy). Durch Zukauf lassen sich auch Wechselkursrisiken abfedern, wenn z. B. auf einem Fremdwährungsmarkt nicht nur verkauft, sondern auch eingekauft wird.

> **Beschaffungslogistik** fasst alle Aktivitäten zusammen, die der Versorgung einer Organisation, hier eines Industriebetriebes, mit Material, Dienstleistungen und Betriebsmitteln, teilweise auch mit Rechten und Informationen, aus betriebsexternen Quellen dienen.

Damit umfasst die **Beschaffungslogistik**[84] die Planung, Gestaltung, Durchführung, Steuerung und Überwachung des gesamten Materialflusses sowie des damit verbundenen Informationsflusses ausgehend vom Beschaffungsmarkt bis zum Eingangslager bzw. bis in die Produktion eines Unternehmens für Roh-, Hilfs- und Betriebsstoffe, Halbzeuge, Kaufteile. Handelsware und Ersatzteile werden teilweise direkt in den Absatzkanal (Distributionslogistik, siehe Kap. 10) gesteuert. Die Funktionen der Bedarfsplanung und Bedarfssteuerung sowie der Bestandsplanung und Bestandsführung wurden, da sie für die Produktionslogistik ebenfalls relevant sind, bereits im Kap. 7, Materiallogistik, dargestellt.

Zu den **Beschaffungsobjekten** gehören auch die Betriebsmittel eines Unternehmens, (z. B. Maschinen, Werkzeuge, Vorrichtungen, Fördermittel, usw.) sowie Dienstleistungen (z. B. Gebäudereinigung, Fremdkonstruktion, Managementberatung, usw.). Unter dem Begriff „Rechte" (s. o.) wird z. B. die Genehmigung zur Nutzung fremder Patente oder Gebrauchsmuster verstanden. Darüber hinaus umfasst der **Beschaffungsprozess** die Bedarfsermittlung, die Lieferantenauswahl, die Bestandsplanung und Bestandsführung sowie die Bestellabwicklung mit Bestellauslösung, Bestellüberwachung und Wareneingangsbehandlung, siehe Bild 8.1.

Der Begriff „Beschaffung" ist eng mit dem Begriff „Einkauf" verbunden. Beide Begriffe wurden früher oft gleichgesetzt.

> Unter **Einkauf** sollen hier die marktorientierten und vertragsabschließenden Aufgaben verstanden werden, d. h. die abwicklungstechnische und juristisch-kaufmänni-

---

[84] Literatur zu Kap. 8: [Arno02, Arns98, Bart00, Bich01, Härd99, Hein91, Klau00, Kops97, Oeld95, Schu99]

Bild 8.1: Wesentliche Elemente der operativen Beschaffungslogistik [Klau00]

sche Erledigung des Versorgungsvorganges. „Beschaffung" ist damit der umfassendere Begriff. Innerhalb der Beschaffung sind nicht nur operative, sondern auch strukturgebende und strategische Tätigkeiten zu leisten, z. B. die Entscheidung über die Art der Güterbereitstellung (z. B. Lager/ jit) oder die über Eigenfertigung und Fremdbezug.

Im Bereich der Beschaffungslogistik wurde früher auch der Begriff „Materialwirtschaft" verwendet. Damit sind alle Aufgaben gemeint, die den Fluss der Güter im Unternehmen vom Eingang bis zur Verwendung umfassen (Bedarfsermittlung, Transport, Lagerung, Bereitstellung). Wie der Name „Materialwirtschaft" schon sagt, geht es hierbei vor allem um die Bewirtschaftung und Bereitstellung von Materialien – Dienstleistungen und Rechte werden nicht betrachtet. „Logistik" umfasst ein erweitertes Aufgabenfeld und beinhaltet neben den operativen Funktionen auch die planerische und dispositive Ebene.

Wichtigstes **Ziel der Beschaffungs-, der Produktions- und der Distributionslogistik** ist die Sicherstellung eines hohen **Servicegrades** –

während die Beschaffungslogistik für den Servicegrad der Zulieferungen im eigenen Unternehmen zuständig ist, haben Produktionslogistik und Distributionslogistik einen hohen Servicegrad auf dem Absatzmarkt, also für die Kunden zu erbringen.

Der Servicegrad ist folgendermaßen definiert:

Servicegrad (%) =

$$= \frac{\text{Anzahl der sofort befriedigten Nachfragen je Zeit}}{\text{Gesamtzahl der Nachfragen je Zeit}}$$

$$\cdot 100\,\%$$

Wesentliche **Bestandteile des Servicegrades** sind

- die **Lieferzeit** als die Zeit, die zwischen der Formulierung des Auftrages durch den Kunden bis zur Auslieferung des Produktes verstreicht,

- die **Lieferfähigkeit (Lieferbereitschaft)**, die den Teil der Aufträge angibt, der zu dem vom Kunden gewünschten Termin zugesagt werden kann,

- die **Liefertreue** als der Anteil der Lieferungen, der zum dem Kunden zugesagten Termin erfolgt,

- die **Lieferflexibilität**, die beschreibt, bis zu welchem Zeitpunkt nach Auftragserteilung Änderungswünsche des Kunden bzgl. Produkt- oder Leistungsspezifikation oder Liefertermin erfolgen können,

- die **Lieferqualität** (Lieferbeschaffenheit), die nicht nur den Zustand der Lieferung (z. B. Beschädigung) misst, sondern auch die Liefergenauigkeit (z. B. Gesamtlieferung mehrerer Komponenten) und

- die **Informationsbereitschaft** als Maß für die Fähigkeit, jederzeit Auskunft über den jeweiligen Stand der Auftragserfüllung geben zu können.

Wesentlich ist bei diesen Definitionen des Servicegrades, dass sie sich an den tatsächlich für den einzelnen Kunden realisierten Leistungen messen, und nicht an der Wahrscheinlichkeit, mit der sie eingehalten werden können.

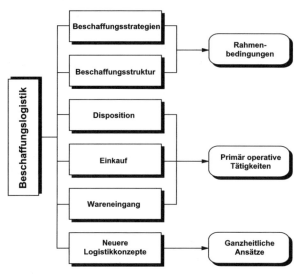

Bild 8.2: Beschaffungslogistik im Überblick [Bart00]

Da sich die Produkteigenschaften und die Produktqualität einzelner Hersteller immer weniger unterscheiden, wird der Servicegrad zunehmend zu einem wichtigen Wettbewerbsinstrument. Aufgabe innerhalb eines Produktionsunternehmens ist daher die Gestaltung der Beschaffungs-, Produktions- und Distributionsprozesse für die Erreichung eines hohen Servicegrades.

Die Aktivitäten in der Beschaffungslogistik müssen die folgenden fünf Fragen beantworten:

- **Was soll bestellt werden?**
  → Ermittlung der Güter, für die in einem bestimmten Zeitabschnitt (Planungsperiode) ein Gesamt-/Nettobedarf besteht
- **Wie viel soll bestellt werden?**
  → Ermittlung der Bestellmengen, die in einer Periode zu beschaffen sind
- **Wann soll bestellt werden?**
  → Festlegung der Bestellzeitpunkte in Abhängigkeit von den Bedarfszeitpunkten und -mengen
- **Wo soll bestellt werden?**
  → Ermittlung der Bezugsquellen (Lieferanten), z. B. über Anfragen bzw. Lieferantenanalysen
- **Wie soll bestellt werden?**
  → Gestaltung der Lieferverträge; Festlegung der Transportmittel und -wege, der Verpackungen usw.

Dazu sind im Vorfeld strategische und gestalterische Aktivitäten notwendig, um die erforderlichen Rahmenbedingungen zu schaffen; siehe Abschn. 8.1 und 8.2. Die Abschn. 8.3, 8.4 und 8.5 beschreiben die operativen Tätigkeiten innerhalb der Beschaffungslogistik; Abschn. 8.6 stellt schließlich neuere Logistikkonzepte dar, die ganzheitliche Ansätze der Beschaffungslogistik verfolgen. Zunächst gibt Bild 8.2 eine Übersicht über die Teilgebiete der Beschaffungslogistik. Wie bereits erwähnt, wurde die Disposition im Kapitel 7 behandelt, da sie gleichermaßen für die Produktionslogistik von Bedeutung ist.

8.1 Beschaffungsstrategien

Während früher der Bereich Beschaffung die rein funktional bestimmte Aufgabenstellung hatte, den Materialbedarf eines Unternehmens zu decken, rückt heute die **strategische Bedeutung der Beschaffung** in den Vordergrund, deren wesentliche Aufgabe die **Erschließung von Wettbewerbsvorteilen** ist. Die Beschaffungslogistik muss also zur Sicherung und zum Ausbau der Wettbewerbsposition wesentlich beitragen, insbesondere unter dem Aspekt der sinkenden Fertigungstiefe.

Aufgrund der starken Arbeitsteilung innerhalb der Wirtschaft gibt es keinen einheitlichen „Be-

Beschaffungs-schwerpunkt	Hauptaufgaben	Erforderliche Informationen	Entschei-dungsebene
Strategische Artikel	Präzise Bedarfsprognose, genaue Marktforschung, Schaffung langfristiger Beziehungen zu Liefe-ranten; Entscheidungen über Eigenfertigung oder Zukauf; Staffelverträge; Risikoanalyse, Notfallplanung; Logistik-, Bestands- und Lieferantenkontrolle	Sehr detaillierte Marktdaten, Informationen über lang-fristige Angebots- und Bedarfsentwicklungen; gute Kenntnis des Wett-bewerbs; Industrie-Kostenkurven	Oberste Ebene (z.B. Vorstand Einkauf)
Engpass-artikel	Mengensicherung (wenn notwendig gegen Aufpreis); Lieferantenkontrolle; Bestandssicherheit; Ausweichpläne	Prognosen über die mittelfristige Entwicklung von Angebot und Nachfrage; sehr gute Marktdaten; Bestandskosten; Erhaltungspläne	Höhere Ebene (z.B. Bereichs-leiter)
Hebel-produkte	Ausnutzen der vollen Einkaufsmacht; Lieferantenauswahl; Produktsubstitution; gezielte Preis- und Verhandlungsstrategien; Mischung aus Vertrags-einkäufen und Einkäufen auf den Spotmärkten; Auftragsmengen-optimierung	Gute Marktdaten; kurz- bis mittelfristige Bedarfsplanung; exakte Lieferantendaten; Prognose von Preis-entwicklung und Frachtraten	Mittlere Ebene (z.B. Chef-einkäufer)
Unkritische Artikel	Produktstandardisierung; Überwachung und Optimierung der Auftragsmengen; effiziente Bearbeitung; Bestandsoptimierung	Gute Marktübersicht; kurzfristige Bedarfs-prognosen; optimale Bestandshöhe für wirtschaftliche Auftragsgrößen	Untere Ebene (z.B. Einkäufer)

Bild 8.3: Klassifizierung der Artikel für die Beschaffung (nach [Schu99])

schaffungsmarkt" mehr, sondern jedes Unternehmen sieht sich einer Vielzahl von Beschaffungsmärkten gegenüber[85], die auch eine jeweils geeignete Beschaffungsstrategie erfordern – unterschiedliche Handlungsspielräume auf den einzelnen Märkten erfordern unterschiedliche **Beschaffungsstrategien** [Schu99].

Zur Auswahl einer unternehmensspezifischen Beschaffungsstrategie empfiehlt sich z. B. die **Einkaufs-Portfolioanalyse**, die einen Vergleich der Marktmacht eines Unternehmens als Nachfrager mit der Marktmacht eines Anbieters erlaubt[86]. Diese Analyse vollzieht sich in vier Phasen:

- Phase 1: Klassifizierung der Beschaffungsartikel
- Phase 2: Analyse des Beschaffungsmarktes
- Phase 3: Strategische Positionierung
- Phase 4: Aktionspläne

---

[85] Typische Beispiele sind der Mineralölmarkt, der starken Preisschwankungen unterworfen ist, oder der Stahlmarkt, der sich innerhalb der letzten zwei Jahre vom Käufer- zum Verkäufermarkt mit Angebotsverknappung und steigenden Preisen gewandelt hat.

[86] Die Einkaufs-Portfolioanalyse wurde von Kraljic entwickelt: Kraljic, P.; Versorgungsmanagement statt Einkauf; Harvard Business Manager (1985) 1, S. 6–14.

Lieferantenmacht		Nachfragemacht
1	Marktgröße im Verhältnis zur Kapazität des Lieferanten	Einkaufsmenge im Verhältnis zur Kapazität der wichtigsten Produktionseinheiten (Menge stellt den Hauptfaktor der Nachfragemacht eines Unternehmens dar)
2	Marktwachstum im Verhältnis zur Kapazitätsausweitung	Nachfragewachstum im Verhältnis zur Kapazitätsausweitung
3	Kapazitätsauslastung oder Engpassrisiken (Hohes Risiko von Lieferengpässen bei Kapazitätsauslastung des Lieferanten von mehr als 90%)	Kapazitätsauslastung der wichtigsten Produktionseinheiten (Erhöhter Materialbedarf kann evtl. nur durch höhere Beschaffungspreise gedeckt werden)
4	Wettbewerbssituation	Marktanteil im Vergleich zu den wichtigsten Wettbewerbern
5	Return on Investment (ROI) ROI = Umsatzrentabilität x Kapitalumschlagshäufigkeit Umsatzrentabilität = (Gewinn/Umsatz) x 100 Kapitalumschlagshäufigkeit = Umsatz / Gesamtkapital	Ergebnisbeitrag der wichtigsten Fertigprodukte
6	Kosten und Preisstruktur	Kosten und Preisstruktur
7	Gewinnschwelle der Lieferanten (Lieferant als harter Verhandlungspartner, wenn Gewinnschwelle bei niedriger Kapazitätsauslastung von z.B. 70% liegt)	Kosten bei Lieferausfall (Je höher Kosten bei Lieferausfall, desto geringer Spielraum zum Bezugsquellenwechsel)
8	Besonderheit des Produkts und technologische Stabilität (Zwang von Kostensenkungen aufgrund von Wettbewerb geringer, wenn Produkt einzigartig)	Möglichkeiten zur Eigenfertigung bzw. Integrationstiefe
9	Markteintrittsbarrieren (wegen erforderlichen Kapitals oder Know-hows)	Eintrittskosten für neue Bezugsquellen im Verhältnis zu den Kosten der Eigenfertigung
10	Logistische Situation	Logistische Situation

Bild 8.4: Beurteilung von Lieferanten- und Nachfragemacht (nach [Bart00; Schu99])

In Phase 1 sind die einzukaufenden Güter anhand ihrer **Bedeutung für das Unternehmensergebnis** und ihres **Beschaffungsrisikos** zu klassifizieren. Der Ergebniseinfluss wird anhand der Kriterien eingekaufte Menge, prozentualer Anteil an den gesamten Einkaufskosten sowie der Bedeutung für die Produktqualität und das Unternehmenswachstum gemessen. Das Beschaffungsrisiko kann durch die Verfügbarkeit des Artikels, die Lieferantenanzahl, die Zahl der Nachfrager, die Eigenfertigungsmöglichkeiten, die Lagerungsmöglichkeiten und die Substitutionsmöglichkeiten ausgedrückt werden. Aus dieser Klassifizierung ergeben sich vier Artikelklassen, siehe auch Bild 8.3:

- **Strategische Artikel** mit großem Ergebniseinfluss und hohem Beschaffungsrisiko
- **Engpassartikel** mit niedrigem Ergebniseinfluss, aber hohem Beschaffungsrisiko
- **Hebelartikel** mit großem Ergebniseinfluss und niedrigem Beschaffungsrisiko
- **Unkritische Artikel** mit niedrigem Ergebniseinfluss und geringem Beschaffungsrisiko

Für strategische Artikel sind z. B. sehr detaillierte Informationen über die langfristige Angebots- und Bedarfsentwicklung notwendig. Dagegen genügen für unkritische Artikel in der Regel kurzfristige Bedarfsprognosen, generelle Entscheidungsrichtlinien und Modelle zur Bestandsoptimierung. Aufgrund der Marktveränderungen muss diese Klassifizierung regelmäßig überprüft und gegebenenfalls aktualisiert werden [Schu99].

In Phase 2 folgt nun die **Analyse des Beschaffungsmarktes**, bei der die Verhandlungsmacht der Lieferanten mit der eigenen Machtposition verglichen wird, Bild 8.4. Hierbei sind die qualitative und quantitative Verfügbarkeit von Gütern sowie die relative Stärke der aktuellen Lieferanten zu beurteilen. Daraus kann ein Unternehmen ableiten, ob die von ihm angestrebten Lieferkonditionen realisierbar sind.

Alle in der ersten Phase als „strategisch" klassifizierten Artikel werden nun in Phase 3 in die **Einkaufsportfolio-Matrix**, Bild 8.5, eingeordnet. Hieraus können Bereiche mit potentiellen Risiken bzw. Chancen identifiziert, Lieferrisi-

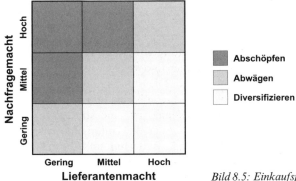

Bild 8.5: Einkaufsportfolio-Matrix [Schu99]

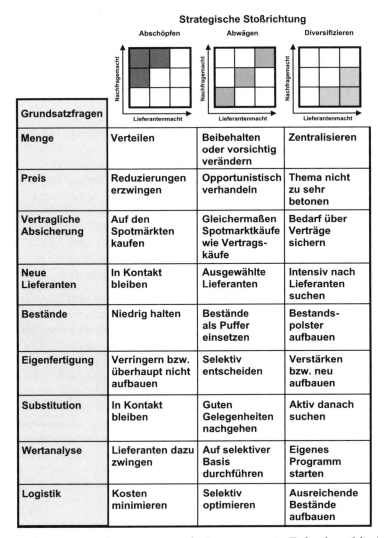

Grundsatzfragen	Abschöpfen	Abwägen	Diversifizieren
Menge	Verteilen	Beibehalten oder vorsichtig verändern	Zentralisieren
Preis	Reduzierungen erzwingen	Opportunistisch verhandeln	Thema nicht zu sehr betonen
Vertragliche Absicherung	Auf den Spotmärkten kaufen	Gleichermaßen Spotmarktkäufe wie Vertragskäufe	Bedarf über Verträge sichern
Neue Lieferanten	In Kontakt bleiben	Ausgewählte Lieferanten	Intensiv nach Lieferanten suchen
Bestände	Niedrig halten	Bestände als Puffer einsetzen	Bestandspolster aufbauen
Eigenfertigung	Verringern bzw. überhaupt nicht aufbauen	Selektiv entscheiden	Verstärken bzw. neu aufbauen
Substitution	In Kontakt bleiben	Guten Gelegenheiten nachgehen	Aktiv danach suchen
Wertanalyse	Lieferanten dazu zwingen	Auf selektiver Basis durchführen	Eigenes Programm starten
Logistik	Kosten minimieren	Selektiv optimieren	Ausreichende Bestände aufbauen

Bild 8.6: Strategische Konsequenzen der Positionierung im Einkaufsportfolio (nach [Schu99])

ken abgeschätzt und es kann über die grundlegenden strategischen Vorgehensweisen für die betreffenden Artikel entschieden werden.

> Die **Einkaufsportfolio-Matrix** stellt die Stärken des eigenen Unternehmens den Stärken des Lieferanten gegenüber.

Dies ermöglicht die Entwicklung von Gegenstrategien, von denen drei in Bild 8.5 markiert sind:

- Aktives Auftreten auf dem Markt („**Abschöpfen**") bei den Gütern, bei denen das nachfragende Unternehmen über eine starke Marktstellung verfügt, während gleichzeitig die Stärke des Lieferanten als mittel oder niedrig einzuschätzen ist: Hier kann aufgrund des geringen Lieferrisikos der Nachfrager z. B. Preisdruck ausüben.
- Alternativen suchen („**Diversifizieren**") ist dann erforderlich, wenn das nachfragende Unternehmen nur eine untergeordnete Rolle auf dem Beschaffungsmarkt spielt, die Marktmacht der Lieferanten aber hoch ist.
- Eine Strategie der Mitte („**Abwägen**") bietet sich bei Beschaffungsgütern ohne größere erkennbare Risiken und ohne größeren Nutzen an.

Üblicherweise ist die Stellung eines Unternehmens bei den einzelnen Gütern und bei den Lieferanten unterschiedlich. Dies muss auch durch die Entwicklung **differenzierter Beschaffungsstrategien** berücksichtigt werden [Bart00; Schu99].

Die Phase 4 beinhaltet angepasste Aktionspläne mit entsprechenden Konsequenzen für die beschaffungspolitischen Instrumente wie Mengen, Preise, Lieferantenwahl, usw., Bild 8.6.

8.2 Beschaffungsstrukturen

Kein Produktionsunternehmen hat heute das notwendige Know-how und die notwendigen technologischen Kompetenzen zur kompletten Entwicklung und Herstellung von Produkten einer gewissen Komplexität. Daher ist grundsätzlich zu entscheiden, welche der zur Produktion benötigten Güter selbst hergestellt werden können und welche vom Lieferanten zu beziehen sind. Die Entscheidung für **Eigenfertigung oder Fremdbezug**, die sog. **Make-or-Buy-Entscheidung**, ist eine strategische Entscheidung, bei der die Unternehmensziele zu beachten sind. Weiterhin sind die **relevanten Kosten**, die **Auswirkungen auf die Liquidität** des Unternehmens sowie die **Zuverlässigkeit** und die **Qualität** der Leistungserbringung zu berücksichtigen. Auch die **strategische Bedeutung des Produktes** und die **Verfügbarkeit entsprechender Lieferanten** sind in die Entscheidung einzubeziehen [Bart00], siehe Bild 8.7.

Neben den oben genannten Kriterien für die Make-or-Buy-Entscheidung sind auch folgende Faktoren zu beachten:

- Einstandspreis und die eigenen Herstellkosten (Bild 8.8)
- Beschaffungsrisiko
- Fähigkeiten zur Differenzierung von den Wettbewerbern
- Verfügbarkeit von Know-how
- Innovationsgeschwindigkeit
- Entwicklungs- und Produktionskosten
- Auslastung der Produktionskapazitäten
- Abhängigkeit von den Lieferanten.

Zur langfristigen Entscheidung über Eigenfertigung bzw. Fremdbezug unter Kostengesichtspunkten (siehe z. B. Bereich der selektiven Ent-

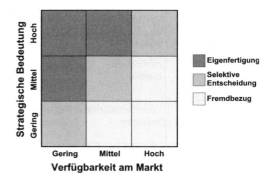

Bild 8.7: Kriterien einer Make-or-Buy-Entscheidung: Make-or-Buy-Portfolio [Arno02]

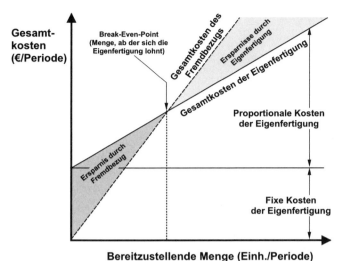

Gesamt-kosten (€/Periode)

Break-Even-Point
(Menge, ab der sich die
Eigenfertigung lohnt)

Gesamtkosten des Fremdbezugs

Ersparnisse durch Eigenfertigung

Gesamtkosten der Eigenfertigung

Proportionale Kosten
der Eigenfertigung

Ersparnis durch Fremdbezug

Fixe Kosten
der Eigenfertigung

Bereitzustellende Menge (Einh./Periode)

Bild 8.8: Break-even-Analyse für Make-or-Buy-Entscheidungen [Arno02]

scheidung in Bild 8.7) ist eine **Break-even-Analyse (Kostenvergleichsrechnung)** nach Bild 8.8 sinnvoll.

> Bei der **Break-even-Analyse** werden die fixen und variablen Kosten der Eigenfertigung (Gesamtkosten) den Kosten des Fremdbezugs über der bereitzustellenden Menge in einer Periode gegenübergestellt und daraus die Grenzmenge berechnet, oberhalb derer sich eine Eigenfertigung lohnt.

Kurzfristige Entscheidungen über Eigenfertigung und Fremdbezug werden oft auch unter den Gesichtspunkten der Beschäftigungssicherung im eigenen Unternehmen oder zur Überbrückung von Engpasssituationen bei hoher Auslastung getroffen.

Ein wichtiges **Kriterium zur Entscheidung zwischen Eigenfertigung und Fremdbezug** ist auch die Entwicklung und der dauerhafte Erhalt von **Kernkompetenzen**. Über Kernkompetenzen, spezielle Bereiche der Wertschöpfungskette, versuchen Unternehmen ihre Wettbewerber am Markt zu übertreffen und ihre langfristige Marktposition zu festigen. Typische Kernkompetenzen bei Automobilherstellern sind z. B. die Fertigung der Karosserie und die Aggregateproduktion (Motor, Getriebe). Hieraus leitet sich u. a. das Markenimage eines Pkw ab.

> **Kernkompetenzen** bestimmen also das Marktpotenzial eines Unternehmens. Fertigungsumfänge aus diesem Bereich werden in der Regel nicht fremd vergeben.

Kernkompetenzen lassen sich durch vier Eigenschaften charakterisieren, siehe auch Bild 8.9 [Bart00]:

- Sie umfassen einen **wesentlichen Teil der Wertschöpfungskette** (Kosten).
- Sie tragen **signifikant zum Kundennutzen** bei (Ertrag).
- Sie sind **schwer imitierbar** (Wettbewerb).
- Sie sind **durch einen kollektiven Lernprozess entstanden** (Innovation).

Innerhalb der Wahl der Beschaffungsstrukturen ist als nächstes über die **Beschaffungswege** zu entscheiden. Diese Entscheidung wird beeinflusst vom Warensortiment, von der Beschaffungszeit sowie von den Transport-, Lager- und Dispositionskosten. Man unterscheidet dabei nach **direkten und indirekten Beschaffungswegen**, je nach dem, wie der Güter- und Informationsfluss zwischen Lieferant und Abnehmer abläuft. Bild 8.10 zeigt die **direkten Beschaffungswege**, bei denen der Güterfluss auf direktem Weg zwischen dem Lieferanten und dem Abnehmer erfolgt.

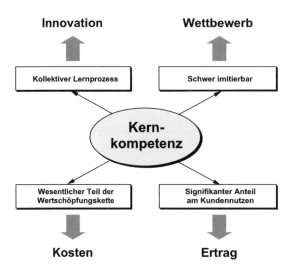

Innovation   **Wettbewerb**

Kollektiver Lernprozess   Schwer imitierbar

Kern-kompetenz

Wesentlicher Teil der Wertschöpfungskette   Signifikanter Anteil am Kundennutzen

Kosten   **Ertrag**

Bild 8.9.: Eigenschaften einer Kernkompetenz [Bart00]

Nach der Art des Informationsflusses lassen sich drei Geschäftsarten unterscheiden:

Beim **Direktgeschäft** erfolgen Geschäftsanbahnung, Vertragsabschluss und Warenfluss unmittelbar zwischen dem Lieferanten und dem Abnehmer. Auch der Güterfluss erfolgt direkt; ebenso geschieht die Bezahlung direkt zwischen Lieferant und Abnehmer.

Beim **Streckengeschäft** vollzieht sich der gesamte Informationsfluss über eine Zwischenstation, den Großhändler, über den alle Informationen zum Geschäft wie das Einholen von Angeboten, der Vertragsabschluss, die Materialabrufe und die Bezahlung laufen. Der Güterfluss läuft nicht über den Großhändler, sondern auf „direkter Strecke" zwischen Lieferanten und Abnehmer. Streckengeschäfte sind z. B. im Stahlhandel üblich. Hier erfolgt die Lieferung gängiger Stahlsorten direkt vom Walzwerk zum Kunden, während Geschäftsabschluss und Bezahlung über einen Händler erfolgen [Bart00].

Beim **Vermittlungsgeschäft** wird ein Teil des Informationsflusses, die Geschäftsanbahnung bzw. der Geschäftskontakt, über den Vermittler als Zwischenstation abgewickelt. Vertragsabschluss, Güterfluss und Zahlungsverkehr laufen auf direktem Weg. Beispiele hierfür sind (freie) Handelsvertreter oder Industrievertretungen.

Vom **indirekten Beschaffungsweg** spricht man, wenn Informationsfluss und Warenfluss über einen Zwischenhändler erfolgen. Im Bereich der Automobilindustrie wird die Rolle des **Zwischenhändlers** oft von sog. **Logistikdienstleistern** übernommen, die folgende zusätzliche logistische Dienstleistungen erbringen:

- **Übernahme der Güter** vom Produzenten
- **Zwischenlagerung der Güter** (Pufferfunktion für zeitliche und mengenmäßige Disparitäten)
- **Abnehmergerechte Kommissionierung**
- **Organisation und Durchführung von Transporten**
- **Bereitstellung** am Verbauort.

Während Logistikdienstleister meist nur für einen Abnehmer, oft aber für mehrere Lieferanten tätig sind, erbringen **Güterverkehrszentren (GVZ)** und **Güterverteilzentren (GVtZ)** ihre Dienstleistungen für jeweils zahlreiche Lieferanten und Abnehmer.

Ein **Güterverkehrszentrum** ist eine Konzentration von Verkehrs-, Logistik- und Dienstleistungsunternehmen an einem verkehrsmäßig optimalen Standort. GVZ haben eine Verbindungsfunktion zwischen verschiedenen Verkehrträgern (Straße, Schiene, Wasser, Luft) sowie zwischen Fern- und Nahverkehr.

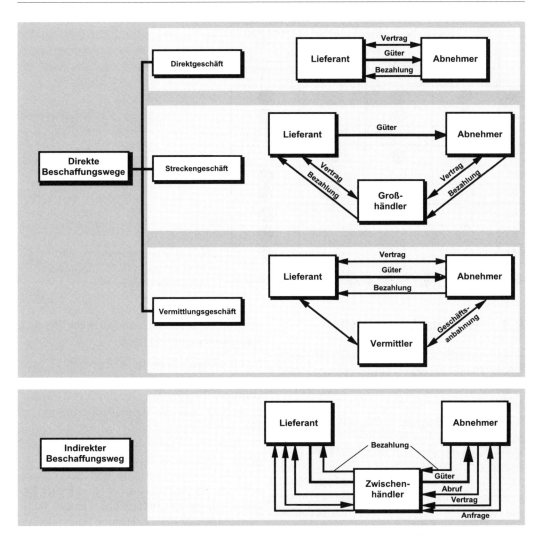

Bild 8.10: Direkte und indirekte Beschaffungswege (nach [Bart00; Ehrm03; Somm98])

Güterverteilzentren erbringen neben klassischen Transport- und Umschlagleistungen zusätzliche Dienstleistungen wie Kommissionierung, Verpackung, Warenauszeichnung und -platzierung sowie Just-in-time-Belieferung.

Die **Wahl des Beschaffungsweges** richtet sich u. a. nach der **Klassifizierung der Güter**, kann also über das Gesamtsortiment eines Produk-tionsunternehmens nicht einheitlich sein. Weitere Gesichtspunkte bei der Wahl des Beschaffungsweges sind z. B. die **Höhe der Beschaffungskosten**, die **Branchenüblichkeit** sowie **Zuverlässigkeit**, **Kapazität** und **Reaktionsfähigkeit** der Lieferanten. Mit Hilfe einer ABC-/XYZ-Analyse (siehe Kap. 7) können die zu beschaffenden Artikel entsprechend Bild 8.11 den infrage kommenden Beschaffungswegen zugeordnet werden.

	Direkter Beschaffungsweg			Indirekter Weg
	Direktgeschäft	Streckengeschäft	Vermittlungsgeschäft	über Logistikdienstleister bzw. Händler
AX	●	●	○	●
AY	●	●	○	●
AZ	◐	○	●	◐
BX	●	●	◐	○
BY	○	○	◐	●
BZ	○	○	○	●
CX	○	●	○	●
CY	○	○	○	●
CZ	○	○	○	●

● geeignet   ◐ weniger geeignet   ○ nicht geeignet

Bild 8.11: Zuordnungsmatrix ABC-/ XYZ-Teile zu den Beschaffungswegen (nach [Somm98])

8.3 Beschaffungsformen

Die in einem Produktionsunternehmen benötigten, fremdbezogenen Güter müssen unter Beachtung der „sieben R" der Logistik bereitgestellt werden – die richtigen Güter in der richtigen Menge zur richtigen Zeit am richtigen Ort in der richtigen Qualität zu den richtigen Kosten mit den richtigen Informationen. Neben einer hohen Lieferzuverlässigkeit und weitgehender Lieferflexibilität, neben einer schnellen Verfügbarkeit und einer anforderungsgerechten Lieferbeschaffenheit bedeutet dies auch eine **Minimierung folgender Kosten**:

- **Steuerungs- und Systemkosten** für die Gestaltung, Planung und Kontrolle der Materialbereitstellung,
- **Bestandskosten** für das Vorhalten der Bestände,
- **Lagerhaltungskosten** für die vorzuhaltenden Lagerkapazitäten
- variable **Kosten für Ein- und Auslagervorgänge**
- **Transportkosten** und
- **Handlingkosten** (Umschlagen, Umpacken, usw.).

Zur Erfüllung dieser Forderungen sind verschiedene Beschaffungsformen entwickelt worden, die sich in **drei grundsätzliche Beschaffungsformen** einteilen lassen:

1. Einzelbeschaffung im Bedarfsfall: Es wird nur die auftragsspezifische Menge zu einem bestimmten Termin (Vorgabe durch Auftragsterminierung z. B. als Durchlaufterminierung) beschafft. Dem Vorteil der geringen Kapitalbindung stehen dabei der hohe Planungs- und Beschaffungsaufwand sowie das Risiko der Produktionsunterbrechung und des Terminverzuges bei verspäteter oder fehlerhafter Lieferung gegenüber. Außerdem lassen sich weder Mengenrabatte der Lieferanten noch Niedrigpreisphasen ausnutzen. Niedrige Durchlaufzeiten der Kundenaufträge im eigenen Unternehmen sind nur möglich bei hohem Lieferservice der Lieferanten. Einzelbeschaffung im Bedarfsfall ist aber bei kundenauftragsbezogener Einzel- und Kleinserienfertigung, z. B. im Schienenfahrzeugbau, für einen Großteil des Teilespektrums sinnvoll und üblich, weil hier die Kunden oft die Verwendung besonderer Materialien oder spezifische Prüf- und Abnahmebedingungen vorschreiben.

2. Vorratsbeschaffung: Hierbei werden Bestände bewusst aufgebaut, um die eigene Produktion von Marktschwankungen bzw. -veränderungen unabhängig zu halten. Preisvorteile können ebenfalls realisiert werden. Vorratsbeschaffung ist dann sinnvoll, wenn für Teile oder Komponenten über längere Zeiträume konstanter Bedarf besteht. Mit der Wandlung der Absatzmärkte von Verkäufer- zu Käufermärkten einerseits (der Kunde bestimmt das Angebot) und der zunehmenden Variantenvielfalt zur Abdeckung von Kundenwünschen andererseits wird ein konstanter Verbrauch für immer weniger Teile zutreffen. Die zunehmende Variantenvielfalt erhöht bei der Vorratsbeschaffung zwangsläufig die Zahl der vorzuhaltenden Teile und damit die Kapitalbindung und die Lagerhaltungskosten.

Als Teilaufgaben ergeben sich im Falle der Vorratshaltung die Planung der kostenoptimalen Beschaffungsmenge, des Beschaffungsvollzugs und des Beschaffungsweges. Durch die angemessene Bevorratung der Materialien kann zwar einerseits eine Unempfindlichkeit gegenüber Störungen bei Lieferanten sowie ein günstiger Einkauf erreicht werden, andererseits werden damit aber eine hohe Kapitalbindung und der Lagerbetrieb mit Investitionen, Flächenbedarf und Personalkosten in Kauf genommen. Zur Minimierung bzw. Optimierung der Bestandskosten werden oft Prognoseverfahren für die Bedarfs- bzw. Bestandsplanung eingesetzt.

3. Produktionssynchrone Beschaffung: Man versucht die Vorteile der beiden erstgenannten Prinzipien zu kombinieren, indem mit Lieferanten mittel- bis langfristige Lieferverträge abgeschlossen werden. Bei der produktionssynchronen Beschaffung unterscheidet man das Lieferabrufsystem, die Lieferantenansiedlung in Werksnähe und das Konzept der gemeinsamen Bestandssteuerung. Die Lieferung erfolgt in jedem Fall in Teilmengen zu festen Terminen oder auf Abruf nach Bedarf des Abnehmers. Bei guter Produktionsabstimmung zwischen Abnehmer und Lieferant sind minimale Bestände erforderlich. Starke Schwankungen in der Nachfrage oder in der Anlieferung führen allerdings zu Problemen, ebenso z. B. Streiks oder technische Störungen. Bei der produktionssynchronen Beschaffung werden mit den Lieferanten Verträge über bestimmte Gesamt-Jahresmengen abgeschlossen, die zu festen Terminen in Teilmengen zu liefern sind, oder die bei Bedarf des Abnehmers beim Lieferanten abgerufen werden. Die produktionssynchrone Beschaffung als Anwendung des Just-in-time-Prinzips auf die Beschaffung wird in Abschn. 8.7 ausführlich beschrieben.

In den meisten Industriebetrieben werden alle drei genannten Prinzipien nebeneinander je nach Art und Bedeutung der zu beschaffenden

		Art der Vorratshaltung		Lieferantenstrategie		Zeithorizont der Beschaffungsplanung		
		mit	ohne	wettbewerbsorientiert	kooperativ	kurz	mittel	lang
	Einzelbeschaffung im Bedarfsfall		X	(X)		X		
	Beschaffung mit Vorratshaltung	X		X		X		
Einsatzsynchrone Beschaffung	Lieferabrufsystem				X		X	
Einsatzsynchrone Beschaffung	Lieferantenansiedlung in Werksnähe	X			X			X
Einsatzsynchrone Beschaffung	Gemeinsame Bestandssteuerug	(X)			X		X	

Bild 8.12: Wesentliche Einflussfaktoren auf die Wahl der Beschaffungsform (nach [Bart00])

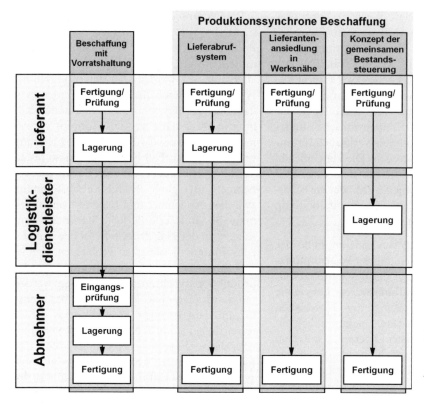

Bild 8.13: Anzahl Arbeitsschritte verschiedener Beschaffungsformen (nach [Schu99])

Güter angewendet. Bild 8.12 zeigt die wesentlichen **Einflussfaktoren auf die Wahl der Beschaffungsform**.

In Bild 8.13 sind die Arbeitsschritte von Lieferant, Spediteur und Abnehmer für die Beschaffung mit Vorratshaltung den Arbeitsschritten bei produktionssynchroner Beschaffung gegenüber gestellt. Man erkennt, dass besonders bei der Lieferantenansiedlung in der Nähe des Abnehmers mehrere Arbeitsschritte entfallen können, was die Kosten senkt und die Durchlaufzeiten verkürzt.

8.4   Disposition

Um die Einsatzsachgüter entsprechend den „sieben R" der Logistik in der Produktion bereitstellen zu können, bedarf es einer umfassenden und möglichst genauen Planung bezüglich der erforderlichen Güter, der betreffenden

Mengen, der entsprechenden Termine usw. Diese Aufgaben sind bereits in Kap. 7 ausführlich behandelt worden. Die grundlegenden Abläufe zeigt Bild 8.14.

Aus dem Produktionsprogramm, das die zu produzierenden Erzeugnisse für eine Planungsperiode enthält, werden bei der bedarfsgesteuerten (deterministischen) Bedarfsermittlung über die Stücklisten der Produkte unter Berücksichtigung noch vorhandener Lagerbestände die zu fertigenden sowie die fremd zu beschaffenden Baugruppen, Unterbaugruppen, Teile und Halbzeuge mengenmäßig ermittelt und über eine Durchlaufterminierung die zugehörigen Fertigstellungs- bzw. Bereitstellungstermine bestimmt. Neben der deterministischen Bedarfsermittlung, die besonders bei A-Teilen eingesetzt wird, wird für B- und C-Teile auch die verbrauchsgesteuerte (stochastische) Bedarfsermittlung durchgeführt, siehe Kapitel 7, Bild 7.4. Sie basiert auf den Ver-

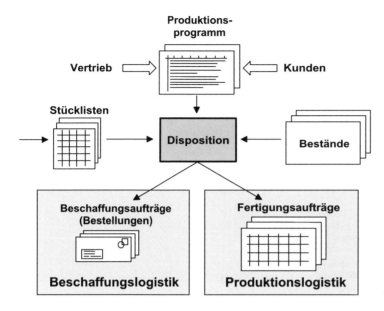

Bild 8.14: Disposition

brauchszahlen der Vergangenheit, aus deren Verläufen Bedarfsmengen der Folgeperiode ermittelt werden. Aus den Bedarfsmengen werden dann unter Berücksichtigung von Verpackungsmengen, Mindestabnahmemengen, evtl. auch Rabattstaffeln usw., die Beschaffungsmengen festgelegt.

8.5   Einkauf

Die **Versorgungsfunktion der Beschaffungslogistik** wird üblicherweise in die **vertragsmäßige Beschaffung** und die **physische Materialbereitstellung** unterteilt. Die Funktion der vertragsmäßigen Beschaffung nimmt in Produktionsunternehmen die Abteilung Einkauf wahr. Die **wesentlichen Funktionen des Einkaufs** sind in Bild 8.15 dargestellt.

Wichtige Aufgabe ist das **Finden und Erschließen von Bezugsquellen**, an die bei Vorliegen eines Bedarfs **Anfragen zur Einholung von Angeboten** gesendet werden. Bei Vorliegen der Angebote werden diese **geprüft, analysiert und verglichen**. Hierzu werden in der Regel die Fachabteilungen mit herangezogen, da ein Angebotsvergleich sowohl nach kaufmännischen als auch nach technischen Gesichtspunkten er-

folgen muss. Nach Auswahl des aussichtsreichsten oder der aussichtsreichsten Lieferanten werden **Vergabeverhandlungen** geführt, in der mit den Lieferanten technische, vertragliche und kaufmännische Regelungen getroffen werden. Danach wird die Entscheidung gefällt, bei welchem Lieferanten bestellt werden soll. Es erfolgt eine **schriftliche Bestellung**, die vom Lieferanten schriftlich bestätigt wird. Bei der Lieferung werden die gelieferten Güter erfasst und entsprechend der Bestellung und den Lieferpapieren überprüft. Wie in Abschn. 6.5 dargestellt, werden diese Informationen meist als Datensätze und nicht mehr als Papierunterlagen übermittelt.

Mit der Gestaltung und Ausnutzung von Bezugsquellen für ein Unternehmen befassen sich sog. **Sourcing-Konzepte**, Bild 8.16, die sich unterscheiden lassen nach:

- **Ort der Leistungserbringung** (intern – extern)
- **Anzahl der Bezugsquellen** (Lieferantenbezogene Sourcing-Konzepte: Bei wie vielen Lieferanten soll das Gut bezogen werden?)
- **Größe des Leistungsumfangs** (Objektbezogene Sourcing-Konzepte: Werden Einzelteile von vielen Lieferanten bezogen oder

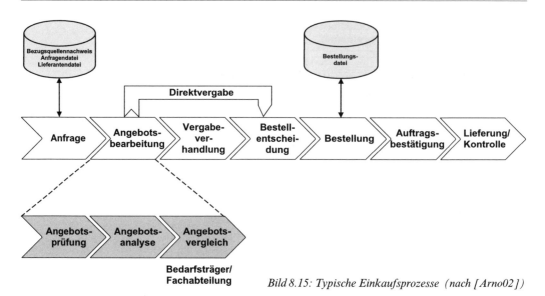

Bild 8.15: Typische Einkaufsprozesse (nach [Arno02])

Ort der Leistungserbringung	external sourcing		internal sourcing	
Anzahl an Bezugsquellen	single sourcing	dual sourcing	multiple sourcing	
Leistungsumfang	unit sourcing		modular sourcing	
Geografische Lage der Bezugsquellen	local sourcing	domestic sourcing	global sourcing	

Bild 8.16: Morphologischer Kasten: Beschaffungsstrategien (nach [Klau00])

wird ein Modul von einem Lieferanten bezogen?)

● **Geografische Lage der Bezugsquellen** (Raumbezogene Sourcing-Konzepte: Wird lokal, im eigenen Land oder weltweit eingekauft?)

Wenn die Entscheidung über den Fremdbezug eines Gutes gefallen ist („external sourcing"), bleiben also die drei letztgenannten Fragen zum Sourcing zu beantworten. In der Vergangenheit waren die Unternehmen bestrebt, zumindest **bei wichtigen Beschaffungsobjekten** (A- und B-Güter) **mehrere Beschaffungsquellen** gleichzeitig zu nutzen. In der Automobilindus-

trie galt nach [Bart00] die Regel, nicht mehr als 30 % des eigenen Bedarfs bei einem Lieferanten zu decken und dessen Fertigungskapazität nicht mehr als 40 bis 50 % in Anspruch zu nehmen. Dieses **Multiple Sourcing** soll den Wettbewerb zwischen den Lieferanten stimulieren und Preisvorteile erzeugen. Andererseits steigen durch die Pflege mehrfacher Lieferantenbeziehungen und den häufigen Wechsel der Lieferanten die Transaktionskosten. Im Gegensatz zum Multiple Sourcing, das durch teilweise nur einmalige Lieferbeziehungen zwischen Nachfrager und Lieferant gekennzeichnet ist, strebt das **Single Sourcing** langfristige Lieferanten-Abnehmer-Beziehungen an.

Merkmal	Multiple Sourcing	Single Sourcing
Anzahl der Lieferanten	>1	1
Ziele des Unternehmens	möglichst niedriger Einstands- preis durch Stimulierung des Wettbewerbs unter den Liefe- ranten; Reduktion des Versor- gungsrisikos durch Bedarfs- splittung	Senkung des Einstandspreises sowie hohe Qualität des Beschaf- fungsobjektes durch den aktiven Aufbau eines leistungsstarken und innovativen Lieferanten
Art der Beschaffungsobjekte	geringe Komplexität, hohe Standardisierung, gute Verfüg- barkeit am Markt	kundenspezifisch
Art der Beschaffungsbeziehung	rein auf die einzelne Trans- aktion ausgerichtet	mit institutionellem und persön- lichem Vertrauen versehen
Fristigkeit der Beziehung	kurzfristige Ausrichtung; keine Rahmenverträge bzw. Rahmen- verträge mit kurzer Laufzeit	langfristige Ausrichtung; Rah- menverträge mit relativ langer Laufzeit
Substituierbarkeit des Liefe- ranten	kurzfristig substituierbar wegen niedriger Austrittsbarriere; leichter Marktzutritt für neue Anbieter	kurzfristig nicht substituierbar wegen hoher Austrittsbarriere; Gefahr des Produktionsstopps bei Lieferausfall
Gegenseitige Abhängigkeit	niedrig	hoch
Wettbewerbssituation	Förderung des Wettbewerbs unter den Lieferanten	Förderung eines bilateralen Monopols durch Spezifikation der Beschaffungsobjekte

Bild 8.17: Vergleich von Multiple und Single Sourcing (nach [Bart00])

Beim **Single Sourcing** wird ein Beschaf- fungsobjekt aus nur einer Quelle bezogen. Der Lieferant ist eventuell schon in die Entwicklung des Produktes einbezogen und wird für die gesamte Produktlaufzeit ver- traglich gebunden. Die vom Konzept des Multiple Sourcing angestrebte Wettbe- werbsintensität wird von der konsequenten Entwicklung und Förderung eines Liefe- ranten abgelöst.

Der Lieferant wird so in die Wettbewerbsstra- tegie des Unternehmens eingebunden und hat innovative Beiträge für das Produkt zu leisten und Kostensenkungspotenziale zu erschließen. Qualitative Faktoren treten also gegenüber rei- nen Kostengesichtspunkten in den Vorder- grund. Single Sourcing bietet darüber hinaus auch Kostenvorteile durch die Verminderung und Vereinfachung der Schnittstellen Liefe- rant – Abnehmer.

Bei den **objektbezogenen Sourcing-Konzepten** unterscheidet man **Unit Sourcing** und **Modular Sourcing**, Bild 8.18.

Beim **Unit Sourcing** bezieht das Unterneh- men eine Vielzahl von Halbzeugen, Betriebs- und Hilfsstoffen, Einzelteilen und einfachen Baugruppen relativ geringer Wertschöpfung von vielen, voneinander unabhängigen Lie- feranten und fertigt und montiert daraus mit relativ aufwändiger eigener Ferti- gungsleistung Endprodukte. Neben den ho- hen Fertigungskosten ist damit auch ein erheblicher Aufwand an Planungs- und Steuerungsprozessen verbunden, der sich mit steigender Variantenvielfalt entspre- chend erhöht.

Selbst nach Umsetzung eines Single-Sourcing-Konzeptes sind beim Unit Sourcing die Anzahl der Lieferanten und die Transaktionskosten noch hoch. Erst mit einer unternehmensübergreifenden Arbeitsteilung entlang der Wertschöpfungskette lassen sich die Anzahl der Lieferanten und der Koordinationsaufwand deutlich verringern.

Dieses Konzept des **Modular Sourcing** ist durch die Ausgliederung und Fremdvergabe ganzer Module bzw. Systeme gekennzeichnet.

Eine **Typologie der Lieferanten** zeigt Bild 8.19: Der **Modul- bzw. Systemlieferant** bezieht eine Vielzahl einzelner Teile niedriger Wertschöpfungsstufen von weiteren Zulieferern, den **Teile- und Komponentenlieferanten**. Er übernimmt damit eine Führungsrolle innerhalb der Zulieferkette.

Der **Teile- und Komponentenlieferant** ist der traditionelle Zulieferertyp. Die meist vom Abnehmer definierten Teile und Komponenten werden im Regelfall mit Hilfe vorgegebener Fertigungsverfahren hergestellt. Im Extremfall ist der Teile- und Komponentenlieferant damit nur die **verlängerte Werkbank** des Automobilherstellers.

Modullieferanten stellen im Wesentlichen montage- und damit lohnintensive Baugruppen her, die bisher vom Abnehmer selbst zusammengefügt wurden. Die Entwicklung der Module bleibt oft noch in der Hoheit des Abnehmers.

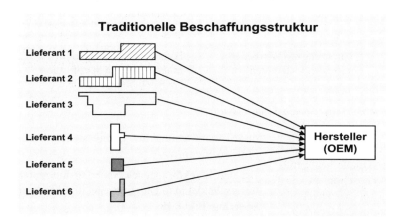

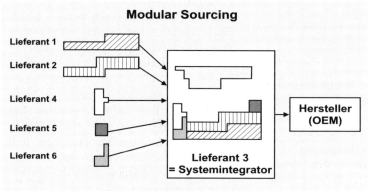

OEM : Original Equipment Manufacturer (Endhersteller)

Bild 8.18: Traditionelle Beschaffung (Unit Sourcing) und Modular Sourcing (nach [Schu99])

Der **Systemlieferant** übernimmt auch Entwicklungstätigkeiten und bringt eigenes Know-how in das System ein. Voraussetzung ist das Vorhandensein von Entwicklungskompetenz. Der Systemspezialist besitzt Produktions- und Produkt-Know-how für komplexe Systeme, d. h., er entwickelt und produziert technisch anspruchsvolle Systeme z. B. nach einem Pflichtenheft des Automobilherstellers. Beispiele sind Klimaanlage oder Motorsteuergerät.

Der **Systemintegrator** ist verantwortlich für Entwicklung, Beschaffung, Produktion, Qualität, Kosten, Anlieferung (Behälter, Transporte) eines Systems. Der Lieferumfang des Systemintegrators wird in der Regel für den gesamten Produktlebenszyklus festgelegt. Durch Verlagerung von Entwicklungsumfängen zum Zulieferer im Sinne des Simultaneous Engineering[87] können Entwicklungsprozesse für neue Produkte verkürzt werden.

Einen Schritt weiter geht das Konzept des **Systemintegrators**. Systeme sind dabei komplette, funktionsfähige Einheiten aus mehreren Modulen, Baugruppen und Einzelteilen als funktional sinnvoll abgrenzbare (Groß-)Baugruppe. Ein Beispiel für ein System ist das Cockpit aus Metallträger, Kunststoffträger, Kunststoffteilen im Sichtbereich, Airbags, Luftführungskanälen, Bedienelementen, Navigationssystem, Instrumenten, Handschuhfach, Verkabelung, usw. Innerhalb des Systems „Cockpit" stellen das Navigationssystem bzw. der Beifahrerairbag Module dar.

Mit der Einbindung von Modul- bzw. Systemlieferanten ist immer eine Kostenreduzierung aufgrund anderer Lohntarife und Arbeitszeiten bei den Lieferanten verbunden, siehe Bild 8.20.

---

[87] Unter Simultaneous Engineering versteht man die Parallelisierung und Verzahnung von Entwicklungsaktivitäten – die sequentielle Abarbeitung von Teilaufgaben wird durch eine simultane Zusammenarbeit ersetzt, z. B. durch die Bildung bereichs- und unternehmensübergreifender Projektteams und den Einsatz computergestützter Entwicklungsmethoden (CAE, CAD, CAM, usw.).

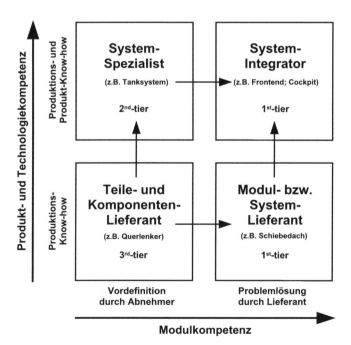

Bild 8.19: Typologie der Lieferanten (nach [Diez01])

*Bild 8.20: Zulieferpyramide
(nach [Handelsblatt Nr. 173 vom 8.9.1993])*

Der dritte Bereich, in dem über unterschiedliche Sourcing-Konzepte zu entscheiden ist, bezieht sich auf die **geografische Lage der Bezugsquellen**[88]:

● Sourcing
● Local Domestic Sourcing
● Global Sourcing.

> Beim **Local Sourcing** beschränkt sich das beschaffende Unternehmen auf Bezugsquellen in seiner Nähe und vermeidet so logistische Risiken z. B. durch Transportstörungen.

Dieses Konzept bietet kurze Lieferzeiten und niedrige Transportkosten. Es wird in der Just-in-time-Logistik durch abnehmernahe Ansiedlung der Lieferanten erreicht.

> Beim **Domestic Sourcing** werden die Bezugsquellen auf das gesamte Inland erweitert; **Global Sourcing** dehnt die Beschaffungsaktivitäten auf internationale Bezugsquellen aus.

Chancen und Risiken des Global Sourcing sind in Bild 8.21 zusammengefasst.

Alle Sourcing-Konzepte erfordern eine permanente **Lieferantenanalyse** und **Lieferantenbeurteilung**. Im Vorfeld einer Lieferantenauswahl sind z. B. neben den Einkaufskosten folgende Punkte zu klären bzw. festzulegen:

● Geplante Art und Dauer der Zusammenarbeit
● Anforderungen an die Liefer- und Produktqualität
● Serviceleistungen.

Für den Vergleich verschiedener Lieferanten sind folgende Kriterien üblich:

● Verpackungs- und Versandvorschriften
● Zahlungsweise
● Liefermengen und -termine
● Rabatte (Mindestrabatte, Skonti, usw.).

Bild 8.22 zeigt ein Beispiel für eine **Lieferantenbewertung**. Sie erfolgt für das tatsächliche Lieferverhalten und kann deshalb nur bei bereits bekannten Lieferanten herangezogen werden.

Nach der **Lieferantenauswahl** werden die festgelegten Kriterien in Verträgen dokumentiert. Wesentliche Inhalte solcher Verträge sind:

● Festlegung der Menge
● Festlegung der Qualität
● Art der Verpackung
● Vereinbarungen über Lieferzeitpunkte
● Festlegung des Preises
● Erfüllungsort
● Zahlungsbedingungen.

Weitere Vereinbarungen können sein:

● Verhalten bei Reklamationen
● Durchführung des Kundendienstes
● Garantiebestimmungen
● Laufzeit des Einkaufsabkommens.

Die Beschaffung auf internationalen Märkten erfordert zusätzliche Vereinbarungen. Eine international gebräuchliche Form, Rechte und Pflichten der Vertragsparteien in weiten Bereichen des Kaufvertrags festzulegen, sind die **International Commercial Terms (Incoterms)**, Bild 8.23.

---

[88] vgl.: Schimmelpfeng, K.; Granthien, M.; Höft, J.; Industrielle Logistikkonzepte im Rahmen der Globalisierung und Regionalisierung; Industrie Management 16 (2000) H. 6, S. 33–36

Global Sourcing	
Chancen	**Risiken**
❏ Senkung der Einkaufskosten ❏ Höhere Markttransparenz ❏ Aktive Kompensationsstrategie ❏ Erfüllung von Local-Content-Anforderungen ❏ Technologiezufuhr ❏ Sicherung von Lieferkapazitäten	❏ Transportrisiken ❏ Wechselkursschwankungen ❏ Unterschiedliches Qualitätsverständnis ❏ Know-How-Abfluss ❏ Kommunikationsbarrieren

Bild 8.21: Chancen und Risiken des Global Sourcing [Schu99]

	Bewertungsstufen						
	0	**1**	**2**	**3**	**4**	**5**	**6**
Lieferzeit	8 Wochen	7 Wochen	6 Wochen	5 Wochen	4 Wochen	3 Wochen	2 Wochen
Termintreue	> 5 Tage später	4 Tage später	3 Tage später	2 Tage später	1 Tag später	10 h später	Pünktliche Lieferung
Qualitäts-standard	liegt unter den Anforderungen			entspricht den Anforderungen			übertrifft die Anforderungen
Reklamationen bei	> 30 % der Lieferungen	> 25 %	> 20 %	> 15 %	>10 %	> 5 %	bis 5 %
Beratung und Service	keine technische Beratung			Schwierigkeiten bei Rückfragen			kompetente Ansprechpartner
Sonderwünsche zu einem Auftrag	nie möglich			mit Zeitverzögerung und finanziellen Nachteilen			immer möglich
Preise	15 % über Preisniveau	10 %	5 %	Durchschnittliches Preisniveau	etwas günstiger	erheblich günstiger	konkurrenzlos günstig

Bild 8.22: Lieferantenbeurteilung [Bart00]

Klausel	Bezeichnung	Gefahrenübergang (vom Verkäufer auf den Käufer)	Kostenübergang (vom Verkäufer auf den Käufer)
EXW	Ex Works	ab Werk	ab Werk
FAS	Free Alongside Ship	Beginn der Verladung	Beginn der Verladung
FOB	Free On Board	ab Reling Schiff	ab Reling Schiff
CFR	Cost And Freight	ab Reling Schiff	Entladeende beim Käufer
CIF	Cost, Insurance and Freight	ab Reling Schiff	Entladeende beim Käufer (Verkäufer trägt die Kosten der Versicherung)
CPT	Carriage Paid To	Beginn der Verladung	Entladeende beim Käufer
DDP	Delivery Duty Paid	Entladeende im Bestimmungshafen des Käufers (kann auch das Gebäude des Käufers sein); mit Verzollung	Entladeende im Bestimmungshafen des Käufers (kann auch das Gebäude des Käufers sein); mit Verzollung

Bild 8.23: Ausgewählte Incoterms (International Commercial Terms) [Bart00]

Abschließend zeigt Bild 8.24 noch einmal die Aufgaben und Interessen der am Beschaffungsprozess beteiligten Instanzen.

	Lieferant	**Hersteller**	**Logistik-dienstleister**	**Händler**
Aufgaben	Auswahl Dienstleister Produktionsplanung Materialdisposition Transportdisposition	Auswahl Lieferanten Absatz-/ Produktionsplanung Programm-/ Sequenzplanung Feinabruf	Behälterdisposition Fahrzeugdisposition Tourenplanung Sendungsbündelung	Sortimentsplanung Bedarfsprognosen Nachschubplanung Kommissionierung
Interessen	Maximaler Verkaufspreis 100% Lieferservice Sichere Produktionspläne Minimale Bestände	Minimaler Einkaufspreis 100% Termintreue Produktflexibilität Fertigungsflexibilität Minimale Bestände	Kostenbegrenzung Kundenservice Fuhrparkauslastung Leerfahrtenminimierung	Minimaler Einkaufspreis 100 % Lieferservice Einkauf gängiger Artikel Minimale Bestände

Bild 8.24: Aufgaben und Interessen der Beteiligten im Beschaffungsprozess (nach [Arno02])

8.6   Wareneingang

Der **Wareneingang** ist die Schnittstelle zwischen dem außerbetrieblichen Beschaffungssystem und der innerbetrieblichen Logistik.

Hier gelangen Güter in den Einflussbereich des Unternehmens, woraus sich Dokumentations- und Nachweisverpflichtungen des Unterneh-

mens ergeben. Die Aufgaben und Abläufe im Wareneingang zeigt Bild 8.25.

Die **Aufgaben des Wareneingangs** bestehen in der Annahme und Erfassung der von den Lieferanten angelieferten Güter. Beim Entladen der Güter erfolgt eine erste Überprüfung der Übereinstimmung von Lieferung und Lieferpapieren (Lieferschein). Äußerlich erkennbare Schäden werden festgestellt. Anschließend wird die Lieferung mit dem im Bestellsystem

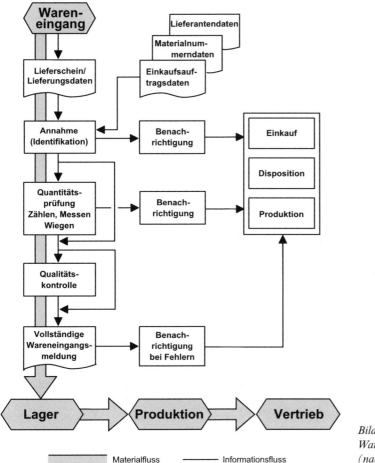

Bild 8.25: Funktionsablauf im Wareneingang (nach [Wien05])

gespeicherten Bestellungsdatensatz (Einkaufsauftragsdaten) verglichen. Bei Überstimmung erfolgt eine Eingabe der Güter in das Dispositionssystem, wobei die eingegangenen Güter noch mit dem Status „ungeprüft" versehen werden können. Erfolgt bereits im Wareneingang eine Qualitätsprüfung, müssen die Güter zunächst in einem Wareneingangslager gepuffert werden. Je nach Art der Güter und nach dem Status des Lieferanten erfolgt jetzt eine Quantitäts- und Qualitätsprüfung als Stichproben- oder vollständige Prüfung. Bei Mängeln wird der Einkauf anhand eines Mängelprotokolls oder Prüfberichtes informiert. Der Einkauf übernimmt dann die Reklamation beim Lieferanten. Es muss jetzt über Rücksendung, Nacharbeit im eigenen Hause auf Kos-

ten des Lieferanten oder Preisabschläge entschieden werden. Bei mängelfreier Lieferung werden die Güter freigegeben, im Dispositionssystem entsprechend erfasst und im Lager eingelagert oder an die Produktion weitergeleitet.

Die Daten der Bestellung und des Wareneingangs stehen der **Rechnungsprüfung** zur Verfügung, so dass beim Eingang der Lieferantenrechnung deren sachliche, preisliche und rechnerische Richtigkeit überprüft werden kann. Unter Beachtung vereinbarter Rabatte, Skonti, Zahlungsfristen, usw. wird die Rechnung dann zur **Zahlung** angewiesen. Der Wareneingang liefert auch einen Teil der Daten zur Lieferantenbeurteilung entsprechend Bild 8.22.

8.7 Produktionssynchrone Beschaffung – Just-in-time-Logistik

Die **produktionssynchrone Beschaffung** besitzt seit etwa 20 Jahren in der Automobilindustrie eine große Bedeutung.

> **Just in time** ist eine Philosophie zur Steigerung der Wettbewerbsfähigkeit eines Unternehmens.

Diese Philosophie dient zur Gestaltung eines marktorientierten und an strategischen Vorgaben ausgerichteten Logistiksystems. „Just in time" ist allerdings keine Methode, kein festes Konzept oder gar eine Technik zur Beseitigung aller Probleme. Bei der Anwendung der Just-in-time-Philosophie auf das konkrete Unternehmensgeschehen wird im Rahmen der Gestaltung von aufbau- und ablauforganisatorischen Strukturen auf ein breites Spektrum an Methoden, Verfahren, Techniken, Konzepten und Systemen zurückgegriffen[89]. Grundsätzlich darf die Bedeutung von just in time trotz der zahlreichen Veröffentlichungen und Medienberichte nicht überschätzt werden: Von den bei einem großen deutschen Automobilhersteller täglich fremdbezogenen etwa 30.000 Teilepositionen sind weniger als 20 Just-in-time-Teile. Werte anderer europäischer Hersteller liegen ähnlich. Gründe dafür sollen hier erläutert werden.

8.7.1 Ziele und Prinzipien der Just-in-time-Logistik

Vorrangiges **Ziel der Just-in-time-Logistik** ist es, alle administrativen und operativen Vorgänge zum spätestmöglichen Zeitpunkt zu beginnen und zum frühestmöglichen, genau richtigen Zeitpunkt abzuschließen. Die Prinzipien der Just-in-time-Philosophie lassen sich daher wie folgt angeben:

- Ausschussreduzierung um jeden Preis
- nur fertigen, was bereits verkauft ist

- Ausdehnung des Fließprinzips auf die gesamte Fertigung und Logistik.

Das direkte Ziel der Just-in-time-Philosophie, die **Marktorientierung**, bedeutet für die Unternehmens-Logistik die Orientierung am Servicegrad, da mit der Wandlung der Absatzmärkte zu Käufermärkten neben einem differenzierten Angebot an Produkten, neben hoher Produktqualität und niedrigem Preis der Servicegrad zum wichtigsten Wettbewerbsfaktor geworden ist [Zibe90]. Wichtigstes Teilziel bei der Erhöhung des Servicegrades im Rahmen einer Just-in-time-Philosophie ist die Reduzierung der Durchlaufzeit, Bild 8.26. Neben den schon angesprochenen Verbesserungen des Servicegrades ist damit auch eine Senkung der Kosten möglich, die durch Reduzierung der Bestände, Verminderung des Steuerungsaufwandes und eine Verkleinerung des Prognoseanteils der Produktion erreicht wird.

Bild 8.27 zeigt dazu oben den Durchlauf eines Auftrages, wie er heute in der Industrie für den Ist-Zustand typisch ist: Aufgrund langer Durchlaufzeiten in der Fertigung, die über den vom Absatzmarkt akzeptierten Lieferzeiten liegen, werden bestimmte Teile und Komponenten **auf der Basis von Prognosen kundenanonym vorgefertigt und gelagert**. Lediglich die Montage des Produktes erfolgt kundenauftragsgesteuert. Diese Vorgehensweise ist in der Automobilindustrie nach wie vor verbreitet: So werden Aggregate (Motor, Getriebe, Achsen) anhand von Prognosezahlen auf der Grundlage von Absatzzahlen der Vergangenheit sowie von Marktanalysen produziert, da die Durchlaufzeit eines kompletten Fahrzeugs etwa drei bis vier Monate beträgt. Da die Pkw-Kunden heute außer in Ausnahmefällen bestenfalls Lieferzeiten von etwa sechs bis acht Wochen akzeptieren, kann nur die Produktion der Karosse und die Fahrzeugendmontage kundenauftragsbezogen gesteuert werden, da

---

[89] Literatur zu Abschn. 8.7: [Arno02, Günt03, Ihme 00, Jüne89, Koet04, Pill98, Rupp88, Schu99, Wild88, Zibe90]

hierfür die Durchlaufzeit in etwa mit der vom Kunden erwarteten Lieferzeit übereinstimmt. Auf Veränderungen des Marktes kann aber aufgrund der langen Vorlaufzeiten nicht reagiert werden, so dass z. B. im Vorlauf Motorenvarianten auf Lager produziert werden, die die späteren Kunden nicht ordern. Lagerbestände und trotzdem lange Lieferzeiten sind die Folge.

In Bild 8.27 unten wird dagegen ein **Auftragsdurchlauf nach der Zielsetzung der Just-in-time-Philosophie** dargestellt. Durch Umstrukturierung der Produktion in Richtung kurzer Durchlaufzeiten (z. B. durch flexible Fertigungskonzepte wie Fertigungszellen, Flexible Fertigungssysteme und Fertigungsinseln, siehe Kap. 9) liegt der gesamte Auftragsdurchlauf innerhalb der vom Kunden akzeptierten Lieferzeit. Deswegen muss ein Produkt erst dann in die Fertigung eingesteuert werden („order penetration point"), wenn ein konkreter Kundenauftrag vorliegt. Eine Produktion „am Absatzmarkt vorbei" ist damit ausgeschlossen.

Grundsätzlich bedeutet dies für die Fertigungsorganisation, dass vom **Bring-Prinzip** der Losfertigung zum **Hol-Prinzip** der auftragsbezogenen Fertigung übergegangen wird, oder, anders ausgedrückt, anstelle der **Drucksteuerung** (die Vorfertigung „drückt" Teile und Komponenten aufgrund von Prognoseaufträgen in die Pufferlager vor der Montage) wird die **Zugsteuerung** angewendet (die Montage arbeitet auftragsbezogen und „zieht" oder „saugt" Teile und Komponenten für die Aufträge aus der Vorfertigung), Bild 8.28

Diese Art der Steuerung bedingt aber in der Vorfertigung eine hohe Flexibilität, also Fertigungseinrichtungen mit Rüstzeiten gegen Null, die damit eine Produktion in Losgröße Eins ermöglichen (Kap. 9). Weiterhin sind ausreichende Kapazitäten notwendig, d. h., Engpässe in der Produktion und damit Auftragswarteschlangen müssen beseitigt werden, um kurze Durchlaufzeiten zu erreichen (Motto: „Lieber in gering ausgelastete Kapazitäten investieren als in unproduktive Lager").

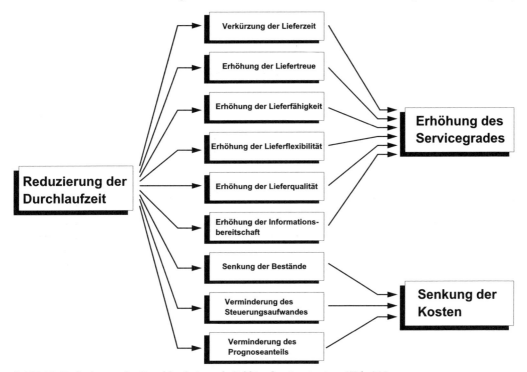

Bild 8.26: Reduzierung der Durchlaufzeiten als Schlüssel zu just in time [Zibe90]

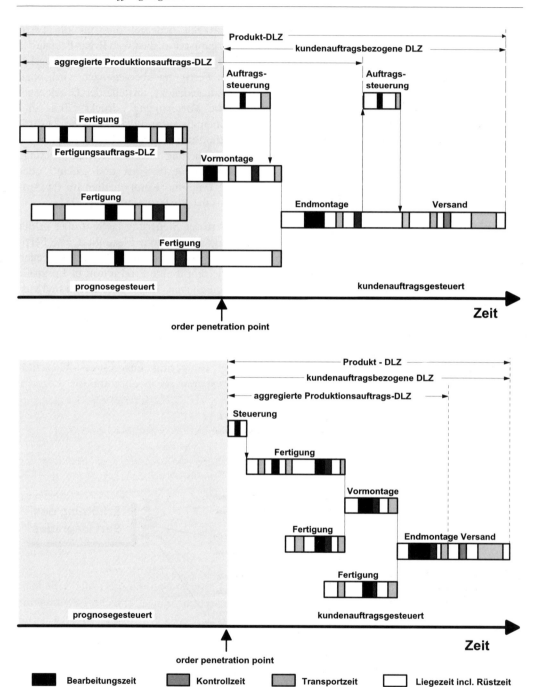

*Bild 8.27: Durchlaufzeiten in produzierenden Unternehmen: Beispiel für den Ist-Zustand (oben);
Zielsetzung im Just-in-time-Prozess (unten) (nach [Zibe90])*

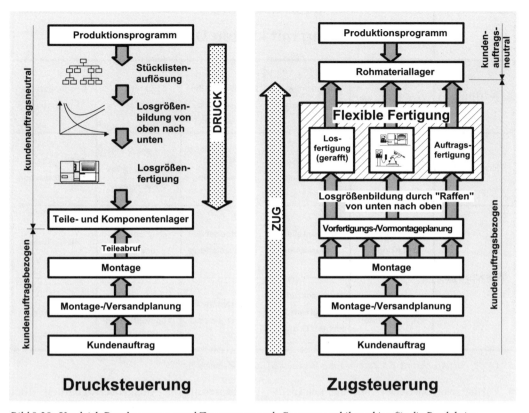

Bild 8.28: Vergleich Drucksteuerung und Zugsteuerung als Steuerungsphilosophien für die Produktion

Diese zunächst unwirtschaftlich erscheinende Denkweise wird nachvollziehbar, wenn von der funktionsorientierten Betrachtung des Einzelloses bzw. der Einzelmaschine auf eine prozessorientierte Betrachtung des Auftrages übergegangen wird. Ziel ist die Kostenoptimierung des Auftrages, nicht die des Einzelloses.

> Grundsätzlich muss innerhalb der Just-in-time-Logistik die Durchlaufzeitverkürzung vorrangig vor der Kapazitätsauslastung gesehen werden.

Da die Transport- und Liegezeiten einen Großteil der Durchlaufzeit ausmachen, sollten diese Anteile durch eine Vereinfachung der Abläufe verringert werden. Transport- und Liegezeiten entstehen im Wesentlichen durch die Komplexität des Auftragsdurchlaufs aufgrund der Arbeitsteilung und der Bearbeitung an Spezial-

maschinen. Maßnahmen zur Senkung der Transport- und Liegezeiten sind z. B. die Einführung der Fertigungssegmentierung über die Bildung von Teilefamilien, die Komplettbearbeitung von Teilen z. B. in Fertigungsinseln, die Abschaffung von Zentrallagern mit dem Übergang zu produktionsintegrierten und automatisierten Puffern und schließlich die Einbindung der Qualitätskontrolle in die Leistungserstellung ohne räumliche Trennung und ohne Verlagerung der Verantwortung auf eine andere Organisationseinheit. Diese Maßnahmen tragen auch dazu bei, dass Steuerungsvorgänge vereinfacht werden, ja teilweise sogar entfallen können. Bild 8.29 stellt die Bausteine auf dem Weg zur **Fertigung mit kurzen Durchlaufzeiten** in der Übersicht dar.

Wichtige **Elemente einer Fertigung mit kurzen Durchlaufzeiten** im Hinblick auf die Just-in-time-Logistik sind z. B. (Bild 8.29):

Fertigung mit kurzen Durchlaufzeiten					
Attribute	Zuverlässige Versorgung und Nachfrage	Mitarbeiter-Potenziale	Kontinuierlicher Materialfluss	Strukturierte Flüsse	Ausgeglichene Produktion
Politiken	Gegenseitiges Vertrauen	Verantwortung und Integration	Ablauf-verbesserung	Klare Zuordnung der Ressourcen	Auftragsbezo-gene Produktion
Werkzeuge	Partnerschaft mit Kunden	Universellere Ausbildung	Vorbeugende Instandhaltung	Teilefamilien-bildung	Kleine Lose
	Partnerschaft mit Lieferanten	Verbesserungs-initiativen in kleinen Gruppen	Qualitäts-management	Fertigungs-segmentierung	Holprinzip

Bild 8.29: Strukturierung der Just-in-time-Bausteine (nach [Zibe90])

- **Partnerschaft zwischen Abnehmer und Lieferant**

  Es soll für den Lieferanten eine gesicherte Nachfrage und für den Abnehmer eine gesicherte Versorgung garantiert werden. Dies ist z. B. zur Absicherung von Investitionen beim Lieferanten sowie zur Erhöhung des Servicegrades für den Abnehmer erforderlich.

- **Erschließung von Mitarbeiterpotenzialen**

  Die Mitarbeiter sollen Verantwortung und mehr Aufgaben, z. B. neben Fertigungstätigkeiten auch dispositive, übernehmen. Dies erfordert eine universellere Ausbildung. Zur kontinuierlichen Verbesserung der Abläufe werden Verbesserungsinitiativen in kleinen Gruppen instrumentalisiert („KVP" – kontinuierlicher Verbesserungsprozess).

- **Kontinuierlicher Materialfluss**

  Abläufe sind so zu verbessern, dass Puffer auf Minimalbestände heruntergefahren werden können. Ein wichtiges Werkzeug hierzu ist die vorbeugende Instandhaltung zur Verbesserung der Anlagenverfügbarkeit. Auch die Schulung der Fertigungsmitarbeiter zur Behebung leichter Störungen gehört hierher, ebenso wie die schon erwähnte prozessintegrierte Qualitätssicherung.

- **Strukturierte Flüsse**

  Hierzu gehört die oben genannte klare Zuordnung von Ressourcen zu Produkten, d. h. die Segmentierung der Fertigung über eine Teilefamilienbildung. Engpassmaschinen oder Engpassarbeitsplätze, über die eine Vielzahl unterschiedlicher Produkte läuft, darf es nicht geben.

- **Ausgeglichene Produktion**

  Dies bedeutet die Abkehr von der Losfertigung und die Umstellung auf die auftragsbezogene Produktion, also die bedarfsgerechte Produktion (siehe auch Bild 8.28).

Abschließend sei hier noch darauf hingewiesen, dass die Umsetzung einer Just-in-time-Philosophie nicht zwangsläufig die vollständige oder weitgehende Automatisierung der Produktion erfordert.

> Die grundsätzlichen Gedanken des „just in time" in der Produktion lassen sich wie folgt zusammenfassen:
> - Je weniger Aufträge eingeplant werden, desto kürzer ist die Durchlaufzeit.
> - Je später Aufträge eingeplant werden, desto sicherer ist der Liefertermin.

Für die Produktionsplanung gelten deshalb folgende Regeln:

- Alle Ressourcen werden stets gemeinsam geplant.
  Zu den Ressourcen zählen z. B. die Anlage bzw. Maschine, das Personal, die Teile bzw. Halbzeuge, die Werkzeuge und Vorrichtungen sowie die Fertigungsunterlagen.
- Die Aufträge werden terminlich möglichst knapp eingeplant, das verkürzt die Durchlaufzeit und senkt die Bestände.
- Falls die Situation sich ändert, werden die betroffenen Aufträge sofort umgeplant (Echtzeitverarbeitung).
- Alle Ressourcen sind möglichst knapp zu planen.

8.7.2 Just in time und Kanban

Die Begriffe **just in time** und **Kanban** werden häufig vermischt bzw. synonym benutzt. Deshalb soll hier kurz auf das Kanban-System eingegangen werden[90]. Als Erfinder des Kanban-Konzeptes gilt der ehemalige Vizepräsident der Toyota Motor Company, TAIICHI OHNO. In der Zeit zwischen 1948 und 1978 entwickelte er ein neues Produktionssystem und führte es mit großem Erfolg bei Toyota ein. Der Materialfluss wird bei Toyota durch den Einsatz sog. Kanbans gesteuert. Dabei bedeutet das japanische Wort „Kanban" ins Deutsche übersetzt schlicht „Zettel" oder „Karte".

Herkömmliche Produktions-Steuerungskonzepte zielen auf die Verbesserung des Betriebsgeschehens durch **Verfeinerung eines zentralen Steuerungssystems** ab. Der Fertigungsablauf wird als gegeben vorausgesetzt. In diesem Punkt besteht ein fundamentaler Unterschied

zu Kanban, bei dem gerade die effizientere Gestaltung der Abläufe in der Produktion im Vordergrund steht. Fehler und Schwachstellen sollen offengelegt werden, um den Produktionsablauf entlang der Wertschöpfungskette zu optimieren. Kanban fordert dabei die Einbeziehung aller Beteiligten zur Erschließung eines Ideenpotenzials mit dem Ziel der ständigen Verbesserung des Systems. Als grundsätzliche Strategie werden die Fertigungseinrichtungen für eine Gruppe von Standardprodukten oder Teilefamilien in **selbststeuernde Regelkreise** gegliedert (Bild 8.30), die aus vorgeschalteten Pufferlagern versorgt werden; Lücken im Pufferlagerbestand werden von der vorgelagerten Produktionseinheit wieder aufgefüllt („Supermarkt-Prinzip").

> Die **wichtigsten Elemente des Kanban-Systems** sind:
>
> - Schaffung vermaschter selbststeuernder Regelkreise zwischen erzeugenden und verbrauchenden Bereichen
> - Orientierung ausschließlich am Kundenbedarf
> - Aufbau einer Fließfertigung: Materialflussgerechte Werkstattorganisation
> - Verkleinerung der Losgrößen über eine Reduzierung der Umrüstzeiten
> - gleichbleibende, hohe Fertigungsqualität
> - Implementierung des Holprinzips für die jeweils nachfolgende Verbrauchsstufe
> - flexibler Personal- und Betriebsmitteleinsatz
> - Übertragung der kurzfristigen Steuerung an die ausführenden Mitarbeiter
> - Einsatz eines speziellen Informationsträgers, des Kanbans.

Ziel von Kanban ist es, auf allen Fertigungsstufen eine „Produktion auf Abruf" zu erreichen, um damit den Materialbestand zu redu-

---

[90] Das Kanban-System wird ausführlich z. B. in [Lerm92, Webe03, Wild88, Wild97] behandelt.

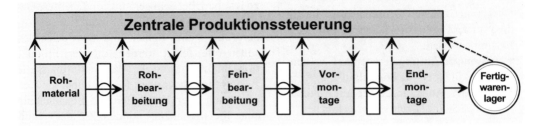

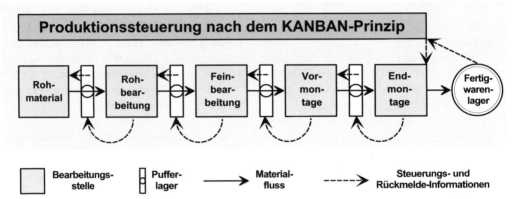

Bild 8.30: Fertigungssteuerung nach dem Kanban-Prinzip; Ablauf im Vergleich zur herkömmlichen Steuerung

zieren und eine genaue Einhaltung der Termine zu gewährleisten. Durch die Erfüllung der notwendigen Voraussetzungen von Kanban werden bereits erhebliche Rationalisierungspotenziale ausgeschöpft, ohne dass das eigentliche Verfahren eingeführt wurde. Bild 8.31 verdeutlicht für zwei aufeinanderfolgende Fertigungsstellen den genauen Ablauf in einem Kanban-Regelkreis.

Grundsätzlich gibt es zwei Arten von Kanbans, die als Träger unterschiedlicher Informationen fungieren. Der **Produktions-Kanban** löst in der produzierenden Stelle (Quelle) einen Fertigungsauftrag für das auf ihm beschriebene Teil in der angegebenen Menge aus. Weitere Angaben auf dem Produktions-Kanban sind der Arbeitsplatz, der das Teil zu produzieren hat, der Typ des Transportbehälters, in dem die fertiggestellten Teile weitergegeben werden, und die Nummer des Lagerplatzes, auf der der volle Behälter abzustellen ist. Die Beschaffungsaktivitäten der verbrauchenden Stelle (Senke) werden mittels **Transport-Kanbans** ge-

steuert. Diese sind analog zu den Produktions-Kanbans aufgebaut, enthalten aber eine zusätzliche Information über den Verbrauchsort.

> Die **Produktions-Kanbans** steuern also den Materialfluss zwischen produzierender Stelle und Pufferlager, die **Transport-Kanbans** zwischen Pufferlager und Verbrauchsort. Jeder Produktions-Kanban und jeder Transport-Kanban ist genau einem Behälter zugeordnet. Die Kanbans stellen die Informationsträger dar, die Behälter die zugehörigen Materialträger.

Ausgangspunkt der Aktivitäten bildet gemäß dem Holprinzip stets die verbrauchende Stelle (siehe Bild 8.31):

Ein Mitarbeiter der verbrauchenden Stelle bringt einen Transport-Kanban mit dem zugehörigen leeren Behälter zum Pufferlager und stellt den Behälter im Leergutlager ab. Im Fertigwarenlager werden die benötigten Teile herausgesucht, indem die Angaben auf dem

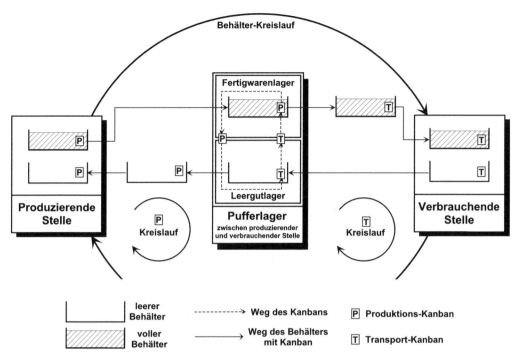

Bild 8.31: Informations- und Behälterfluss in einem Kanban-gesteuerten Produktionssystem (nach [Lerm92])

mitgebrachten Transport-Kanban mit denen auf dem am gefüllten Behälter befestigten Produktions-Kanban verglichen werden. Bei Übereinstimmung werden die Kanbans von vollem und leerem Behälter ausgetauscht. Der volle Behälter inklusive des daran befestigten Transport-Kanbans wird zur verbrauchenden Stelle gebracht. Die Teile können nun zur weiteren Verarbeitung entnommen werden.

Die Aktivitäten der produzierenden Stelle beginnen damit, dass ein Mitarbeiter einen leeren Behälter mit Produktions-Kanban aus dem Leergutlager entnimmt. An dem auf dem Kanban beschriebenen Arbeitsplatz wird die geforderte Menge an Teilen produziert. Der Produktions-Kanban ist an dem gefüllten Behälter zu befestigen. Der gefüllte Behälter wird inklusive des Produktions-Kanbans in das Fertigwarenlager des Arbeitsplatzes gebracht, wo er zur Abholung für den Verbraucher bereitsteht.

Der beschriebene Ablauf zeigt, dass das Kanban-System auf der **Existenz eines Pufferlagers**

zwischen **zwei Fertigungsstufen** basiert. Kanban bewirkt also keine lagerlose Fertigung. Die Voraussetzung eines gleichmäßigen Bedarfs ist daher besonders wichtig, sonst würden sich zu hohe Lagerbestände aufbauen. Beim Kanban-System gibt es zwei Steuergrößen, siehe Bild 8.32: Steuergröße 1 ist der Arbeitstundeninhalt. Er ist konstant, wird auf eine bestimmte Menge Teile im Behälter umgerechnet und entspricht einem Behälterinhalt. Steuergröße 2 ist der konstante Bestand im Pufferlager, der über die Anzahl der im Umlauf befindlichen Kanbans festgelegt wird.

Das System hat sich bei überschaubarer Variantenanzahl bewährt; der Personalbedarf für die Steuerung ist gering. Ein Beispiel für einen Kanban aus der Automobilindustrie zeigt Bild 8.33[91]. Der dargestellte Kanban dient zur Versorgung der Montagelinien mit Zulieferteilen

---

[91] Im deutschsprachigen Raum hat sich für „Kanban" auch der Begriff „Pendelkarte" durchgesetzt.

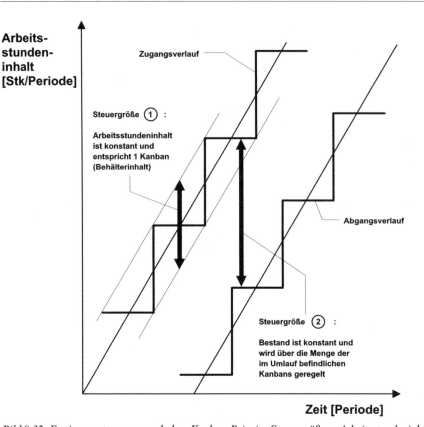

Bild 8.32: Fertigungssteuerung nach dem Kanban-Prinzip; Steuergrößen „Arbeitsstundeninhalt" und „Bestand"

aus einem Pufferlager. Der Kanban trägt eine Identifizierungsnummer („F664"), weist die Teilenummer und die Teilebezeichnung aus und ist mit dem Behältertyp („V149") und der Menge im Behälter versehen. Außerdem ist die Linienadresse (Bereitstellplatz an der Montagelinie) sowie die Lageradresse (Lagerplatz der bezeichneten Teile einschließlich Behälter im Pufferlager) angegeben. Der Strichcode im unteren Teil des Kanbans wird in diesem Fall zur DV-gestützten Auslösung und Übertragung des Bedarfs an den außerhalb des Werksgeländes angesiedelten Zulieferer sowie zur Verbuchung des Bedarfs in der Materialbuchhaltung verwendet. Innerhalb einer mit Kanban gesteuerten Produktion wäre dieser Strichcode nicht notwendig.

Kanban ist, wie dargestellt wurde, kein Synonym für Just-in-time-Logistik – **Kanban ope-**

Bild 8.33: Beispiel für eine Kanban-Karte
[Werkbild: Opel Eisenach GmbH]

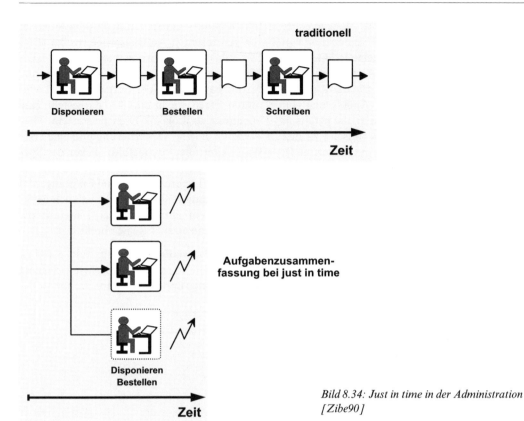

Bild 8.34: Just in time in der Administration [Zibe90]

riert mit **Mindestbeständen**, **just in time steuert bestandslos**. Kanban kann aber als ein möglicher Baustein innerhalb der Just-in-time-Logistik eines Unternehmens verwendet werden und steht insoweit gleichwertig neben anderen Produktionssteuerungs-Strategien, die kurze Durchlaufzeiten und auftragsbezogene Fertigung ermöglichen.

Die Just-in-time-Philosophie lässt sich aber nicht nur in der Produktion umsetzen. Es sollte nicht vergessen werden, dass innerhalb der Auftragsdurchsteuerung erhebliche Anteile der Durchlaufzeit für administrative Tätigkeiten benötigt werden. Bild 8.34 zeigt als Beispiel die traditionelle Abwicklung eines Bestellvorgangs und die sinnvolle Zusammenfassung der Einzeltätigkeiten, was zu einer Verkürzung der Durchlaufzeit auch bei administrativen Tätigkeiten führt, aber natürlich auch hier eine universellere Ausbildung der Mitarbeiter erfordert.

8.7.3 Just in time in der Beschaffungslogistik

Die Anwendung der Just-in-time-Philosophie in der Materialversorgung eines Produktionsunternehmens verlangt eine an logistischen Grundsätzen orientierte Materialbedarfsplanung, ein integriertes Informations- und Steuerungssystem zur Fertigungs-, Dispositions- und Beschaffungssteuerung sowie die konsequente Umsetzung teilespezifischer Versorgungsvarianten.

Man kann drei prinzipielle Versorgungsvarianten unterscheiden:

- die konventionelle Versorgung,
- die Materialfeinsteuerung und
- just in time.

In einigen Unternehmen, teilweise auch in der Literatur, wird die Unterscheidung zwischen **„just in time"** (jit) und **„just in sequence"** (jis) gemacht. Mit jit ist dann die blockgerechte Lieferung gemeint, also die Bereitstellung von gleichartigem Material (z. B. eine Palette Starterbatterien) für eine gewisse Anzahl von Montageobjekten; jis steht dann für die Zusteuerung sequenzgenau (z. B. die Anlieferung von 16 verschiedenen Sitzgarnituren, die bereits in der Reihenfolge des Verbaus passend zu den Karossen auf dem Montageband sortiert sind). Hier werden die Begriffe blockgerechte bzw. sequenzgerechte Lieferung verwendet, die beide Formen der Just-in-time-Lieferung sind (siehe auch Bild 8.36).

Die **konventionelle Materialversorgung**, Bild 8.35, beruht auf einem unternehmensinternen Beschaffungslager, aus dem die Fertigung versorgt wird. Die Lieferanten erhalten aus dem

Informations- und Steuerungssystem Angaben zur gewünschten Auftragsgröße, wobei diese Lieferabrufe vom Disponenten der Materialwirtschaft ausgelöst werden. Eine bestimmte Abruffrequenz ist nicht festgelegt. Die Lieferanten setzen, wie in Bild 8.35 dargestellt, eine Spedition als Logistik-Dienstleister ein. Hier werden z. B. eine Vorsortierung und eine erste Warenkontrolle durchgeführt, bevor der Spediteur eine Sammellieferung zum Produzenten bringt. Die Lieferung wird beim Empfänger im Wareneingang vereinnahmt. Es ist auch denkbar, dass ein abnehmernaher Lieferant die Transporte in eigener Regie durchführt.

Bei der **Materialfeinsteuerung**, Bild 8.36, ist eine genauere Planung erforderlich; sie eignet sich für Baugruppen und Bauteile, die in be-

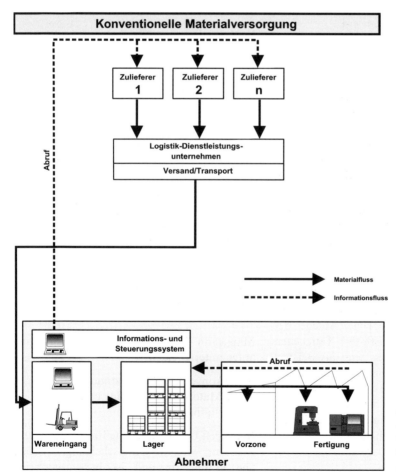

Bild 8.35:
Konventionelle Material-versorgung (Beschaffung mit Vorratshaltung)
(nach [Jüne89])

stimmten Losgrößen ein- bis mehrmals am Tag geordert werden. So wird bei **abnehmerferner Sammel- und Pufferfunktion** z. B. zwei Tage vor dem Bedarfstermin per Datenfernübertragung einmal am Tag der tagesgenaue Warenbedarf an den Zulieferer gemeldet. Nach der Fertigung werden die Teile vom Logistik-Dienstleister abgeholt und von ihm zwischengelagert. Der Dienstleister erhält ein- bis dreimal am Tag Informationen über den genauen Bedarf und die Montagereihenfolge, so dass er die Teile reihenfolgegerecht verladen und in die Vorzone der Fertigung transportieren kann. Die Anlieferung erfolgt stundengenau. Damit ist jeweils nur ein Bruchteil des Tagesbedarfs in der Fertigung vorhanden (je nach Schichtzahl ca. 1/8 bis 1/15), so dass die Bestände beim Abnehmer erheblich abgebaut werden können.

Dies ist in der Automobilindustrie erwünscht und notwendig, da durch die Zunahme der Teilevielfalt der Flächenbedarf für die Bereitstellung wächst.

Die **abnehmernahe Sammel- und Pufferfunktion der Materialfeinsteuerung** sieht erst eine Zwischenlagerung beim Anlieferstützpunkt des Logistik-Dienstleisters in der Nähe des Abnehmers vor. Hierhin gehen auch mehrmals am Tag die Warenabrufe aus dem Informationssystem des Abnehmers. Eine mögliche Variante könnte z. B. auch die Anlieferung direkt vom Logistik-Dienstleister unter Umgehung des Anlieferstützpunktes in die Fertigung des Abnehmers sein.

Just in time schließlich beinhaltet die produktionssynchrone Beschaffung der Teile/Baugrup-

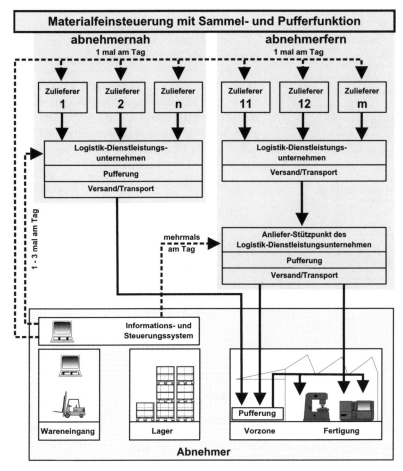

Bild 8.36: Material-
feinsteuerung in den
Varianten abnehmer-
nahe und abnehmerferne
Sammel- und Puffer-
funktion
(nach [Jüne89])

pen/Komponenten ohne Lagerhaltung, also die Direktanlieferung in die Fertigung. Zu den Voraussetzungen zur Einführung von just in time gehört die Auswahl der jit-geeigneten Baugruppen, die exakte Planung der Abläufe, eine hohe Produktqualität sowie eine hohe Mitarbeiterqualifikation, ein stabiler Fertigungsprozess und eine ausreichende Zeitspanne zwischen dem Erkennen und dem Wirksamwerden eines Bedarfs.

Die **Auswahl der just-in-time-geeigneten Baugruppen** verdeutlicht Bild 8.37. Hier wurden die bekannten ABC- und XYZ-Analysen (siehe Kap. 7) um die **GMK-Analyse** ergänzt, bei der die Baugruppen nach ihrer Größe in Groß, Mittel und Klein unterschieden werden. Damit wird das gesamte Teilespektrum in 27 Klassen eingeteilt, wobei jede Klasse anschaulich einem der Teilwürfel in Bild 8.37 entspricht. In den einzelnen Würfeln werden sich stark differierende Anzahlen von Teilepositionen einstellen.

> Die höchste **Just-in-time-Eignung** besitzen große Teile (G) mit hohem Teilewert (A) und regelmäßigem Verbrauch (X) (bzw. hoher Vorhersagegenauigkeit des Bedarfs).

Infrage kommen besonders Teile mit gleichzeitig hoher Teilevielfalt, für die eine Lagerhaltung aufwändig wäre. In der Automobilindustrie gehören hierzu z. B.:

- Triebsatz (Motor und Getriebe, evtl. incl. Antriebsachse)
- Achsen/Radaufhängungen
- Cockpitmodul (Armaturentafel, Mittelkonsole incl. aller Ein- und Anbauteile)
- Sitzgarnituren
- Türen, Klappen
- Kabelsätze
- Schiebe-/Hub-/Ausstelldächer bzw. Dachmodule/Himmelmodule
- Frontendmodule (Stoßfänger, Lampen und Leuchten, Kühler, usw.)
- Heckmodule.

> Die geringste Just-in-time-Eignung haben CKZ-Teile (niedriger Teilewert, unregelmäßiger Verbrauch bzw. niedrige Vorhersagegenauigkeit, klein).

In der Regel sind CK-Teile, also Kleinteile mit niedrigem Teilewert, nicht just-in-time-geeignet. Zurückkommend auf die in diesem Kapitel eingangs genannten Beispielzahlen von unter 20 Just-in-time-Positionen bei 30.000

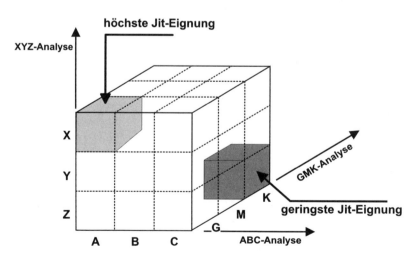

A = hoher Teilewert
B = mittlerer Teilewert
C = niedriger Teilewert

X = hohe Vorhersagegenauigkeit
Y = mittlere Vorhersagegenauigkeit
Z = niedrige Vorhersagegenauigkeit

G = groß
M = mittel
K = klein

Bild 8.37:
Untersuchung eines
Teilespektrums
auf Jit-Eignung

Teilepositionen insgesamt, muss also konstatiert werden, dass die beim angesprochenen Automobilhersteller wahrscheinlich durchgeführte ABC-GMK-XYZ-Analyse offenbar nur die genannten weniger als 20 Positionen als AGX-Teile ergeben hat.

In der **Just-in-time-Versorgung** lassen sich drei Konzepte unterscheiden, Bild 8.38:

- blockgerechte Anlieferung
- sequenzgerechte Anlieferung, abnehmernahe Fertigung
- sequenzgerechte Anlieferung, abnehmerferne Fertigung.

Die **blockgerechte Anlieferung** sieht mehrmals am Tag Abrufe der Dispositions- und Fertigungssteuerung an den Lieferanten vor, der die Baugruppen nach kurzer Pufferung im eigenen Unternehmen direkt in die Fertigung des Abnehmers transportiert. Die Lieferung der Teile erfolgt blockgerecht und deckt den Bedarf für mehrere Stunden. Eine Sortierung ist nicht erforderlich oder nicht vorgesehen. Typische Teile für die blockgerechte Anlieferung sind in der Automobilindustrie Teile mit geringer Variantenvielfalt, hoher Verbaurate und mittlerem Platzbedarf bei der Bereitstellung, z. B. Starterbatterien, Lichtmaschinen, Glasscheiben, Schließsätze usw.

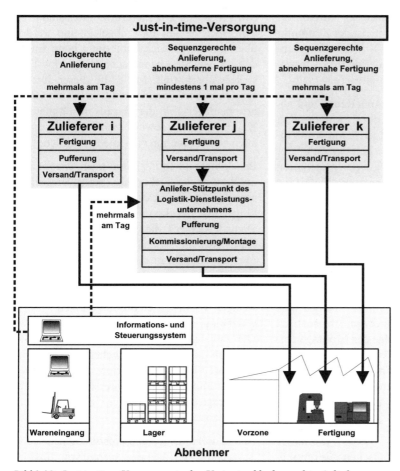

Bild 8.38: Just-in-time-Versorgung in den Varianten blockgerechte Anlieferung sowie sequenzgerechte Anlieferung mit abnehmernaher und abnehmerferner Fertigung (nach [Jüne89])

Eine **sequenzgerechte Anlieferung** (jis) bedeutet ein Steuern der Zulieferteile direkt zu bestimmten Montageobjekten, die sich in einer definierten zeitlichen Reihenfolge, also in Sequenz, auf dem Montageband befinden. Dies ist in einer Taktmontage wie in der Automobilindustrie möglich. Üblicherweise werden die Karossen nach der Lackierung einem Karossenspeicher zugeführt, aus dem sie unter den dispositiven Bedingungen der Montage abgerufen und in einer unveränderlichen Reihenfolge auf die Montagelinie gesetzt werden. Zu diesem Zeitpunkt liegt damit auch fest, zu welchen jetzt eindeutig berechenbaren Zeitpunkten eine am Anfang der Montagelinie befindliche Karosse bestimmte Montagestationen erreichen wird. Das Aufsetzen der Karosse auf die Montagelinie ist daher meist der Zeitpunkt der Beauftragung der Just-in-time-Lieferanten, denen jetzt noch eine definierte Lieferzeit bis zum Einbau der abgerufenen Teile bleibt.

Bei der **sequenzgerechten Anlieferung und abnehmerferner Fertigung** ist der Produktionsort des Zulieferers mehr als etwa 40 km vom Abnehmer entfernt. Deshalb erhält der Zulieferer mindestens einmal am Tag eine Information über die genaue Bedarfsmenge und liefert die Baugruppen aufgrund der relativ großen räumlichen Entfernung zum Abnehmer in größeren Transportlosen an einen in Werksnähe gelegenen Stützpunkt des Logistik-Dienstleisters. Hier erfolgt eine Pufferung der Baugruppen und nach Erhalt der z. B. stündlichen Lieferabrufe eine Kommissionierung durch das Logistik-Dienstleistungsunternehmen. Dabei werden die Baugruppen sequenzgerecht sortiert, d. h. in eine der Reihenfolge der Montage entsprechende Sortierung gebracht und unter Umgehung des Wareneingangs des Abnehmers direkt in die Fertigung transportiert.

Die dritte Variante der Just-in-time-Versorgung ist die **sequenzgerechte Anlieferung und abnehmernahe Fertigung**. Diese Alternative wird z. B. bei zwei süddeutschen Automobilherstellern für Fahrzeugsitze praktiziert. Der Zulieferer für die Sitze erhält zu dem Zeitpunkt, an dem die genaue Fahrzeugreihenfolge

inklusive aller Ausstattungsparameter für die Montage bekannt ist, eine Information über die definitive Auftragszusammensetzung. Dieses erfolgt, wenn die lackierten Karossen den Karossenspeicher zwischen Lackiererei und Montage in Richtung Montagelinie verlassen. Dem Zulieferer stehen nun etwa fünf Stunden zur auftragsgerechten Fertigung der Sitze zur Verfügung. Alle 45 Minuten erreicht eine Sitzlieferung aus 18 Garnituren in speziellen Transportbehältern mittels Lkw das Automobilwerk. Die Entladung der Lkw erfolgt vollautomatisch, ebenso die Wiederbeladung mit leeren Transportbehältern. Die Sitzgarnituren gelangen mit Hilfe automatisch gesteuerter Fördersysteme direkt in die Montagelinie an den Verbauort. Die Lieferungsdaten sind in einem Speicher am Lkw abgelegt und werden über eine Kabelsteckverbindung beim Entladen an den Steuerungsrechner des Pkw-Herstellers übermittelt. Mit Hilfe dieser Just-in-time-Variante können Fertigwaren- bzw. Baugruppenlager mit der daraus resultierenden Kapitalbindung sowohl beim Zulieferer als auch beim Abnehmer vermieden werden.

Bei einfachen Montageumfängen, wie sie z. B. im Bereich der Dekorteile (Seitenverkleidungen, Tür-Innenverkleidungen, Himmel, Stoßfänger usw.) vorkommen, kann ein Logistik-Dienstleister oft die letzte Wertschöpfungsstufe, also die sequenzgerechte Endmontage übernehmen. Dadurch wird die Lagerung von variantenreichen und voluminösen Baugruppen im Dienstleister-Lager vermieden, weil aus wenigen Vorvarianten durch geringen Montageaufwand die endgültige Baugruppe entsteht. Der Zulieferer kann in solchen Fällen die Investition in einen zusätzlichen Just-in-time-Standort vermeiden. Kostenvorteile ergeben sich oft auch durch die unterschiedlichen Tarifverträge bei Abnehmer, Zulieferer und Dienstleister.

Zur **Einschaltung von Logistik-Dienstleistern** ist zu bemerken, dass der Aufbau von „Just-in-time-Lagern" ein Widerspruch in sich ist. Sie dienen im Wesentlichen zur Abdeckung der Disparitäten zwischen der Losfertigung beim

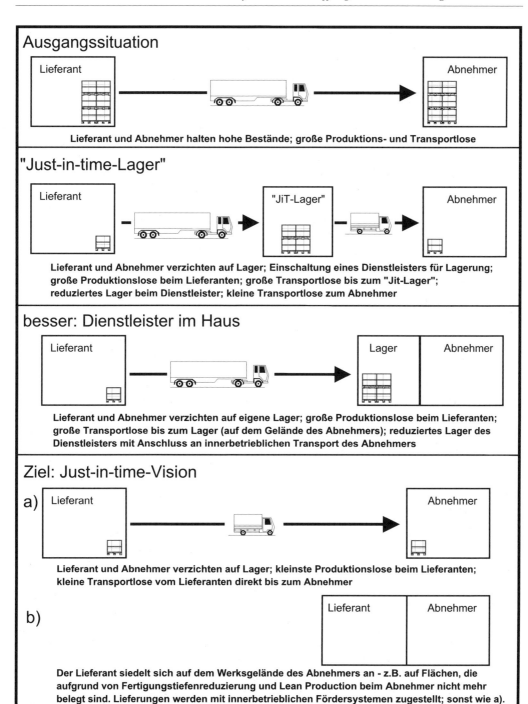

Bild 8.39: Umstellung eines Logistiksystems auf jit (in Anlehnung an [Zibe90])

Zulieferer und dem auftragsbezogenen Bedarf beim Abnehmer. Meist wird damit nur ein Suboptimum erreicht; die Ausnutzung aller Potenziale einer echten Just-in-time-Beziehung wird durch langfristige Entscheidungen, Bindungen und Investitionen verhindert. Selbst die Vermeidung von Transporten in kleinen Mengen bei abnehmerferner Fertigung spricht nicht für die Einrichtung eines „Just-in-time-Lagers" bei einem Logistik-Dienstleister, wenn nur ein einziger Abnehmer durch dieses Lager versorgt wird, weil durch die Unterbrechung der Transportkette zusätzlicher Handling-Aufwand entsteht, Bild 8.39. Es erscheint grundsätzlich wirtschaftlicher, das Lager direkt beim Abnehmer zu unterhalten und – wenn überhaupt – innerbetriebliche Transportmittel einzusetzen. Auch das hohe Risiko langer Transportwege, das sich durch zwischengeschaltete Lager vermindern lässt, ist dann am geringsten, wenn (bei gleichen Beständen) das Lager beim Abnehmer vorgehalten wird.

Im Übrigen führt ein **Speditionslager als Puffer** zwischen der Losfertigung des Zulieferers und den Bedarfsschwankungen des Abnehmers nur zu einer **Abschottung der Produktion des Zulieferers vom Markt**. In dieser Konstellation besteht keine Notwendigkeit, lange Durchlaufzeiten aufgrund der Losfertigung zu vermindern, und die Flexibilität wird nicht erhöht. Der Zulieferer setzt sich langfristig durch diese Abschottung einem Verlust der Wettbewerbsfähigkeit aus, da kein Zwang besteht, Produktionsprozesse zu verbessern. Der Kostenvorteil für den Abnehmer ergibt sich in diesem Fall meist nur durch das größere Know-how und die geringeren Lohnkosten des Zulieferers.

Wenn auch aus den geschilderten Blickrichtungen vieles für eine abnehmernahe Fertigung spricht, so gibt es dennoch Gesichtspunkte dagegen: In der Automobilindustrie hat der Anziehungssog (Zulieferer siedeln sich abnehmernah an) zu volkswirtschaftlichen Veränderungen in diesen Regionen geführt, z. B. zu einer Branchenabhängigkeit sowie zu einer Verknappung von Arbeitskräften trotz eines hohen Lohnniveaus.

In Bild 8.40 wird noch einmal an **wichtige Voraussetzungen für Just-in-time-Logistiksysteme** erinnert: die zuverlässige Versorgung und Nachfrage. Dazu zeigt Bild 8.40, wie sich in einem konkreten Beispiel die laut Abrufplan zu liefernden Mengen entwickeln sollten, und wie sich die tatsächlich abgerufenen Mengen sowie die gelieferten Mengen entwickelt haben. Man erkennt, dass es dem Lieferanten offenbar nicht gelungen ist, die Abrufmengen seines Abnehmers auch tatsächlich zu liefern. Bei den erheblichen Abweichungen zwischen Plan und Soll konnte der Zulieferer weder die notwendigen erhöhten Kapazitäten aufbauen noch die erforderlichen zusätzlichen Vormaterialien beschaffen.

Deshalb sind zur Realisierung von Just-in-time-Versorgungskonzepten auch die Produktionsprogrammplanung und die logistischen Informationsströme anzupassen, Bild 8.41. Die Abrufe der produktionssynchron zu liefernden Baugruppen/Komponenten erfolgen nach einem **Drei-Stufen-Konzept**, das z. B. folgendermaßen aussehen könnte: Eine vorgezogene langfristige Planungsstufe beruht auf den Erfahrungen der letzten Jahre sowie auf der wahrscheinlichen Entwicklung der Konjunktur und des Absatzmarktes und betrachtet die nächsten zehn Jahre. Diese Planung wird laufend verfeinert und aufgrund aktueller Entwicklungen angepasst.

Die erste relevante Stufe für die produktionssynchrone Beschaffung beginnt ein Vierteljahr vor Produktionsbeginn auf der Basis der langfristigen Planung („Absatzplanung" in Bild 8.41), bezieht aber bereits vorliegende Kundenaufträge in die Bedarfsplanung ein. Die zweite Stufe etwa zwei Wochen vor Produktionsbeginn bringt die konkreten Kundenaufträge in eine produktionstechnisch günstige Reihenfolge („Dispositive Logistik" in Bild 8.41). Zu diesem Zeitpunkt sind aber noch gewisse Änderungen bis zur Montage möglich. Dennoch kann der Zulieferer auf dieser Grundlage seine Vormaterial-Bedarfe und seine Kapazitäten planen. Die letzte Stufe auf der Basis des realisierten Produktionsprozes-

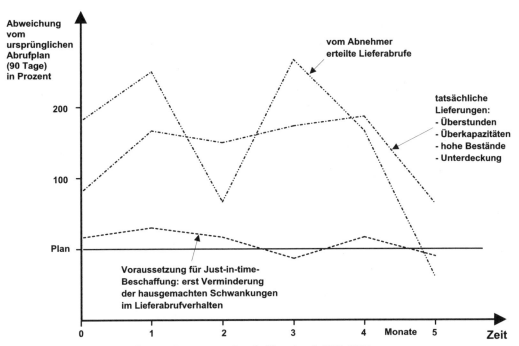

Bild 8.40: Voraussetzungen für eine Just-in-time-Beschaffung (nach [Zibe90])

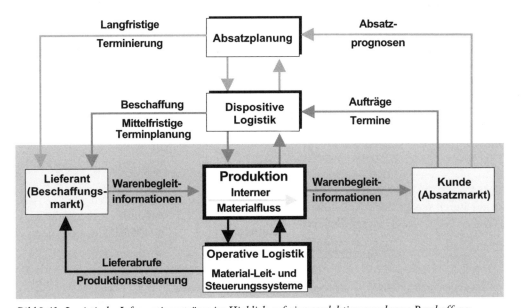

Bild 8.41: Logistische Informationsströme im Hinblick auf eine produktionssynchrone Beschaffung

ses („Operative Logistik") lässt keine Änderungen der Reihenfolge mehr zu. Sie beruht auf der tatsächlich eingesteuerten Reihenfolge der Montageobjekte. Im Automobilwerk wäre diese Stufe zu dem Zeitpunkt erreicht, an dem die lackierten Karossen den Karossenspeicher in festgelegter Reihenfolge in Richtung Montageband verlassen.

Voraussetzung für das Funktionieren der **produktionssynchronen Beschaffung** ist (siehe Bild 8.40), dass im Lieferabrufverhalten des Abnehmers nur geringfügige Schwankungen auftreten. Dazu muss auch der langfristige Abrufplan bereits eine hohe Vorhersagegenauigkeit aufweisen. Andernfalls kann der Zulieferer selbst bei eigenen hohen Sicherheitsbeständen die Abrufe des Abnehmers nicht erfüllen, was den Abnehmer zu der (falschen) Entscheidung bringen könnte, die betreffenden Baugruppen wieder selbst herzustellen.

Besonders bei der sequenzgerechten Anlieferung von Baugruppen mit einer hohen Variantenzahl (beispielsweise im Automobilbau die Instrumententafel in einer bestimmten Farbe und Ausstattung) ist der Informationsvorlauf des Zulieferers knapp und erfordert eine genaue Untersuchung der Zeitanteile für Fertigung, Transport und Umschlag, Bild 8.42. Innerhalb der Zeitspanne zwischen Abruf und Montage, die üblicherweise zwischen drei und maximal fünf Stunden beträgt, müssen folgende Arbeitsabläufe durchgeführt und koordiniert werden:

● Fertigung bzw. Vormontage der Baugruppe beim Zulieferer,
● Bereitstellen und Umschlagen der Baugruppe auf ein Zulieferfahrzeug,
● Konsolidierung größerer Transportumfänge zur besseren Auslastung des Zulieferfahrzeuges durch gemeinsame Anlieferung der Baugruppen für mehrere Montageobjekte des Abnehmers,
● externer Transport vom Zulieferer zum Abnehmer,
● Umschlag der Baugruppen im Werk des Abnehmers und
● sequenzgerechte Zustellung an den Montageort.

Aus der verbleibenden externen Transportzeit können z. B. in der Planungsphase Standortvorschläge für das Werk des Zulieferers abgeleitet werden. Neben der zur Verfügung stehenden Zeit hat aber auch die vorhandene Infrastruktur Einfluss auf die Wahl des Standortes des Zulieferers: In der Automobilindustrie ist es üblich, zwischen Produktionsort des

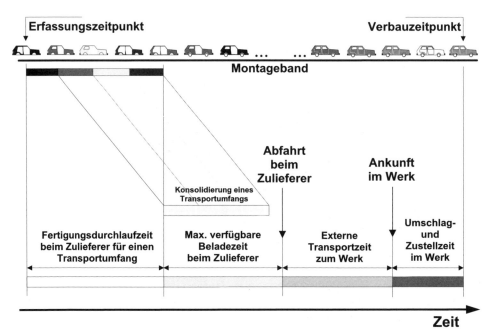

Bild 8.42: Just-in-time-Anlieferung eines größeren Transportumfangs

Zulieferers und Montagewerk des Abnehmers mindestens zwei mögliche Fahrstrecken zu fordern, die weder stauanfällig sein sollen, noch über Bahnübergänge oder mehrere Ampelkreuzungen führen dürfen. Da ohne Puffer produziert wird, muss nicht nur der Produktionsprozess eine hohe Zuverlässigkeit aufweisen, auch die Transporte müssen hochgradig störungsfrei sein. Hier muss erwähnt werden, dass Just-in-time-Logistik zu einer höheren Anzahl von Lkw-Fahrten im Umkreis des Abnehmers und auf seinem Werksgelände führt und so die Störanfälligkeit von Straßentransporten selbst mit hervorrufen kann.

Dies führt zu der Überlegung, den **Zulieferer direkt auf dem Werksgelände** anzusiedeln (siehe Bild 8.39), da eine Verringerung der Fertigungstiefe beim Abnehmer auch Produktionsflächen frei werden lässt. Allerdings ist dieser Effekt in den letzten Jahren durch ein Anwachsen der Teilevielfalt und der Produktkomplexität sowie durch eine Erhöhung der Produktionszahlen in der europäischen Automobilindustrie überdeckt worden. Außerdem haben sich die Arbeitnehmervertretungen bisher oft gegen Fremdfirmen in den Montagewerken zur Wehr gesetzt. Dennoch gibt es Überlegungen und auch einige Beispiele, in neuen Automobilwerken die Zulieferer in den Herstellungsprozess örtlich, personell und organisatorisch zu integrieren. Die Zulieferer produzieren dabei auf dem Werksgelände des Automobilherstellers und montieren ihre Teile und Komponenten an der Montagelinie mit eigenem Personal (siehe Abschnitt 8.7.5).

Um das starke Lohngefälle zwischen Westeuropa und Ost- bzw. Südosteuropa auszunutzen, besteht der Trend zur Ansiedlung von Zulieferbetrieben in den neuen EU-Ländern sowie in Rumänien, Bulgarien und in der Türkei. Für die sequenzgerechte Zusteuerung der Jit-Baugruppen reichen allerdings die kurzen Steuerzeiten zwischen Aufsetzen der Karosse auf das Endmontageband und Einbauzeitpunkt aufgrund der langen Transportwege nicht aus. Daher versuchen viele Automobilhersteller ihre Werke in Westeuropa nach dem

sog. **„Perlenketten-Prinzip"** zu steuern. Dabei wird bereits kurz nach Auftragseingang des herzustellenden Fahrzeugs eine feste Auftragsreihenfolge geplant und frühzeitig „eingefroren", d. h., die geplante Montagereihenfolge liegt mehrere Tage im Voraus fest und wird nicht mehr verändert, so dass sequenzierte Zulieferungen auch über größere Transportentfernungen und -zeiträume möglich sind.

In eine andere Richtung gehen Entwicklungen zur Nutzung des Schienenverkehrs in der Just-in-time-Logistik. Durch die Zunahme des Straßenverkehrs besteht vielerorts die Gefahr, dass Just-in-time-Transporte mit Lkw Störungen und Verspätungen erfahren. Eine Ansiedlung des Zulieferers auf dem Werksgelände kommt oft aus den oben genannten Gründen oder wegen bereits getätigter langfristiger Investitionen nicht infrage. Deshalb wurden, Bild 8.43, Schienenfahrzeuge so weiterentwickelt, dass auch kleine Transportumfänge wirtschaftlich transportiert werden können: Loks oder autarke Gütertransportfahrzeuge[92] können ohne Lokführer ferngesteuert verkehren und machen damit einen fahrplanmäßigen Just-in-time-Verkehr möglich.

Just in time führt durch den erhöhten Logistikaufwand zu **steigenden Kosten**, die durch entsprechende **Kosteneinsparungen** an anderen Stellen innerhalb der Just-in-time-Beschaffung aufgefangen werden müssen. Wie eingangs erläutert, geht die Zielrichtung von just in time einerseits in eine Verbesserung des Servicegrades, also der Marktposition eines Unternehmens. Andererseits sind mit Just-in-time-Maßnahmen auch **Kostensenkungen** zu erreichen, die Bild 8.44 anhand der **Wertzuwachskurve** erläutert: Über der Durchlaufzeit eines Teils summieren sich die aufgewendeten Kosten, bis zum Zeitpunkt der Fertigstellung die Herstell-

---

[92] Vgl.: Molle, P.: Die Erprobung Selbsttätig Signalgeführter Triebfahrzeuge (SST) im Güterverkehr der Deutschen Bahn AG; Eisenbahntechn. Rundschau 47 (1998) H. 7, S. 443–446

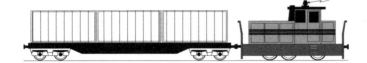

Bild 8.43: Just-in-time-Logistik mit Schienenfahrzeugen – oben: ferngesteuerte Lok mit konventionellem Wagen, unten: ferngesteuertes Fahrzeug mit Einzelantrieb

kosten des Teils erreicht sind. Die Steigungen der einzelnen Abschnitte der Wertzuwachskurve ergeben sich aus spezifischen Prozesskosten (Materialkosten, Maschinenstundensätze). Die Fläche unterhalb der Wertzuwachskurve ist ein Maß für die Kapitalbindung des Teils während der Durchlaufzeit. In Bild 8.44 sind drei unterschiedliche Maßnahmen zur Senkung der Kapitalbindung sowie auch zur Senkung der Herstellkosten dargestellt. Diese Maßnahmen werden im Rahmen der Just-in-time-Logistik gleichzeitig anzuwenden sein.

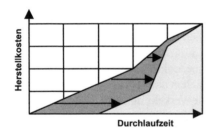

**Verkürzung der Durchlaufzeiten,
z.B. durch selbststeuernde Regelkreise
(Fertigungs-/Montageinseln)**

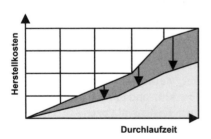

**Reduzierung der Herstellkosten,
z.B. durch gezielte Automatisierung
oder montagegerechte Konstruktion**

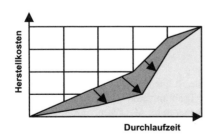

**Änderung des Steigungsverhaltens
ohne Veränderung der Durchlaufzeit
oder der Herstellkosten, z.B. durch
spätere Zusteuerung teurer Einzelteile**

Bild 8.44: Wirkungen von Just-in-time-Maßnahmen in der Wertzuwachskurve [Zibe90]

8.7.4 Just in time und Industriepark

Immer mehr setzt sich in der Automobilindustrie das Prinzip des **Industrieparks** durch[93]. Die Lieferanten siedeln sich in der Nähe ihres Abnehmers an. Dies gilt nicht nur für die Modul- und Systemlieferanten, also die Lieferanten der 1. Stufe, sondern auch für die Teilelieferanten der 2. und 3. Stufe, Bild 8.45. Industrieparks werden häufig von Immobilien-Investoren errichtet, und die Gebäude werden von den Zulieferern nur gemietet, da Lieferverträge selten über den Produktionszeitraum eines Fahrzeugmodells hinausgehen. Sinnvoll zur Kostenreduzierung ist die Anlage eines Industrieparks direkt am Werksgelände des Abnehmers. In bestimmten Fällen haben Lieferanten ihre Produktion direkt auf dem Werksgelände ihres Abnehmers aufgebaut, z. T. in Gebäuden, die durch die Reduzierung der Fertigungstiefe nicht mehr belegt sind. Mit Hilfe innerbetrieblicher Fördermittel (Schlepper/Wagen, Elektro-Hängebahn, Fahrerloses Transportsystem) werden Module direkt an den Verbauort transportiert. Durch kurze Wege fallen niedrigere Kosten an, Transportstörungen z. B. durch Stau und Glatteis sind ausgeschlossen. Bestände werden vermindert; die Abhängigkeit zwischen dem Abnehmer und seinen Lieferanten nimmt aber weiter zu. Für das Konzept des Industrieparks gibt es in der Automobilindustrie zahlreiche Beispiele (Audi, BMW, Ford, Mercedes-Benz, Volkswagen, Volvo)[94].

Industriepark-Konzepte, die ja den Zulieferer zum Aufbau zahlreicher Produktionsbereiche in der Nähe seiner Abnehmer zwingen, sind eher für einfache Montageabläufe als für komplizierte Bearbeitungen mit aufwändigen Anlagen sinnvoll. Auch Fertigungsschritte, die hohes Know-how erfordern, bieten sich kaum für die Dezentralisierung an. So ist es üblich, in Industrieparks nur diejenigen Montageschritte auszuführen, die ohne hohe Anlageninvestitionen möglich sind und die aus einer überschaubaren Anzahl Grundmodulen eine hohe Variantenvielfalt erzeugen.

8.7.5 Lieferantenintegration am Beispiel der smart GmbH

Konsequentes Weiterdenken des Konzeptes „Industriepark" führt zur **vollständigen Integration der Zulieferer** in den Produktionspro-

---

[93] vgl.: Reiss, M.; Präuer, A.; Konzerne als Cluster-Manager – Die Zulieferparks der Automobilindustrie; FB/IE 52 (2003) H. 6, S. 250–254

[94] Die enge räumliche Anbindung von Zulieferern wurde von Toyota initiiert („Keiretsu"); vgl.: Flüchter, W.; Yamamoto, K.; Die Automobilindustrie in Japan: Räumliche Nähe und Wertschöpfungsketten unter Anpassungsdruck; Geograph. Rundschau 54 (2002) H. 6, S. 18–26

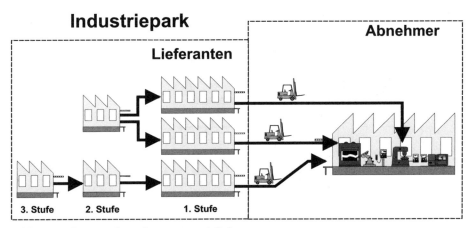

Bild 8.45: Industriepark zur Just-in-time-Anlieferung

zess des Abnehmers, wie es z. B. bei der Montage des SMART[95] (Bild 8.46) sowie im VW-Lkw-Werk in Resende/Brasilien[96] verwirklicht ist. Hier montiert Personal der Zulieferer die vorgefertigten Module direkt auf dem Endmontageband am Produkt des Abnehmers. Der Produzent selbst übernimmt im Wesentlichen nur noch planerische, dispositive und qualitätssichernde Tätigkeiten. Die Abhängigkeiten zwischen Abnehmer und Lieferanten sind erheblich. Aufgrund gewachsener Unternehmens- und Fabrikstrukturen sowie aufgrund von Widerständen in der Belegschaft ist die Umsetzung dieses Konzeptes wohl nur bei neuen Fabriken „auf der grünen Wiese" möglich.

Am Standort Hambach („smartville") werden 1.140 Mitarbeiter beschäftigt (Stand: 2003). Zwölf Systempartner sind in das Produktionssystem integriert. Die Investitionen in diesen Standort in Höhe von ca. € 200 Mio. wurden zur Hälfte von Daimler-Benz als Hauptanteilseigner (75%) der smart GmbH und zur anderen Hälfte von den Systempartnern getragen.

Als Anforderungen an Logistik und Montage wurden definiert:

● Da die Fertigungstiefe von „smartville" bei 20 % liegt, müssen hohe Anlieferfrequenzen der Direktlieferanten möglich sein, ohne dass Komplikationen in der Montageorganisation hervorgerufen werden.
● Die außerhalb der Gebäude stattfindenden Verkehrsströme sind zu optimieren.
● Die Gebäude müssen für Materialanlieferungen an beliebig wählbaren Stellen zugänglich sein.
● Der Transportaufwand in den Gebäuden ist zu minimieren.
● Die Andockstellen müssen flexibel anzuordnen sein, um die einzelnen Montageschritte bei Bedarf variieren zu können.

---

[95] nach Firmenunterlagen der smart GmbH
[96] Im VW-Werk Resende sind ca. 1550 Mitarbeiter beschäftigt; davon zählen aber nur ca. 250 zum VW-Personal. Weitere Hinweise zum Werk Resende und zur brasilianischen Automobilindustrie finden sich in: Gennes, M.; Innovative Produktionskonzepte der Automobilindustrie in Brasilien – Industrielle Beziehungen im Transformationsprozess; Lehrforschungsbericht, Fakultät für Soziologie, Universität Bielefeld, Bielefeld (2001)

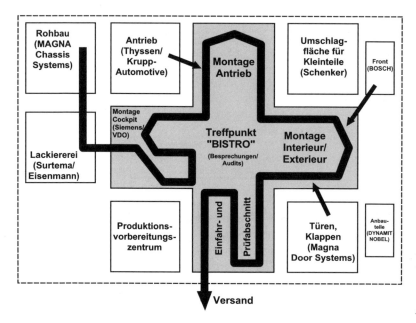

Bild 8.46: Struktur des Smart-Werks in Hambach (nach [Werkbild: Agiplan AG])

- Die Fördertechnik soll auf Hin- und Rückweg ausgelastet sein; Leerfahrten sind zu vermeiden.
- Der Gebäudekomplex soll bei Bedarf erweiterbar sein, ohne das logistische Grundkonzept verändern zu müssen.

Die Montage wurde daher in vier Teilbereiche aufgespalten; die Montagebänder sind kreuzförmig angeordnet mit einem gemeinsamen Zentrum in der Mitte, Bild 8.46. Für dieses Konzept wurde der Begriff „smart-PLUS" eingeführt, der zum einen die Form der Produktionsstätte beschreiben soll. Zum anderen steht „PLUS" für Prozesssicherheit, Logistikorientierung, Unternehmenskultur, Schlankheit und Dynamik.

Durch die kreuzförmige Anordnung beträgt die Entfernung zwischen Andockstelle der Liefer-Lkw und Montageband maximal zehn Meter. Die Teilbereiche des Montagebandes in den vier Ausläufern des Kreuzes sind weitgehend unabhängig voneinander. Es sind kleine Puffer zwischen diesen Bereichen vorgesehen, so dass Störungen von bis zu zehn Minuten in Einzelbereichen nicht zum Totalstillstand des Montagebandes führen.

Die Hauptmodule

- Karosserie
- Cockpit
- Hinterachse mit Antrieb
- Frontmodul mit Scheinwerfern und Motorkühler
- Türen und Heckklappe
- Kunststoff-Verkleidungselemente

werden von Systempartnern entweder in eigenen Produktionsstätten in „smartville" oder an anderer Stelle völlig separat vorgefertigt und sequenzgerecht in die Endmontage geliefert. Dieses Zusammenwirken von Systempartnern und Kunde (smart GmbH) stellt ein sog. **Modulares Konsortium** dar. Die Fertigungstiefe der smart GmbH liegt bei 7%, die Gesamtfertigungstiefe in „smartville" wie oben genannt bei ca. 20%. DaimlerChrysler hat mit seinen Standorten Berlin (Motor) und Hamburg-Harburg (Fahrwerksteile) einen Fertigungsanteil von 18%.

Systempartner in der Montage sind:

- Magna Chassis Systems für die Karosserie
- Magna Door Systems für Türen und Heckklappe

Bild 8.47: „smartville" in Hambach
[Werkbild: MCC Cars]

- Surtema/Eisenmann für die Lackierung
- Siemens/VDO für das Cockpit
- Dynamit Nobel France für Kunststoffteile
- Thyssen/Krupp Automotive für das Hinterachsantriebsmodul
- Cubic Europe für Kunststoffaußenteile
- Bosch für das Frontmodul.

Die Systempartner koordinieren sich mit smart über ein täglich stattfindendes viertelstündiges Treffen der Produktionsleiter. Die Fahrzeuge werden ausschließlich nach Kundenauftrag produziert und sollen 20 Tage nach Auftragseingang an den Kunden ausgeliefert werden können. Die Herstellung der Module bei den Systempartnern erfolgt just in time; die anstehenden Produktionsaufträge werden drei Tage vor Bedarf mitgeteilt. Die Teile bleiben bis zur Montage Eigentum des Lieferanten; d. h., nur verbaute Teile werden bezahlt („pay on demand").

Jeder Systempartner trägt eine erhebliche Mitverantwortung am System; Qualitätsmängel werden den Verursachern angelastet. Nachzuarbeitende Fahrzeuge werden in der Nähe der Mitarbeiterkantine im Zentrum des Kreuzes („Bistro") aufgestellt. So bekommen die Werker bei der Einnahme des Essens einen Eindruck über die Qualität der von ihnen geleisteten Arbeit. Man hofft, dass sie in der Pause potenzielle Verbesserungen oder Abstellmöglichkeiten für Fehler besprechen. Probleme in der Fertigung und bei der Qualität werden außerdem in wöchentlichen Treffen der Teams erörtert (Kontinuierlicher Verbesserungsprozess, KVP). Im Arbeitszeitmodell ist dafür eine Arbeitsstunde pro Woche vorgesehen, die bei Bedarf aber überschritten wird. Bei Problemen in der Produktion wird ein zweistufiges **„Reißleinensystem"** verwendet: In der ersten Stufe kann der Mitarbeiter am Band Hilfe bei der sog. „Montage-Task-Force" anfordern, die den Mitarbeiter dann bei weiter laufendem Band unterstützt. In der zweiten Stufe der „Reißleine" bei schweren Fehlern kann das Band bis zur Behebung der Fehler angehalten werden.

Innerhalb der Beschaffungs- und Distributionslogistik sind weitere Systempartner eingesetzt:

- Das Logistikunternehmen Schenker ist für die Bereitstellung der Teile an den Montagelinien verantwortlich.
- Der Paketdienst TNT liefert Ersatzteile und Zubehör.
- Die Auslieferung der Fahrzeuge an die Kunden erfolgt per Bahn oder per Lkw. Organisiert wird dies durch die Spedition Mosolf.
- Die Spedition Panopa ist für die Steuerung der Wechselbehälter und Wechselpritschen der Zulieferungen zuständig.

Mit den Systempartnern wurden Verträge über die Dauer der Produktlaufzeit geschlossen. Durch konsequentes Single Sourcing entwickeln die Systempartner eine hohe Identifikation mit dem Smart-Projekt.

8.7.6 Produktionssynchrone Beschaffung über Konsignationslager

Eine wichtige Zielrichtung von Logistikprojekten ist die **Aufwands- und Kostenminimierung**. In vielen Industriebetrieben machen die C-Teile mit einem Beschaffungspreis unter € 1,00/Stück einen Großteil des gesamten Teilespektrums (ca. 70 bis 80%) aus. Der Aufwand je Beschaffungsvorgang ist jedoch nicht direkt vom Wert der beschafften Objekte abhängig, so dass in vielen Unternehmen für die große Anzahl von DIN-, Standard-, Katalog- und Kleinteilen ein hoher Aufwand im Bereich der Beschaffungslogistik von der Disposition über Einkauf, Bestellüberwachung, Wareneingang, Wareneingangsprüfung, Einlagerung, Rechnungswesen bis zur Teilebereitstellung in der Fertigung anfällt, obwohl diese Teile im Gesamtbeschaffungsetat meist weniger als 5% ausmachen. Im Folgenden wird ein Projekt dargestellt, das mit Hilfe eines vom Lieferanten betriebenen Konsignationslagers (Dienstleisterlager) erhebliche Aufwands- und Kostenreduzierungen ermöglicht. Diese Art der produktionssynchronen Beschaffung entspricht im Bild 8.39 dem System „Dienstleister im Haus" (dritte Zeile von oben).

> Bei einem **Konsignationslager** liefert der Lieferant die Güter in ein Lager, das sich auf dem Grundstück bzw. im Werk des Abnehmers befindet. Die Bestände sind Eigentum des Lieferanten.

Der Lieferant trägt die Verantwortung für die Versorgungssicherheit und ist für die Befüllung des Lagers sowie für einen bestimmten Mindestbestand verantwortlich. Er kann die Liefermengen und -zeitpunkte selbst festlegen. Dies ermöglicht ihm eine Optimierung seiner Produktions- und Transportlogistik. Er erhält die Informationen über den Warenabfluss bei seinem Kunden.

Die benötigten Güter werden vom Abnehmer entnommen. Der Eigentumsübergang erfolgt erst bei der Entnahme; die Fakturierung findet also erst nach Entnahme und nicht nach Auffüllung der Bestände statt. Der Abnehmer kann so seine Kapitalbindung bei gleichzeitig hoher Versorgungssicherheit gering halten [Koet04, S. 417].

Die Einrichtung eines Konsignationslagers soll an einem Beispiel erläutert werden: In einem Fahrzeugbaubetrieb mit einem Jahresumsatz von ca. € 300 Mio. (davon rund 40 % eigene Wertschöpfung, also ein fremd beschaffter Anteil von ca. € 180 Mio. p. a.) waren für die Beschaffung von etwa 2300 Teile-Positionen, im Wesentlichen C-Teile aus dem Bereich der Norm- und Katalogteile, 126 Lieferanten mit einem Gesamt-Einkaufsvolumen von ca. € 175.000 pro Jahr vorhanden. Pro Arbeitstag wurden vier bis sechs Bestellungen (ca. 1300 pro Jahr) über diese Teilegruppe an den genannten Lieferantenkreis gegeben. Dafür waren im Einkauf ein Sachbearbeiter und eine Schreibkraft zuständig, die mit diesen Bestellungen zu 60 % ihrer Arbeitszeit ausgelastet waren. Eingehende Lieferungen wurden im Wareneingang erfasst und überprüft, an den zuständigen zentralen Lagerbereich weitergeleitet, dort eingelagert, bei Bedarf anhand von Ausfassscheinen kommissioniert und an das Personal der Fertigung und Montage ausgegeben, siehe Bild 8.48.

Zur Verringerung des Aufwandes und der Wiederbeschaffungszeiten entstand die Idee, die betreffenden Teile aufgrund der niedrigen Tei-

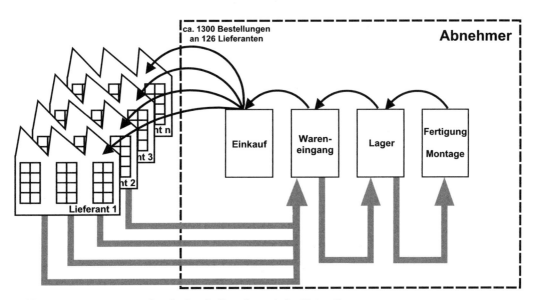

Bild 8.48: Ausgangssituation bei der Beschaffungslogistik für Kleinteile

lekosten direkt am Verbrauchsort in Form von Handlagern zu bevorraten. Diese Idee wurde erweitert: Die Lieferanten sollten auf Abruf der Fertigung und Montage direkt an den Verbrauchsort liefern. Zur Vorbereitung des Projektes wurden zunächst die Liefervolumen der betroffenen Lieferanten mit Hilfe einer ABC-Analyse untersucht. Das Ergebnis zeigen die Bilder 8.49 und 8.50: Ein Lieferant lieferte bereits fast 40 % des gesamten Bedarfes, während auf die am wenigsten beauftragten insgesamt 100 Lieferanten gerade 5 % des Volumens entfielen. Der Lieferant mit dem geringsten Bestellvolumen erhielt im Laufe eines Jahres lediglich eine Bestellung im Wert von € 62,–. Drei Viertel der gesamten wertmäßigen Bedarfsmenge wurden bei acht der 126 Lieferanten gedeckt. Eine Analyse der beschafften Teile und des Teileangebotes des größten Lieferanten ergab, dass dieser das gesamte Teilespektrum liefern konnte, wenngleich er im Einzelfall nicht immer der günstigste Lieferant war. Auf der anderen Seite standen dem jährlichen Ein-

kaufsvolumen von € 175.000 interne Abwicklungskosten in grob geschätzt gleicher Größenordnung gegenüber.

Den Ist-Zustand nach der Umsetzung des Projektes zeigt Bild 8.51: Ein Lieferant wird über eine jährliche Rahmenbestellung mit der Lieferung des voraussichtlichen Gesamtbedarfs der genannten 2300 Teilepositionen beauftragt; Lieferkonditionen, Preise und Rabatte werden hierbei festgelegt. An den Verbrauchsstellen der Kleinteile in Fertigung und Montage wurden Regale aufgestellt, in denen die benötigten Kleinteile in einheitlichen Behältern bereitgestellt werden. Die Behälter werden vom Lieferanten beschafft, gereinigt und gewartet. Die Menge der Behälter je Teil ist an Bedarf und Wiederbeschaffungszeit ausgerichtet. Über ein Strichcodeetikett kann das Fertigungspersonal mittels mobiler Scanner leere Behälter erfassen. Die daraus abgeleiteten Bedarfe werden dem Lieferanten per Datenfernübertragung als Lieferabruf übermittelt.

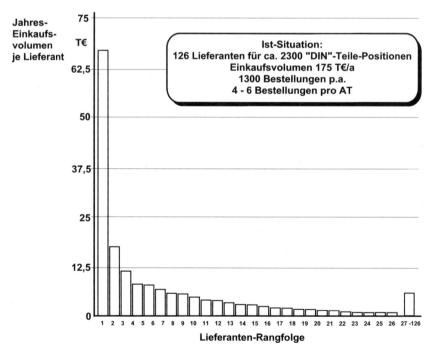

Bild 8.49: ABC-Analyse des Einkaufsvolumens der Kleinteile-Lieferanten

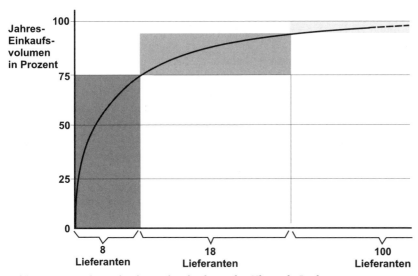

Bild 8.50: Lorenzkurve für das Einkaufsvolumen bei Kleinteile-Lieferanten

In regelmäßigen Abständen füllt Personal des Lieferanten die Bestände in den Bereitstellregalen wieder auf. Mit der Umsetzung des Projektes wurden der Bestellaufwand im Einkauf, der administrative Aufwand im Zentrallager für Wareneingangsbehandlung, Erfassung, Einlagerung, Kommissionierung und Bereitstellung sowie für Disposition und Rechnungswesen deutlich reduziert. Investitionen in Behälter wurden abgebaut, Bestände innerhalb des Unternehmens verringert.

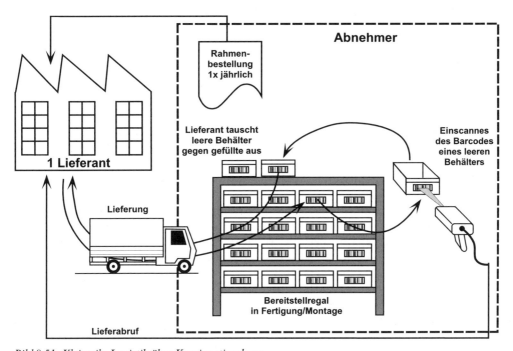

Bild 8.51: Kleinteile-Logistik über Konsignationslager

Eine Möglichkeit zur Realisierung eines Konsignationslagers zeigt Bild 8.52: Hier wurde ein Warenautomat so ausgelegt, dass die Werker des Abnehmers mit ihrem maschinenlesbaren Werksausweis benötigte Werkzeuge (z. B. Wendeschneidplatten) aus dem Automaten entnehmen können. Entnahmen werden automatisch über das Internet dem Lieferanten mitgeteilt, so dass dieser bei Bedarf den Warenbestand im Automaten wieder auffüllen kann.

Bild 8.52: Warenautomat als Konsignationslager für Werkzeuge [Werkfoto: Eisenhändler GmbH]

8.8   Neuere Logistikkonzepte

Je stärker die Beteiligung von Lieferanten an der Produkterstellung z. B. durch Entwicklungspartnerschaft, Modullieferung und Just-in-time-Logistik (siehe Abschnitt 8.7) wird, umso geringer ist der Anteil des Produktes, der unter Dispositionsverantwortung des Herstellers steht. Im Zuge der Fertigungstiefenreduzierung und des Bestandsabbaus zeigt sich hier die Schwäche der Einbindung von Zulieferern und der Auslagerung eigener Fertigungs- und

Montageumfänge: die **Abhängigkeit vom Lieferanten wächst** und in gewisser Weise auch die Hilflosigkeit, wenn Zuliefermodule nicht rechtzeitig, nicht vollständig und nicht in erforderlicher Qualität bereitstehen. Herkömmliche Logistikkonzepte funktionieren in der in Bild 8.53 dargestellten Weise: Jedes beteiligte Unternehmen hält Lagerbestände im Beschaffungslager und im Absatzlager. Bedarfe werden mit Hilfe schriftlicher Abrufe beim jeweiligen Lieferanten getätigt und meist zur Reduzierung der Transportkosten und zur Erzielung von Rabatten in größeren Lieferumfängen bezogen. Informationen über Verbrauchsveränderungen, Erhöhung oder Senkung der Produktionszahlen bei seinem Abnehmer erhält der Lieferant nicht. Die Bestände innerhalb eines derartigen Logistiksystems sind hoch, und die Reaktionsfähigkeit und Flexibilität auf Marktveränderungen sind gering.

Seit fast zwei Jahrzehnten ist die Strategie bei den Produktions-Planungs- und Steuerungssystemen durch das Schlagwort vom „Ersetzen der Bestände durch Informationen" gekennzeichnet. Herkömmliche PPS-Systeme funktionieren dabei wie folgt: Bedarfe aus Kundenaufträgen werden teilebezogen nach Verursacher, Termin und Menge dargestellt. Über einen periodischen Abgleich von Bedarfen auf der einen und Beständen auf der anderen Seite werden notwendige Bestellvorschläge nach Termin und Menge ermittelt. Bestellmengen werden zum vorgesehenen Liefertermin als Dispobestände (Sollbestände) angezeigt, was dem oben genannten Prinzip des Ersetzens von Beständen durch Information entspricht. Der Disponent erkennt, dass Bedarfe zum jeweiligen Termin durch bestellte Mengen gedeckt sind. Ob die Bedarfsdeckung dann auch tatsächlich wie vorgesehen und im Dispositionsprogramm ausgewiesen erfolgt, kann trotzdem erst mit Bestimmtheit gesagt werden, wenn die bestellte Ware den eigenen Wareneingang erreicht hat. Zwischen der Auslösung einer Bestellung zur Deckung eines Bedarfs und dem Eingang der Ware liegen zahlreiche Unwägbarkeiten – Störungen beim Lieferanten und

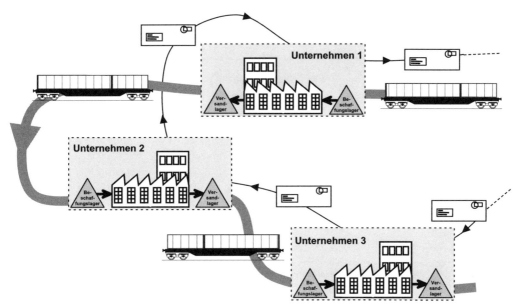

Bild 8.53 Herkömmliches Logistikkonzept

bei dessen Vorlieferanten, Transportstörungen usw., die bisher nur mit hohem Aufwand beim Abnehmer erkannt werden konnten. Meist konnte erst reagiert werden – z. B. durch Umstellung der Produktion oder Beschaffung aus anderen Quellen – wenn eine Verzögerung des Auftrags und damit die Verärgerung des Kunden nicht mehr zu vermeiden war.

Notwendig ist also eine Planung, Steuerung und Überwachung der gesamten Zulieferkette über alle Wertschöpfungsstufen, Lagerungs- und Transportvorgänge. Dazu wurde das „Supply Chain Operational Reference Model" entwickelt, das die Integration der Logistiksysteme von Handel, Logistikdienstleistern, Produzenten und Zulieferern innerhalb einer Logistikkette vorsieht, Bild 8.54. Die Idee dabei ist, dass z. B. die Kassensysteme im Möbelhaus die einzelnen Positionen der Einkäufe der Endkunden erfassen, beim Lieferanten und dessen Vorlieferanten eine entsprechende Bedarfsmeldung auslösen und so jedem Beteiligten in der Supply Chain erlauben, eine Planung seiner Produktion anhand der tatsächlichen Verkaufszahlen vorzunehmen. Bestände können anhand der durchgängigen Planung und Steuerung erheblich reduziert werden.

Dieses „Supply Chain Management"[97] erfordert also einen durchgehenden Zugriff auf alle an einer Zulieferkette Beteiligten, Bild 8.55. Der Lieferant eines Moduls muss demzufolge dem Abnehmer den Zugriff auf die Informationen der eigenen Fertigungssteuerung ermöglichen, ebenso auch seine Vorlieferanten, damit z. B. der Endproduzent erkennen kann, ob seine Lieferanten seinen Abrufen gemäß entsprechende Fertigungsaufträge angestoßen haben. Transporte werden ebenfalls lückenlos überwacht, z. B. über GPS[98] oder spezielle

---

[97] Literatur siehe: [Arnd05, Binn03, Busc02, Helf02, Thal00, Wenz01]

[98] GPS: Global Positioning System, Satellitengestütztes System zur Ermittlung der Position von Objekten auf der Erdoberfläche zunächst für militärische Zwecke; wird zur Ortung und Navigation von Flugzeugen, Schiffen, Fahrzeugen sowie u. a. zur Ortung von Containern eingesetzt; GPS soll in Europa ab 2008 durch „GALILEO" als rein zivile Anwendung ergänzt werden; siehe: Schlingelhof, M.; Mehr Verkehrssicherheit durch Galileo; Internat. Verkehrswesen 57 (2005) H. 7/8, S. 337–339

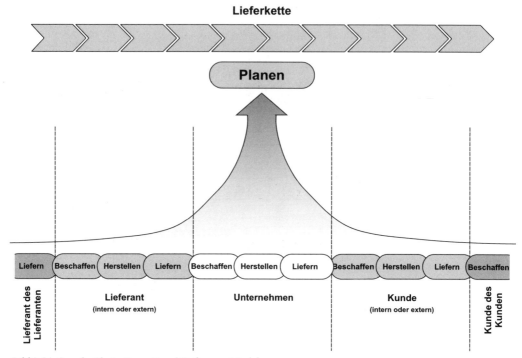

Bild 8.54: Supply Chain Operational Reference Model

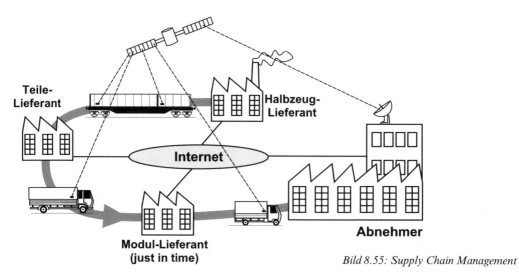

Bild 8.55: Supply Chain Management

Frachtverfolgungssysteme[99] der Transportunternehmen.

Bei der Realisierung des Supply Chain Managements gibt es noch einige Problemkreise: Zunächst ist das Angebot an entsprechender Software zurzeit noch relativ klein. Die Har-

---

[99] sog. „Tracking-and-Tracing-Systeme", siehe Abschn. 6.4, Bild 6.30

monisierung und Anpassung an unterschiedliche Sprachen, Datenformate, Datenstrukturen und Verarbeitungsregeln wird noch erheblichen Aufwand und erhebliche Zeit erfordern. Insbesondere bedingt eine lückenlose Verfolgung des eigenen Auftrags beim jeweiligen Lieferanten einen Zugriff über dessen Produktstruktur auf die von ihm generierten Fertigungsaufträge. Auch gibt es kein einheitliches und flächendeckendes System der Frachtverfolgung bei Paketdiensten, Lastwagenspediteuren, Eisenbahnen, Luftfahrtgesellschaften und Reedereien. Supply-Chain-Management bedeutet aber auch, dass alle Beteiligten innerhalb einer Zulieferkette bereit sind, ihre internen Systeme für die Partner zu öffnen – hier bestehen aus verständlichen Gründen sicher Widerstände. Im Zuge fortschreitender Globalisierung und der damit verbundenen zunehmenden Lieferbeziehungen und Abhängigkeiten von Unternehmen untereinander ist aber ein sicheres, effizientes und damit kostengünstiges Management der verteilten Produktionsprozesse erforderlich.

Das **Internet** hat in den letzten fünf Jahren weite Bereiche des öffentlichen und privaten Lebens durchdrungen. Die Nutzung dieses Mediums für kommerzielle Aufgaben findet unter dem Schlagwort „**Electronic Commerce (E-Commerce)**" immer neue Anwendungsfelder, Bild 8.56.

> Unter **E-Commerce** versteht man *„jede Art wirtschaftlicher Tätigkeit auf der Basis elektronischer Verbindungen"* [Thom00].

Für Unternehmen sind insbesondere die Bereiche **Business-to-Consumer (B2C)** und **Business-to-Business (B2B)** (Bild 8.56) von Interesse. Unter B2C versteht man die Gestaltung der Geschäftsbeziehungen zwischen einem Unternehmen (in der Regel Handelsunternehmen) und dem Endverbraucher. Meist werden dabei über elektronische Kataloge einzelner oder mehrerer Unternehmen Waren angeboten, die der Kunde direkt online ordern kann. Für Produktionsunternehmen ist mehr der Bereich des B2B wichtig, also die Gestaltung der Bezie-

	Nachfrager der Leistung		
Anbieter der Leistung	**Consumer (Verbraucher)**	**Business (Unternehmen)**	**Administration (Verwaltung)**
Consumer (Verbraucher)	**Consumer-to-Consumer** z.B. Internet-Kleinanzeigenmarkt	**Consumer-to-Business** z.B. Jobbörsen mit Anzeigen von Arbeitssuchenden	**Consumer-to-Administration** z.B. Steuerabwicklung von Privatpersonen (Einkommensteuer usw.)
Business (Unternehmen)	**Business-to-Consumer** z.B. Bestellung eines Kunden in einem Internet-Einkaufszentrum	**Business-to-Business** z.B. Bestellung eines Unternehmens bei einem Zulieferer per EDI	**Business-to-Administration** z.B. Steuerabwicklung von Unternehmen (Umsatzsteuer, Körperschaftssteuer, usw.)
Administration (Verwaltung)	**Administration-to-Consumer** z.B. Abwicklung von Unterstützungsleistungen (Sozialhilfe, Arbeitslosenhilfe, usw.)	**Administration-to-Business** z.B. Beschaffungsmaßnahmen öffentlicher Institutionen über Internet	**Administration-to-Administration** z.B. Transaktionen zwischen öffentlichen Institutionen im In- und Ausland

Bild 8.56: Mögliche Ausprägungen des Electronic Commerce (E-Commerce) [Thom00]

hungen zu anderen Unternehmen (Lieferanten, Kunden, Dienstleistern) über das Internet[100].

Die **Entwicklung des E-Commerce** ist in Bild 8.57 dargestellt; Bild 8.58 zeigt den Umfang des E-Business. Gerade bei der Gestaltung von Beziehungen zwischen weltweit angesiedelten Partnern im Rahmen der Beschaffungslogistik bietet sich die Nutzung des Internets an. Mit B2B ist der schnelle Informationsaustausch im Rahmen der Beschaffungs- und Distributionslogistik zwischen Zulieferern, Produzenten und Kunden über das weltweite Computer-Netzwerk gemeint. Nach Auffassung vieler Großunternehmen lassen sich hiermit die Transaktionskosten für Beschaffungsvorgänge um 80 bis 90 % reduzieren.

Als wesentliche **Vorteile des E-Business** werden gesehen:

- Erschließung neuer Absatzmärkte
- geringere Prozesskosten durch Automatisierung der Abläufe
- geringere Produktkosten durch höhere Markttransparenz („Globalisierung")

- geringere Bestandskosten durch optimierte Lagerhaltung
- hoher Aktualitätsgrad von Geschäftsprozessdaten
- beschleunigte Beschaffungsprozesse.

Nachteile sind die notwendige Anpassung der Unternehmensabläufe sowie die Rechtsunsicherheit bei digitalen Verträgen.

Aus dem Bereich der Automobilindustrie wurden ab dem Jahr 2000[101] strategische Allianzen für „**virtuelle Marktplätze**" gebildet (General Motors, Ford, DaimlerChrysler, Renault/Nissan, zusammen 245 Mrd. € Einkaufsvolumen im Jahr 2000): Mit Hilfe des Internets werden Bedarfe ausgeschrieben und nach Geboten der Lieferanten schließlich als Bestellung vergeben (Dieser gemeinsame „Marktplatz" ist unter dem Namen COVISINT[102] etabliert worden).

---

[100] Literatur siehe: [DANZ02, Stra04, Thom00, Wirt02]

[101] vgl.: Lamparter, D. H.; Lautes Marktgeschrei. Das Internet soll die Zusammenarbeit zwischen Autoherstellern und Zulieferern revolutionieren. Die Zeit Nr. 11 vom 09. 03. 2000, S. 28

[102] www.covisint.com

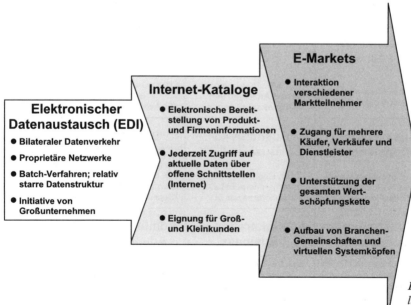

Elektronischer Datenaustausch (EDI)
- Bilateraler Datenverkehr
- Proprietäre Netzwerke
- Batch-Verfahren; relativ starre Datenstruktur
- Initiative von Großunternehmen

Internet-Kataloge
- Elektronische Bereitstellung von Produkt- und Firmeninformationen
- Jederzeit Zugriff auf aktuelle Daten über offene Schnittstellen (Internet)
- Eignung für Groß- und Kleinkunden

E-Markets
- Interaktion verschiedener Marktteilnehmer
- Zugang für mehrere Käufer, Verkäufer und Dienstleister
- Unterstützung der gesamten Wertschöpfungskette
- Aufbau von Branchen-Gemeinschaften und virtuellen Systemköpfen

Bild 8.57: Entwicklung des E-Commerce [Thom00]

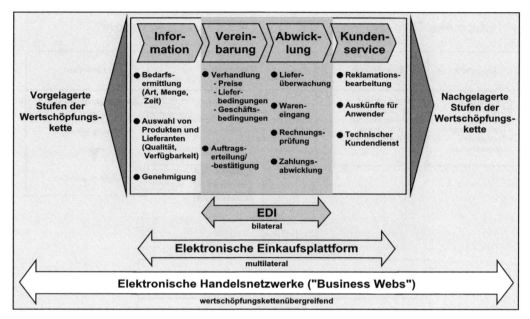

Bild 8.58 Entwicklung des B2B [Thom00]

Mit derartigen „elektronischen Auktionen" wird der Trend zu ausgeprägten engen und dauerhaften Partnerschaften innerhalb der Beschaffungslogistik wieder umgekehrt: dem möglichst niedrigen Beschaffungspreis wird ein höherer Stellenwert eingeräumt; wechselnde Bezugsquellen müssen dann akzeptiert werden. Andere Automobilhersteller als die vier oben genannten sehen das Vorgehen offenbar auch eher kritisch und halten es nur für die Beschaffung einfacher Teile für sinnvoll. Problematisch aus der Sicht der Zulieferer ist auch, dass voraussichtlich unterschiedliche Softwaresysteme zum Einsatz kommen werden, weil sich andere Automobilhersteller für eigene Lösungen entschieden haben. Auch Automobilzulieferer sind mit elektronischen Marktplätzen im Internet vertreten: So haben z. B. die Firmen Robert Bosch GmbH, Continental AG, INA Werk Schaeffler oHG, SAP AG und ZF Friedrichhafen im Jahre 2000 einen elektronischen Marktplatz unter dem Namen „SupplyOn"[103] etabliert. Neben Funktionalitäten für Einkauf und Verkauf (Bild 8.59) kann über SupplyOn z. B. auch ein Lieferantenlager beim Kunden verwaltet werden –

SupplyOn realisiert damit auch Funktionen des Supply-Chain-Managements[104]. Ebenso sind Möglichkeiten zum Datenaustausch zwischen Lieferant und Kunde mittel WebEDI (siehe Abschn. 6.5) vorhanden, und es können Dokumente (Zeichnungen, Unterlagen, Normen usw.) zu den Produkten verwaltet werden.

Eine weitere Strategie zur Senkung der Beschaffungskosten zeichnet sich mit dem „E-Procurement"[105], Bild 8.60, ab. Hierbei wird die Beschaffung von Büro-, Labor- und Verbrauchsmaterial vom (Zentral-)Einkauf in die Fachabteilungen delegiert. Über von speziellen Kataloganbietern ins Intranet gestellte Kataloge, deren Inhalt unternehmensspezifisch gestaltet wird, können die Mitarbeiter der Fachabteilungen im Rahmen ihrer Budgets ohne Beteiligung der Einkaufsabteilung ein meist limitiertes Sortiment ordern. Die Lieferung erfolgt über Paket- oder Kurierdienste direkt

---

[103] www.supplyon.com
[104] www.supplyon.com/gen_6456.html, 09. 03. 2005
[105] procurement (engl.): (Geschäfts-)Besorgung, Vermittlung

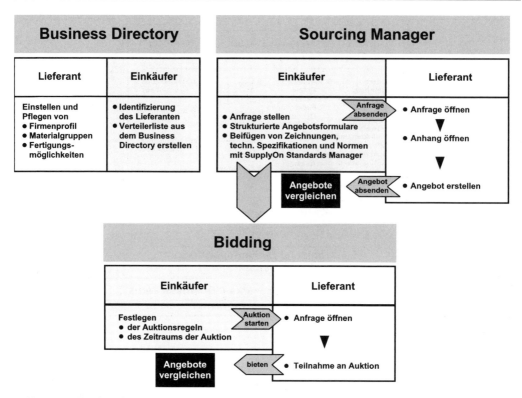

Bild 8.59: Einkaufs- und Verkaufs-Funktionalitäten von SupplyOn [Werkbild: SupplyOn]

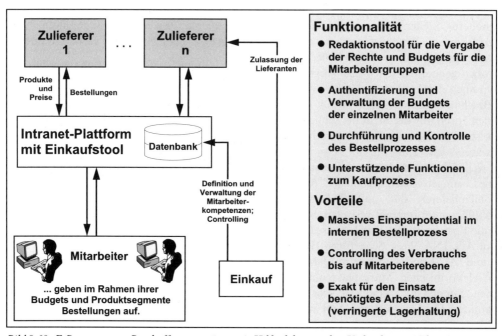

Bild 8.60: E-Procurement: Beschaffungsvorgänge mit Hilfe elektronischer Verbindungen [Thom00]

an die Bedarfsträger unter Umgehung von Wareneingang und Lager. Auch der Zahlungsverkehr zu den Bestellungen wird weitgehend automatisch abgewickelt. Aufgabe des Einkaufs ist lediglich noch die Vereinbarung von z. B. umsatzabhängigen Rabatten.

Ein derartiges Projekt läuft beim Chemiekonzern Bayer: Hier sollen Mitarbeiter von Fachabteilungen ohne Beteiligung des Einkaufs direkt vom PC aus über Internet in elektronischen Katalogen bestellen, die von Dienstleistern über das Angebot zahlreicher Lieferanten bereit gestellt werden. Bestellung, Lieferungsverfolgung und Zahlung werden per „E-Procurement"[106] erledigt. Ziele sind die **Senkung der gesamten Einkaufskosten** um ca. 8 %, die **Verkürzung der Beschaffungsfrist** von durchschnittlich 7,3 Tagen auf zwei Tage sowie **günstigere Einkaufspreise** durch Bedarfsbündelung auf weniger Lieferanten. Bayer kooperiert mit 32 Katalogdienstleistern, die 500 Hersteller vertreten und insgesamt 120.000 Artikel vertreiben. Eine Verdopplung der per Katalog bestellbaren Artikelanzahl wird angestrebt. Es geht um Artikel wie Büro- und Laborbedarf,

Armaturen, Werkzeug und Büromöbel. Als Ziel genannt wird auch die Entlastung des zentralen Einkaufs von aufwändigen Beschaffungsvorgängen, um dadurch Kapazitäten für das strategische Beschaffungsmanagement zu gewinnen.

Zum Abschluss zeigt Bild 8.61 die Merkmale und ihre Ausprägungen von E-Markets. COVISINT ist als **Einkaufsplattform** anzusehen, das dargestellte E-Procurement lässt sich als **Marktplatz** bezeichnen, und die Zulieferplattform SupplyOn ist demnach als **Fachportal** einzuordnen.

Zum Abschluss dieses Kapitels zeigt Bild 8.62 die wesentlichen beschaffungsrelevanten Einflussfaktoren für den Unternehmenserfolg.

---

[106] o.Verf.; Fitnesstraining für Einkauf per Internet – Bayer AG verschreibt Beschaffungswesen eine Intranet-Kur; Computer@Produktion (2000) H. 8, S. 28/29

	Einkaufsplattform	Marktplatz	Fachportal
Funktion	Einkauf	Einkauf/Verkauf	Verkauf/Marketing/Service
Nachfrager	Wenige, konzentrierte Nachfrager als Organisatoren	Viele Nachfrager, neutraler Organisator	Viele fragmentierte Nachfrager
Anbieter	Wenige bis viele Anbieter	Viele Anbieter	Wenige Anbieter als Organisatoren
Schwerpunkt	Produkte und Effizienz im Vordergrund	Preise und Effizienz im Vordergrund	Kundenbedürfnisse und -bindung im Vordergrund
Öffnung	Weitgehend offen für Lieferanten	Offen für alle	Ausgewählte Partner
Ziel	Kostensenkung	Erzielung von Transaktionsgebühren	Umsätze/Kundenbindung

Bild 8.61: Mögliche Ausprägungen der E-Markets (nach [Thom00])

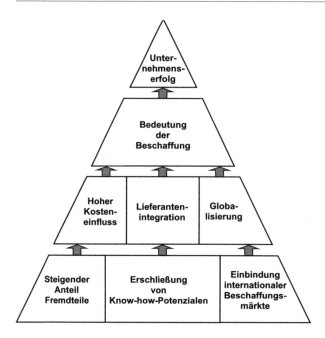

Bild 8.62: Wesentliche beschaffungs-
relevante Einflussfaktoren auf
den Unternehmenserfolg [Bart00]

8.9   Aufgaben zu Kapitel 8

Aufgabe 8.1: Die Fertigungstiefe in der Automobilindustrie liegt weltweit zwischen 20 und 40 %. Nennen Sie dafür Gründe!

Lösung: Von der Fertigungstiefe ist u. a. die Durchlaufzeit eines Auftrags abhängig – kurze Durchlaufzeiten sind bei geringer Fertigungstiefe leichter zu erreichen. Durch stärkere Einbindung von Lieferanten kann auf deren (Spezial-)Know-how zugegriffen werden. Werden Entwicklungsaufgaben vom Lieferanten durchgeführt, sinken auch die Entwicklungszeit und der Entwicklungsaufwand für neue Produkte. Auch Vorteile in der Kostenstruktur der Lieferanten und der Wettbewerb zwischen den Zulieferern kann für günstige Beschaffungskosten ausgenutzt werden. Bei der Fremdbeschaffung von Teilen und Komponenten werden Fixkosten zu variablen Kosten, d. h., bei geringer Auslastung fallen sie nicht an.

Aufgabe 8.2: Beim „Multiple Sourcing" versucht man, günstige Bezugspreise und hohe Versorgungssicherheit durch Einkauf eines Teils oder einer Baugruppe bei mehreren Lieferanten zu erreichen. Warum geht man zunehmend zum „Single Sourcing" über, d. h. zum Einkauf eines Teils oder einer Baugruppe bei jeweils nur noch einem Lieferanten?

Lösung: Single Sourcing eröffnet die Möglichkeit einer stärkeren Einbindung des Lieferanten, z. B. durch bessere Abstimmung der Logistiksysteme und des Qualitätsmanagements. Transaktionskosten des Einkaufs z. B. für Bezugsquellenermittlung, Angebotseinholung, Angebotsvergleich, Bestellabwicklung usw. entfallen. Multiple Sourcing ist eher beim Teilezukauf umsetzbar; je komplexer die beschafften Komponenten und Baugruppen sind, umso schwieriger ist Multiple Sourcing durchführbar.

Aufgabe 8.3: Welche Vorteile sind mit dem „E-Procurement" als „B2B"-Lösung beim Einkauf von z. B. Büro- und Verbrauchsmaterial verbunden?

Lösung: Beim „B2B" für Büro- und Verbrauchsmaterial werden insbesondere die Transaktionskosten des Einkaufs, des Wareneingangs, des Lagers und der Finanzbuchhaltung vermindert, da die Beschaffungsvorgänge über das Internet direkt durch die Fachabteilungen als Bedarfsträger ausgelöst und weitgehend über automatischen Datenaustausch z. B. bei Fakturierung und Bezahlung abgewickelt werden.

Aufgabe 8.4: Welche Gründe gibt es für die Anlage von Lieferantenparks (Lieferanten und evtl. deren Vorlieferanten siedeln sich z. B. in der Nähe eines Automobilwerks an)?

Lösung: Durch die örtliche Nähe der Lieferanten zum Abnehmer sind Lieferungen just in time ohne wesentliche Risiken von Transportstörungen möglich. Lager- und Transportkosten können optimiert werden. Da Lieferantenparks durch Investoren errichtet und an die Nutzer vermietet werden, ist das Investitionsrisiko für die Lieferanten minimiert.

Aufgabe 8.5: Schätzen Sie ab, welche Menge an Blechcoils pro Tag an das Presswerk eines Automobilherstellers mit einer täglichen Kapazität von 1000 Mittelklasse-Pkw zu liefern sind!

Lösung: Die Rohkarosse eines Mittelklasse-Pkw hat eine Masse von etwa 500 kg. Rechnet man mit etwa 20 % Zukauf von Pressteilen und 40 % Stanzabfall müssen demnach ca. [(0,5 t – 0,2 · 0,5 t) · 1000]/0,6 ≈ 670 t Blechcoils pro Werktag angeliefert werden. Das sind etwa 12 bis 15 beladene Güterwagen. 270 t Stanzabfall müssen übrigens täglich entsorgt werden (entsprechend etwa sechs Güterwagen).

Aufgabe 8.6: Ein Pkw-Hersteller hat zur Gewichtseinsparung bei einem Kleinwagen die Türen aus einem Magnesiumträger mit einer SMC-(Sheet-Moulded-Compound-)Kunststoff-Außenhaut konzipiert. Die Türen sollen von einem Zulieferer endlackiert und einbaufertig in die Pkw-Endmontage geliefert werden. Welche Überlegungen können zu diesem Entschluss geführt haben?

Lösung: Für diese Entscheidung können viele Gründe ausschlaggebend gewesen sein:

- Der Pkw-Hersteller hat kein eigenes Knowhow bei der Herstellung und Verarbeitung von Magnesium- und/oder SMC-Bauteilen.
- Es stehen keine Investitionsmittel für entsprechende Anlagen zur Verfügung.
- Es fehlt an Fertigungsfläche im Werk des Pkw-Herstellers.
- Der Pkw-Hersteller hat keine Anlagen- und Personalkapazität und will beides im Zuge der Fertigungstiefen-Verringerung auch nicht aufbauen.
- Das Logistiksystem kann bei einbaufertiger Lieferung erheblich einfacher aufgebaut sein als bei Eigenfertigung (und Bezug der Einzelteile).
- Der Angebotspreis des Zulieferers liegt niedriger als die Herstellkosten im eigenen Haus.
- Die Variantenvielfalt bei diesem AG-Teil (teuer, groß) ist sehr hoch; es bietet sich eine Just-in-time-Lieferung an.
- Die Kooperation mit dem Zulieferer ist bereits erprobt und erfolgreich, so dass sich eine weitere enge Zusammenarbeit anbietet.
- Die Durchlaufzeit wird durch die einbaufertige Anlieferung verringert, die Flexibilität am Markt erhöht.

Aufgabe 8.7: Ein Pkw-Hersteller will für einen neuen Mittelklasse-Pkw Sitzgarnituren einbaufertig von einem Zulieferer just in time beziehen. Welche Voraussetzungen sind für eine erfolgreiche Just-in-time-Logistik erforderlich?

Lösung: Sitzgarnituren gehören in erster Näherung zu den AGX-Teilen, so dass eine wichtige Voraussetzung erfüllt ist. Folgende weitere Voraussetzungen sollten erfüllt sein:

- Der Zulieferer liefert zuverlässig und in der erforderlichen, gleichbleibenden Qualität.

● Die Gesamtkosten der Logistikkette sind nicht höher als bei konventioneller Anlieferung (und Lagerung).

● Die Informations- und Steuerungssysteme von Pkw-Hersteller und Zulieferer sind (werden) verknüpft zur Bedarfsmeldung an den Zulieferer.

● Die Zeit vom Erkennen des Bedarfs bis zum Sitzeinbau ist ausreichend lang für die Fertigung eines Transportumfangs, die Beladung, den Transport sowie den Umschlag und die Zustellung an den Verbauort.

● Der Zulieferer ist in der Nähe des Abnehmers angesiedelt (Entfernung z. B. kleiner als 40 km).

● Die Straßenverbindung ist nicht stauanfällig; es gibt mindestens eine Ausweichverbindung.

Aufgabe 8.8: Ein Nutzfahrzeughersteller bietet seine Produkte mit einer Vielzahl von Getriebevarianten an. Die Getriebe werden im eigenen Hause hergestellt, die unbearbeiteten Guss-Rohgehäuse in zwölf Varianten von außen bezogen. Aus Gewichtsgründen sollen die Gehäuse zukünftig aus Aluminium gegossen werden. Bei den Aluminium-Gussteilen beträgt die Ausschussquote durch Lunker mehr als 20%, wobei die Lunker erst bei der mechanischen Bearbeitung festgestellt werden. Zur Verringerung der Lagerbestände (Kapitalbindung, Lagerplatz) sollen die verschiedenen Roh-Gehäuse just in time angeliefert werden. Wie ist diese Vorgabe zu beurteilen?

Lösung: Bei dieser geplanten Just-in-time-Beschaffung ist eine wesentliche Voraussetzung nicht erfüllt: Die hohe Qualität. Wenn Ausschuss erst bei der mechanischen Bearbeitung entdeckt wird, müsste auf gleichartige Teile zurückgegriffen werden können, um Produktionsausfälle oder Umplanungen zu vermeiden. Wenn die Ausschussquote nicht drastisch gesenkt werden kann, verbietet sich in diesem Falle die Just-in-time-Anlieferung der Gehäuse. Es ist im übrigen fraglich, ob der logistische Aufwand wirtschaftlich ist, da die Roh-Gussgehäuse einen niedrigen Anarbeitungsgrad besitzen.

Aufgabe 8.9: Ein Pkw-Hersteller bietet Fahrzeuge mit in der Außenfarbe lackierten Stoßfängern an (7 Farben). Die Stoßfänger gibt es jeweils in den Varianten „Standard", „integrierte Nebelscheinwerfer", „integrierter Frontspoiler" sowie „integrierte Nebelscheinwerfer und Frontspoiler". Die Blinkleuchten sind bei allen Varianten im Stoßfänger montiert. Die Stoßfänger sollen komplett vom Zulieferer bezogen und just in time angeliefert werden. Die Zeit von der Bedarfserkennung (Aufsetzen der Karosse aufs Montageband) bis zum vorgesehenen Montagetakt beträgt 144 min; die max. Montagezeit der Stoßfänger ist zu 128 min berechnet (davon 92 min für Lackieren und Trocknen). Die Straßenentfernung Zulieferer – Montagewerk beträgt 17 km. Wie könnte das Logistiksystem gestaltet werden?

Lösung: Den Stoßfänger gibt es in insgesamt 28 Varianten. Für den Transport müssen etwa 20 bis 25 min veranschlagt werden, so dass bei der umfangreichsten Variante Fertigungs- plus Transportzeit schon fast so lang wie die zur Verfügung stehenden 144 min sind, die aber auch noch für Beladung und Zustellung ausreichen müssen. Es bleibt daher nur die Möglichkeit, lackierte Stoßfänger (in den sieben Varianten) vorzufertigen. Die Montagezeit beträgt höchstens 128 min – 92 min = 36 min, so dass in den 144 min die Fertigmontage der lackierten Stoßfänger, die Beladung des Lkws (einschließlich Konsolidierung eines gewissen Transportumfangs), der Transport, sowie Entladung und Zustellung an den Verbauort bewerkstelligt werden können.

9   Produktionslogistik

In diesem Kapitel sollen die Organisationsformen der Fertigung und Montage im Auto-
mobil- und Fahrzeugbau beleuchtet werden[107].
Auf die eingesetzte Fertigungs- und Montagetechnik wird hier nicht eingegangen.[108]

> **Produktion** ist ein Wertschöpfungsprozess,
> in dem aus einfachen oder komplexen
> Input-Gütern über verschiedene Wertschöp-
> fungsstufen Output-Güter erzeugt werden.
>
> Die **Produktionslogistik** gestaltet, plant,
> steuert und überwacht den Materialfluss
> vom Rohmateriallager der Beschaffung
> über die Stufen des Fertigungs- und Mon-
> tageprozesses bis hin zum Fertigwarenlager
> [Klau00].

War in der Vergangenheit als wichtigstes Ziel
der Produktion z. B. eine **hohe Auslastung der
kostenintensiven Anlagen** gefragt, so haben sich
heute die Prioritäten verschoben: **Geringe Bestände, kurze Durchlauf- und Lieferzeiten** sowie
hohe Flexibilität heißen die Ziele in der Produktion. Dieser Zielverschiebung muss sich die
Produktion durch neue Organisationsformen
anpassen. Dennoch darf neben den genannten
Zielen auch die Produktivität nicht aus den
Augen verloren werden:

$$\text{Produktivität} = \frac{\text{Output}}{\text{Input}} = \frac{\text{Ausbringung}}{\text{Einsatz}}$$

Die Produktivität stellt Ausbringungsgrößen,
z. B. die Anzahl der hergestellten Produkte, in
Relation zum Ressourceneinsatz, z. B. zur Anzahl der aufgewendeten Arbeitsstunden:

Arbeitszeitproduktivität

$$= \frac{\text{Erzeugte Produktionsmenge}}{\text{Aufgewendete Arbeitsstunden}}$$

Die Produktivität hat für sich allein keine Aus-
sagekraft; sie wird erst sinnvoll beim Vergleich
unterschiedlicher Leistungserstellungsprozesse
[Lück83].

Die Autoren des Bildes 9.1 führen in Analogie
zur Leistung einer Antriebsmaschine den Begriff der **Leistung der Produktion** ein, ohne ihn
genau zu definieren. Dennoch zeigt Bild 9.1
anschaulich, welche Leistungsarten der Produktion zu einem Wertzuwachs des Produktes
für das Unternehmen und den Kunden führen
und welche nicht. Ausgehend von der Überlegung, dass der Kunde nur bereit ist, die
„Nutzleistung" zu honorieren (nur die Nutzleistung erhöht den Wert des Produkts im
Laufe des Produktionsprozesses), muss es das
Ziel der Produktionslogistik sein, Nutzleistung
und Scheinleistung zu optimieren. Scheinleistung ist nicht völlig vermeidbar. Blindleistung
und besonders Fehlleistung müssen dagegen
unbedingt vermieden werden. Viele Logistikleistungen gehören zur Scheinleistung (z. B.
Transport, Wareneingang) oder sogar zur Blindleistung (z. B. Zwischenlager, Transport zu und
von Puffern).

Die Festlegung der anforderungsgerechten Organisationsform ist ein Teilgebiet der Fabrikplanung, die neben der Arbeitsplanung eine
Teilaufgabe der Produktionsplanung ist. Ausgehend vom Produktionsprogramm zeigt Bild
9.2 eine Übersicht der **Einflussfaktoren auf die
Organisationsform eines Produktionsunternehmens**, unterteilt in technische, wirtschaftliche
und marktseitige Einflüsse. So ist z. B. technisch von Bedeutung, wie hoch der Ähnlich-
keitsgrad der Erzeugnisse innerhalb des Produk-
tionsprogramms ist. Beachtet werden müssen
z. B. auch die Größe und die Transportierbar-
keit des Produktes sowie besondere technologische Anforderungen wie Oberflächengüte
und erforderliche Toleranzen. Wirtschaftlich

---

[107] Literatur zu Kap. 9: [Aggt90, Binn04, Ever89,
Ever96, Gumm99, Hein91, Koet01a, Küpp95,
REFA90, REFA96, Spur94, Stie99, Wenz01,
Wien05]

[108] Literatur zur Fertigungs- und Montagetechnik
siehe z. B.: [Frit95, Kief05, Kono03, Tsch91]

spielt z. B. die Fertigungstiefe eine Rolle, ebenso die Losgröße, d. h. die Auftragsmenge, in der ein Produkt hergestellt wird. Auch Wiederholhäufigkeit gleichartiger Aufträge ist von Bedeutung. Marktseitige Einflüsse können z. B. sein die Anzahl parallel zu produzierender unterschiedlicher Produkte sowie die Änderungsgeschwindigkeit eines Produktes, also z. B.

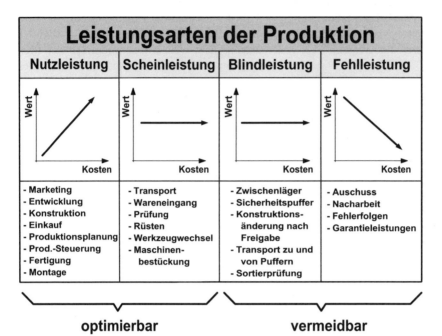

Bild 9.1: Leistungsarten der Produktion (nach [Kamiske, G. F.; Tomys, A.-K.; Qualitätsmanagement verbessert den Wirkungsgrad der Produktion; ZwF 88(1993) H. 1, S. 41–43])

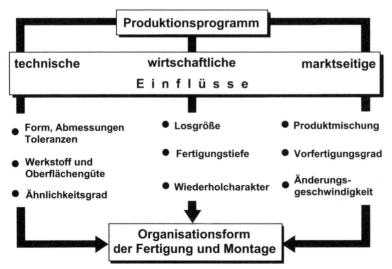

Bild 9.2 Einflussfaktoren aus dem Produktionsprogramm auf die Organisationsform der Fertigung und Montage [Wien05]

die erwartete Modelllaufzeit. Wichtig ist auch, ob bestimmte gleichartige Komponenten oder Baugruppen auf Lager gefertigt werden können. Im Laufe der letzten Jahrhunderte haben sich eine Vielzahl von Organisationsformen der Produktion entwickelt, in denen jeweils die wesentlichen Komponenten – Werkstück, Mensch und Betriebsmittel – einander zugeordnet sind.

9.1 Grundformen der Fertigung

Der Begriff „Fertigung" soll hier die **Herstellung von Einzelteilen und Komponenten** bezeichnen. Eine praxisnahe Einteilung der Organisationstypen ergibt sich aus der Betrachtung der räumlichen Struktur von Fertigungsprinzipien. Bild 9.3 zeigt die wesentlichen Prinzipien mit ihren Ordnungskriterien und häufigen Beispielen. Die Fertigung nach dem **Verrichtungs-** **prinzip (Werkstättenfertigung)** und nach dem **Fließprinzip (Erzeugnisprinzip)** sind immer noch die häufigsten Organisationsformen in der industriellen Fertigung. Zunehmend gewinnen jedoch Organisationsformen mit hoher Flexibilität bezüglich Variantenvielfalt und Losgröße an Bedeutung. Dies ist durch das immer stärkere Eingehen auf Kundenwünsche bedingt.

Historisch gesehen haben sich alle Organisationsformen aus der handwerklichen Werkstatt, Bild 9.4, entwickelt. Hierbei herrscht das **Werkbankprinzip** vor, d. h., ein Mitarbeiter stellt ein komplettes Produkt an seiner Werkbank her. Er übernimmt auch wesentliche Aufgaben der Arbeitsplanung und holt sich das benötigte Material aus dem Lager. Der Meister führt Leitungsfunktionen aus, kommuniziert mit Kunden und Lieferanten, plant, kalkuliert und disponiert. Das Werkbankprinzip findet man in der Industrie in Bereichen, in denen Erzeugnisse in Einzelstücken oder kleinen

Ordnungskriterium	Fertigungsprinzip	Räumliche Struktur	Beispiele
Mensch	Werkbankprinzip	S S S / AG Mensch AG	Handwerkliche Arbeitsplätze, Werkzeugmacherei
Produkt	Baustellenprinzip	Stationen / Mensch — Arbeitsgegenstand (Baustelle) — Material / Abfall	Großmaschinen-, Schiffs- und Industriebau
Arbeitsaufgabe	Verrichtungsprinzip oder Werkstättenprinzip	S S S AG Dreherei / S S S AG Bohrerei	Dreherei Bohrerei Schweißwerkstatt
Arbeitsfolge	Fließprinzip oder Erzeugnisprinzip	S S S S / AG ———— AG	Automobil- und Elektroindustrie (Massenfertigung)

S = Station (Maschine, Arbeitsplatz)   AG = Arbeitsgegenstand (Werkstück, Material)

Bild 9.3: Ordnungskriterien für die räumliche Struktur industrieller Fertigungsprinzipien (nach [Wien05])

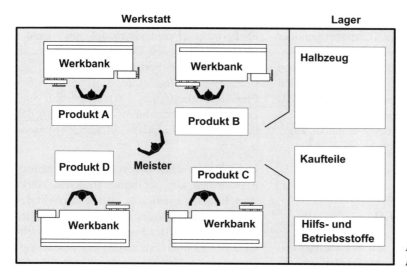

Bild 9.4: Handwerkliche Fertigung

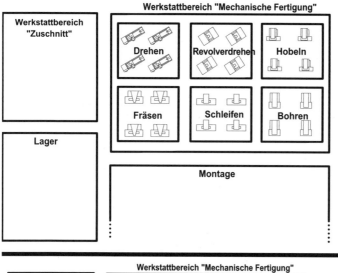

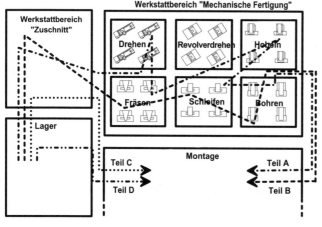

Bild 9.5: Werkstättenfertigung; oben: Anordnung; unten: Teiledurchlauf

Stückzahlen hergestellt werden, bei Pkw-Herstellern z. B. im Prototypen- oder Musterbau sowie im Werkzeug- und Vorrichtungsbau.

Beim **Baustellenprinzip** ist der Arbeitsgegenstand ortsfest (siehe auch Baustellenmontage in Abschnitt 9.2). Mitarbeiter, Arbeitsstationen und Material werden zu dieser Baustelle entsprechend dem Arbeitsfortschritt transportiert. Beispiele sind z. B. die die Errichtung von Fabrikhallen, die Erstellung komplexer Fertigungsanlagen in der Automobilindustrie oder der Bau einer Speziallokomotive. Wesentliches Problem ist die Koordination aller Vorgänge; schwierig ist auch der Transport von Werkzeug und Maschinen zur Baustelle

Die **Werkstättenfertigung**, Bild 9.5, ordnet die Arbeitsplätze nach Maschinengruppen gleicher Bearbeitungsverfahren an (Schleiferei, Dreherei, usw.). Die Werkstücke werden einzeln oder in Losen von Bearbeitung zu Bearbeitung transportiert. Die Werkstättenfertigung besitzt eine hohe Flexibilität bezüglich unterschiedlicher Werkstücke und Arbeitsfolgen. Der Anteil der Liege- und Transportzeiten an der Durchlaufzeit ist jedoch sehr hoch, da die Werkstücke losweise an den Einzelmaschinen bearbeitet werden – die meist hohen Rüst-

kosten zwingen zur Zusammenfassung von Auftragsbedarfen zu Losen.

Der Materialfluss innerhalb der Werkstättenfertigung ist ungerichtet *(Bild 9.5 unten)*. Da Lose vor und nach der Bearbeitung warten müssen, kommt es zu langen Durchlaufzeiten, Bild 9.6. Die Wartezeiten vor und nach Bearbeitung nehmen mit wachsender Losgröße zu. Oft beträgt die Summe der Bearbeitungszeiten unter 5 % der Durchlaufzeit, d. h., die Warte-, Transport- und Liegezeiten überwiegen bei Weitem. Die Steuerung des Materialflusses innerhalb einer Werkstättenfertigung ist aufwändig, da jedes Los von Werkstücken jeweils eine bestimmte Abfolge von Bearbeitungsschritten an unterschiedlichen Maschinen erfordern kann. Nachteilig für die Qualität der Erzeugnisse ist außerdem die geteilte Zuständigkeit der Werker, weil nacheinander mehrere Personen an der Herstellung eines Werkstücks beteiligt sind.

Im Gegensatz dazu wird die Fertigung beim **Fließprinzip** nach den Arbeitserfordernissen des Erzeugnisses aufgebaut (Bild 9.7). Die Arbeitsplätze bzw. Bearbeitungsstationen sind dabei gemäß der Arbeitsfolge einzelner Werkstücke angeordnet; hohe Liege- und Trans-

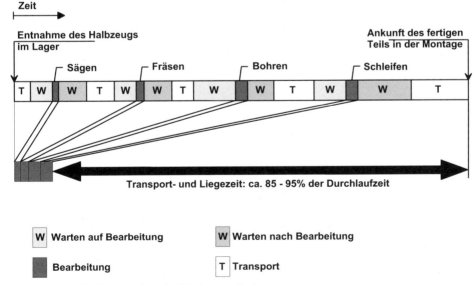

Bild 9.6: Durchlaufzeitanteile in der Werkstättenfertigung

portzeiten entfallen. Bei der Fließfertigung sind zwar die Teiledurchlaufzeiten sehr kurz, jedoch ist die Anlage immer auf ein bestimmtes Werkstück eingerichtet. Technische Änderungen (Produktvarianten) sind demzufolge mit hohem Aufwand für Umrüstungen verbunden. Eine ausreichende Auslastung der Anlage muss außerdem wegen der meist hohen Investitionen sichergestellt werden. Um bei Ausfall oder Störung einer Bearbeitungsstation einen Ausfall der Gesamtanlage zu vermeiden, werden zwischen den einzelnen Stationen meist Puffer vorgesehen, so dass Stationen vor und hinter einer gestörten Station eine Zeitlang in einen Puffer produzieren bzw. aus einem Puffer versorgt werden. Das Fließprinzip findet in der Automobilindustrie nach wie vor breite Anwendung, z. B. in der Aggregatefertigung (Motoren- und Getriebeteile) für Achsaufhängungskomponenten, Gelenkwellen und Felgen.

Um für die Einzel- und Kleinserienfertigung die hohe Flexibilität einer Werkstättenfertigung mit der kurzen Durchlaufzeit einer Fließfertigung zu verknüpfen, wurden neue Fertigungsprinzipien entwickelt. Voraussetzung hierfür ist die Bildung von Teilefamilien mit ähnlichem Arbeitsablauf (Beispiele für Teilefamilien: Bolzen mit Kopf; Blechgehäuse; Kurbelwellen). Außerdem mussten Maschinen mit minimierter Rüstzeit (automatischer Werkzeugwechsel) entwickelt werden.

Die **flexible Fertigungszelle** (Bild 9.8) besteht aus Ausführungssystem, Bereitstellungssystem und Steuerungssystem. Eine flexible Fertigungszelle führt die einzelnen Bearbeitungen durch, nimmt den Werkstückwechsel vor und prüft automatisch die Werkstückabmessungen mit entsprechender Werkzeugnachführung. In flexiblen Fertigungssystemen können einfache Teilefamilien in kleinen Losen bis herab zu Losgröße Eins bearbeitet werden. Es ist daher eine direkte Zusteuerung der Teile zu einer auftragsbezogenen Montage mit hoher Variantenvielfalt möglich [109].

Die **flexible Fertigungsstraße** (Bild 9.9) hat zusätzlich zu den Funktionen einer Fertigungszelle auch das Transportieren und Lagern (Puffern) der Werkstücke im System integriert.

---

[109] Zahlreiche Beispiele und Abbildungen zu den flexiblen Fertigungskonzepten finden sich in [Kief05].

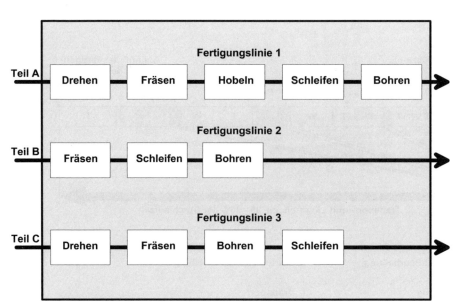

Bild 9.7: Teiledurchlauf in der Fließfertigung/Linienfertigung

Durch mehrere Bearbeitungsmaschinen ist die Herstellung komplexer Werkstücke aus einer Teilefamilie möglich. Dieses System ist hauptsächlich für hohe Stückzahlen bei starker Teileähnlichkeit geeignet (z. B. Getriebegehäuse; Kurbelwellen bzw. Nockenwellen für Verbren-nungsmotoren). Verzweigungen zwischen den Bearbeitungsstationen sind möglich. Zwischenpuffer können kurzfristige Störungen einzelner Stationen ausgleichen. Flexible Fertigungsstraßen erfordern hohe Investitionen; ihre Komplexität ist hoch.

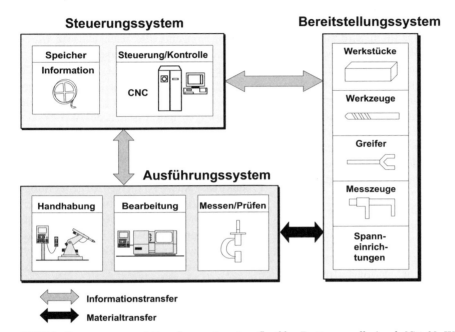

Bild 9.8: Komponenten und Grundkonzeption einer flexiblen Fertigungszelle (nach [Stie99, Wien05])

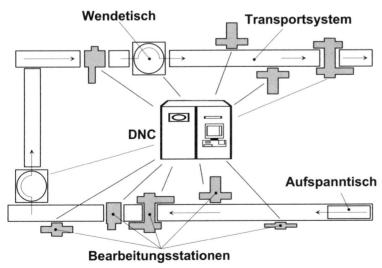

Bild 9.9: Grundkonzeption und Komponenten einer flexiblen Fertigungsstraße (nach [Stie99, Wien05])

Zwischen der flexiblen Fertigungsstraße und der flexiblen Fertigungszelle sind **flexible Fertigungssysteme** einzuordnen (Bild 9.10). Sie werden in ein- oder mehrstufige Systeme unterteilt. Eine Kombination aus beiden Systemen ist zusätzlich möglich. Beim einstufigen System hat jede Maschine die gleichen Bearbeitungsfunktionen und ist direkt mit einem Pufferlager verbunden. Dadurch wird eine hohe Flexibilität durch höhere Investitionen (Maschinen sind „Alleskönner") erreicht. Im mehrstufigen System herrscht eine Arbeitsteilung zwischen den Maschinen. Nach erfolgter Bearbeitung auf einer Maschine wird das Werkstück entweder an die nächste Maschine weitergeleitet oder im Zentrallager zwischengelagert. Je nach Teilemix und den dabei erforderlichen Arbeitsgängen können allerdings einzelne Maschinen Überlast oder schlechte Auslastung haben. Das kombinierte System erreicht durch Kombination von Ein-Verfahren-Maschinen mit „Alleskönnern" eine hohe Kapazitätsauslastung sowie durch den Einsatz „einfacherer" Maschinen geringere Investitionen gegenüber dem einstufigen System.

Flexible Fertigungssysteme beinhalten zusätzlich zu den Bearbeitungs- und Hilfsstationen auch Werkstück- und Werkzeuglager, Bild 9.11.

Die Steuerung aller Stationen erfolgt zentral durch einen Zellenrechner, der von einem übergeordneten Betriebsrechner mit Informationen (Aufträge, Teileinformationen, Werkzeuginformationen) versorgt wird. Erledigte Aufträge, Werkzeug- und Materialanforderungen sowie Störungen werden vom Zellenrechner an den Betriebsrechner gegeben. Da alle flexiblen Fertigungskonzepte die nachgelagerte Montage ohne (große) Puffer versorgen sollen, ist z. B. eine Messmaschine integriert; nur Teile ohne jegliche Qualitätsmängel werden weitergegeben. Die Waschmaschine entfernt Späne aus Bohrungen und Taschen des Werkstücks sowie Reste des Kühlschmiermittels.

Eine Weiterentwicklung der flexiblen Fertigungssysteme stellen sog. „Agile Intelligente Produktionssysteme" dar [Wenz01]. Sie ermöglichen eine Komplettbearbeitung vom Rohteil bis zum Fertigteil und zeichnen sich insbesondere durch hohe Umrüstflexibilität aus, erlauben also die wirtschaftliche Bearbeitung auch kleiner Lose. Besonderes Unterscheidungsmerkmal zu flexiblen Fertigungssystemen ist die Agilität, die Intelligenz des Systems im Bereich der Disposition durch eine hoch entwickelte Steuerung, z. B. zur Verbesserung der Produktivität durch Optimierung der Auf-

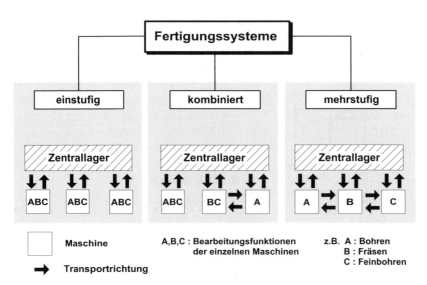

Bild 9.10: Grundkonzepte flexibler Fertigungssysteme (nach [Wien05])

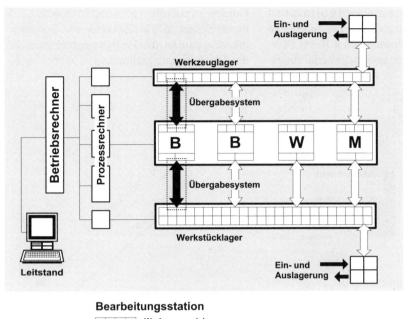

Bild 9.11: Prinzip eines flexiblen Fertigungssystems (nach [Wien05])

tragsreihenfolge und der Auslastung. [Wenz01] berichtet von einem Einsatz bei einem süddeutschen Automobilhersteller zur Herstellung von Motoren-, Getriebe- und Achsteilen in kleinen und mittleren Losgrößen bei kurzen Reaktionszeiten und Auftragsdurchlaufzeiten. Gefertigt werden Versuchsteile, Aufträge zur Anlauf-, Auslauf- und Spitzenlastabdeckung, Ersatz- und Rennsportteile sowie Teile für Kleinserienmotoren.

Eine Übersicht der verschiedenen automatisierten Fertigungskonzepte zeigt Bild 9.12. Als Kriterien dienen dabei die Teilevielfalt (Anzahl der Varianten) und das Produktionsvolumen (die Losgröße). Mit hoher Anzahl der Varianten muss die Flexibilität der eingesetzten Systeme steigen. Zu bedenken ist, dass heute in allen Branchen aufgrund von Kundenanforderungen die Anzahl der Produktvarianten zunimmt. Der harte Wettbewerb zwingt heute selbst Massenhersteller zu sog. Nischenprodukten, was zu sinkenden Stückzahlen führt.

Eine weitere, inzwischen besonders in Unternehmen mit Einzel- und Kleinserienfertigung angewendete Organisationsform der Fertigung (und auch der Montage) ist die **Fertigungsinsel** (bzw. Montageinsel). Ausgehend von einem gewissen Teilespektrum bzw. von einer Teilefamilie werden alle notwendigen Bearbeitungsstationen räumlich zusammengefasst. Die Mitarbeiter der Fertigungsinsel übernehmen zusätzlich (Bild 9.13) auch Funktionen der Arbeitsplanung, der Qualitätssicherung, der Logistik und Disposition sowie der Wartung. Dadurch kann ein wesentlicher Teil der sonst erforderlichen übergeordneten Planung und Steuerung eingespart werden (Bild 9.14). Durch die Komplettbearbeitung wird die Durchlaufzeit eines Auftrages entscheidend verkürzt. Nur Teile ohne Qualitätsmängel werden an die Montage weitergegeben. Fertigungsinseln benötigen durch den erweiterten Aufgabenumfang qualifizierte Mitarbeiter, die allerdings auch einfache Tätigkeiten wie Transport übernehmen müssen. Nachteilig ist ebenfalls die oft schlechte Auslastung einzelner Betriebsmittel innerhalb der Fertigungsinsel. Einsatzbereiche für Fertigungsinseln finden sich z. B. bei Pkw-Herstellern im Werkzeug- und Vorrichtungsbau sowie im Prototypen- und Musterbau. Für kleine Serien im Nutzfahrzeug- und Schienenfahrzeugbau ist die Fertigungsinsel auch für die Teilefertigung geeignet.

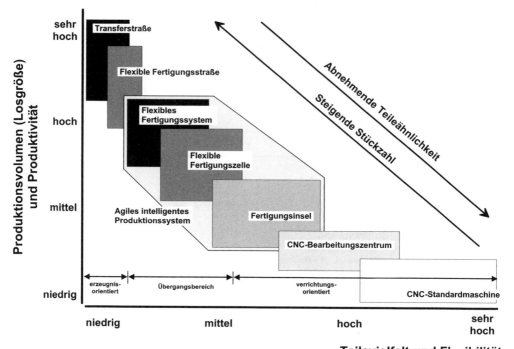

Bild 9.12: Einsatzmöglichkeiten unterschiedlicher Fertigungssysteme (nach [Stie99, Wenz01])

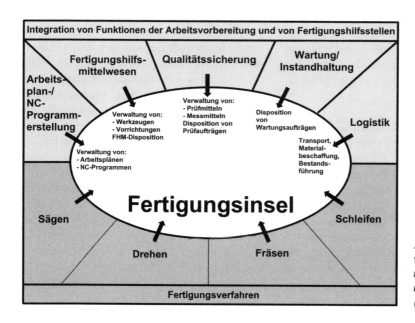

Bild 9.13: Integration von Funktionen der indirekten Bereiche in die Fertigungsinsel (nach [Stie99])

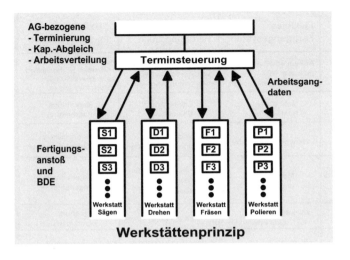

Werkstättenprinzip

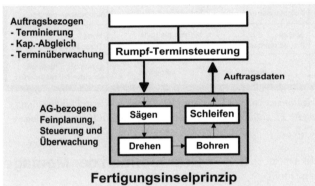

Fertigungsinselprinzip

Bild 9.14: Informationsgestaltung bei Werkstatt- und Fertigungsinselprinzip (nach [Ruffing, T.; Die integrierte Auftragsabwicklung bei Fertigungs- inseln – Grobplanung, Feinplanung, Überwachung; CIM-Management 8 (1992) H. 4, S. S13–S16])

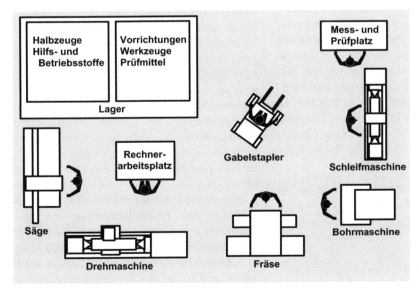

Bild 9.15: Beispiel für das Layout einer Fertigungsinsel

Struktur / Merkmale	Flexible Transferstraße	Flexibles Fertigungssystem	Flexible Fertigungszelle	Flexible Fertigungsinsel
Verkettung	Innenverkettung von NC- und DNC-Bearbeitungsstationen	Außenverkettung mehrerer NC-Bearbeitungsstationen	Einzelmaschine mit vollautomatisierter Ver- und Entsorgung	mehrere Einzelmaschinen unverkettet; NC-Maschinen durch konventionelle Arbeitsplätze ergänzt
Bearbeitungsstufen	Mehrstufige Bearbeitung	Mehrstufige Bearbeitung	Einstufige Bearbeitung	Mehrstufige Bearbeitung
Materialfluss	Transport getaktet	Transport ungetaktet	Automatische Maschinenbeschickung	Transport ungetaktet; manuell oder automatisch
	Materialfluss gerichtet	Materialfluss ungerichtet	Versorgung aus Pufferplatz oder aus Werkstückspeicher	Materialfluss ungerichtet
Informationsfluss	voll integriert/ automatisiert	voll integriert/ automatisiert	voll integriert	voll integriert/ teilautomatisiert
Flexibilität/ Automatisierungsgrad	begrenzte Anpassungsfähigkeit an verschiedene Aufgaben bei kurzer Rüstzeit; hoher Automatisierungsgrad	kein manuelles Rüsten für begrenztes Teilespektrum; hoher Automatisierungsgrad	geringer Rüstaufwand für umfangreiches Teilespektrum; hoher Automatisierungsgrad	hohe Anpassungsfähigkeit an große Werkstückvielfalt; mittlerer bis hoher Automatisierungsgrad
Autonomiegrad	keine Dispositionsautonomie	geringe Dispositionsautonomie	mittlere bis hohe Dispositionsautonomie	hohe Dispositionsautonomie
Kapitaleinsatz	hoch	hoch	mittelgroß	gering bis mittelgroß; schrittweise realisierbar

Bild 9.16: Vergleich flexibler Fertigungseinrichtungen (nach [Massberg, W.; Dezentralisierte Planungs- und Steuerungsstrukturen als Konsequenz steigender Flexibilitätsanforderungen an die Produktionsunternehmen; Automobil-Industrie 35 (1990) H. 3, S. 277–287])

Die Einrichtung von Fertigungsinseln erfordert nicht unbedingt hohe Investitionen (nicht zwangsläufig automatisierte Betriebsmittel!), so dass eine schrittweise Realisierung auch mit konventionellen (CNC-)Maschinen möglich ist. Nicht selten kann von der Werkstattfertigung durch geänderte räumliche Zusammenfassung vorhandener Betriebsmittel zur Fertigungsinsel-Organisation übergegangen werden. Bild 9.15 zeigt beispielhaft das Layout einer Fertigungsinsel für wellenartige Teile. Das Prinzip der Fertigungsinsel wird auch als **Gruppenfertigung** bezeichnet, da jeweils eine Gruppe ähnlicher Werkstücke (entsprechend einer Teilefamilie) bearbeitet werden kann.

Bild 9.16 fasst Struktur und Merkmale der besprochenen flexiblen Fertigungskonzepte noch einmal zusammen.

9.2   Grundformen der Montage

Zur Unterscheidung der Organisationsformen in der Montage (Bild 9.17) wird die Bewegungsstruktur herangezogen. Hierbei sind die relative Bewegung von Montageobjekt und Montagearbeitsplätzen zueinander entscheidend sowie der Bewegungstakt, der periodisch oder aperiodisch sein kann. Die **Baustellenmontage** (siehe auch Typ 1 in Bild 9.18) wird insbesondere bei großen oder unbeweglichen Objekten eingesetzt, z. B. im Schiffbau und Großmaschinenbau oder im Anlagenbau. Sie ist außerdem üblich bei sehr kleinen Stückzahlen von Montageobjekten. Ein oder mehrere Mitarbeiter sind längere Zeit ohne definierte Arbeitsaufteilung am stationären Objekt beschäftigt. Die Baustellenmontage erfordert qualifizierte Arbeitskräfte; der Aufwand für die Arbeitsplanung ist jedoch gering, da meist auf detaillierte Arbeitspläne verzichtet wird. Typische Einsatzfelder der Baustellenmontage

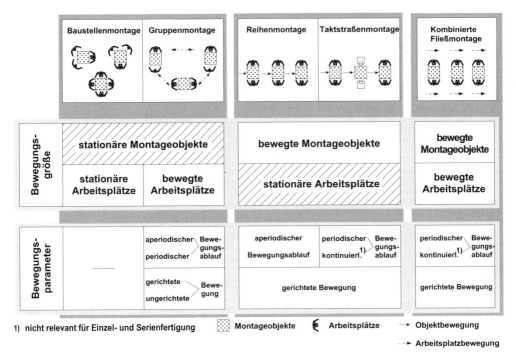

Bild 9.17: Organisationsformen der Montage [Wien05]

sind die Montage von Spezialfahrzeugen, z. B. Kranwagen, sowie die Überholung oder Generalreparatur von Lokomotiven.

Die **Gruppenmontage** (Typ 2 in Bild 9.18) findet sich bei der Montage kleiner Serien gleichartiger oder ähnlicher Objekte, die sich aufgrund von Größe oder Gewicht nur schwer bewegen lassen, z. B. im Lokomotivbau und bei der Montage von Sonderaufbauten für Lkw und Omnibusse. Die Montageobjekte sind festen Montageplätzen zugeordnet; die Mitarbeiter erledigen einen bestimmten Montageumfang (z. B. bei Lokomotiven Einbau des Führerstandes) und bewegen sich dann einschließlich ihrer Betriebsmittel an das nächste Montageobjekt zur Ausführung des entsprechenden Montageumfangs.

Reihenmontage und **Taktstraßenmontage** (Bild 9.17) sind durch bewegte Montageobjekte („Montageband") und stationäre Arbeitsplätze gekennzeichnet. Beide werden gemeinsam auch als Fließmontage bezeichnet. Die Reihenmontage (Typ 3 und 4 in Bild 9.18) kennt

keinen Taktzwang, d. h., die Montageobjekte werden nach Erledigung der einem Arbeitsplatz zugewiesenen Montagevorgänge manuell, bei Typ 4 auch automatisch über z. B. FTS oder EHB an den nächsten Arbeitsplatz transportiert. Zwischen den einzelnen Arbeitsplätzen sind Pufferplätze angeordnet. Diese Organisationsform wird sowohl in Vormontagebereichen (Lkw-Getriebe und -Achsen) als auch bei kleinen und Mittelserien (Lkw, Omnibusse, Schienenfahrzeuge) in der Endmontage angewendet.

Bei der **Taktstraßenmontage** nach Typ 5 und Typ 6 in Bild 9.18, die in der Automobil- und der Hausgeräteindustrie häufig realisiert ist, wird das Montageobjekt von einem Fördersystem tragend oder hängend aufgenommen und kontinuierlich oder periodisch weiterbewegt. Manuelle Arbeitsplätze und Automatikstationen können bei Typ 5 kombiniert sein. Die Arbeitsteilung ist stark ausgeprägt. Durch die genaue Aufteilung der Montageumfänge auf die Mitarbeiter eines Taktes ist der Aufwand für die Arbeitsplanung im Vorfeld

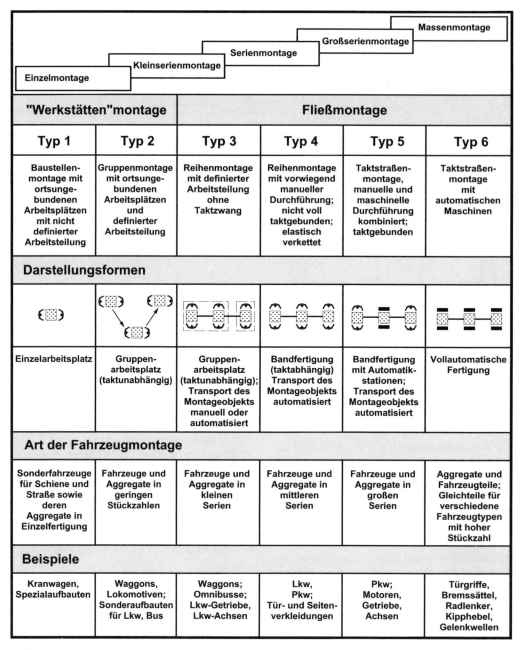

Bild 9.18: Montagestrukturen (nach [REFA96])

The figure contains the following structured content:

Top overlapping labels (left to right): Einzelmontage, Kleinserienmontage, Serienmontage, Großserienmontage, Massenmontage

"Werkstätten"montage			Fließmontage		
Typ 1	**Typ 2**	**Typ 3**	**Typ 4**	**Typ 5**	**Typ 6**
Baustellenmontage mit ortsungebundenen Arbeitsplätzen mit nicht definierter Arbeitsteilung	Gruppenmontage mit ortsungebundenen Arbeitsplätzen und definierter Arbeitsteilung	Reihenmontage mit definierter Arbeitsteilung ohne Taktzwang	Reihenmontage mit vorwiegend manueller Durchführung; nicht voll taktgebunden; elastisch verkettet	Taktstraßenmontage, manuelle und maschinelle Durchführung kombiniert; taktgebunden	Taktstraßenmontage mit automatischen Maschinen

Darstellungsformen

Einzelarbeitsplatz	Gruppenarbeitsplatz (taktunabhängig)	Gruppenarbeitsplatz (taktunabhängig); Transport des Montageobjekts manuell oder automatisiert	Bandfertigung (taktabhängig) Transport des Montageobjekts automatisiert	Bandfertigung mit Automatikstationen; Transport des Montageobjekts automatisiert	Vollautomatische Fertigung

Art der Fahrzeugmontage

Sonderfahrzeuge für Schiene und Straße sowie deren Aggregate in Einzelfertigung	Fahrzeuge und Aggregate in geringen Stückzahlen	Fahrzeuge und Aggregate in kleinen Serien	Fahrzeuge und Aggregate in mittleren Serien	Fahrzeuge und Aggregate in großen Serien	Aggregate und Fahrzeugteile; Gleichteile für verschiedene Fahrzeugtypen mit hoher Stückzahl

Beispiele

Kranwagen, Spezialaufbauten	Waggons, Lokomotiven; Sonderaufbauten für Lkw, Bus	Waggons; Omnibusse; Lkw-Getriebe, Lkw-Achsen	Lkw, Pkw; Tür- und Seitenverkleidungen	Pkw; Motoren, Getriebe, Achsen	Türgriffe, Bremssättel, Radlenker, Kipphebel, Gelenkwellen

enorm. Die Abtaktung von Taktstraßenmontagen, d. h., die Festlegung der Taktzeit, wird mit zunehmender Variantenvielfalt schwieriger, da in jedem Takt unterschiedliche Arbeitsumfänge je Produktvariante anfallen. Typ 5 ist die übliche Organisationsform in der Pkw-Endmontage, aber auch in Vormontagebereichen. Auch im Nutzfahrzeugbau und im Schienenfahrzeugbau wird diese Organisationsform angewendet. Die Taktzeiten liegen in der Pkw-Montage ab etwa 1 min und höher, bei Nutzfahrzeugen im Bereich von ca. 15 min und höher und bei Schienenfahrzeugen bei mehreren Stunden bis hin zu mehreren Tagen. Typ 6 findet sich in Vormontagebereichen der Pkw-Hersteller und Zulieferer bei sehr hohen Stückzahlen z. B. für die Montage von Achsaufhängungen, Bremssätteln, Kipphebeln usw.

Für die **kombinierte Fließmontage** (Bild 9.17: Montageobjekt und Mitarbeiter/Stationen bewegen sich) gibt es keine Anwendung im Maschinen- und Fahrzeugbau, da die Steuerung des Materialflusses schwierig ist. Sie wird z. B. im Straßenbau („Deckenfertiger") eingesetzt. Hierbei wird nur eine Sorte Material verarbeitet: Der Asphalt kann per Kipper-Lkw dem Deckenfertiger direkt zugeführt werden.

Als weiterer Ordnungsgesichtspunkt dient die Betrachtung der Arbeitsstruktur, die die Art der Mitwirkung des Menschen am Arbeitsplatz beschreibt, Bild 9.19: Die **Arbeitsteilung** als klassische Montageform teilt die einzelnen Aufgaben fest den einzelnen Mitarbeitern zu. Sie geht auf die Ideen von FREDERICK W. TAYLOR[110] und HENRY FORD zurück. Arbeitsteilung setzt intensive Planung der einzelnen Arbeitsumfänge voraus („Industrial Engineering"). Die Aufgabenbereiche Montage, Einrichten, Kontrolle, Nacharbeit und Transport sind voneinander getrennt. Entscheidender Vorteil der Arbeitsteilung ist die Möglichkeit, ungelernte bzw. angelernte Arbeitskräfte zu beschäftigen; Nachteile der Arbeitsteilung sind die einseitige Belastung der Werker und die geringe Arbeitszufriedenheit (hoher Krankenstand), sowie die meist schlechte Produktqualität aufgrund fehlender Identifikation mit der Tätigkeit und dem Produkt und fehlender Gesamtverantwortung für ein Werkstück.

Beim **Arbeitswechsel** werden die Positionen der Montagearbeiter am Montageband gewechselt, so dass ein gewisser Abbau der Monotonie erfolgt. Dies bedingt eine höhere Qualifikation des Einzelnen. Die Arbeitsplätze bleiben jedoch unverändert und eine grundlegende Verbesserung gegenüber der Arbeitsteilung wird meist nicht erreicht. Die **Arbeitserweiterung** fasst die Montagetätigkeiten zusammen, so dass jeder Montagewerker ein (Teil-)Produkt komplett montiert. Eine hohe Qualifikation ist Voraussetzung hierfür. Zusätzlich zur Erhöhung der Arbeitszufriedenheit soll eine Identifizierung mit dem Produkt möglich sein, wodurch eine Verbesserung der Qualität erreicht werden soll.

Bei der **Arbeitsbereicherung** werden teilautonome Arbeitsgruppen gebildet, die die Teilaufgaben Transport, Montage, Kontrolle, Nacharbeit und Einrichten komplett durchführen[111] (siehe auch die Ausführungen zur Fertigungsinsel in Abschn. 9.1). Die fachlichen und menschlichen Anforderungen sind in dieser Arbeitsform am höchsten. Schwierig ist eine leistungsgerechte Entlohnung des einzelnen Werkers, da nur das Gruppenergebnis beurteilt werden kann. Aufgrund der hohen Flexibilität einer hoch qualifizierten und motivierten Mitarbeitergruppe hat sich die Arbeitsbereicherung in Form von Gruppenarbeit in vielen Montagebereichen durchgesetzt. Eine Arbeitsgruppe aus fünf bis zehn Mitarbeitern betreut dann mehrere Montagetakte. In vielen Fällen wird ein Gruppensprecher aus der Gruppe heraus gewählt. Aufgabe der Gruppe ist z. B. die Einsatzplanung der einzelnen Mitarbeiter. Innerhalb der Gruppe sind nach Abstimmung sowohl Arbeitsteilung, Arbeitswechsel oder Arbeitserweiterung für die Mitarbeiter möglich. Abwesenheit oder Fehlstunden einzelner Mitarbeiter werden meist innerhalb der Gruppe geregelt. Teilweise wird den Mitarbeitern die Möglichkeit gegeben, einfache Hilfsmittel und Vorrichtungen selbst zu konzipieren

---

[110] vgl.: Kuchenbrod, M.; Frederick Winslow Taylor (1856–1915) – Ein Beitrag zur Geschichte der modernen Rationalisierung; http://people.freenet.de/matkuch1/taylor.htm (28. 01. 2003)

[111] siehe dazu z. B.: REFA (Hrsg.); Gruppenarbeit und Teamorganisation im Fahrzeugbau – Arbeitsorganisation mit Zukunft? Tagungsunterlagen Fachtagung Eisenach 1996; REFA-Verband, Darmstadt (1996)

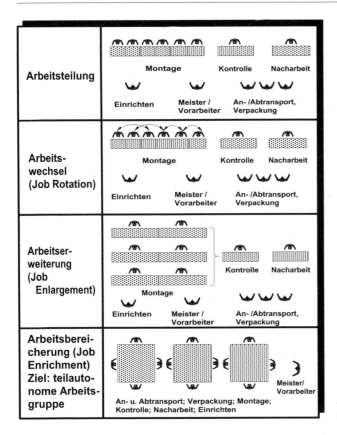

Arbeitsteilung	Montage Kontrolle Nacharbeit Einrichten Meister / An- /Abtransport, Vorarbeiter Verpackung
Arbeits- wechsel (Job Rotation)	Montage Kontrolle Nacharbeit Einrichten Meister / An- /Abtransport, Vorarbeiter Verpackung
Arbeitser- weiterung (Job Enlargement)	Kontrolle Nacharbeit Montage Einrichten Meister / An- /Abtransport, Vorarbeiter Verpackung
Arbeitsberei- cherung (Job Enrichment) Ziel: teilauto- nome Arbeits- gruppe	Meister/ Vorarbeiter An- u. Abtransport; Verpackung; Montage; Kontrolle; Nacharbeit; Einrichten

Bild 9.19: Formen von Arbeitsstrukturen (nach [Wien05])

und anzufertigen. Die Gruppe ist für die Qualität ihres Arbeitsumfangs verantwortlich. Wesentliches Element der Gruppenarbeit ist damit auch die kontinuierliche Verbesserung des Prozesses, der Fertigungseinrichtungen und des Produktes. So sind die Gruppen z. B. aufgefordert, in regelmäßigen Treffen Verbesserungen vorzuschlagen und umzusetzen. Diese Strategie, in Japan als „Kaizen" entwickelt, wird meist als „**Kontinuierlicher Verbesserungsprozess**" bezeichnet [Imai93].

Häufig wird zwischen Gruppen- und Teamarbeit unterschieden. Während bei der Gruppenarbeit aufgrund breiter Qualifikation jede Tätigkeit von jedem Gruppenmitglied ausgeführt kann, werden bei der Teamarbeit für bestimmte Tätigkeiten Spezialisten mit besonderer Qualifikation eingesetzt.

Bild 9.20 vergleicht arbeitsteilige und gruppenorientierte Organisation in der Montage. Be-

sonders die höhere Flexibilität bezüglich unterschiedlicher Produktvarianten führt zurzeit zu einer starken Verbreitung der Gruppenarbeit. Sie ermöglicht es, auf einem Montageband je nach Auftragslage neben mehreren Varianten eines Pkw-Modells der unteren Mittelklasse wie Kurzhecklimousine und Kombi auch einen Kleinwagen im freien Mix zu montieren[112].

Flexibilität der Fabrik ist auch in Richtung anpassbarer Kapazität notwendig. Der Absatz vieler Produkte unterliegt jahreszeitlichen Schwankungen. Dies ist z. B. auch bei Pkw und besonders bei Motorrädern festzustellen. In den Herbst- und Wintermonaten geht hier die Nachfrage gegenüber Frühjahr und Sommer zurück. Um die vorhandenen Produktions-

---

[112] siehe z. B.: o.Verf.; Opel-Eisenach; Informationsbroschüre der Opel Eisenach GmbH, Eisenach (o.J.)

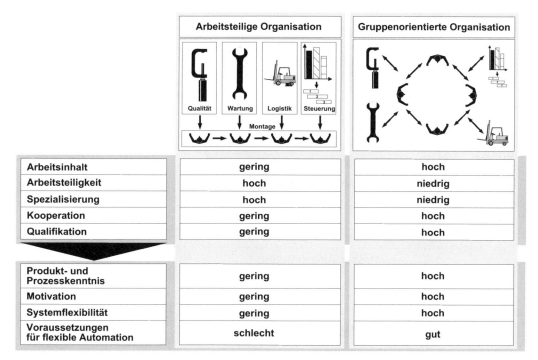

	Arbeitsteilige Organisation	Gruppenorientierte Organisation
Arbeitsinhalt	gering	hoch
Arbeitsteiligkeit	hoch	niedrig
Spezialisierung	hoch	niedrig
Kooperation	gering	hoch
Qualifikation	gering	hoch
Produkt- und Prozesskenntnis	gering	hoch
Motivation	gering	hoch
Systemflexibilität	gering	hoch
Voraussetzungen für flexible Automation	schlecht	gut

Bild 9.20: Arbeitsteilige und gruppenorientierte Organisation in der Montage (nach [Seliger, G.; Barbey, J.; Schrittweise Automatisierung durch hybride Montagesysteme; ZwF 87 (1992) H. 1, S. 8–12])

kapazitäten auszulasten, wurden in der Vergangenheit Erzeugnisse auf Lager produziert, mit denen in Perioden erhöhter Nachfrage der Markt bei kurzen Lieferzeiten befriedigt werden konnte. Je mehr Einfluss dem Kunden bei der Gestaltung und Auswahl des Produktes gegeben wird, desto schwieriger wird die Produktion auf Lager ohne konkreten Kundenauftrag. Für kundenindividuelle Produkte muss daher auch die Kapazität der Produktion an die Nachfrage anpassbar sein. Dies wird erreicht durch entsprechende **Arbeitszeitmodelle der Mitarbeiter**. In Zeiten erhöhter Nachfrage wird z. B. in achtstündigen Arbeitsschichten in 16 bis 17 Schichten pro Woche produziert, während in Monaten schwacher Nachfrage minimal auf siebenstündige Schichten im Zweischichtbetrieb auf fünf oder sogar vier Tagen pro Woche zurückgegangen wird. Die Mitarbeiter erhalten weitgehend konstante monatliche Bezüge. Ein Ausgleich der unterschiedlichen Arbeitsstunden pro Monat findet über Zeitkonten statt. Eine derart „**atmende Fabrik**"

erfordert aber niedrige Fixkosten. Kapitalintensive Anlagen, z. B. ein hohe Automation mit hohem Fixkostenanteil, sind für derartige Fabrikkonzepte wenig geeignet, da sie zur Fixkostendeckung eine ständig hohe Auslastung erfordern.

Weitere wichtige Teilziele zur Erreichung flexibler Produktionsstrukturen, Bild 9.21, sind z. B. die Entflechtung von Abläufen, die Dezentralisierung von Entscheidungen und damit der Abbau von „Wasserköpfen" und die Verkürzung von Entscheidungswegen sowie besonders die bedarfsgerechte Produktion, d. h. die Orientierung am Kundenauftrag mit dem Abbau von Lager- und Pufferbeständen. Damit ist die Umsetzung von dezentralen Strukturen (Gruppenarbeit, Fertigungsinselprinzip) ein wichtiges Element innerhalb der sog. „**Lean Production**", der schlanken Produktion, Bild 9.22. Elemente der Lean Production mit starkem Bezug zur Gruppenarbeit sind in Bild 9.22 grau unterlegt. Die schlanke Produktion war

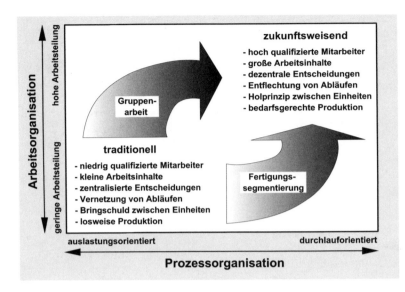

*Bild 9.21: Fertigungsseg-
mentierung und Grup-
penarbeit (nach: Seliger,
G.; Feige, M.; Wang, Y.;
Simulationsgestützte
Planung von Gruppen-
arbeit in der Montage;
ZwF 88 (1993) H. 1;
S. 14–16])*

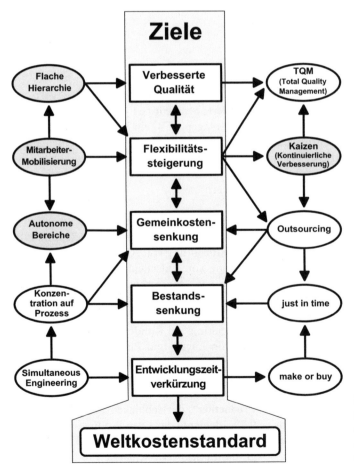

*Bild 9.22: Lean Production – Ziele
und Elemente (nach [Binner, H.;
Automatisierung versus Lean
Production; Zeitschr. f. Logistik 14
(1993) H. 2; S. 21–23])*

Anfang der neunziger Jahre des letzten Jahrhunderts die Antwort auf den Beginn der Globalisierung mit ihrem starken Kostendruck auf westeuropäische und nordamerikanische Unternehmen [Woma91].

Mit Hilfe der Lean-Production-Strategie versuchten viele Unternehmen, ihre Flexibilität zu erhöhen (dem Kunden das Produkt zu verkaufen, das er wünscht), die Bestände und damit Kosten zu senken, die Entwicklungszeiten zu kürzen, also schneller mit einem Produkt am Markt zu sein, und die Gemeinkosten zu verringern. Obwohl das Schlagwort „Lean Production" seit mehreren Jahren weitgehend aus den Medien verschwunden ist, sind Ziele und Methoden nach wie vor aktuell. Lean Production ist insgesamt eine Strategie, die Schein-, Blind- und Fehlleistung der Produktion (siehe Bild 9.1) zu minimieren. Sie zielt also ab auf eine Konzentration der Produktionsprozesse auf Wert schöpfende Anteile.

9.3 Gesamtablauf in einem Pkw-Montagewerk

Die Abläufe in einem Pkw-Montagewerk wurden bereits kurz in Kap. 1 dargestellt. Sie sollen anhand des Bildes 9.23 jetzt ausführlich beschrieben werden. Ein Montagewerk gliedert sich in die drei wesentlichen Bereiche **Karosserierohbau**, **Lackiererei** und **Endmontage**. Die im Folgenden beschriebenen Prozesse gelten für die „klassischen" Abläufe bei Stahlblech-Karossen. Die Reihenfolge einzelner Montageschritte kann je nach Hersteller und Werk abweichend gestaltet werden.

Im **Karosseriebau** wird die Karosserie aus Blech-Pressteilen zusammengeschweißt. Die Versorgung erfolgt entweder aus einem Presswerk auf dem Werksgelände oder aus eigenen Presswerken des Pkw-Herstellers und durch Zulieferer über Eisenbahn und Lkw. Der Karosseriebau ist heute in den meisten Pkw-Werken weitgehend automatisiert. Pkw in größeren Stückzahlen werden meist in Schalenbauweise, d. h. durch das Fügen dünner, ge-

formter Blechteile, hergestellt. Zur Erreichung einer hohen Biege- und Torsionssteifigkeit entstehen dabei geschlossene Hohlquerschnitte, z. B. Schweller, Mitteltunnel und A-, B- und C-Säule. Als Fügeverfahren kommen hauptsächlich das Punktschweißen, aber auch das Laser-Nahtschweißen, das Kleben und das Hartlöten zur Anwendung. Begonnen wird meist mit der Bodengruppe, an die Front-, Seiten- und Heckteile gefügt werden. Mit dem Fügen des Daches ist dann das Karosseriegerippe fertig. Daran werden die Kotflügel geschraubt sowie die Türen und Klappen eingebaut. Nach dem Finish werden die Rohkarossen vor dem Lackieren zunächst gepuffert. Als Fördersystem innerhalb des Rohbaus werden oft Skidförderer verwendet. Bereits die Bodengruppe befindet sich dann auf einem Skid und wird durch die Anlagen gefördert, Bild 9.24 oben. Bei kleinen Stückzahlen und hoher Variantenvielfalt dienen auch Fahrerlose Transportfahrzeuge als Fördermittel. Sie fahren ohne Taktzwang mit den Karossen die einzelnen Heft- und Auspunktstationen an, bei denen der Automatisierungsgrad meist geringer ist, Bild 9.24 unten.

Aus dem Puffer laufen die Karossen dann sortiert nach dem Farbton des aufzubringenden Decklacks in sog. „Farbblöcken" in die **Lackiererei**. Nach der Karosserie-Vorbereitung durch Reinigen und Spülen wird das Blech zum Schutz vor Korrosion zunächst phosphatiert, passiviert, gespült und elektrochemisch tauchlackiert[113], Bild 9.25 oben. Die Karossen tauchen komplett in das Lackbad ein. Nach Spülen und Trocknen werden leichte Unebenheiten der Außenhaut geschliffen. Dann erfolgen die meist vollautomatische Aufbringung des Unterbodenschutzes und die Versiegelung bestimmter Punktschweißnähte. Anschließend werden Dämmmatten in die Karosserie eingelegt und einzelne Nähte manuell versiegelt. Jetzt wird Grundlack, der sog. Füller, aufgetragen, der nach dem Trocknen

---

[113] KTL = Kataphorese-Tauchlackierung (elektrochemische Lackierung)

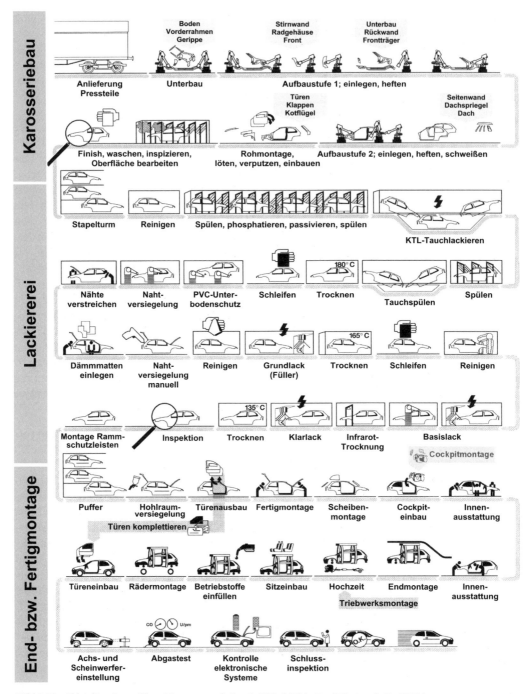

Karosseriebau

Anlieferung Pressteile — Unterbau — Aufbaustufe 1; einlegen, heften

Boden / Vorderrahmen / Gerippe — Stirnwand / Radgehäuse / Front — Unterbau / Rückwand / Frontträger

Finish, waschen, inspizieren, Oberfläche bearbeiten — Rohmontage, löten, verputzen, einbauen — Aufbaustufe 2; einlegen, heften, schweißen

Türen / Klappen / Kotflügel — Seitenwand / Dachspriegel / Dach

Lackiererei

Stapelturm — Reinigen — Spülen, phosphatieren, passivieren, spülen

KTL-Tauchlackieren

Nähte verstreichen — Naht-versiegelung — PVC-Unter-bodenschutz — Schleifen — Trocknen — Tauchspülen — Spülen

Dämmmatten einlegen — Naht-versiegelung manuell — Reinigen — Grundlack (Füller) — Trocknen — Schleifen — Reinigen

Montage Ramm-schutzleisten — Inspektion — Trocknen — Klarlack — Infrarot-Trocknung — Basislack

Cockpitmontage

End- bzw. Fertigmontage

Puffer — Hohlraum-versiegelung — Türenausbau — Fertigmontage — Scheiben-montage — Cockpit-einbau — Innen-ausstattung

Türen komplettieren

Türeneinbau — Rädermontage — Betriebsstoffe einfüllen — Sitzeinbau — Hochzeit — Endmontage — Innen-ausstattung

Triebwerksmontage

Achs- und Scheinwerfer-einstellung — Abgastest — Kontrolle elektronische Systeme — Schluss-inspektion

Bild 9.23: Ablauf in einem Pkw-Montagewerk (nach [Werkbild: Opel Eisenach GmbH])

Bild 9.24: Karosserie-Rohbau; oben: weitgehend automatisierte Anlage mit Skid-Förderer [Werkbild: Adam Opel AG]; unten: Montagebox in einer Rohbaumontage für Roadster mit FTF (Reihenmontage) [Werkbild: Eisenmann Maschinenbau KG]

nochmals geschliffen wird, um letzte Unebenheiten im Sichtbereich zu entfernen. Im den nächsten Arbeitsschritten wird die Karosserie elektrostatisch mit Basislack (Bild 9.25 unten) und Klarlack lackiert. Jede Lackschicht wird nach dem Aufbringen bei einer spezifischen Temperatur getrocknet. Zur Verminderung von Emissionen werden fast überall Wasserlacke eingesetzt. In einem Lichttunnel findet nach der letzten Lackierung eine Inspektion statt, um Lackfehler zu erkennen, die durch Schleifen und erneutes Lackieren beseitigt werden müssen. Nach der Montage von Rammschutzleisten werden die Karossen in den Sortierpuffer gefördert, aus dem sie entsprechend der Reihenfolgeplanung der Endmontage abgerufen werden. Einen Blick in einen Karossenpuffer zeigt Bild 2.38 in Kap. 2.

Nach der Festlegung der Montagereihenfolge werden die Karossen aus dem Puffer der Lackiererei abgerufen und in Richtung **Endmontage**

gefördert. Oft erfolgt jetzt die Hohlraumversiegelung, z. B. durch das Fluten der Karosserie-Hohlräume mittels Heißwachs. Die Montagelinie beginnt dann meist als Schub-Plattenband, auf dem die Karossen stehen, siehe z. B. Bild 3.8 in Kap. 3. Evtl. werden jetzt zunächst die Türen ausgebaut, um in einer ausgelagerten Türmontage komplettiert zu werden. Sie behindern dann auch nicht das Einbauen sperriger Module wie Cockpit und Sitze. Auf dem Plattenband, auf dem die Werker mitfahren, werden Kabelbaum, Scheiben, Cockpit und Innenausstattung wie Teppiche und Himmel eingebaut. Danach wird die Karosse vom Plattenband auf eine Elektro-Hängebahn oder einen Kettenförderer umgesetzt, weil jetzt Arbeiten von unten ausgeführt werden müssen. Eine automatische Umsetzstation zeigt Bild 9.26.

Teilweise werden die EHB-Gehänge drehbar ausgeführt, damit für die Werker eine ergono-

Bild 9.25: Lackiererei; oben: KTL-Tauchlackierung
[Werkbild: Adam Opel AG]; unten: Decklack
[Werkbild: BMW AG]

Bild 9.26: Umsetzen der Karossen von der Schubplattform auf die EHB [Werkbild: Eisenmann
Maschinenbau KG]

Bild 9.27: Endmontagelinie als „Hochband";
oben: drehbare Karossenaufnahme; unten: Einbau
des Triebwerks [Werkbilder: BMW AG]

Bild 9.28: Schlussinspektion [Werkbild: BMW AG]

mische Arbeitsposition bei Arbeiten an der Unterseite erreicht wird, Bild 9.27 oben. Schließlich erfolgt die sog. „Hochzeit", bei der das Triebwerk aus Motor, Getriebe, Abgasanlage und evtl. Radaufhängung von unten in die Karosse eingefahren und verschraubt wird, Bild 9.27 unten. In diesem Fall wird das Triebwerk über ein mechanisch geführtes FTS zum Einbauort transportiert. Das Triebwerk kann über eine Hubeinrichtung von unten in die Karosse eingefahren werden.

Auf dem Hochband werden auch die Sitze eingebaut. Die komplettierten Türen aus der ausgelagerten Türmontage werden nun wieder eingesetzt und eingestellt. Betriebsstoffe wie Kühlflüssigkeit, Motoröl und Kraftstoff sowie Kühlmittel für die Klimaanlage werden eingefüllt. Nach der Rädermontage kann das Fahrzeug auf eigenen Rädern stehen und wird erneut auf einer Schubplattform oder einem Plattenband abgesetzt. Jetzt erfolgen noch Einstellarbeiten, der erste Start des Motors mit dem Abgastest sowie die Prüfung aller elektronischen Komponenten. Auch ein Wassertest zur Prüfung der Dichtigkeit der Karosserie wird durchgeführt. Nach der Schlussinspektion (Bild 9.28) kann das Fahrzeug die Montagelinie mit eigener Kraft verlassen und wird nach einer eventuellen Außenkonservierung für den Abtransport bereitgestellt.

9.4   Aufgaben zu Kapitel 9

Aufgabe 9.1: Warum geht in Produktionsbetrieben und -bereichen mit Einzel- und Kleinserienfertigung der Trend von der Werkstättenfertigung zur Fertigungsinsel?

Lösung: Die Werkstättenfertigung besitzt zwar hohe Flexibilität hinsichtlich des herzustellenden Teilespektrums, aber die Durchlaufzeiten sind lang, der Teilefluss ist unübersichtlich und die Steuerung aufwändig. Diese Nachteile vermeidet die Fertigungsinsel bei ähnlicher Flexibilität. Ziel ist die Komplettarbeit in kleinen

Losen oder Einzelstücken zur bedarfsgerechten Versorgung der Montage.

Aufgabe 9.2: Das Umrüsten von Maschinen und Anlagen erfordert Zeit und Kosten – durch eine Produktion in möglichst großen Losen können Rüstvorgänge eingespart werden. Warum gehen viele Fertigungsbetriebe dennoch von der Losproduktion durch den Einsatz flexibler Fertigungstechnik ab?

Lösung: Aufgrund der hohen Variantenvielfalt führt die Produktion in Losen zu hohen Lagerbeständen. Flexible Fertigungszellen und Flexible Fertigungssysteme sind rüstzeitoptimiert und können auch in kleinen Losen wirtschaftlich fertigen. Statt die Montage aus Beständen zu versorgen, kann in kleinen Stückzahlen passend zum aktuellen Bedarf gefertigt werden.

Aufgabe 9.3: Welches sind die wesentlichen Elemente von „Lean Production"?

Lösung: Zu den Elementen von „Lean Production" gehören u. a. die stärkere Integration der Mitarbeiter (z. B. Gruppenarbeit, autonome Bereiche), der „Kontinuierliche Verbesserungsprozess" für Produkt und Herstellprozess, das Outsourcing von nicht zum Kernbereich gehörenden Aufgaben und die Senkung von Beständen z. B. über Jit-Logistik.

Aufgabe 9.4: Seit über hundert Jahren wird versucht, die Bearbeitungszeit von Werkstücken z. B. durch den Einsatz von SS-, HSS-, hartmetallbestückten und Keramik-Werkzeugen sowie durch „High-Speed-Cutting"-Werkzeugmaschinen zu verringern. Wie sind diese Maßnahmen in Bezug auf die Auftragsdurchlaufzeit zu beurteilen?

Lösung: Da die Bearbeitungszeit durchschnittlich nur drei bis dreißig Prozent der Auftragsdurchlaufzeit beträgt, ist der Einfluss kürzerer

Bearbeitungszeiten auf die Durchlaufzeit des Auftrages insgesamt gering. Organisatorische Maßnahmen sind hier als wirksamer zu beurteilen (z. B. Umstellung von Werkstätten- auf Fertigungsinsel-Organisation). Die Verkürzung der Bearbeitungszeit vermindert allerdings die Maschinenbelegungszeit und erhöht dadurch die Kapazität.

10 Distributions- und Entsorgungslogistik

In diesem Kapitel werden die Distributionslogistik sowie die Entsorgungslogistik behandelt. Die Distributionslogistik schafft die Verbindung der Produktion mit dem Absatzmarkt und wird mit der Beschaffungslogistik zusammen auch als Marketinglogistik bezeichnet. Der Bereich Entsorgungslogistik kann als eigenständiger Bereich der Unternehmenslogistik gesehen werden, wird aber auch häufig der Materiallogistik zugerechnet.

10.1 Distributionslogistik

> Unter dem Begriff **Distributionslogistik** werden alle Tätigkeiten verstanden, durch die Transport- und Lagervorgänge zur Auslieferung der Fertigprodukte eines Unternehmens an seine Kunden gestaltet, gesteuert und überwacht werden.

Die Distributionslogistik stellt das **Bindeglied zwischen Produktion und Absatz** dar; sie verbindet also die absatzbezogenen Unternehmensbereiche mit der Kundennachfrage. Durch die marktbedingt zunehmende Individualisierung der Produkte, durch die damit verbundene Zunahme der Teilevielfalt und die kürzeren Innovationszyklen wird es immer schwieriger, ohne Abstriche an der Servicequalität die logistischen Kosten der Produktdistribution zu beherrschen[114].

Die Distributionslogistik befasst sich mit dem Warenfluss vom Fertigproduktlager zum Absatzmarkt, wobei nicht alle Produktionsbetriebe Lager für ihre Fertigprodukte unterhalten. Im Schienenfahrzeugbau, der seine Produkte ausschließlich auftragsbezogen herstellt, gehen die Fertigprodukte meist direkt aus der Endmontage nach einem Probelauf und einer eventuellen Abnahme zum Kunden, so dass hier bestenfalls Lager für Ersatzteile existieren. Auch in der Automobilindustrie wird angestrebt, auftragsbezogen zu fertigen. In die-

sem Fall dienen Absatzlager für Neuwagen meist nur zur Pufferung, um z. B. die Fahrzeuge für die Beladung der Autotransportzüge zu sammeln. Für Ersatzteile unterhalten Automobil- und Nutzfahrzeughersteller jedoch Absatz- und Auslieferungslager und versuchen durch hoch entwickelte Logistiksysteme, einen hohen Servicegrad in der Versorgung der Kunden mit Ersatzteilen zu bieten.

10.1.1 Aufgaben und Ziele der Distributionslogistik

Zwischen der Güterbereitstellung durch die Produktion und dem Güterverbrauch durch die Kunden lassen sich Disparitäten feststellen, die durch die Distributionslogistik ausgeglichen werden müssen. Dies umfasst einen Raum-, Zeit-, Mengen- und Sortimentsausgleich [Arno02]:

- **Raumausgleich**: Produktionsstätte und Ort der Nachfrage sind in der Regel räumlich getrennt. Daher ist mit Hilfe von geeigneten Transportmitteln ein räumlicher Ausgleich zu schaffen ($\rightarrow$ Transportfunktion).

- **Zeitausgleich**: Insbesondere bei kundenanonymer Vorratsproduktion in Losgrößen können Fertigstellungs- und Nachfragezeitpunkt nicht identisch sein, so dass durch Lagerung ein zeitlicher Ausgleich geschaffen werden muss ($\rightarrow$ Lagerfunktion).

- **Mengenausgleich**: Aus der Fertigung in Losgrößen resultiert eine quantitative Disparität von Fertigungs- und Nachfragemenge. Der erforderliche Mengenausgleich erfolgt durch eine auftragsorientierte Vereinzelung nachgefragter Mengen am Lagerstandort ($\rightarrow$ Kommissionierfunktion).

---

[114] Literatur zu Kap. 10: [Arno02, Binn03, Koet04, Rupp88, Somm98, Wenz01]

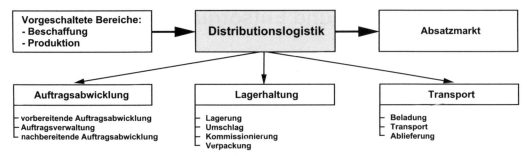

Bild 10.1: Elemente der Distributionslogistik [Arno02]

● **Sortimentsausgleich**: Die Fertigung des Sortiments erfolgt oft in unterschiedlichen Produktionsstätten an verschiedenen Standorten; das Angebot des Unternehmens umfasst aber das gesamte Sortiment an jedem einzelnen Nachfrageort. Der Sortimentsausgleich erfolgt entweder in den Lagern, in denen sich das gesamte Sortiment befindet oder durch Teillieferungen an die Kunden (→ Kommissionier- und Transportfunktion).

> Die Aufgaben der Distributionslogistik umfassen die Planung, Steuerung und Überwachung des physischen Güterflusses sowie des damit verbundenen Informationsflusses zwischen Produktions- und Handelsunternehmen und den jeweiligen Abnehmern (Händler, weiterverarbeitende Industrie, Endverbraucher im privaten und öffentlichen Bereich).

Handelsunternehmen als Ausgangspunkt eines Distributionslogistiksystems werden hier nicht behandelt; es wird also im Wesentlichen nur die Distributionslogistik von Produktionsunternehmen aus dem Bereich der Fahrzeugindustrie betrachtet.

Zu den **Aufgaben der Distributionslogistik** gehören:

● Planung des Absatzprogramms
● Standortplanung für Absatz- und Auslieferungslager
● Planung der Bestandhaltungsstrategien.

Im Einzelnen lassen sich diese Aufgaben wie folgt spezifizieren:

● Planung der technischen Ausrüstung der Lager
● Planung der Lieferstrategien (Wahl der Absatzwege)
● Planung der Lagerstrukturen und der Belieferungsgebiete
● Festlegung des Lieferservicegrades als strategische Entscheidung
● Planung der Auftragsabwicklung unter Berücksichtigung des DV-Einsatzes
● Transportplanung (Touren- und Transportmittel-Einsatzplanung)
● Festlegung von Verpackungsmengen und Mindestabnahmemengen
● Auswahl und Festlegung der Verpackungen
● Planung von Retouren, Leergut- und Verpackungsrücknahme
● Durchführung der täglichen Auslieferungen aufgrund von Kundenaufträgen
● Steuerung der Distributionsprozesse
● Abwicklung von Zollformalitäten
● Fakturierung (Rechnungslegung)

Die mögliche **Ausgestaltung der Absatzwege** zeigt Bild 10.2. Während die Schienenfahrzeugindustrie sich im Wesentlichen des direkten Absatzweges bedient, findet man bei den Pkw- und Nutzfahrzeugherstellern indirekte Absatzwege. Die großen Pkw-Hersteller setzen ihre Produkte meist über Großhändler und Einzelhändler ab. Teilweise gibt es eigene Verkaufsniederlassungen im Einzelhandel, teilweise sind nur selbstständige Autohändler als Einzelhändler tätig; auch Mischformen werden ver-

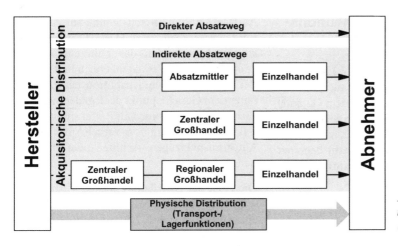

Bild 10.2: Direkte und indirekte Absatzwege (nach [Heis97])

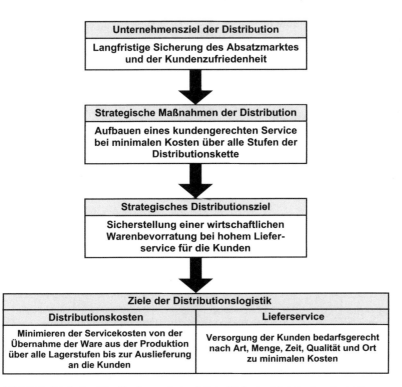

Bild 10.3: Ziele der Distribution und abgeleitete Ziele der Distributionslogistik

wendet. Die Selbstabholung von Neuwagen beim Herstellerwerk durch den Endkunden stellt übrigens keinen direkten Absatzweg dar. Lediglich die physische Distribution erfolgt in diesem Fall auf direktem Wege, die Geschäftsanbahnung und der Geschäftsabschluss kommen über Händler zustande. Der Absatzweg ist also indirekt.

Die **Ziele der Distributionslogistik** lassen sich in die Teilziele **Kosten** und **Service** gliedern, Bild 10.3.

10.1.2 Struktur des Distributions-logistiksystems

In Bild 10.4 sind insgesamt **vier Lagerungsstufen** zu erkennen: Werkslager, auch **Absatzlager** genannt, befinden sich auf dem Gelände oder in der Nähe der Produktionsstätte. **Zentrallager** als die dem Absatzlager nachgeordnete Lagerstufe sind in der Anzahl begrenzt und enthalten die gesamte Sortimentsbreite des Unternehmens. Ihre Aufgabe ist die Auffüllung der Bestände der nachgeordneten Lagerungsstufen. Bei einer zentralisierten Distributionsstruktur (Bild 10.4 rechts) werden im Zentrallager die Güter in den jeweils vom Kunden bestellten Mengen und Sorten kommissioniert und bereitgestellt. **Regionallager** bilden innerhalb einer bestimmten Absatzregion einen Puffer zwischen Produktion und Absatzmarkt. Sie bevorraten nicht das gesamte Sortiment. Auf der untersten Stufe stehen die dezentral und kundennah im Verkaufsgebiet angesiedelten **Auslieferungslager**. Hier findet man vorwiegend die **absatzstarken Artikel**, die sog. „**Schnelldreher**" mit hohem Lagerumschlag und kurzen Verweilzeiten. Die Aufgaben der Auslieferungslager sind die Kommissionierung der vom Kunden georderten Güter eines

Auftrages und die Bereitstellung zur Auslieferung. Diese eben geschilderte Distributionslagerstruktur hat in der Fahrzeugindustrie hauptsächlich im Ersatzteilbereich Bedeutung. Bei der Neuwagendistribution sind Lager unter dem Gesichtspunkt der kundenindividuellen Produkte nur noch als Puffer sinnvoll, um z. B. die Auslastung von Verkehrsmitteln wie Autotransportzügen, -schiffen oder -Lkw zu sichern.

Die **Höhe der Distributionskosten** wird im Wesentlichen durch die **Wahl der Absatzwege** und die **Gestaltung des Distributionsnetzes** bestimmt. Nach Bild 10.4 sind verschiedene Gestaltungen der vertikalen Distributionslagerstruktur möglich. Mit wachsender Zahl der Regional-(Auslieferungs-)Lager steigen die Transportkosten zu den Regionallagern. Außerdem steigen die Lagerhaltungskosten sowie die Sicherheitsbestände. Allerdings sinken mit zunehmender Anzahl der Auslieferungslager die Nachlaufkosten, also die Transportkosten vom Außenlager zum Kunden. Die Kostenzusammenhänge sind qualitativ dem Bild 10.5 zu entnehmen.

Hierbei ist auch die horizontale Struktur der Distributionslogistik zu beachten, d. h. die

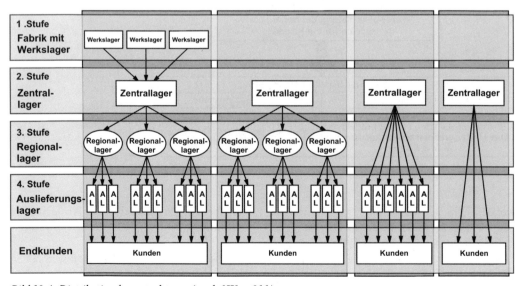

Bild 10.4: Distributionslagerstrukturen (nach [Wenz01])

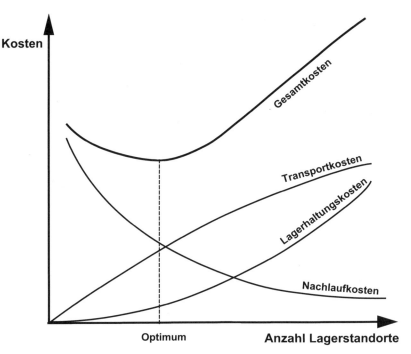

Transportkosten: Beförderungskosten vom Werk zum Auslieferungslager
Nachlaufkosten: Beförderungskosten vom Auslieferungslager zum Kunden

Bild 10.5:
Distributionskosten
in Abhängigkeit
von der Anzahl
der Lagerstandorte
(nach [Arno02])

Anzahl der Lagerstandorte auf einer Stufe, sowie die Festlegung der Standorte. Dieses Problem wird von folgenden Einflussfaktoren bestimmt:

- Abnehmerkreis
- Bestellmengen und Bestellverhalten der Kunden
- Produktionsstandorte
- Lagerkosten-, Lagerbestandskosten sowie Transportkosten zwischen Lagern und für die Warenauslieferung.

Zur **Entscheidung über eine zentrale oder dezentrale Distributionslagerstruktur** stellt Bild 10.6 die Argumente zusammen.

Zur Kostenoptimierung werden **Bestandhaltungsstrategien** angewendet. Dabei wird festgelegt, welche Bestände in welchen Lagern wirtschaftlich zu bevorraten sind. Aufgrund der Nachfrage der einzelnen Artikel wird eine **ABC-Analyse nach der Gängigkeit** (Absatzmenge pro Zeiteinheit) durchgeführt und die Artikel werden in die Gruppen

- A-Teile mit großer Gängigkeit
- B-Teile mit mittlerer Gängigkeit
- C-Teile mit geringer Gängigkeit

eingeordnet.

Umsatzstarke **A-Artikel** bieten sich für eine **dezentrale Lagerung** an (auf mehreren Lagerstufen), besonders, wenn sie kurzfristig aus der Fertigung nachgeordert werden können und damit nur jeweils kleine Bestände möglich sind. Absatzschwache **C-Artikel** werden nur **zentral gelagert.** Um den Kunden einen hohen Servicegrad bieten zu können, hat sich als Versorgungsstrategie hierbei die selektive Lagerhaltung durchgesetzt. Sie wird z. B. im Ersatzteilgeschäft großer Pkw-Hersteller angewendet, siehe Abschnitt 10.1.3.

Durch das Einschalten eines Händlers ergibt sich ein sog. **indirektes Absatzsystem**. Trotz des Trends in einigen Branchen zum Direktabsatz (z. B. über die Ansprache des Endkunden per Internet) spielt der Absatz über den Handel noch eine sehr große Rolle. Insbesondere bei

Einflussfaktor	Tendenz zu zentraler Lösung	Tendenz zu dezentraler Lösung
Sortiment	breit	schmal
Bestellmenge	groß	klein
Wert der Produkte	hoch	gering
Kundenstruktur	wenige Großkunden bzw. homogene Struktur	viele kleine Kunden bzw. inhomogene Struktur
Anzahl der Produktionsstätten	eine	mehrere
Lieferzeit	ausreichend	schnellste Belieferung bzw. stundengenaue Anlieferung
Spezifische Lageranforderungen; z. B. Kühllager	ja	nein
Rationalisierung/ Automatisierung	leicht möglich und lohnend	kaum lohnend
Personaleinsatz	konzentrierter, rationeller Einsatz	hoher Einsatz, größerer Organisations- und Koordinationsaufwand
Nationale Besonderheiten	wenige	viele

Bild 10.6: Argumente für zentrale oder dezentrale Distributionslagerkonzepte [Wenz01]

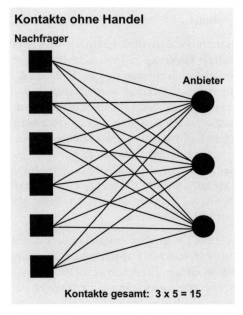
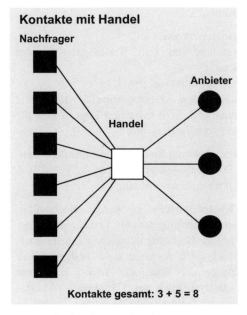

Bild 10.7: Systemvorteil der Warendistribution durch einen Zwischenhändler (nach [Ehrm03])

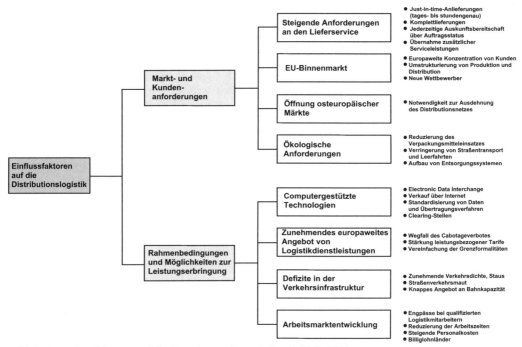

Bild 10.8: Einflussfaktoren auf die Distributionslogistik (nach [Schu99])

einer Nachfrage, die flächenmäßig weit verteilt ist und bei einer hohen Anzahl von Nachfragern wie bei Konsumgütern kann auf den Handel nicht verzichtet werden. Auch Unternehmen, die nicht in der Lage sind, ein effizientes Marketing zu betreiben, sind auf den Handel angewiesen. Folgende Gründe sprechen für den indirekten Absatz [Ehrm03]:

● Die weit verstreuten Endverbraucher können vom Hersteller nicht ohne weiteres versorgt werden.
● Bestimmte Erzeugnisse benötigen einen Sortimentsverbund – einzeln sind sie nicht verkaufbar.
● Erzeugnisse von sehr stark spezialisierten Herstellern müssen in das Sortiment des Handels eingeordnet werden.
● Hersteller können selbst kein effizientes Marketing und ein eigenes Distributionsnetz betreiben.
● Der „gute Ruf" des Handels wirkt sich verkaufsfördernd aus.
● Hersteller beabsichtigen, die Kontakte zu ihren Abnehmern zu reduzieren.

Bild 10.7 zeigt die günstige Wirkung der Zwischenschaltung des Handels auf die Zahl der Kontakte zwischen Hersteller und Endkunden.

Bild 10.8 fasst noch einmal alle Einflussfaktoren auf die Distributionslogistik zusammen.

10.1.3 Besonderheiten der Ersatzteillogistik

DIN 24420 definiert Ersatzteile als *„Teile, Baugruppen oder vollständige Erzeugnisse, die dazu bestimmt sind, beschädigte, verschlissene oder fehlende Teile, Baugruppen oder Erzeugnisse zu ersetzen"*.

Ersatzteillogistik[115] wird unterschieden nach

● Ersatzteillogistik beim Hersteller eines Produktes

---

[115] Literatur zu Abschn. 10.1.3: [Bied05, Ihde88, Maty04, Pfoh04]

● Ersatzteillogistik beim Verwender eines Produktes.

Hier soll nur die Ersatzteillogistik des Fahrzeugherstellers betrachtet werden. Die Aufgabe besteht darin, unter Wahrung eines optimalen Verhältnisses von Lieferservice (Servicegrad) und Logistikkosten dem Primärproduktverwender eine perfekte Ersatzteilversorgung und damit eine hohe Betriebsbereitschaft des Produktes zu gewährleisten. Sowohl beim Privatkunden als auch beim kommerziellen Anwender (z. B. im Nutzfahrzeugbereich) ist die Ersatzteillogistik als Marketinginstrument zu sehen, denn der Kunde soll als Wiederkäufer erhalten oder als Neukunde gewonnen werden.

Vier Teilbereiche sind innerhalb der Ersatzteillogistik für den **Erfolg am Markt** maßgebend [Bied95, Ihde88, Pfoh04, Schu99]:

● Auftragsabwicklung
● Lagerhaltung (einschl. Bedarfsprognose)
● Verpackung
● Transport.

Bei der **Auftragsabwicklung** kommt es insbesondere auf die rechtzeitige und zeitverzugslose Bedarfsmeldung der Ersatzteile an. Die Übermittlung von Ersatzteilaufträgen nutzt heute in der Regel moderne Kommunikationsmöglichkeiten, so dass Ersatzteilaufträge als Eilaufträge in weniger als 24 Stunden abgewickelt werden – was z. B. bis 22.30 Uhr als Bestellung im Ersatzteillager vorliegt, wird als Sendung am nächsten Tag bis 13.00 Uhr beim Kunden (in diesem Fall Werkstätten) ausgeliefert. Dazu muss z. B. bei der Auftragsabwicklung auch auf Informationen über Bestände außerhalb des Zentrallagers (s. u.), z. B. bei Vertriebszentren (Großhändlern) oder Werkstätten, zurückgegriffen werden können. Die gesamte Logistikkette – von der Informationsübermittlung über die Kommissionierung, die Verpackung, den Versand bis zum Transport – ist auf **kurze Reaktionszeiten** auszulegen.

Im Ersatzteilbereich werden die Bedarfe meist aus **Lagerbestand** befriedigt. Die Bedarfsprognose gestaltet sich, besonders in der Phase der Markteinführung neuer Produkte, relativ komplex, Bild 10.9. Zurückgegriffen wird dann auf die Erfahrungen mit Ausfällen ähnlicher Produkte in der Vergangenheit. Besonders wichtig

Bild 10.9: Einflussgrößen der Bedarfsprognose von Ersatzteilen (nach [Pfoh04, Schu99])

ist hier die Frühinformation über Verschleißerscheinungen am Produkt aus den Erfahrungen der Werkstättenorganisation. Es wird meist versucht, durch DV-gestützte „Frühwarnsysteme" besondere Verschleiß- oder Ausfallschwerpunkte des Produktes rechtzeitig zu erkennen, um den entsprechenden Bedarf an Ersatzteilen prognostizieren zu können. Natürlich werden entsprechende Erkenntnisse auch zu einer Änderung des Produkts in der laufenden Serie herangezogen. Bei am Markt eingeführten Primärprodukten wird die Bedarfsprognose im Wesentlichen auf den **Verfahren der stochastischen Bedarfsermittlung** aufsetzen (siehe Abschn. 7.1.1).

Ein hoher Servicegrad beim Endverbraucher wird durch die oben erwähnte **selektive Lagerhaltung**, Bild 10.10, erreicht. Dies bedeutet:

- Begrenztes Sortiment an Artikeln im Regionallager und im Händlerlager
- Nachschub fehlender Artikel durch Eillieferung aus dem Regionallager bzw. aus dem Zentrallager.

Bei dieser selektiven Lagerhaltung wird folgende Bestandsstrategie praktiziert:

Zentrallager:
Lagerung 100 % der A-, B- und C-Teile
Regionallager:
Lagerung < 100 % der A- und B-Teile;
keine C-Teile
Händlerlager:
Lagerung << 100 % der A- und B-Teile;
keine C-Teile

Die Endverbraucher erhalten die vorhandenen A- und B-Teile direkt aus dem Händlerlager. Dadurch wird ein Servicegrad von ca. 85 % sichergestellt. Nicht vorhandene A- und B-Teile werden per Eilauftrag im zugeordneten Regionallager, oder, falls dort nicht vorhanden, direkt im Zentrallager bestellt. Durch die Lieferung innerhalb von 24 Stunden erhöht sich der Servicegrad auf 92 Prozent. C-Teile werden vom Händler direkt im Zentrallager bestellt und ebenfalls innerhalb von 24 Stunden direkt an den Händler geliefert. Die im Zentrallager bestellten A- und B-Teile werden über das Regio-

nallager an den Händler geschickt. Das Auffüllen der Lagerbestände im Regional- bzw. Händlerlager erfolgt durch das nächsthöhere zugeordnete Lager. Durch die Lieferung der schwach gängigen C-Teile aus dem Zentrallager innerhalb von 24 Stunden per Eilauftrag erhöht sich der Servicegrad auf insgesamt etwa 98 %. Die Lagerhaltung beim Händler mit 5.000 bis 8.000 Positionen und in den Regionallagern mit 30.000 bis 50.000 Positionen ist von den Kosten her vertretbar.

Wenn der Marktanteil eines Herstellers gering ist und damit auch die Anzahl der Primärprodukte im Markt, wird oft auf die Regionallager verzichtet. So bedient z. B. ein koreanischer Pkw-Hersteller den deutschen Ersatzteilmarkt über ein Zentrallager in der Nähe von Bremen, also in der Nähe des Einfuhrhafens. Die Werkstätten werden direkt aus diesem Lager mit Kurier- und Paketdiensten im 24-h-Service beliefert.

Die **Verpackung** der Ersatzteile muss das Gut gegen mechanische und chemisch-physikalische Einflüsse schützen, für teilweise lange Lagerungszeiten geeignet sein, Wartungs- und Kontrollmaßnahmen ermöglichen und durch eine entsprechende Kennzeichnung eine exakte Identifikation der Teile erlauben. Beim **Transport** werden Eisenbahn- sowie Straßentransport per Lkw z. B. zur Versorgung der Regionallager eingesetzt. Zwischen den Lagern und den Werkstätten spielen **Kurier- und Expressdienste** eine wichtige Rolle. Im internationalen Ersatzteilversand wird auch per Flugzeug transportiert.

Im Pkw-Bereich werden sog. „Fahrbereitschafts-Teile" in der Regel zwölf bis fünfzehn Jahre nach Auslaufen der Produktion des Fahrzeugtyps verfügbar gehalten.

Bei Schienenfahrzeugen wird die Wartung und Instandhaltung oft vom Betreiber selbst durchgeführt. Obendrein handelt es sich bei Schienenfahrzeugen meist um kundenindividuelle Produkte, bei denen nur wenige Standardteile verwendet werden. Eine zentrale Ersatzteilbevorratung durch den Hersteller kommt des-

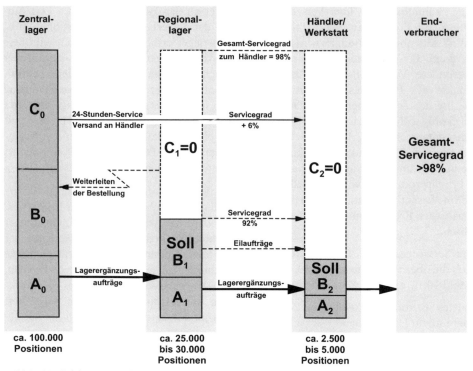

Bild 10.10: Selektive Lagerhaltung zur Erreichung eines hohen Servicegrades bei Pkw-Ersatzteilen

wegen kaum infrage. Häufig verlangen hier die Betreiber wie städtische Verkehrsbetriebe mit weitgehend einheitlichen Fahrzeugflotten die Einrichtung von Konsignationslagern durch den Hersteller, d. h., der Hersteller sorgt für die Lagerung der notwendigen Verschleiß- und Ersatzteile auf seine Kosten vor Ort beim Fahrzeugbetreiber. Letzterer entnimmt bei Bedarf die Teile aus dem Konsignationsbestand, meldet die Entnahme dem Hersteller, der jetzt die Teile an den Betreiber fakturiert und für die Wiederauffüllung des Bestandes sorgt. Seit einigen Jahren ist im Schienenfahrzeugsektor – wie auch bei Betreibern von größeren Fuhrparks aus Straßenfahrzeugen – der Trend zu erkennen, dass der Hersteller der Fahrzeuge auch Wartung und Reparatur mit dem Ziel einer vorgegebenen Fahrzeugverfügbarkeit übernimmt.

10.1.4 Warenausgang

Die **Abläufe im Warenausgang** zeigt Bild 10.11: Die Güter kommen aus der Produktion oder dem Fertigwarenlager in den Warenausgang und werden auf Identität und Menge überprüft. Mit Hilfe einer Auftragskopie aus dem Vertrieb (oder dem Zugriff auf die Auftragsdaten im DV-System) werden die **Versandpapiere** (Lieferschein, Frachtbrief, Zollerklärung, usw.) erstellt. Aus den Daten eines Packzettels werden Sendungen zusammengestellt (z. B. wenn für eine Lieferadresse eines Kunden mehrere Versandaufträge an einem Tag existieren), verpackt, für den Versand bereitgestellt und schließlich, wenn das Verkehrsmittel (Lkw, Eisenbahnwagen, usw.) an der Rampe steht, verladen. Bei längeren Transportdauern (z. B. mit Überseeschiff) erhält der Kunde vorab eine **Versandanzeige**.

In Bild 10.12 ist beispielhaft ein Warenausgangsbereich dargestellt: Aus einem Regal-

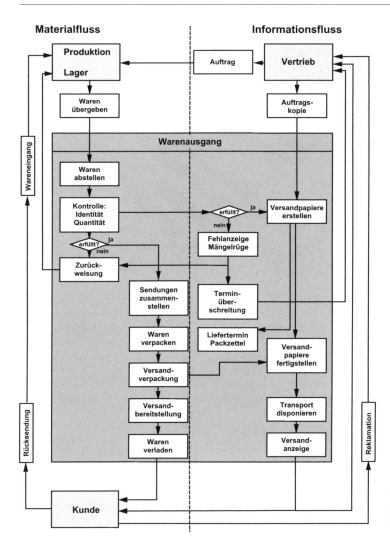

Materialfluss

Informationsfluss

Bild 10.11: Material- und Informationsfluss im Warenausgang [Schu99]

lager, aus dem nach dem „Ware-zum-Mann"-Prinzip von einem Regalbediengerät ausgelagert und anschließend kommissioniert wird (oben Mitte), gelangen die Güter zu Packtischen, wo manuell verpackt wird. Artikelreine Ladeeinheiten werden rechts auf Rollenbahnen zu Sendungen bzw. Ladungen zusammengestellt. Die Verladung findet vorn links an Kopframpen statt.

Bild 10.13 zeigt schließlich die Verladung von Pkw auf ein Roll-on-Roll-off-Schiff im Hafen. Die Fahrzeuge werden mit Autotransportzügen angeliefert und zwischengepuffert. Dies geschieht sowohl auf Abstellflächen wie in

Bild 10.13 als auch in mehrstöckigen Parkhäusern. Anschließend werden sie auf eigenen Rädern auf die Schiffe verladen. Diese Tätigkeiten übernehmen Logistikdienstleister. Oft werden im Hafen auch noch letzte Überprüfungs-, Beipack- und Montagetätigkeiten ausgeführt.

Bei Luxusautomobilen setzt sich aufgrund der Beschädigungs-, Diebstahls- und Vandalismusgefahr inzwischen der Versand in Containern bereits ab Werk bis zum Händler durch. Häufig sind die zu versendenden Stückzahlen auch nicht so groß, dass sich der Einsatz von RoRo-Schiffen lohnt.

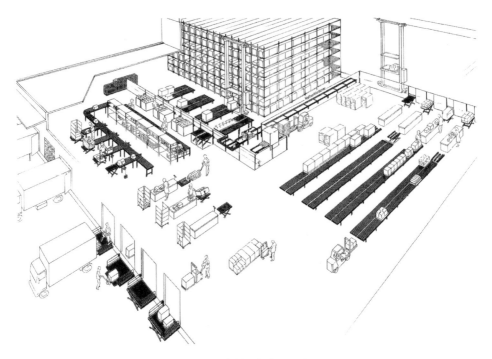

Bild 10.12: Beispiel für Warenausgang [Werkbild: Flexlift GmbH]

Bild 10.13: Verladung von Pkw auf RoRo-Schiff [Werkbild: Bremer Lagerhaus-Gesellschaft GmbH]

10.2 Entsorgungslogistik

> Unter dem Begriff **Entsorgungslogistik** werden alle Tätigkeiten verstanden, durch die Sammel-, Lager- und Transportvorgänge der Wertstoff-, Reststoff-, Leergut- und Altstoffströme eines Unternehmens gestaltet, gesteuert und überwacht werden.

Die Bedeutung der Entsorgungslogistik ist in den letzten Jahren durch das gewachsene Umweltbewusstsein in der Bevölkerung einerseits und durch die steigenden Entsorgungskosten andererseits enorm gewachsen. Die innerbetriebliche Entsorgungslogistik verfolgt damit **ökonomische und ökologische Ziele**[116]. Zu den **ökonomischen** gehören

- die Gewährleistung einer attraktiven Logistikleistung bezüglich Entsorgungszeit, Termintreue und Flexibilität und
- die Minimierung der Kosten der Entsorgungslogistik.

Ökologische Ziele der Entsorgungslogistik sind z. B.

- die Reduzierung des Einsatzes natürlicher Ressourcen und
- die Beachtung gesetzlicher Restriktionen bei Emissionen und Immissionen der Objekte und Prozesse.

Als **Objekte der Entsorgungslogistik** sind zu nennen (vergl. Kap. 1) [Pfoh04]:

- Recyclinggüter (Wertstoffe)
- Abfallstoffe
- Leergut
- Retouren
- Austauschaggregate.

Von den genannten Entsorgungsgütern fallen die vier erstgenannten Stoffe und Güter neben den (Ziel-)Produkten und (Ziel-)Leistungen als Rückstände im jeweiligen Produktionsprozess zwangsläufig an, stellen jedoch keine Sachziele des Prozesses dar. Es kann sich dabei handeln um **nicht mehr verwendbare Hilfs- und Betriebsstoffe** (z. B. Kühlschmierstoff, Altöl),

um sog. **unerwünschte Kuppelprodukte** des Produktionsprozesses (z. B. Gussschlacke, Lackschlamm, Frässpäne, Stanzverschnitt), um **Ausschuss**, um **ausgediente Anlagen** (z. B. Maschinen, Gabelstapler) sowie um **Transport- und Umverpackungen** (z. B. Paletten, Behälter, Schachteln, Dosen usw.). **Retouren** sind z. B. beschädigte oder falsch gelieferte Güter, die an den Lieferanten zurückgehen. **Austauschaggregate** besitzen in der Fahrzeugindustrie eine große Bedeutung. So werden z. B. verschlissene oder defekte Motoren und Getriebe zur Wiederaufarbeitung zum Hersteller geschickt. Nach der Demontage werden schadhafte Teile ersetzt, aufgearbeitet oder repariert, und die Aggregate werden remontiert. Sie können dann als Austauschaggregate erneut als Ersatz für verschlissene Aggregate dienen.

Die **Aufgaben der Entsorgungslogistik** lassen sich wie die Aufgaben der Materiallogistik in zwei Bereiche einteilen:

- Entsorgungsplanung
- Entsorgungsdurchführung.

Die **Entsorgungsplanung** sollte grundsätzlich im Vorfeld der Produktionsprozesse stattfinden und als oberstes Ziel die Vermeidung von Entsorgungsgütern haben. Danach ist zu planen, welches Entsorgungsgut wo in welcher Menge anfällt und wie es weiter zu behandeln ist, z. B. Wiedereinschleusung in den Produktionsprozess, Vernichtung (Verbrennung) oder Abgabe an Dritte zum Recycling bzw. zur Deponierung.

Bei der Abgabe ist zu beachten, dass es Stoffe und Güter gibt, für die eine Zahlungsbereitschaft Dritter besteht (z. B. sortenreiner Stahlschrott), dass aber andererseits auch der Wert derartiger Güter Null oder sogar kleiner Null sein kann (d. h., für die Entsorgung muss bezahlt werden).

Im Bereich der Entsorgungslogistik gelten gesetzliche Bestimmungen wie das Abfallbe-

---

[116] Literatur zu Abschn. 10.2: [Noll03, Pfoh04, Schu99, Wien05]

seitigungsgesetz, die Abfallbeförderungsverordnung, das Bundesimmissionsschutzgesetz und das Wasserhaushaltsgesetz. So unterscheidet das Abfallbeseitigungsgesetz nach Hausmüll bzw. hausmüllähnlichen Abfällen sowie Sonderabfällen. Letztere sind danach zu differenzieren, ob sie überwachungsbedürftig, nachweispflichtig, oder wegen ihrer Art bzw. Menge nicht mit dem Hausmüll zu entsorgen sind [Noll03, Schu99, Wien05].

Aufgabe der **Entsorgungsdurchführung** ist es, den Entsorgungsbedarf nach Menge und Termin zu bestimmen und die eigentlichen Entsorgungsaktivitäten anzustoßen. Dazu sind folgende Tätigkeiten zu steuern und durchzuführen [Wien05]:

● Sammeln der Entsorgungsgüter am Ort der Entstehung, dazu Bereitstellung entsprechender Ladehilfsmittel;
● Trennen der Entsorgungsgüter nach Aspekten der Weiterbehandlung;
● Verdichten und Verpacken zum Zwecke des Transports;
● Transport zwischen Entstehungsort, Lager, Bearbeitungsort und Abnahmeort innerhalb und außerhalb des Betriebes;
● Aufbereitung der Entsorgungsgüter;
● Lagern in Zwischen- und Endlagern;
● Sichern der Entsorgungsgüter gegen Umwelteinflüsse sowie Sichern der Umwelt gegen Belastung durch die Entsorgungsgüter;
● Erstellen der gesetzlich notwendigen Dokumentationen und Nachweise.

Die Bedeutung der Entsorgungslogistik sollen die folgenden Zahlen unterstreichen: In der mechanischen Bearbeitung eines Herstellers von Bremsen und Fahrwerksteilen fallen pro Werktag ca. 40 t Grauguss- und Stahlspäne sowie 5 t Aluminiumspäne an. Aufgrund von Nassbearbeitung ist ein Teil der Guss- und Stahlspäne mit Kühlschmiermittel verunreinigt. Diese Späne werden durch Schleudern getrocknet, so dass sie gemeinsam mit den trockenen Spänen als Schrott verkauft werden können. Der Erlös liegt bei ca. € 100 bis 150 pro Tonne. Dazu ist eine Trennung nach Guss- und

Stahlspänen notwendig. Nasse Späne werden von den Stahlwerken nicht angenommen und müssten zu Kosten von ca. € 400 je Tonne zur Deponierung entsorgt werden.

10.3 Aufgaben zu Kapitel 10

Aufgabe 10.1: Erläutern Sie, warum die Baugruppe „Generator kpl.", Teilenummer 3H0.345612.C, frei Verbauort Endmontage € 83,61 kostet, als Ersatzteil für den Endkunden aber € 161,23 + MWSt.

Lösung: Im Gegensatz zur Anlieferung an die Montagelinie muss in der Ersatzteillogistik ein wesentlich höherer Aufwand für Korrosionsschutz, Verpackung und Kennzeichnung des Teils sowie für Lagerung, Verwaltung, Kommissionierung, Transport usw. aufgewendet werden. Zu berücksichtigen sind auch die Handelsspannen.

Aufgabe 10.2: Erläutern Sie den Begriff „Selektive Lagerhaltung"!

Lösung: Die selektive Lagerhaltung wird bevorzugt in der Ersatzteillogistik angewendet, um einerseits für den Endkunden einen hohen Servicegrad von etwa 98 % sicherzustellen, andererseits aber die Lagerkosten niedrig zu halten. Dazu wird in einem Zentrallager die gesamte Sortimentsbreite an Ersatzteilen gelagert. Nach der Gängigkeit der Ersatzteile bevorraten Regionallager nur einen bestimmten Anteil des A- und B-Sortiments, Werkstätten nur die gängigsten Artikel aus dem A-Sortiment. Über ein entsprechendes Liefersystem werden die Werkstätten im 24-Stunden-Service mit B- und C-Teilen aus dem Zentrallager bzw. aus dem Regionallager versorgt.

Aufgabe 10.3: Warum wählen Pkw-Hersteller nicht den direkten Absatzweg ohne Zwischenhandel?

Lösung: Die Ansprache der Kunden aus einem zentralen Standort heraus ist sehr schwierig, da das Produkt „Automobil" erklärungsbedürftig ist. Viele Autokäufer möchten das Produkt obendrein persönlich in Augenschein nehmen und z. B. eine Probefahrt machen. Ein Verkaufsportal im Internet kann den sinnlichen Vorgang des Autokaufs im Autohaus meist nicht ersetzen. Auch die Betreuung der Kunden bei Problemen, Reparaturen, Umbauten usw. lässt sich nur sinnvoll über eine Händlerorganisation und/oder eigene Verkaufs- und Werkstattniederlassungen realisieren.

11 Literaturverzeichnis

[Aggt90] *Aggteleky, B.:* Fabrikplanung – Werksentwicklung und Betriebsrationalisierung, Band 1 bis 3. Carl Hanser Verlag, München, Wien (1990)

[Alic05] *Alicke, K.:* Planung und Betrieb von Logistiknetzwerken. Unternehmensübergreifendes Supply Chain Management. Springer Verlag, 2. Aufl., Berlin/Heidelberg (2005)

[Arnd05] *Arndt, H.:* Supply Chain Management – Optimierung logistischer Prozesse. Gabler Verlag, 2. Aufl., Wiesbaden (2005)

[Arno95] *Arnold, D.:* Materialflusslehre. Vieweg-Verlag, Braunschweig/Wiesbaden (1995)

[Arno02] *Arnold, D.; Isermann, H. et al. (Hrsg.):* Handbuch Logistik. Springer-Verlag, Berlin/Heidelberg (2002)

[Arno05] *Arnold, D.; Furmans, K.:* Materialfluß in Logistiksystemen. Springer-Verlag, 4. Aufl., Berlin/Heidelberg (2005)

[Arns98] *Arnolds, H.; Heege, F.; Tussing, W.:* Materialwirtschaft und Einkauf. Praxisorientiertes Lehrbuch. Gabler Verlag, 10. Aufl., Wiesbaden (1998)

[ATLE98] ATLET (Hrsg.): Leitfaden für den Materialfluss. ATLET Flurförderzeuge GmbH, Willich (o. J., ca. 1998)

[Axma03] *Axmann, N.:* Handbuch Materialflusstechnik. Stückgutförderer. Expert-Verlag, 2. Aufl., Renningen (2003)

[Bäun92] *Bäune, R.; Martin, H.; Schulze, L.:* Handbuch der innerbetrieblichen Logistik – Logistiksysteme mit Flurförderzeugen. Resch Verlag, 2. Aufl., Gräfelfing (1992)

[Bart98] *Bartenschlager, J.; Hebel, H.; Schmidt, G.:* Handhabungstechnik mit Robotertechnik. Funktion, Arbeitsweise, Programmierung. Vieweg-Verlag, Braunschweig/Wiesbaden (1998)

[Bart00] *Bartels, R.:* Betriebswirtschaftslehre: Betriebliche Abläufe III. Beschaffungslogistik. Schriften des Fernstudiengangs Vertriebsingenieur. Zentrale für Fernstudien an Fachhochschulen, Koblenz (2000)

[Baye02] *Bayer, J.; Collisi, T.; Wenzel, S. (Hrsg.):* Simulation in der Automobilproduktion. Springer Verlag, Berlin/Heidelberg (2002)

[Bern01] *Berndt, T.:* Eisenbahngüterverkehr. Verlag B. G. Teubner, Stuttgart/ Leipzig (2001)

[Bich01] *Bichler, K.; Krohn, R.:* Beschaffungs- und Lagerwirtschaft. Praxisorientierte Darstellung mit Aufgaben und Lösungen. Gabler Verlag, 8. Aufl., Wiesbaden (2001)

[Bied95] *Biedermann, H.:* Ersatzteillogistik; Beschaffung – Disposition – Organisation. VDI-Verlag, Düsseldorf (1995)

[Binn93] *Binner, H. F.:* Strategie des General-Management. Springer-Verlag, Berlin/Heidelberg (1993)

[Binn03] *Binner, H. F.:* Unternehmensübergreifendes Logistikmanagement. Carl Hanser Verlag, München, Wien (2003)

[Binn04] *Binner, H. F.:* Handbuch der prozessorientierten Arbeitsorganisation. Methoden und Werkzeuge zur Umsetzung. REFA-Fachbuchreihe Unternehmensentwicklung. Carl Hanser Verlag, München, Wien (2004)

[Bloe97] *Bloech, J.; Ihde, G. B.:* Vahlens Großes Logistiklexikon. Verlag C. H. Beck/Verlag Franz Vahlen, München (1997)

[Blok01] *Bloecker, A.:* Reorganisationsmuster von Forschung und Entwicklung in der Automobilindustrie am Beispiel von BMW, Mercedes-Benz und Volkswagen. Shaker Verlag, Aachen (2001)

[Busc02] *Busch, A.; Dangelmaier, W. (Hrsg.):* Integriertes Supply Chain Management: Theorie und Praxis unternehmensübergreifender Geschäftsprozesse. Gabler-Verlag, Wiesbaden (2002)

[Cich92] *Cichowski, R. R.:* Anwendungsorientierte Qualitätssicherung. VDE-Verlag, Berlin/Offenbach (1992)

[Cord87]   *Cordt, J.:* ABC-Analyse. Gabler Verlag, 2. Aufl., Wiesbaden (1987)

[DANZ02]   *DANZAS (Hrsg.):* DANZAS-Lotse 2002. Leitfaden für Logistik – eCommerce – Spedition – Land-, Luft- und Seeverkehre – Zoll – Außenwirtschaft. DANZAS Deutschland Holding, Düsseldorf (2002)

[Diez01]   *Diez, W.; Brachat, H. (Hrsg.):* Grundlagen der Automobilwirtschaft. Auto-Business-Verlag, Ottobrunn (2001)

[Dist00]   *Disterer, G.; Fels, F.; et al. (Hrsg.):* Taschenbuch der Wirtschaftsinformatik. Fachbuchverlag Leipzig, Leipzig (2000)

[Ehrl95]   *Ehrlenspiel, K.:* Integrierte Produktentwicklung. Methoden für Prozeßorganisation, Produkterstellung und Konstruktion. Carl Hanser Verlag, München, Wien (1995)

[Ehrm03]   *Ehrmann, H.* Logistik. Friedrich Kiehl Verlag, Ludwigshafen (2003)

[Ever89]   *Eversheim, W.:* Organisation in der Produktionstechnik. Band 4: Fertigung und Montage. VDI-Verlag, Düsseldorf (1989)

[Ever96]   *Eversheim, W.:* Organisation in der Produktionstechnik. Band 1: Grundlagen. Springer-Verlag, 3. Aufl., Berlin/Heidelberg (1996)

[Fink02]   *Finkenzeller, K.:* RFID-Handbuch. Carl Hanser Verlag, 3. Aufl., München, Wien (2002)

[FIPA05]   *Fraunhofer-IPA (Hrsg.):* Fraunhofer-Institut für Produktionstechnik und Automatisierung – Jahresbericht 2004. Fraunhofer-IPA, Stuttgart (2005)

[Fisc97]   *Fischer, W.; Dittrich, L.:* Materialfluß und Logistik – Optimierungspotentiale im Transport- und Lagerwesen Springer-Verlag, Berlin/Heidelberg (1997)

[Fisc04]   *Fischer, W.; Dittrich, L.:* Materialfluß und Logistik – Potentiale vom Konzept bis zur Detailauslegung. Springer-Verlag, Berlin/Heidelberg (2004)

[Frit95]   *Fritz, A. H.; Schulze, G.:* Fertigungstechnik. VDI-Verlag, 3. Aufl., Düsseldorf (1995)

[GDV97]   *GDV (Hrsg.):* Ladungssicherungshandbuch. Gesamtverband der Deutschen Versicherungswirtschaft, Berlin (1997)

[Geig98]   *Geiger, W.:* Qualitätslehre. Einführung – Systematik – Terminologie. Vieweg-Verlag, 3. Aufl., Braunschweig/Wiesbaden (1998)

[Gei193]   *Geitner, U. W.:* Betriebsinformatik für Produktionsbetriebe. Teil 1: Betriebsorganisation. REFA-Fachbuchreihe Betriebsorganisation. Carl Hanser Verlag, München, Wien (1993)

[Gei293]   *Geitner, U. W.:* Betriebsinformatik für Produktionsbetriebe. Teil 2: Methoden der Informationsverarbeitung. REFA-Fachbuchreihe Betriebsorganisation. Carl Hanser Verlag, München, Wien (1993)

[Gei395]   *Geitner, U. W.:* Betriebsinformatik für Produktionsbetriebe. Teil 3: Methoden der Produktionsplanung und -steuerung. REFA-Fachbuchreihe Betriebsorganisation. Carl Hanser Verlag, München, Wien (1995)

[Gei495]   *Geitner, U. W.:* Betriebsinformatik für Produktionsbetriebe. Teil 4: Systeme der Produktionsplanung und -steuerung. REFA-Fachbuchreihe Betriebsorganisation. Carl Hanser Verlag, München, Wien (1995)

[Grun00]   *Grundig, C.-G.:* Fabrikplanung. Planungssystematik – Methoden – Anwendung. Carl Hanser Verlag, München, Wien (2000)

[Günt03]   *Günther, H.-O.; Tempelmeier, H.:* Produktion und Logistik. Springer-Verlag, 5. Aufl., Berlin/Heidelberg (2003)

[Gumm99]   *Gummersbach, A.; Bülles, P.; Nicolai; H.; et. al.:* Produktionsmanagement. Verlag Handwerk und Technik, Hamburg (1999)

[Haas95]   *Haasis, S.:* CIM – Einführung in die rechnerintegrierte Produktion. Carl Hanser Verlag, München, Wien (1995)

[Härd99]   *Härdler, J.:* Materialmanagement. Grundlagen – Instrumentarien – Teilfunktionen. Carl Hanser Verlag, München, Wien (1999)

[Hans01]   *Hansen, H. R.; Neumann, G.:* Wirtschaftsinformatik I. Grundlagen betrieblicher Informationsverarbeitung. Lucius & Lucius Verlagsgesellschaft, 8. Aufl., Stuttgart (2001)

[Hein91]   *Heinen, E.:* Industriebetriebslehre. Entscheidungen im Industriebetrieb. Gabler Verlag, 9. Aufl., Wiesbaden (1991)

[Heis97]   *Heiserich, O.-E.:* Logistik. Eine praxisorientierte Einführung. Gabler Verlag, Wiesbaden (1997)

[Helf02]   *Helfrich, C.:* Praktisches Prozess-Management. Vom PPS-System zum Supply Chain Management. Carl Hanser Verlag, 2. Aufl., München, Wien (2002)

[Hess96]   *Hesse, S.; Seitz, G.:* Robotik – Grundwissen für die berufliche Bildung. Vieweg-Verlag, Braunschweig/Wiesbaden (1996)

[Hess98]   *Hesse, S.:* Industrieroboterpraxis. Automatisierte Handhabung in der Fertigung. Vieweg-Verlag, Braunschweig/Wiesbaden (1998)

[Ihde88]   *Ihde, G. B.; Lukas, G.; et al.:* Ersatzteillogistik – Theoretische Grundlagen und praktische Handhabung; Schriftenreihe der Bundesvereinigung Logistik e.V., Band 2, Huss-Verlag, 2. Aufl., München (1988)

[Ihme00]   *Ihme, J.:* Logistik im Fahrzeugbau. Manz Verlag Schulbuch, Wien (2000)

[Imai93]   *Imai, M.:* Kaizen – der Schlüssel zum Erfolg der Japaner im Wettbewerb. Ullstein Verlag, 2. Aufl., Berlin/Frankfurt (1993)

[Jüne89]   *Jünemann, R.:* Materialfluß und Logistik. Systemtechnische Grundlagen mit Praxisbeispielen. Springer-Verlag, Berlin/Heidelberg (1989)

[Jüne98]   *Jünemann, R.; Beyer, A.:* Steuerung von Materialfluß- und Logistiksystemen. Springer-Verlag, 2. Aufl., Berlin/Heidelberg (1998)

[Jüne00]   *Jünemann, R.; Schmidt, T.:* Materialflußsysteme. Systemtechnische Grundlagen. Springer-Verlag, 2. Aufl., Berlin/Heidelberg (2000)

[Kett84]   *Kettner, H.; Schmidt, J.; Greim, H.-R.:* Leitfaden der systematischen Fabrikplanung. Carl Hanser Verlag, München, Wien (1984)

[Kief05]   *Kief, H. B.:* NC/CNC Handbuch 2005/2006. Carl Hanser Verlag, 30. Aufl., München, Wien (2005)

[Klau00]   *Klaus, P.; Krieger, W. (Hrsg.):* Gabler Lexikon Logistik. Gabler Verlag, 2. Aufl., Wiesbaden (2000)

[Koet01]   *Koether, R.:* Technische Logistik. Carl Hanser Verlag, 2. Aufl., München, Wien (2001)

[Koet01a]   *Koether, R.; Kurz, B.; et al.:* Betriebsstättenplanung und Ergonomie. Planung von Arbeitssystemen. Carl Hanser Verlag, München, Wien (2001)

[Koet04]   *Koether, R. (Hrsg.):* Taschenbuch der Logistik. Fachbuchverlag Leipzig, Leipzig (2004)

[Kono03]   *Konold, P.; Reger, H.:* Praxis der Montagetechnik. Produktdesign, Planung, Systemgestaltung. Vieweg-Verlag, 2. Aufl., Braunschweig/Wiesbaden (2003)

[Kops97]   *Kopsidis, R. M.:* Materialwirtschaft – Grundlagen, Methoden, Techniken, Politik. Carl Hanser Verlag, 3. Aufl., München, Wien (1997)

[Kreu94]   *Kreuzer, E. J.; Meissner, H.-G.; et al.:* Industrieroboter – Technik, Berechnung und anwendungsorientierte Auslegung. Springer-Verlag, Berlin/Heidelberg (1994)

[Krie95]   *Krieger, W.:* Informationsmanagement in der Logistik – Grundlagen, Anwendungen, Wirtschaftlichkeit. Gabler Verlag, Wiesbaden (1995)

[Küpp95]   *Küpper, H.-U.; Helber, S.:* Ablauforganisation in Produktion und Logistik. Schäffer-Poeschel-Verlag, 2. Aufl., Stuttgart (1995)

[Kurb93]   *Kurbel, K.:* Produktionsplanung und -steuerung; Methodische Grundlagen von PPS-Systemen und Erweiterungen. Handbuch der Informatik, Band 13.2. R. Oldenbourg Verlag, München (1993)

[Larg00]   *Large, R.:* Strategisches Beschaffungsmanagement. Eine praxisorientierte Einführung. Gabler Verlag, 2. Aufl., Wiesbaden (2000)

[Lerm92]   *Lermen, P.:* Hierarchische Produktionsplanung und Kanban. Gabler Verlag, Wiesbaden (1992)

[Lödd05]   *Lödding, H.:* Verfahren der Fertigungssteuerung. Springer VDI Verlag, Düsseldorf (2005)

[Lucz99]   *Luczak, H.; Eversheim, W.; Schotten, M.:* Produktionsplanung und -steuerung. Grundlagen, Gestaltung und Konzepte. Springer Verlag, 2. Aufl., Berlin/Heidelberg (1999)

[Lück83]   *Lück, W. (Hrsg.):* Lexikon der Betriebswirtschaft. Verlag moderne industrie, 4. Aufl., München (1983)

[Mart99]   *Martin, H.:* Praxiswissen Materialflußplanung. Transportieren – Handhaben – Lagern – Kommissionieren. Vieweg-Verlag, Braunschweig/Wiesbaden (1999)

[Mart04]   *Martin, H.:* Transport- und Lagerlogistik. Planung, Aufbau und Steuerung von Transport- und Lagersystemen. Vieweg-Verlag, 5. Aufl., Braunschweig/Wiesbaden (2004)

[Maty04]   *Matyas, K.:* Taschenbuch Instandhaltungslogistik. Carl Hanser Verlag, München, Wien (2004)

[Nava89]   *Naval, M.:* Roboter-Praxis – Aufbau, Funktion und Einsatz von Industrierobotern. Vogel-Buchverlag, Würzburg (1989)

[Nehm02]   *Nehmzow, U.:* Mobile Robotik. Eine praktische Einführung. Springer-Verlag, Berlin/Heidelberg (2002)

[Noll03]   *Nollau, H.-G.; Duscher, S.; Ziegler, O.:* Entsorgungslogistik in der Automobilindustrie. Reihe: Economy and Labour, Band 2. Joseph Eul Verlag, Lohmar (2003)

[Oelf02]   *Oelfke, W.:* Güterverkehr – Spedition – Logistik. Speditionsbetriebslehre. Bildungsverlag EINS – Gehlen, Troisdorf (2002)

[Oeld95]   *Oeldorf, G.; Olfert, K.:* Materialwirtschaft. Friedrich Kiehl Verlag, 7. Aufl., Ludwigshafen (1995)

[Papk80]   *Papke, H.-J. (Hrsg.):* Handbuch Industrieprojektierung. VEB Verlag Technik, Berlin (1980)

[Pfoh04]   *Pfohl, H. C.:* Logistik-Systeme. Springer-Verlag, 7. Aufl.; Berlin/Heidelberg (2004)

[Pill98]   *Piller, F. T.:* Kundenindividuelle Massenproduktion. Die Wettbewerbsstrategie der Zukunft Carl Hanser Verlag, München, Wien (1998)

[Prit94]   *Pritschow, G.; Spur, G.; Weck, M. (Hrsg.):* Roboteranwendung für die flexible Fertigung. Carl Hanser Verlag, München, Wien (1994)

[REFA90]   *REFA (Hrsg.):* Planung und Gestaltung komplexer Produktionssysteme. REFA-Methodenlehre der Betriebsorganisation. Carl Hanser Verlag, München, Wien (1990)

[REFA93]   *REFA (Hrsg.):* Ausgewählte Methoden der Planung und Steuerung. REFA-Fachbuchreihe Betriebsorganisation. Carl Hanser Verlag, München, Wien (1993)

[REFA94]   *REFA (Hrsg.):* Ausgewählte Methoden des Arbeitsstudiums. REFA-Fachbuchreihe Betriebsorganisation. Carl Hanser Verlag, München, Wien (1994)

[REFA96]   *REFA (Hrsg.):* Unterlagen zum Fachlehrgang Fahrzeugbau. REFA-Fachausschuss Fahrzeugbau, Darmstadt (1996)

[Remb90]   *Rembold, U.:* CAM-Handbuch. Springer-Verlag, Berlin/Heidelberg (1990)

[Rigg01]   *Riggert, W.:* Rechnernetze. Technologien – Komponenten –Trends. Fachbuchverlag Leipzig, Leipzig (2001)

[Roos95]   *Roos, H. J.:* Verbesserung der Kleinteilelogistik durch konsequente Anwendung des VDA-Kleinladungsträgers nach DIN 30820. Expert-Verlag, Renningen (1995)

[Rück92]   *Rück, R.; Stockert, A.; Vogel, F. O.:* CIM und Logistik im Unternehmen – Praxiserprobtes Gesamtkonzept für die rechnerintegrierte Auftragsabwicklung. Carl Hanser Verlag, München, Wien (1992)

[Rupp88]   *Rupper, P. (Hrsg.):* Unternehmens-Logistik. Ein Handbuch für Einführung und Ausbau der Logistik im Unternehmen. Verlag Industrielle Organisation, Zürich (1988)

[Sche90]   Scheer, A.-W.: CIM – Der computergesteuerte Industriebetrieb. Springer-Verlag, 4. Aufl., Berlin/Heidelberg (1990)

[Schl90]   Schlaich, G.; Kaufmann, H.: Roboter für die Montage – Geräte, Steuerungen, Prozesse, Verknüpfung. Verlag moderne industrie, Landsberg/Lech (1990)

[Schn00]   Schneider, U.; Werner, D: (Hrsg.): Taschenbuch der Informatik. Fachbuchverlag Leipzig, 3. Aufl., Leipzig (2000)

[Schr90]   Schraft, R. D.; König, M.; et al.: Industrierobotertechnik – Einführung und Anwendung. Expert-Verlag, 2. Aufl., Ehningen bei Böblingen (1990)

[Schu99]   Schulte, C.: Logistik. Wege zur Optimierung des Material- und Informationsflusses. Verlag Franz Vahlen, 3. Aufl., München (1999)

[Schü94]   Schüler, U.: CIM-Lehrbuch – Grundlagen der rechnerintegrierten Produktion. Vieweg-Verlag, Braunschweig/Wiesbaden (1994)

[Seid92]   Seidelmann, C.; Künzer, L.; Fritsche, E.: Anforderungen der Automobilindustrie an ein europäisches System des kombinierten Verkehrs. Studiengesellschaft für den kombinierten Verkehr/Verband der Automobilindustrie, Frankfurt (Main) (1992)

[Somm98]   Sommerer, G.: Unternehmenslogistik. Ausgewählte Instrumentarien zur Planung und Organisation logistischer Prozesse. Carl Hanser Verlag, München, Wien (1998)

[Spur94]   Spur, G.: Fabrikbetrieb – das System Planung/Steuerung/Organisation/Information/Qualität – Die Menschen. Carl Hanser Verlag, München, Wien (1994)

[Spur97]   Spur, G.; Krause, F.-L.: Das virtuelle Produkt. Management der CAD-Technik. Carl Hanser Verlag, München, Wien (1997)

[Stei01]   Stein, E.: Taschenbuch Rechnernetze und Internet. Fachbuchverlag Leipzig, Leipzig (2001)

[Stie99]   Stiegler, G.: Produktionsplanung und Produktionssysteme im Fahrzeugbau. Manz Verlag Schulbuch, Wien (1999)

[Stra04]   Straube, F.: e-Logistik – Ganzheitliches Logistikmanagement. Springer-Verlag, Berlin/Heidelberg (2004)

[Temp95]   Tempelmeier, H.: Material-Logistik – Grundlagen der Bedarfs- und Losgrößenplanung in PPS-Systemen. Springer-Verlag, Berlin/Heidelberg (1995)

[Temp03]   Tempelmeier, H.: Material-Logistik – Modelle und Algorithmen für die Produktionsplanung und -steuerung und das Supply Chain Management. Springer Verlag, 5. Aufl., Berlin/Heidelberg (2003)

[Thal00]   Thaler, K.: Supply Chain Management. Prozessoptimierung in der logistischen Kette. Fortis Verlag, Köln (2000)

[Thom00]   Thome, R.; Schinzer, H.: Electronic Commerce – Anwendungsbereiche und Potentiale der digitalen Geschäftsabwicklung. Verlag Vahlen, 2. Aufl., München (2000)

[Tsch91]   Tschätsch, H.; Charchut, W.: Werkzeugmaschinen. Einführung in die Fertigungsmaschinen der spanlosen und spanenden Formgebung. Carl Hanser Verlag, 6. Aufl., München, Wien (1991)

[Verb00]   Verband für Lagertechnik und Betriebseinrichtungen (Hrsg.): Fachhandbuch Lagertechnik und Betriebseinrichtung. Verband für Lagertechnik und Betriebseinrichtungen, 2. Aufl., Hagen (2000)

[Warn90]   Warnecke, H.-J.; Schraft, R. D. (Hrsg.): Industrieroboter. Handbuch für Industrie und Wissenschaft. Springer-Verlag, Berlin/Heidelberg (1990)

[Webe87]   Weber, J.: Logistikkostenrechnung. Springer-Verlag, Berlin/Heidelberg (1987)

[Webe03]   Weber, R.: Kanban-Einführung. Das effiziente, kundenorientierte Logistik- und Steuerungskonzept für Produktionsbetriebe. Expert-Verlag, 2. Aufl., Renningen (2003)

[Webe02]   Weber, W.: Industrieroboter. Methoden der Steuerung und Regelung. Fachbuchverlag Leipzig, Leipzig (2002)

[Wenp01]   *Wenzel, P. (Hrsg.):* Logistik mit SAP/R3®. Materialwirtschaft, Fertigungswirtschaft, Qualitätsmanagement, Konfigurierte SAP-Systeme. Vieweg-Verlag, Braunschweig/Wiesbaden (2001)

[Wenz01]   *Wenzel, R.; Fischer, G.; et al.:* Industriebetriebslehre. Das Management des Produktionsbetriebs. Fachbuchverlag Leipzig, Leipzig (2001)

[Wern02]   *Werner, H.:* Supply Chain Management. Grundlagen, Strategien, Instrumente und Controlling. Gabler Verlag, 2. Aufl., Wiesbaden (2002)

[Wien05]   *Wiendahl, H.-P.:* Betriebsorganisation für Ingenieure. Carl Hanser Verlag, 5. Aufl., München, Wien (2005)

[Wild88]   *Wildemann, H.:* Produktionssynchrone Beschaffung. Einführungsleitfaden. gfmt Verlag, München (1988)

[Wild97]   *Wildemann, H.:* Fertigungsstrategien – Reorganisationskonzepte für eine schlanke Produktion und Zulieferung. Transfer-Centrum-Verlag, 3. Aufl., München (1997)

[Wirt02]   *Wirtz, B. W.:* Gabler Kompakt-Lexikon eBusiness. Gabler Verlag, Wiesbaden (2002)

[Woma91]   *Womack, J.; Jones, D. T.; Roos, D.:* Die zweite Revolution in der Automobilindustrie. Konsequenzen aus der weltweiten Studie aus dem Massachusetts Institute of Technology. Campus-Verlag, Frankfurt/Main (1991)

[Zibe90]   *Zibell, R. M.:* Just-in-Time. Philosophie, Grundlagen, Wirtschaftlichkeit. Schriftenreihe der Bundesvereinigung Logistik, Band 22, Huss-Verlag, München (1990)

12 Sachwortverzeichnis